建筑电气设备
安装调试技术

郎禄平 编著

中国建材工业出版社

图书在版编目(CIP)数据

建筑电气设备安装调试技术/郎禄平编著 .
—北京:中国建材工业出版社,2002.12 (2014.11 重印)
ISBN 978-7-80159-205-7

Ⅰ.建… Ⅱ.郎… Ⅲ.①房屋建筑设备:电气设备-安装
②房屋建筑设备:电气设备-调试 Ⅳ.TU85

中国版本图书馆 CIP 数据核字(2002)第 094627 号

内 容 提 要

本书结合工程实际及国内外电气安装技术发展动态,介绍了架空线路、电力电缆线路、变电所典型电气设备、室内配电动力照明、电梯、中小型电机和建筑防雷接地系统等安装工程的电气设备安装调试理论、安装工艺和技术方法,以及国家有关的规范规定、要求。书中对智能化住宅小区控制管理系统,对常用典型测量仪器仪表的功能和使用方法、电气设备检查调试手段,对一些新产品、新材料、新设备和新的安装调试技术也作了简要介绍。书中各章节均附有大量的图表,介绍了电气设备安装调试等技术资料,在每章后还编有练习思考题供学习参考。

本书可作为建筑类高等院校电气工程及其自动化专业和其他有关专业的专业课教材,也可作为建筑、水暖、消防、机电等专业人员和从事建筑电气工程设计、安装调试、工程施工监理等工程技术人员的技术参考书。

建筑电气设备安装调试技术

郎禄平 编著

*

中国建材工业出版社出版

(北京市海淀区三里河路 1 号 邮编:100044)

新华书店北京发行所发行 各地新华书店经售

北京鑫正大印刷有限公司印刷

*

开本:787mm×1092mm 1/16 印张:19.5 字数:453 千字

2003 年 1 月第 1 版 2014 年 11 月第 4 次印刷

定价:54.80 元

前　言

随着我国经济建设飞速发展,建筑行业呈现出一片繁荣景象。现代化工业厂房、宾馆饭店、办公大楼、智能化住宅小区等高层建筑和建筑群体的大量涌现,带来了建筑电气设计、安装调试等方面的新课题。现在,供配电系统、建筑自动消防系统、共用天线及信号系统、电梯电气控制系统、机床电气控制系统、空调制冷控制系统、程控电话及微机管理控制系统等等,都已成为高层建筑中必不可缺少的装备。建筑电气设备安装调试任务越来越重,技术难度越来越大,大量的实际技术问题需要研究解决,已引起建筑界的广泛重视。

建筑电气设备安装调试技术是一门发展很快、实践性很强、知识面很广和实用性大的专业课程,具有与建筑行业和工程施工紧密结合的性质。本书按 60 学时编写,经过长安大学几届学生的教学使用,在征求设计、安装、施工等部门意见的基础上,几经修订,在内容上贯彻少而精,学以致用的原则,力求简明扼要,理论联系实际。通过对建筑电气设备安装调试工程的基本理论、基本技能和基本方法的学习研究,努力提高读者分析问题和解决问题的能力,为从事实际工程技术工作和科学技术研究工作打下坚实的基础。本课在内容安排上侧重于供配电系统及其典型建筑电气设备的安装调试,同时也较详细地讲述了架空线路和电力电缆线路的敷设,电梯电气控制系统及一般故障处理,建筑防雷接地等安装调试内容。考虑到实际工作中经常遇到中型以下电机的安装调试工程,故对中小型电机的安装调试技术也做了介绍,学习本课后应达到的基本要求是:

切实掌握并正确使用在建筑电气设备安装调试中常用的测量仪器仪表,了解一般供配电系统常用的电气设备的结构、性能和适用场合;

掌握一般典型的建筑电气设备安装调试的基本理论、基本方法和基本技能,了解建筑电气配管配线、防雷接地装置的安装工艺及其规范要求。

初步掌握电梯电气控制系统安装调试的基本方法和有关技术要求、规定;掌握电动机的一般安装调试方法和要求。

具有较强的建筑电气工程识图能力和一定的实际动手操作能力。

《建筑电气设备安装调试技术》与建筑电气供配电、自动化仪表、电机及拖动基础、工业控制系统以及工程制图等课程有着密切的联系。本课对上述课程中讲过的电气设备工作原理、性能和结构等不作详细介绍,只是加以引用,重点在于建筑电气设备安装调试基本理论、方法、技能和规范方面的学习与研究。

建筑电气设备安装调试技术是紧密结合实际、具有广阔发展前景的电气工程及其自动化专业的专业课程之一。一个系统工作好坏,安装调试工作是非常关键的,它与安全生产,提高设备或系统的使用寿命和工作效率密切相关。在科学技术飞速发展的今天,各种设备和系统的自动化程度越来越高,技术越来越先进,对建筑电气设备安装调试技术的要求也越来越高,大量的实际工程难题和科研项目有待于我们去研究解决,可以预料,建筑电气设备安装调试技术术将会更迅速地向前发展。

本书可作为大专院校电气工程及其自动化专业及相关专业教材,也可作为建筑设计院、安装公司、建筑公司、消防工程公司、监理工程公司及其他有关工程公司等从事建筑电气工程设计、电气设备安装调试技术的工程技术人员的参考书。在本书编写过程中得到中国建材工业出版社的大力支持,在此向他们表示衷心的感谢。

《建筑电气设备安装调试技术》所涉及的知识面很宽,而且不断推出新产品、新工艺和新的安装调试技术,知识更新速度很快,加之本人水平有限,书中不足之处在所难免,敬请广大读者批评指正。

编著者

2003 年元月于长安大学建工学院

目 录

第一章　架空线路与电缆线路安装调试

电能的输送与分配,主要由架空线路与电缆线路完成。架空线路主要利用绝缘子和空气绝缘,设备简单、敷设容易、造价低廉,易于检修和维护,这一优点在超高压线路上尤为突出。但是,架空线路需占用一定空间走廊,对地面与其相邻的建筑物、构筑物及其他设备之间的距离,在有关规范中都有明确规定。另外,在城市上空架设纵横交错的线路,既不安全又影响市容,受环境及气象的影响也较大。而电缆线路通常敷设在地下,不会影响地面上的设施和市容,便于城市管网总体规划设计,可避免雷电危害和机械损伤,有利于交通和美化城市环境,所以在现代化城市中得到日益广泛的应用。但电缆线路工程造价较高,线路敷设、检修和维护也较困难。

架空线路和电缆线路按电压等级分为高压线路和低压线路两种,1kV 及以下为低压线路,1kV 以上为高压线路。本章将重点讲述 10kV 以下架空线路和电缆线路的安装调试工程,并简要介绍电线、电缆导线截面的选择。

第一节　导线、电缆截面的选择

我们知道,导线、电缆等导线截面的选择应根据线路环境条件和工程具体情况的要求,并进行综合技术经济分析比较后确定。

一、按机械强度选择导线截面

电缆在安装运行中,可能会受到风、雨、雪、冰及温度等各种复杂恶劣环境因素的影响。为了保证安全运行,用于低压架空线路的铝绞线和钢芯铝绞线的截面积不应小于 16mm²,铜线也应在 10mm²(或直径 $\phi \geqslant 3.2$mm)以上。用于 10kV 以下高压架空线路的铝绞线,在居民区内截面积不应小于 35mm²,钢芯铝绞线截面积不应小于 25mm²;在非居民区内,铝绞线截面积不应小于 25mm²,钢芯铝绞线截面积不应小于 16mm²。在居民区或非居民区内,铜绞线截面积均应不小于 16mm²。当线路跨越铁路时,高、低压架空线路导线截面应不小于 35mm²。

二、按经济电流密度选择导线和电缆的截面

我们知道,导线和电缆的截面积越大,电阻越小,在传输同样电压等级的电能情况下,其电能损耗越小,但线路投资、维修费用和有色金属消耗量会增加很多。所以,尤其是对远距离高压输配电线路应从经济方面加以考虑,在满足输配电要求的基础上,选择出一个比较经济合理的导线和电缆截面,既使电能损耗小,又降低线路的维修费用和有色金属消耗量,达到节省线路投资的目的。

导线经济截面与经济电流密度的关系为:

$$S_j = I_{js} / \gamma_j \tag{1-1}$$

式中　S_j——导线经济截面,m²;

I_{js}——线路计算电流，A；

γ_j——线经济电流密度，A/mm²。

导线经济电流密度按年最大负荷利用小时数确定，我国目前规定采用的经济电流密度在表1-1中列出。

表 1-1 导线经济电流密度值(A/mm²)

线 路 类 别	导 线 类 型	年 最 大 负 荷 利 用 小 时 数 (h)		
		≤3000	3000~5000	>5000
架空线路	裸铝、钢芯铝绞线 裸铜导线	1.65 3.00	1.15 2.25	0.90 1.75
电缆线路	铝芯电缆 铜芯电缆	1.92 2.50	1.73 2.25	1.54 2.00

三、按允许温升选择导线和电缆截面

为了保证导线的实际工作温度不超过允许值，所选择导线允许长期工作电流应大于线路计算电流值，即

$$I_{rt} \geqslant I_{js} \tag{1-2}$$

式中 I_{rt}——导线允许载流量，A；

I_{js}——线路计算电流，A。

导线允许载流量应按其敷设环境温度、敷设器材和敷设方式等条件选择确定。如果实际环境温度与有关设计手册给定导线载流量的相应温度不符时，则该导线载流量应按下式修正，即

$$I'_{rt} = \sqrt{\frac{T_m - T_2}{T_m - T_1}} I_{rt} \tag{1-3}$$

式中 I'_{rt}——导线允许载流量修正值，A；

I_{rt}——导线允许载流量，A；

T_m——导线长期最高允许工作温度，℃；

T_1——导线允许载流量相应敷设点环境温度，℃；

T_2——导线允许载流量修正值相应敷设点实际环境温度，℃。

对电缆敷设而言，其明敷设是指在室内外电缆沟或隧道中敷设，穿线管、线槽或电缆桥架明敷设，环境温度按敷设地点年最热月平均最高温度；而其直埋是指在土壤中直接埋设，埋深≥0.7m，环境温度按地下0.8m处土壤年最热月平均最高温度。如果电缆在空气或土壤中多根并列敷设，其电缆允许载流量应乘以表1-2或表1-3所列修正系数。

表 1-2 电缆在空气中多根并列敷设允许载流量修正系数

电缆根数及排列方式		1	2	3	4	5	4
		⊙	⊙⊙	⊙⊙⊙	⊙⊙⊙⊙	⊙⊙⊙⊙⊙	⊙⊙⊙⊙
电缆中心间距 (mm)	d	1.00	0.90	0.85	0.82	0.80	0.80
	$2d$	1.00	1.00	0.95	0.92	0.90	0.90
	$3d$	1.00	1.00	1.00	0.98	0.96	1.00

注：d 为电缆外径，当电缆外径不同时，可取其平均直径。

表 1-3　电缆在土壤中直埋并列敷设允许载量修正系数

电力电缆净间距离 (mm)	电 缆 并 列 根 数							
	1	2	3	4	5	6	7	8
100	1.00	0.88	0.84	0.80	0.78	0.75	0.73	0.72
200	1.00	0.90	0.86	0.83	0.82	0.80	0.80	0.79
300	1.00	1.00	0.89	0.89	0.87	0.85	0.85	0.84

例题 1-1　某线路标注为 BV-4×10SC25-FC,已知现场环境温度(年最热月平均温度)为 37℃,其允许载流量应是多少?

解:经查《建筑电气设计手册》,该导线允许最高工作温度 $T_m = 65℃$,在环境温度 35℃ 时允许载流量为 43A,由式(1-3)可求得敷设地点温度 37℃,导线允许载流量为:

$$I'_{rt} = \sqrt{\frac{T_m - T_2}{T_m - T_1}} I_{rt} = \sqrt{\frac{65 - 37}{65 - 35}} \times 43 = 41.51 (A)$$

四、按允许电压损失选择导线截面

我们知道,电线、电缆电压损失是由其材料、截面大小、线路长度及所通过电流的大小决定的。当线路长度和负荷电流一定时,导线截面越小,其阻抗值越大,线路的电压损失就越大。若线路电压损失超过规定值时,将会影响用电设备的正常运行,所以,在线路设计和安装调试中必须根据供配电线路长度,合理选择导线截面,并校验其电压损失不得超过允许范围。

1. 同一截面法

设线路允许电压损失为 ΔV_{ux},由《建筑供配电》可知:

$$\Delta V_{ux} = \frac{\sum P_i r_i + Q_i x_i}{V_N} = \Delta V' + \Delta V'' \tag{1-4}$$

式中　ΔV_{ux}——线路允许电压损失;

　　　$\Delta V'$——线路电阻电压损失;

　　　$\Delta V''$——线路电抗电压损失;

　　　r_i——线路电阻,$r_i = r_0 L_i(\Omega)$,r_0 为每公里线路的电阻(Ω/km);

　　　x_i——线路电抗,$x_i = x_0 L_i(\Omega)$,x_0 为每公里线路的电抗(Ω/km)。

一般可将线路电抗视为定值,对于架空线路可取 $x_0 = 0.35 \sim 0.4\Omega/km$,对于电缆线路可取 $x_0 = 0.08\Omega/km$。当线路为同一截面时,则有:

$$\left. \begin{array}{l} \Delta V'' = \dfrac{x_0 \sum Q_i L_i}{V_N} = \dfrac{(0.35 \sim 0.4) \sum Q_i L_i}{V_N} \\[4mm] \Delta V' = \Delta V_{ux} - \Delta V'' = \dfrac{r_0 \sum P_i L_i}{V_N} = \dfrac{1}{\gamma S V_N} \sum P_i L_i \end{array} \right\} \tag{1-5}$$

则　　　　　　$$S = \frac{\sum P_i L_i}{\gamma V_N \Delta V'} = \frac{\sum P_i L_i}{\gamma V_N (\Delta V_{ux} - \Delta V'')} \tag{1-6}$$

式中　$\sum P_i L_i$——线路有功功率矩求和;

　　　$\sum Q_i L_i$——线路无功功率矩求和;

　　　γ——导线材料电导系数,其中铜线:$\gamma = 53 \times 10^{-3} km/\Omega \cdot mm^2$,

　　　　　　　　　铝线:$\gamma = 31.7 \times 10^{-3} km /\Omega \cdot mm^2$。

这样,根据所计算的导线截面选取标称导线截面后,再进行校验。线路上电阻电压损失 $\Delta V'$ 和电抗电压损失也可用其对额定电压的百分数表示:

$$\Delta V'\% = \frac{\Delta V'}{10^3 V_N} \times 100\% = \frac{r_0}{10 V_N^2} \sum P_i L_i \% \tag{1-7}$$

$$\Delta V''\% = \frac{\Delta V''}{10^3 V_N} \times 100\% = \frac{x_0}{10 V_N^2} \sum Q_i L_i \% \tag{1-8}$$

2. 不同截面法

为了节省有色金属,当干线上有分支线负荷时,应采用不同截面法计算各段导线截面。在计算时先选取线路电抗平均值为 x_0,求出各段线路电抗所引起的电压损失,从给定线路允许电压损失值中减去电抗电压损失,即得到各段线路电阻电压损失。这样,就归结为由线路电阻电压损失来确定导线的截面问题了。在保证线路电压损失不超过允许值的情况下,可选择不同的线路导线截面,其中必有一种是有色金属最节省的方案。

设线路用有色金属最省时,第一段线路有功电压损失为 $\Delta V_1'$,则第二段线路有功电压损失为 $\Delta V_2' = \Delta V' - \Delta V_1'$。由式(1-5)有:

$$S_1 = \frac{P_1 L_1}{\gamma \Delta V_1' V_N} \tag{1-9}$$

$$S_2 = \frac{P_2 L_2}{\gamma (\Delta V' - \Delta V_1') V_N} \tag{1-10}$$

则三相线路共需导体的总体积为:

$$V_{\Sigma(\text{体积})} = 3(S_1 L_1 + S_2 L_2) = 3\left[\frac{P_1 L_1^2}{\gamma \Delta V_1' V_N} + \frac{P_2 L_2^2}{\gamma (\Delta V' - \Delta V_1') V_N}\right],$$ 由此可见,线路导体总体积 V_Σ 与 $\Delta V_1'$ 有关,即为 $\Delta V_1'$ 的函数,而其他各量均为常数。为了使线路导体总体积最小,可取 V_Σ 对 $\Delta V_1'$ 的一次导数,并令其等于零,即

$$dV_\Sigma / d\Delta V_1' = 0$$

经求导后得:

$$\frac{P_1 L_1^2}{\gamma \Delta V_1'^2 V_N} = \frac{P_2 L_2^2}{\gamma (\Delta V' - \Delta V_1')^2 V_N}$$

$$\frac{1}{P_1} \frac{P_1^2 L_1^2}{\gamma^2 \Delta V_1'^2 V_N^2} = \frac{1}{P_2} \frac{P_2^2 L_2^2}{\gamma_2 (\Delta V' - \Delta V_1')^2 V_N^2}$$

$$\frac{S_1^2}{P_1} = \frac{S_2^2}{P_2}$$

或

$$S_1 = S_2 \sqrt{P_1/P_2} \tag{1-9}$$

则

$$\Delta V' = \Delta V_1' + \Delta V_2' = \frac{1}{\gamma S_1 V_N}\left(P_1 L_1 + P_2 L_2 \cdot \sqrt{P_2/P_1}\right)$$

$$= \frac{\sqrt{P_1}}{\gamma S_1 V_N}\left(\sqrt{P_1} L_1 + \sqrt{P_2} L_2\right) = \frac{\sqrt{P_1}}{\gamma S_1 V_N} \sum \sqrt{P_i} L_i \tag{1-10}$$

由式(1-10)可求得第一段线路导线截面为:

$$S_1 = \frac{\sqrt{P_i}}{\gamma \Delta V' V_N} \sum \sqrt{P_i} L_i$$

推广到某段线路导线截面可用下式求得:

$$S_j = \frac{\sqrt{P_j}}{\gamma \Delta V' V_N} \sum \sqrt{P_i} L_i \qquad (1\text{-}11)$$

然后根据计算线路导线截面选取标称截面,再根据所选导线的实际线路的电阻和电抗,校验其电压损失是否在允许电压损失 $\Delta V_{ux}\%$ 范围之内。

例题 1-2 如图 1-1 所示,设线路允许电压损失 $\Delta V_{ux}\% = 5\%$,额定电压 $V_N = 10 \text{kV}$,拟采用铝绞线,试按同一截面法和不同截面法分别选择导线截面。

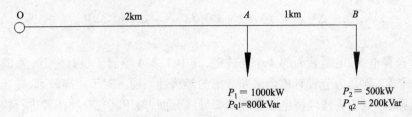

P₁ = 1000kW
P_q1 = 800kVar

P₂ = 500kW
P_q2 = 200kVar

图 1-1 按允许电压损失选择导线截面

解:(1)用同一截面法选择导线截面:

取线路平均单位电抗 $x_0 = 0.35\Omega/\text{km}$,由式(1-8)得:

$$\Delta V''\% = \frac{x_0}{10 V_N^2} \sum Q_i L_i \% = \frac{0.35}{10 \times 10^2} \times [(800 + 200) \times 2 + 200 \times 1]\% = 0.77\%$$

$$\Delta V'\% = \Delta V_{ux}\% - \Delta V''\% = 5\% - 0.77\% = 4.23\%$$

即

$$\Delta V' = \Delta V'\% V_N \times 10^3 = 4.23\% \times 10 \times 10^3 = 423\text{V}$$

由式(1-6)得:

$$S = \frac{1}{\gamma \Delta V' V_N} \sum P_i L_i = \frac{1}{31.7 \times 10^{-3} \times 423 \times 10}[(1000 + 500) \times 2 + 500 \times 1] = 26.1\text{mm}^2$$

则选择标称导线截面 $S = 35\text{mm}^2$。

校验:设导线几何间距 $D = 1\text{m}$,并且由 $S = 35\text{mm}^2$ 查得 $r_0 = 0.92\Omega/\text{km}$,$x_0 = 0.366\Omega/\text{km}$,则由式(1-7)、(1-8)求得线路电压损失为:

$$\Delta V'_{ux}\% = \Delta V'\% + \Delta V''\% = \frac{0.92}{10 \times 10^2} \times [(1000 + 500) \times 2 + 500 \times 1]\%$$

$$+ \frac{0.366}{10 \times 10^2} \times [(800 + 200) \times 2 + 200 \times 1]\% = 4\% < \Delta V_{ux}\% = 5\%$$

故所选导线截面的线路电压损失未超过线路允许电压损失,满足设计要求。

(2)用不同截面法选择导线截面:

按同一截面法已求得本线路有功负荷电压损失 $\Delta V' = 423\text{V}$,则由式(1-11)求得:

$$S_{OA} = \frac{\sqrt{P_{OA}}}{\gamma \Delta V' V_N} \sum \sqrt{P_i} L_i = \frac{\sqrt{1000 + 500}}{31.7 \times 10^{-3} \times 423 \times 10} \times (\sqrt{1000 + 500} \times 2 + \sqrt{500} \times 1)$$

$$= 28.8\text{mm}^2$$

$$S_{AB} = \frac{\sqrt{P_{AB}}}{\gamma \Delta V' V_N} \sum \sqrt{P_i} L_i = \frac{\sqrt{500}}{31.7 \times 10^{-3} \times 423 \times 10} \times (\sqrt{1000 + 500} \times 2 + \sqrt{500} \times 1)$$

$$= 16.6\text{mm}^2$$

选择标称导线截面 $S_{OA}=35mm^2$，$S_{AB}=25mm^2$。据此可查得 $r_{OA}=0.92\Omega/km$，$x_{OA}=0.366\Omega/km$，$r_{AB}=1.28\Omega/km$，$x_{AB}=0.376\Omega/km$。

校验：设导线几何间距（导线间几何平均距离）$D=1m$，由式(1-7)、(1-8)求得线路电压损失为：

$$\Delta V_{OA}\% = \frac{0.92}{10\times10^2}\times(1000+500)\times2\% + \frac{0.366}{10\times10^2}\times(800+200)\times2\% = 3.49\%$$

$$\Delta V_{AB}\% = \frac{1.28}{10\times10^2}\times500\times1\% + \frac{0.376}{10\times10^2}\times200\times1\% = 0.72\%$$

则线路总电压损失为：

$$\Delta V_{OB}\% = \Delta V_{OA}\% + \Delta V_{AB}\% = 3.49\% + 0.72\% = 4.21\% < \Delta V_{ux}\% = 5\%$$

故满足要求。

从以上选择电线、电缆截面的 4 个条件中，其中 1、3、4 项属于设计、安装调试的主要技术规范要求，而第 2 项是为节省有色金属须考虑的经济性问题。对于距离较远、输送电能容量较大的高压线路，一般应先按经济电流密度选择导线截面，再用其它三项条件进行校验。对于距离较短（如厂区、住宅小区）的高压线路，一般先按允许温升选择导线截面，再按允许电压损失条件和机强度条件进行校验。对于低压供配电线路，如果电流大且距离短，则按允许载流量（即允许温升）条件选择导线截面，再按允许电压损失条件校验；如果线路距离长，在几百米以上，则应考虑按允许电压损失选择导线截面，再按允许载流量和机械强度条件校验；而对于地形复杂、线路起伏或档距较大时，应先按机械强度条件选择导截面，再按允许载流量和允许电压损失条件校验。总之，在进行电线、电缆截面选择时，应抓住其选择条件的主要方面。

第二节 架空线路安装调试

由于架空线路工程费用低、施工简单、建造周期短、巡视维护方便，所以在地形不复杂、环境无严重污染，且线路不妨碍交通，有足够线路空间走廊的情况下，应尽可能采用架空线路。架空线路对线路空间走廊宽度要求见表1-4。当采用架空线路时，应具有良好的防雷措施，以避免雷电的伤害。

表 1-4 高压架空线路空间走廊宽度标准（m）

线 路 标 塔 结 构	电 压 等 级 （kV）		
	6~10	35	10
单回路三角形排列（单杆无拉线）	6	—	—
双回路三角形排列（双杆无拉线）	9	—	—
单回路水平排列（双杆无拉线）	—	15	18
单回路上字型排列（单杆无拉线）	—	12	—

我国高压交流输配电电压等级有 6、10、35、110、220、330kV 等，一般工矿企业、居民住宅区、机关学校等多为 10kV 及以下的架空线路，本节将重点介绍 10kV 及以下的架空线路的安装调试方法。

一、架空线路的结构

架空线路主要由杆塔、拉线、横担、绝缘子、导线、底盘、卡盘和避雷线等部分构成，如图1-2所示。

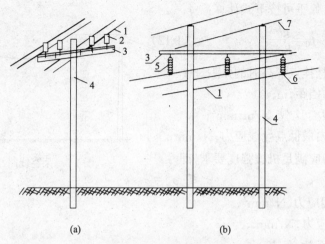

图 1-2　架空线路结构

(a)低压电杆　(b)高压电杆

1—导线;2—针式绝缘子;3—横担;4—电杆;5—绝缘子串;6—线夹;7—避雷线;

在架空线路中,由于杆塔受力的情况不同,对其结构强度要求有所差别,按其在线路中的不同作用可分为直线杆、转角杆、分支杆、耐张杆和终端杆等五类。

1.直线杆。用于线路直线段上,仅作支撑导线、绝缘子、横担和金具等,其线路方向的两侧拉力大小相等,合力为零,只能承受一般的线路侧面风力,故属于非承力杆。

2.转角杆。用于线路需要改变方向的地方,除了可支撑导线、绝缘子、横担和金具以外,还能承受线路两方向导线拉力的合力,故属于承力杆。当线路转角较小时,也用非承力杆型。

3.分支杆。用于分支线路与干线线路的交接点处,除了可支撑导线、绝缘子、横担和金具外,还能承受分支线路的全部拉力,故属于承力杆。

4.耐张杆。用于线路直线段上,一般每隔1~2km设一根耐张杆。这样,当耐张段内发生线路断线、倒杆故障时,可将故障限制在该耐张段之内,即耐张杆能承受线路中的某一单侧拉力或两侧不平衡拉力。这种电杆机械强度很高,也属于承力杆。

5.终端杆。用于线路的首端和终端,除了可支撑导线、绝缘子、横担和金具外,还能承受线路单侧导线拉力。这种电杆的机械强度也很高,属于承力杆。

二、档距与弧垂的选择计算

1.档距。在架空线路中,沿线路方向相邻两杆塔导线悬挂点之间的水平距离称为档距(又称跨距)l,档距可根据线路通过的地区和电压类别,按1-5所列数据范围选择确定。

表 1-5　架空线路的档距允许范围(m)

线 路 通 过 地 区	高 压	低 压
城　　区	40~50	30~45
城郊或乡村	50~100	40~60
厂区或居民小区	35~50	30~40

2.弧垂。在线路档距内,由于导线自身荷重而产生下垂弧度,如图1-3所示。将导线下垂圆弧最低点水平切线与档距端导线悬挂点之间的垂直距离称作导线弧垂或弛度 f_0,当导线

两端悬挂点等高时,弧垂可按下式计算:

$$f_0 = \frac{gl^2}{8\sigma_0} \qquad (1\text{-}12)$$

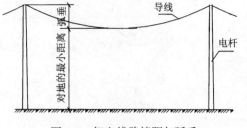

式中 f_0——导线悬挂点等高时的弧垂,m;

  l——线路的档距,m;

  g——导线复合比载,N/m·mm²;

  σ_0——档距内最低点导线应力,N/mm²。

为了确保线路安全,应满足机械强度要求,即

图 1-3 架空线路档距与弧垂

$$\sigma_0 \leqslant [\sigma] = \sigma_p / k_x \qquad (1\text{-}13)$$

式中 $[\sigma]$——许用应力,N/mm²;

  σ_p——极限应力,N/mm²;

  k_x——安全系数,见表 1-6。

表 1-6 导线安全系数及许用应力

型 号 规 格	安 全 系 数 (k_x)	许 用 应 力 $[\sigma]$ (N/mm²)	许 用 拉 力 $[P]$ (N)
LJ-16 25 35 50	2.5	62.76	1000.28 1549.45 2157.46 3108.71
LJ-70 95	3.0	49.03	3393.10 4569.90
LJ-120 150 185	4.0	36.77	4579.71 5442.69 6727.36
GJ-120 150 185 240	5.0	54.92	7521.70 9590.90 11817.01 15425.86

当档距内导线的两悬点不等高时,最低点对悬挂点的弧垂为:

$$f_{AO} = \frac{gl^2 \sigma_A}{8\sigma_0} \qquad (1\text{-}14)$$

$$f_{BO} = \frac{gl^2 \sigma_B}{8\sigma_0} \qquad (1\text{-}15)$$

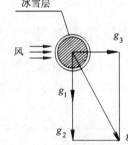

式中 σ_A、σ_B——悬挂点处的导线应力,N/mm²。

  由图 1-4 可见,复合比载 g 为导线自重比载 g_1、附着比载 g_2 和
附冰雪时风压比载 g_3 的矢量和,

  即 $$g = \sqrt{(g_1 + g_2)^2 + g_3^2} \qquad (1\text{-}16)$$

图 1-4 架空线路导线
受力矢量图

式中 $g_1 = \omega/s$,ω 为导线单位长度重量(N/m),s 为导线截面积
(mm²)。对于单股导线,$g_1 = 10^{-6}\gamma$;多股导线,$g_1 = 1.025 \times 10^{-6}\gamma$;
钢芯铝绞线,$g_1 = 1.025 \times 10^{-6}(\gamma_1 s_1 + \gamma_2 s_2)/s_0$ 其中 γ 为导线比重(N/m³),γ_1、γ_2 和 s_1、s_2
分别为铝、钢导线比重($\gamma_1 = 26478$N/m³,$\gamma_2 = 76982$N/m³)和截面积;$g_2 = 27.8(b+d)b \times$

$10^{-3}/s_0$；$g_3 = 613kV^2(d+2b) \times 10^{-6}/s$，$k$ 为空气动力系数,当导线直径 $d < 17\text{mm}$ 时,取 $k = 1.2$；当 $d \geqslant 17\text{mm}$,且冬季导线可能覆冰时,则不论导线直径大小均取 $k = 1.2$,V 取最大风速(m/s),b 为最大覆冰厚度(mm)。

在线路档距 l 内每根导线长度可按下式进行计算:

当档距导线的悬挂点等高时,

$$L = l + \frac{8f_0^2}{3l} \tag{1-17}$$

当悬挂点不等高时,

$$L = l + \frac{g^2l^3}{24\sigma_0'^2} + \frac{h^2}{2l} \tag{1-18}$$

式中 h——档距内两悬挂点之间的高差,m。

例题 1-3 某架空线路等高悬挂 LJ-35 铝绞线。档距 90m,覆冰厚度 5mm,最大风速 10m/s,试求导线弧垂和档距内导线长度。

解: 经查阅《建筑电气设计手册》可知,铝线材比重 $\gamma_1 = 26478\text{N/m}^3$、$\gamma_2 = 76982\text{N/m}^3$,则导线自重比载为:

$$g_1 = 1.025 \times 10^{-6}\gamma = 1.025 \times 10^{-6} \times 26478 = 27.14 \times 10^{-3}\text{N/m} \cdot \text{mm}^2$$

附着比载为:

$$g_2 = 27.8 \times 10^{-3}(b+d)b/s = 27.8 \times 10^{-3} \times (5+6.67) \times 5/35$$
$$= 46.31 \times 10^{-3}\text{N/m} \cdot \text{mm}^2$$

风压比载为:

$$g_3 = 613 \times 10^{-6}kV^2(d+2b)/s = 613 \times 10^{-6} \times 1.2 \times 10^2(6.67+2 \times 5)/35$$
$$= 35.04 \times 10^{-3}\text{N/m} \cdot \text{mm}^2$$

则复合比载为:

$$g = \sqrt{(g_1+g_2)^2 + g_3^2} = \sqrt{(27.14 \times 10^{-3} + 46.3 \times 10^{-3})^2 + (35.04 \times 10^{-3})^2}$$
$$= 81.37 \times 10^{-3}\text{N/m} \cdot \text{mm}^2$$

由表 1-6 查得,铝绞线 LJ-35 型安全系数 $k_x = 2.5$,许用应力 $[\sigma] = 62.76\text{N/m} \cdot \text{mm}^2$,则由式(1-12)得:

$$f_0 = gl^2/8\sigma_0 = 81.37 \times 10^{-3} \times 90^2/8 \times 62.76 = 1.313\text{m}$$

由式(1-17)求得该档距内每根导线实际长度为:

$$L = l + \frac{8f_0^2}{3l} = 90 + \frac{8 \times 1.313^2}{3 \times 90} = 90.05\text{m}$$

三、横担及绝缘子安装

横担与绝缘子组装后,用金具固装在电杆上,用以架设导线、避雷装置和开关器件等,在工程上一般多采用铁横担和陶瓷横担。陶瓷横担又同时兼作绝缘子,主要应用于直线杆上,铁横担则又分为单横担和双横担,有二线、四线和六线等类型。在设计安装时,应尽量选用同一型号规格的横担和绝缘子。单横担多用于直线杆和转角小于 15°的转角杆上,而终端杆、分支杆、耐张杆和转角大于 15°的转角杆则多选用双横担,可参考表 1-7 和表 1-8 选择。横担上的绝缘子用于将导线固定在电杆上,以使导线之间或导线与大地之间绝缘,故要求绝缘子应具有足够的电气绝缘强度和机械强度,应具有足够的抗腐蚀、抗污染和抗渗漏等性能。绝缘子按电压等级分有高压绝缘子和低压绝缘子两大类,按结构分有针式绝缘子、悬式绝缘子和蝴蝶式绝缘子等,如图 1-5 所示。低压针式绝缘子 PD1-1~3 型和蝶式绝缘子 ED-1~3 型适用于 1kV 以下线路;高压针式绝缘子 P型、蝶式绝缘子 E 型适用于 3、6、10、35kV 线路,悬式绝缘子 X 型适用于 35kV 线路。针式绝缘子多用于直线杆和转角小于 15°的转角杆上,蝶式绝缘子则用于承力杆上。在高压线路中,常将高压悬式绝缘子与蝶式绝缘子组合安装成绝缘子串,绝缘子串使用悬式绝缘子片数的多少由线路额定电压和电杆类型确定。例如在 35kV 线路中,耐张杆上绝缘子串中的悬式绝缘子为 3 片。

表 1-7　横担长度选择表(mm)

横担长度	低　压　线　路			高　压　线　路		
	二　线	四　线	六　线	二　线	水平排列四线	陶瓷横担头部
铁横担	700	1500	2300	1500	2240	800

表 1-8　横担长度选择表(mm)

导线截面(mm²)	低压直线杆	低　压　承　力　杆		高压直线杆	高压承力杆
		二　线	四 线 以 上		
16、25、35、50	L50×5	2×L50×5	2×L63×6	L63×6	2×L63×6
70、95、120	L63×6	2×L75×8	2×L75×8	L63×6	2×L75×8

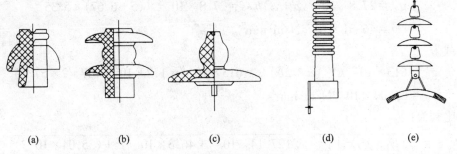

图 1-5　绝缘子类型

(a)针式　(b)蝶式　(c)悬式　(d)瓷横担　(e)绝缘子串

目前已广泛采用瓷横担、瓷拉棒绝缘子,用于 3~10kV 架空线路中。现已研制推广使用合成绝缘子,主要由硅裙、芯棒、金属端头和均压环等构成,具有机械强度高、抗疲劳、耐老化、体积小、重量轻和不用清扫、维护费用低等特点,是一种高科技产品,适用于 35~500kV 架空线路上。

横担一般应水平安装,且与线路方向垂直,其倾斜度不超过 1%。直线杆上横担应装设在负荷侧,多层横担应装在同一

表 1-9　多回路导线共杆架设时横担最小间距(mm)

导线排列方式	直线杆	分支杆或转角杆
高压对高压	800	450/600
高压对低压	1200	1000
低压对低压	600	300
高压对信号线路	2000	2000
低压对信号线路	600	600

注:高压转角杆横担或分支杆横担,距其上层横担 450mm,距其下层横担 600mm。

侧,为了供电安全和检修方便,横担不应超过 4 层,横担间安全距离应不小于表 1-9 所列数据。对于转角杆、分支杆和终端杆,由于承受不平衡导线张力,应将横担装设在张力反方向侧。三

相三线制架空线路,导线一般为三角形排列或水平排列;多回路同杆架设时,导线可三角形和水平混合排列。导线水平排列时,最高层横担距杆顶300mm;等腰三角形排列时,最高层横担距杆顶600mm;等边三角形排列时,最高层横担距杆顶900mm。

横担及绝缘子装设在电杆上后,应对绝缘子进行外观检查,检查其表面有无裂纹,釉面有无脱落等缺陷,并用2500V兆欧表测量绝缘子的绝缘电阻,应不低于300MΩ。如果条件允许,还应进一步做耐压试验。

四、拉线的类型选择计算

电杆上架设导线后,终端杆、转角杆和分支杆将承受不平衡导线张力而使线路失去稳定,因此必须装设拉线,以平衡各方位的拉力。土质松软地区,由于基础不牢固,也需要在直线杆上每隔5～10根装设人字拉线或四方拉线,以增强线路稳定性。拉线按用途可分为以下几种:

1. 普通拉线。装设在各种承力杆上,以平衡线路不平衡力的合力。如果普通拉线应用于终端杆、分支杆上,可称作尽头拉线,应用于转角杆上则称作转角拉线。当拉线与地面夹角为30°～60°之间时,可用下式近似计算拉线长度:

$$C = 0.72(a + b) \tag{1-19}$$

式中 C——拉线地面以上的长度,m;

a——电杆地面以上的高度,m;

b——拉线引出地面点到电杆中心的水平距离,m。

拉线长度减去花蓝螺栓和下把露出地面的长度,再加上两头拉线扎头长度,即为拉线的下料的长度值。

2. 人字拉线。装设在线路方向的两侧,即由两条普通拉线构成。主要用于线路通过区域的土质松软、跨越铁路、桥梁等处的加强型承力杆上,也常用于较长耐张段中的直线杆上,以提高线路抗风能力。如采用两个人字拉线组成的四方拉线,将可以进一步提高线路的稳定性。

3. 过道拉线。由于道路的影响,只得在道路的另一侧埋设拉线杆,在两杆之间及拉线杆对地作拉线。两杆之间拉线与路面间的最小距离应不低于6m,以避免影响交通。过道拉线杆应向受不平衡拉力的反方向侧倾斜10°～20°。

4. 弓型拉线。也称自身拉线,由于受建筑物或路面等条件限制,在电杆上设置支撑架制作形似弓箭的拉线。

5. Y型拉线。又分为Y型垂面拉线和Y型斜面拉线,如图1-6所示。

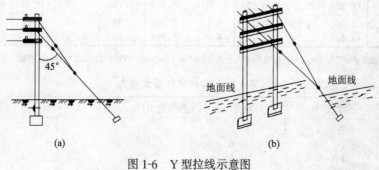

图1-6 Y型拉线示意图

(a)垂面Y型拉线 (b)斜面Y型拉线

拉线通常由上把、中把和下把组成。上把长约 2.5m,上端用抱箍或套环固定在电杆合力作用点上,下端经拉线绝缘子及楔形线夹与中把相连接。下把的上端露出地面 0.5~0.7m,经花蓝螺栓与中把连接,下端与埋深 1.2~2m 的水泥拉线底盘连接。拉线上把和中把多用 $\phi4$ 镀锌铁线或镀锌钢绞线制成;下把大部分埋设在土壤中,容易受到腐蚀,故除了采用 $\phi4$ 镀锌铁线或镀锌钢绞线外,还可采用 $\phi19$ 镀锌铁拉棒,并涂以沥青防腐。当下把采用 $\phi4$ 镀锌铁线时,下把应比上把、中把多 2 股;Y 型拉线的下把为其上部两支拉线股数之和再加 1 股。如果下把超过 9 股时,应采用镀锌铁拉棒。拉线安装收紧后,应使杆顶向拉线一侧倾斜 1/2 杆稍直径。

拉线型号可根据线路导线根数,型号规格和电杆类型,从表 1-10 中查取导线所需拉线的拉力,从表 1-11 选择拉线型号。

表 1-10　每根导线所需拉线的拉力(kN)

导　线　型　号			铝绞线 LJ-(钢芯铝绞线 LGJ-)								
			16	25	35	50	70	95	120	150	185	240
安全系数 k_x			2.5(3)	2.5(3)	2.5(3)	2.5(3)	3(4)	3(4)	3(4)	4(5)	4(5)	4(5)
转角杆（线路转角）	15°	0° 30°	0.53 (0.28)	0.80 (1.24)	1.12 (1.98)	1.61 (2.59)	1.67 (2.75)	2.20 (4.20)	3.00 (5.08)	2.84 (5.18)	3.53 (6.41)	4.28 (8.36)
		45°	0.37 (0.58)	0.57 (0.87)	0.79 (1.42)	1.14 (1.83)	1.18 (1.94)	1.5 (2.97)	2.1 (3.60)	2.01 (3.67)	2.50 (4.55)	3.02 (5.93)
		90°	0.26 (0.41)	0.40 (0.62)	0.56 (0.99)	0.80 (1.29)	0.83 (1.37)	1.10 (2.10)	1.50 (2.54)	1.62 (2.59)	1.77 (3.21)	2.14 (4.18)
	30°	16° 30°	1.04 (1.63)	1.61 (2.43)	2.24 (3.92)	3.22 (5.14)	3.30 (5.43)	4.75 (8.34)	5.94 (10.08)	5.65 (10.30)	6.98 (12.73)	8.51 (16.59)
		45°	0.74 (1.16)	1.14 (1.73)	1.58 (2.78)	2.28 (3.64)	2.33 (3.84)	3.36 (5.90)	4.22 (7.14)	4.00 (7.29)	4.93 (9.02)	6.03 (11.73)
		90°	0.52 (0.81)	0.80 (1.22)	1.12 (1.96)	1.61 (2.57)	1.65 (2.57)	2.37 (4.17)	2.97 (5.04)	2.82 (5.15)	3.49 (6.36)	4.26 (8.30)
	45°	31° 30°	1.53 (2.41)	2.37 (3.59)	3.30 (5.81)	4.78 (7.61)	3.98 (8.02)	7.00 (12.32)	8.79 (14.91)	8.36 (15.18)	10.32 (18.97)	2.57 (23.87)
		45°	1.08 (1.70)	1.68 (2.54)	2.33 (4.11)	3.35 (5.39)	3.44 (5.69)	4.95 (8.73)	6.23 (10.56)	5.90 (10.75)	7.30 (13.44)	8.89 (17.31)
		90°	0.77 (1.20)	1.20 (1.79)	1.65 (2.90)	2.37 (3.80)	2.43 (4.01)	3.50 (6.16)	4.39 (7.45)	4.18 (7.59)	5.16 (9.57)	6.29 (12.23)
终端杆		30°	2.00 (3.14)	3.10 (4.49)	4.31 (7.59)	6.22 (9.94)	6.35 (10.49)	9.16 (16.08)	11.47 (19.48)	10.89 (19.85)	13.47 (24.52)	16.42 (31.97)
		45°	1.41 (2.22)	2.19 (3.33)	3.05 (5.37)	4.39 (7.04)	4.50 (7.43)	6.49 (11.38)	8.12 (13.78)	7.71 (14.04)	9.51 (16.77)	11.62 (22.65)
		90°	1.00 (1.57)	1.55 (2.34)	2.16 (3.80)	3.11 (4.97)	3.18 (5.25)	4.55 (8.04)	5.74 (9.74)	5.44 (9.92)	6.74 (12.56)	8.21 (15.98)

注:表中"30°"、"45°"、"90°"为拉线与电杆夹角 θ;转角杆处线路转角 $\alpha>45°$时,可按终端杆数据选择拉线型号。

表 1-11　拉线允许最大拉力

拉线线材	拉线型号	计算截面(mm²)	极限应力(N/mm²)	安全系数(k_x)	允许拉力[P](kN)
镀　锌铁绞线	T-3/$\phi4$	47.7	363	2.5	5.47
	T-5/$\phi4$	62.6	363	2.5	9.09
	T-7/$\phi4$	88.0	363	2.5	12.78
	GJ-25	26.6	1177	2.0	15.65
	GJ-35	37.2	1177	2.0	21.89

拉线线材	拉线型号	计算截面(mm²)	极限应力(N/mm²)	安全系数(k_x)	允许拉力[P](kN)
镀锌 钢绞线	GJ-50	49.5	1177	2.0	29.13
	GJ-70	72.2	1177	2.0	42.49
	GJ-100	101.0	1177	2.0	59.44

例题 1-4 某架空线路采用 LJ-70 导线 3 根,试计算终端杆和转角杆上的镀锌铁拉线型号。

解:设拉线与电杆夹角 $\theta = 45°$,则从表 1-10 查得终端杆上拉线所受的合拉力为:

$$F = 4.5 \times 3 = 13.5\text{kN}$$

且安全系数 $k_x = 3$。再查表 1-11,由于表中镀锌铁拉线型号均不能满足要求,需要增加镀锌铁拉线的股数,现暂选 T-9/ϕ4 型镀锌铁拉线,其计算面积为:

$$S = 9 \times \pi d^2/4 = 9 \times 3.14 \times 4^2/4 = 113\text{mm}^2$$

拉线极限拉力为:

$$P_P = S\sigma_P = 113 \times 363 = 41019\text{N}$$

已知安全系数 $k_x = 3$,则拉线允许最大拉力为:

$$[P] = P_p/k_x = 41019/3 = 13673\text{N} > F = 13500\text{N}$$

故选用 T-9/ϕ4 型镀锌铁拉线满足要求。此拉线上把、中把取 9 股,下把应比上把、中把多两股,即应选 11 股。由于下把超过了 9 股,应选用 ϕ19 镀锌铁拉棒。

用同样方法从表 1-10 中查得 45°转角杆上导线所需拉线合力为:

$$F = 3.44 \times 3 = 10.32\text{kN}$$

查表 1-11,可初选 T-7/ϕ4 型拉线,要求安全系数 $k_x = 3$ 时的允许拉力为:

$$[P] = 12.78 \times 2.5/3 = 10.65\text{kN} > F = 10.32\text{kN}$$

故满足要求,其上把、中把选 7 股 ϕ4 镀锌铁拉线,下把取 9 股 ϕ4 镀锌铁拉线或选取 ϕ19 镀锌铁拉棒即可。

五、架空线路的安装

应根据总建筑平面布置图和地质结构、地形特点,在保证满足有关规范、规定要求的条件下,按路径最短、使用建筑材料最省的原则确定线路走向。线路应尽可能沿公路、铁路架设,以方便杆塔和设备器材运输和线路巡视检修。线路应避开高大机械设备频繁通过地段和各种露天作业场所,减少跨越建筑物或与其他设施交叉。线路应避开易受腐蚀污染、地势低凹易受水淹和易燃易爆等场所。架空线路与其他建筑设施、地物的安全距离见表 1-12。

表 1-12 架空线路对地面、水面的允许距离(m)

线路经过地区的特点		线路电压(kV)	
		<1	1~10
人口密集地区		6.0	6.5
人口非密集地区		5.0	5.5
居民密度很小、交通困难地区		4.0	4.5
步行可到达的山坡		3.0	4.5
步行不可到达的山坡和峭壁等		1.0	1.5
不能通航及浮运的河湖,在冬季时线路至冰面		5.0	5.0
不能通航及浮运的河湖,高水位时线路至水面		1.0	3.0
人行道、巷等区域	裸导线至地面	3.5	—
	绝缘导线至地面	2.5	—

1. 杆位排定

杆位排定分室内杆位排定设计和室外杆位排定施工。在进行杆位排定设计时,可按上述对架空线路的基本要求确定线路路径并在平面图上用实线表示,杆位用小圆圈表示;同时标注线路的档距、杆型、编号及标高;对转角杆、分支杆还须标注干线或分支线的转角,对于转角杆、分支杆和终端杆,则应标注其拉线的型号及拉线与电杆的安装夹角等;线路上有跨越建筑设施处也应在平面图上标绘出。在室外进行杆位排定施工时,应按施工设计图纸勘测确定线路路径,先确定线路起点、终点、转角点和分支点等杆位,再确定直线段上的杆位(如直线杆、耐张杆)。施工常用"经纬仪定位法"或"三标杆定位法"确定杆位,并在地面上打入主、辅标桩,在标桩上标注电杆编号、杆型等,以便确定是否需要装设拉线和组织挖掘施工等。

2. 挖坑

电杆按材质分,有木杆、金属杆和水泥杆。由于使用木杆耗费木材量较大,且寿命短、机械强度较低,故目前已较少采用;金属杆(如铁塔、管型杆等)机械强度高,使用寿命长,但造价高、维护费用较大,故多用于35kV及以上架空线路;水泥杆机械强度较高,耐腐蚀,维护费用小,使用寿命长,造价也较低,在10kV以下架空线路中获得广泛应用。水泥杆一般为空心环形截面,且有一定锥度(一般为1:75)。长度分8m、9m、……15m等7种,杆高及杆坑参考尺寸见表1-13。

表1-13 电杆埋深参考值(m)

电杆高度	8	9	10	11	12	13	15
杆坑深度	1.5	1.6	1.7	1.8	1.9	2.0	2.3

注:本表适用于沙土、硬塑土,且承力为19.61~29.42N/cm²。

杆坑深度与电杆高度及土质情况有关,对于承力杆(如终端杆、转角杆、分支杆和耐张杆)坑底应装设底盘。如果土质压力大于$19.61N/cm^2$时,直线杆坑底可不装设底盘,但如果土质较差或水位较高时,直线杆坑底也应装设底盘,以提高线路的稳定性。

3. 立杆

为了施工方便,一般先在地面上安装横担及绝缘子、拉线等,待组装好后再进行立杆。立杆多采用汽车悬臂吊车吊装,应使电杆轴线与线路中心偏差不超过150mm。直线杆及耐张杆轴线应与地面垂直,倾斜度应小于其梢径的1/4;而终端杆、转角杆和分支杆轴线应向拉线一侧倾斜,但倾斜度应不超过其梢径的1/2。在立杆时,应注意将电杆安放平稳,横担方位符合前述规定要求,杆坑回填土应逐层夯实,并高出地面300mm。

4. 导线架设

在电杆埋设,横担、绝缘子、拉线等安装均完毕后,即可进行架线施工。架线前应首先检查导线型号规格是否与设计要求相符,有无严重机械损伤和锈蚀等问题。

架线施工主要包括放线、导线连接、紧线调整弧垂和导线固定等工序。简述如下:

(1)放线。放线时应注意双路电源线路不得共杆架设,而对一般负荷供电的高、低压电力线路,以及道路照明线路、广播线路、电话线路等可共杆架设,但横担布置及间距应符合图1-7所示布置要求。另外,同一电压等级的不同回路导线,导线截面较小的布置在下面,导线截面较大的布置在上方。三相导线排列相序应符合规定要求,即面向负荷从左侧起,高压电力线路:L_1、L_2、L_3;低压电力线路:L_1、N、L_2、L_3,且零线N靠近电杆。

放线前应首先清除线路上的障碍物,如线路跨越公路、铁路及其他电力线路、建筑物时,应搭设导线跨越架,然后选择适当放线位置,安放固定放线架及其盘线轮。通常安耐张段分段放线,放线一般采用拖线法,并使导线从盘线轮的上方引出,以免导线与地面接触而受到损伤。

(2)导线连接。导线按耐张段放线完成后,应将耐张段内各相导线接线头分别连接起来,使其成为良好的电气通路。导线接头连接质量的优劣将直接影响到线路的机械强度和电气工作性能,因此对导线连接提出以下要求:①导线连接处的机械强度不得低于原导线机械强度的90%;②导线连接处的接触电阻不得大于同长度导线电阻的1.2倍;③不同金属、不同截面和不同捻绞方向的导线不能在档距中连接,其导线接头只能在电杆横担上的过引线处连接(过引线或引下线的相间净空距离应满足:1~10kV 线路应不小于 300mm;1kV 以下线路应不小于 150mm)。另外,还须注意每个档距内每根导线最多只能有一个接头,当线路跨越铁路、公路、河流、电力线路或通讯线路时,则要求导线(包括避雷线)不能有接头。导线的连接方法有钳压法、爆接法、螺接法和线夹连接等。例如导线接头在过引线

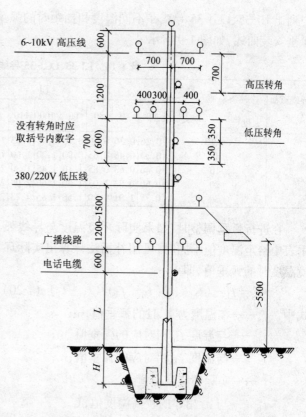

图 1-7　电杆上横担及架空导线布置示意图

(也称跳线)处进行,受力很小可用螺接法和线夹连接法;导线接头在档距之内进行,受力较大可用钳压法和爆压法。以钳压法为例,在压接之前,先将导线及连接套管内壁用中性凡士林涂抹一层,再用细钢丝刷在油内清洗,使之在与空气隔离情况下清除氧化膜,导线的清洗长度应为导线接头连接长度的 1.25 倍以上。清洗后,在导线表面和连接套管内壁涂抹一层凡士林锌粉膏,再用细钢丝刷擦刷,然后将带凡士林锌粉膏导线插入连接套管中,并使导线端头露出套管外端20mm 以上。再将连接套管连同导线放入液压压接钳的压模之中,按顺序要求压接,借助于连接套管与导线之间的握着力使两根导线紧密地连接起来,其压接顺序如图 1-8 所示。

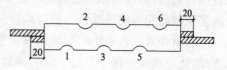

图 1-8　铝绞线连接套管压接顺序示意图

(3)导线固定及其弧垂调整。一般分耐张段进行紧线和弧垂调整,先将导线一端固定在起始耐张杆或其他承力杆上,在耐张段另一端的耐张杆上紧线。导线可逐根均匀收紧,也可以二线或三线同时均匀收紧,后一种方法紧线速度快,需要功率较大的牵引装置。如果耐张段较短和导线截面较小时,可用滑轮组和液压紧线器将导线收紧,而耐张段较长和导线截面较大时,则应采用卷扬机,并采取临时拉线加固措施将导线收紧。当导线收紧到一定程度时,要配合调节导线弧垂,使之符合设计要求。

　　如前所述,导线弧垂与当地气候条件、档距和导线型号、规格等因素有关,导线弧垂大小可按式(1-12)~(1-15)计算,或根据当地供电部门提供的架空线路导线弧垂表查取。在表 1-14

中列出 LJ-35、LGJ-35 导线在不同温度和档距时的弧垂值，据此可绘出该导线在一定档距时的弧垂安装曲线，如图 1-9 所示。

表 1-14　LJ-35、LGJ-35 导线弧垂表(m)

导线截面 (mm²)	线型 档距 温度℃	铝 绞 线 LJ-							钢 芯 铝 绞 线 LGJ-						
		60	70	80	90	100	110	120	60	70	80	90	100	110	120
35	−10	0.26	0.36	0.50	0.70	0.98	1.33	1.73	0.23	0.32	0.41	0.52	0.66	0.81	1.00
	0	0.33	0.48	0.65	0.90	1.20	1.60	1.95	0.28	0.38	0.50	0.64	0.80	0.96	1.18
	10	0.46	0.63	0.85	1.10	1.45	1.80	2.22	0.36	0.48	0.63	0.78	0.96	1.15	1.39
	20	0.60	0.83	1.03	1.30	1.66	2.00	2.45	0.47	0.63	0.77	0.95	1.15	1.37	1.60
	30	0.78	1.01	1.20	1.50	1.85	2.23	2.65	0.60	0.77	0.95	1.15	1.35	1.57	1.85

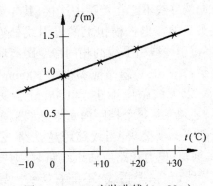

图 1-9　LJ-35 安装曲线($l = 90$m)

　　在进行弧垂调整时，如果实际环境温度与导线弧垂表中给定温度值不同时，可用补插法计算出实际环境温度时的弧垂值，即

$$f_s = f_h - (t_h - t_s)(f_h - f_1)/(t_h - t_1) \quad (1\text{-}20)$$

式中　f_s——在温度为 t_s 时的弧垂值，m；

　　　　f_h——与温度 t_h 相对应的弧垂值，m；

　　　　f_1——与温度 t_1 相对应的弧垂值，m；

　　　　t_s——实际环境温度值，℃；

　　　　t_h——与 t_s 相邻的较高温度值，℃

　　　　t_1——与 t_s 相邻的较低温度值，℃。

　　确定导线弧垂值再加上绝缘子串的垂直长度(针式绝缘子则应减去其垂直长度)后，即得到从横担到导线最低点的垂直距离，即称作"最终弧垂值"。测定导线弧垂值常采用平行四边形方法，即在相邻电杆的横担上悬挂弧垂板(丁字型水准尺)，将导线"最终弧垂值"标记在弧垂板上，再由观测人员在电杆上从一侧弧垂板瞄准另一侧弧垂板，使导线下垂园弧最低点与瞄准直线相切时，即表明弧垂值调整符合要求。弧垂与允许安装弧垂值误差不应超过±5%，档距内多条截面相同的导线弧垂值应调整一致。

　　将耐张段内各档距的导线弧垂调整到符合设计要求，即可将导线装上线夹并与绝缘子相连结，使导线在绝缘子上处于自然拉紧状态；经检查导线弧垂无明显变化，就可以将导线绑扎紧固在绝缘子上。导线绑扎固定的方法可根据电杆、绝缘子的类型及安装地点来选择。例如，直线杆上的针式绝缘子可采用顶绑法或侧绑法(也叫颈绑法)；转角杆上的针式绝缘子可采用侧绑法；终端杆、分支杆上的蝶式绝缘子可采用终端绑扎法；而 6～10kV 或以上架空线路终端杆、耐张杆上的导线固定，可采用耐张线夹固定导线法，等等。

　　在线路架设安装完毕、投入运行之前，须进行必要的测试检查，即：①检查架空导线最低点距地面、建筑物、构筑物或其他设施的距离是否符合有关规范规定要求；②检查架空线路的相序是否符合规定要求，线路两端的相位关系是否一致；③检查测试线路绝缘电阻、过电压保护装置(如避雷器、避雷针及避雷线等)的接地电阻是否符合规定要求；④在额定电压下，对线路进行三次空载冲击合闸试验，第一次冲击合闸试验应分相进行，第二、三次冲击合闸试验则三相同时进行。在各次冲击合闸试验中观察线路及设备、器件有无损坏或不正常现象。

第三节　电力电缆线路安装调试

在电力系统中,电缆分为电力电缆和控制电缆。电力电缆用以输送和分配大功率的电能,而控制电缆则用以传递控制信号和监测信号,即连接继电保护、电气仪表、信号装置和检测控制回路等。本节主要介绍电力电缆的结构、用途及一般安装调试方法。

电力电缆通常敷设在土壤中或电缆沟中,虽然电缆线路造价较高,巡视维护比较困难,但由于电缆线路不影响市容和地面设施,有利于城市规划和市政建设,有利于地下管网集中规划设计和管理,不影响城市交通,还可免遭雷、电、风、雨等自然灾害,不易受到机械损伤,线路安全性好,所以获得日益广泛的采用。

一、电缆的结构、分类和用途

电缆由缆芯、绝缘层和保护层等三部分组成,缆芯一般多采用多股细铜丝或细铝丝绞合而成,以增加电缆的柔软性,是传导电能的通路;保护层有内护层和外护层之分,起着保护绝缘,免受外界潮气侵入和机械损伤等作用;绝缘层则起着与相邻线芯之间以及与保护层绝缘隔离的作用。缆芯上包覆的绝缘又称为统包绝缘或带绝缘,绝缘材料常用油浸电缆纸、橡皮和聚乙烯(或聚氯乙烯)塑料等,故电力电缆又分为油浸纸绝缘电力电缆、橡皮绝缘电力电缆和聚乙烯(或聚氯乙烯)绝缘电力电缆等三类,其型号格式说明如下:

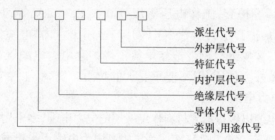

型号格式中各部分代号及其含义见表1-15。如 VV_{22}-1kV($3 \times 50 + 1 \times 16$),表示铜芯聚氯乙烯绝缘、聚氯乙烯护套、钢带铠装、二级防腐、外护套、四芯电力电缆,额定电压 1kV,电缆主缆芯截面 $50mm^2$,中性缆芯截面 $16mm^2$。

表 1-15　电力电缆型号的代号及其含义

类　　别	缆芯材质	绝缘材料	内护层	特　征	外 护 套	派　生
N—农用电缆 V—塑料电缆 X—橡皮电缆 YJ—交联聚乙烯电缆 Z—纸绝缘电缆	L—铝材电缆芯 (无 L 者为铜材电缆芯)	V—聚氯乙烯 X—橡皮 XD—丁基橡皮 Y—聚乙烯 Z—油浸纸	H—橡套 HF—非燃橡套 L—铝包 Q—铅包 V—塑料护套	CY—充油 D—不滴流 F—分相护套 P—贫油干绝缘 P—屏蔽 Z—直流	0—相应的裸外护层 1—一级防腐 1—麻被保护 2—二级防腐 2—钢带铠装 3—单层细钢丝铠装 4—双层细钢丝铠装 5—单层粗钢丝铠装 6—双层粗钢丝铠装 9—内铠装	1—第 1 种 2—第 2 种 110—110kV 120—120kV 150—150kV

1. 油浸纸绝缘电力电缆

其绝缘材料为粘性油浸纸,由于容易滴流和受潮,因而都采用铅套或铝套密封内护层。为了增加电缆的机械强度和防腐能力，又采用钢带或钢丝作为铠装外护层，再外加沥青麻被或挤压聚氯乙烯护套，以适应不同环境中敷设。如裸铅包电力电缆 ZQ(ZLQ)型及铅包麻被一级防腐外护层电力电缆 ZQ$_{11}$(ZLQ$_{11}$)型，适用于室内、沟道及管内等无机械损伤和无腐蚀的场所敷设；铅包钢带铠装一级外护层电力电缆 ZQ$_{12}$(ZLQ$_{12}$)型及铅包细钢丝铠装一级外护层电力电缆 ZQ$_{13}$(ZLQ$_{13}$)型，适用于土壤中敷设，可承受一定的机械外力作用，具有一定的抗拉能力；而铅包钢带铠装二级外护层电力电缆 ZQ$_{22}$(ZLQ$_{22}$)型，适用于室内沟道中及土壤中敷设，具有较强的防腐能力；铅包粗钢丝铠装一级及二级外护层电力电缆 ZQ$_{15}$(ZLQ$_{15}$)、ZQ$_{25}$(ZLQ$_{25}$)型，均适用于土壤或水中敷设，能承受较大机械损伤和拉力作用。

油浸纸绝缘电力电缆具有使用寿命长、工作电压等级高(有 1、6、10、35、110kV 等)、热稳定性能好等优点，但制造工艺较复杂。其浸渍剂易滴流而使绝缘及散热能力下降，从而对此类电缆的敷设位差作出限制，即要求不得超过表 1-16 的规定值。现研制出一种不滴流浸渍油浸纸绝缘电力电缆，采用粘度大的特种油料浸渍剂，在规定工作温度以下时不易流淌，其敷设位差可达 200m，并可用于热带地区。但制造工艺更为复杂，价格较贵。

表 1-16　油浸纸绝缘电力电缆允许敷设位差(m)

额定电压(kV)	外护层类型	铅包	铝包
1～3	铠　　装	25	25
	无铠装	20	20
6～10	铠装或无铠装	15	15

2. 橡皮绝缘电力电缆

橡皮绝缘电力电缆其绝缘材料为丁苯天然混合橡胶，具有柔软、可挠性好，其外护套有铅包、氯丁橡皮和聚氯乙烯等护套，工作电压等级分 0.5、1、3、6kV 等，其中 0.5kV 电缆使用最多。如橡皮绝缘聚氯乙烯护套电力电线 XV(XLV)适用于室内、电缆沟、隧道及管道中敷设，不能承受机械外力作用；橡皮绝缘钢带铠装聚氯乙烯护套电力电缆 XV$_{29}$(XLV$_{29}$)适用于土壤中敷设，能承受一定机械外力作用，但不能承受大的拉力。

3. 聚氯乙烯绝缘电力电缆

聚氯乙烯绝缘电力电缆以聚氯乙烯材料作绝缘层的电力电缆，多采用聚氯乙烯护套，故又称作全塑电力电缆，其工作电压有 0.6、1、6kV 等。为了提高电力电缆承受机械损伤和抗拉能力，可增设钢带或钢丝铠装。如聚氯乙烯绝缘聚氯乙烯护套电力电缆 VV(VLV)适用于室内、隧道内及管道中敷设，不能承受机械外力作用；聚氯乙烯绝缘聚氯乙烯护套钢带铠装电力电缆 VV$_{22}$(VLV$_{22}$)、VV$_{29}$(VLV$_{29}$)等适用于土壤中敷设，能承受机械外力作用，但不能承受大的拉力；而聚氯乙烯绝缘聚氯乙烯护套裸细钢丝铠装电力电缆(VV$_{30}$)及内细钢丝铠装电力电缆(VV$_{39}$)，分别适用于室内、矿井中和水中敷设，能承受一定机械外力和较大拉力作用。由于聚氯乙烯绝缘聚氯乙烯护套电力电缆制造工艺简单，具有耐腐蚀、不延燃、无敷设位差限制等优点，而且敷设、接续方便，允许工作温度范围大(−40℃～+65℃)、绝缘强度高，故在高、低压线路中得到越来越广泛的应用。

此外，还有交联聚乙烯绝缘电力电缆，是以交联聚乙烯塑料作为绝缘层，工作电压有 6、10、35kV 等三级，主要用于工频交流电压 35kV 及以下的输配电线路中。如交联聚乙烯绝缘聚氯乙烯护套电力电缆 YJV 适用于室内、电缆沟及管道内、土壤中敷设，但不能承受机械外力作用，只能承受一定的拉力；而交联聚乙烯绝缘聚氯乙烯护套内细钢丝铠装电力电缆 YJV$_{39}$，则适用于在水中或具有较大位差的土壤中敷设，能承受相当大的拉力。此外，在高层建筑电缆井中，还有替代汇集母线槽的 YFD 系列预制分支电缆。这种电缆适用于电压 1kV 以下，最大工作电流不超过 1605A 的配电线路中，具有安装施工简便，组合灵活、供电可靠和配电成本低等优点。控制电缆的结构与电力电缆相似,但其工作电压低,一般在 1kV 以下,属于低压控制电缆。工作电流也较小,电缆芯数多(4～37 芯),导线截面通常为 1～10mm^2。在电力电缆的型号之前加"K",即为控制电缆型号,如 KZLQ 型,表示铝芯裸铅包纸绝缘控制电缆。此外,还有电话通讯电缆,同轴电缆等,在工业与民用建筑中得到普遍应用。

二、电力电缆的敷设

电力电缆的敷设方式很多,主要有直接埋地敷设、电缆沟内(或隧道内)敷设、穿钢管(或水泥排管)敷设、用吊钩在建筑物室内楼板下或沿墙敷设、沿电缆托盘和电缆线槽、电缆桥架敷设等等。各种电缆敷设方法都有其优缺点,应根据电缆根数、敷设区域的环境条件等实际情况确定。其中电缆直埋敷设具有施工简单、使用建筑材料少、有利于电缆散热等优点,所以在条件允许的情况下应尽可能选择电缆直埋敷设方式。

1.电缆直接埋地敷设

将电缆线路直接埋入地下,不易遭受雷电或其他机械伤害,故障少,安全可靠。同时,其施工方法简便、土建材料省、泥土散热好、对提高电缆的载流量有一定好处,但挖掘土方量较大,电缆易受土壤中酸碱性物质腐蚀,线路维护也较困难。所以,电缆直接埋地敷设方法一般适用于敷设距离较长、电缆根数较少及不适合采用架空线路的地方。

电缆直接埋地敷设时,应先勘察选择敷设电缆的路径,以确保电缆不受机械损伤,并符合电缆直埋敷设施工要求:

1)电缆埋地深度不小于 0.7m,穿越农田时应不小于 1m,在冰冻地带应埋设在冻土层以下。

2)埋设电缆的土壤中如含有微量酸碱物质时,电缆应穿入塑料护套管保护或选用防腐电缆,也可以更换土壤或垫一层不含有腐蚀物质的土壤。

3)电缆上下方需要各铺设 100mm 厚的细砂或松软土壤垫层,在垫层上方再用混凝土板或砖覆盖一层,其覆盖电缆宽度应超出电缆两侧各 50mm,以减小电缆所受来自地面上的压力,其敷设剖面如图 1-10 所示。

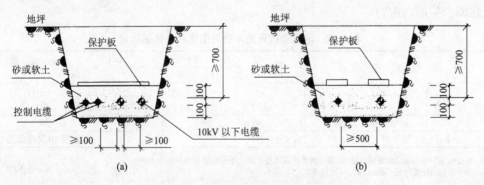

图 1-10　电缆直接埋地敷设剖面图

(a)10kV 以下电缆并排　(b) 不同部门电缆并排

4.电缆如需穿越铁路、道路、引入或引出地面和建筑物基础、楼板、墙体等处时,电缆都应穿管保护。例如,电缆引入、引出地面时(如电缆从沟道引至电杆、设备、墙外表面或室内等人们易于接近处),应有 2m 以上高度的金属管保护;电缆引入、引出建筑物时,其保护管应超出建筑物防水坡 250mm 以上;电线穿过铁路、道路时,保护管应伸出路基两侧边缘各 2m 以上,等等。

5)电缆与其他设施交叉或平行敷设时,其间距应不小于表 1-17 的规定值,电缆不应与其他金属类管道较长距离平行敷设。

表 1-17 直埋电力电缆与各种设施的最小净距(m)

设 施 名 称		平 行 时	交 叉 时
建筑物、构筑物基础		0.6	
电杆基础		1.0	
电力电缆之间或电力电缆与控制电缆之间	>10kV	0.25 (0.1)	0.5 (0.25)
	≤10kV	0.1	0.5 (0.25)
通讯电缆		0.5 (0.1)	0.5 (0.25)
热力管道(管沟)及热力设备		2.0	(0.5)
油管道(管沟)		1.0	0.5
水管、压缩空气管(管沟)		0.5 (0.25)	0.5 (0.25)
可燃气体及易燃、可燃液体管道(管沟)		1.0	0.5 (0.25)
电气化铁路路轨	交 流	3.0	1.0
	直 流	10.0	1.0
城市街道路面		1.0	0.7
公路(道路)		1.5	1.0
铁路路轨		3.0	1.0
排水明沟(平行时与沟边,交叉时与沟底)		1.0	0.5

注:①表中括号内数字为电缆穿线管、加隔板或隔热保护层后所允许的最小净距;
　　②电缆与热力管沟交叉时,如电缆穿石棉水泥保护管,保护管应伸出热力管沟两侧各 2m;用隔热保护层时,则保护层应超出热力管沟和电缆两侧各 1m;
　　③电缆与道路、铁路交叉时,保护管应伸出路基 1m 以上;
　　④电缆与建筑物、构筑物平行敷设时,电缆应埋设在其防水坡 0.1m 以外,且距其基础在 0.5m 以上。

为了维护方便和不使挖填电缆沟土方量过大,同一路径上埋设的电缆根数不应超过 8 根,否则宜采用电缆沟敷设。在电缆埋设路径上,尤其是电缆与其他设施交叉、拐弯和有电缆接头的地方,应埋设高出地面的 150mm 左右的标桩,并标注电缆的走向、埋深和电缆编号等。电缆拐弯处的弯曲半径应符合表 1-18 的规定值;在终端头、中间接头等处应按要求预留备用长度;在电缆直埋路径上应有 2.5% 的余量,使电缆在电缆沟内呈 S 形埋设,以消除电缆由于环境温度变化而产生的内应力。

表 1-18 电缆敷设弯曲半径与电缆和外径的比值

电 缆 护 套 类 型		电 力 电 缆		其 他 电 缆
		单 芯	多 芯	多 芯
金 属 护 套	铅 包	25	15	15
	铝 包	30 *	30 *	30
	皱绞铝套、钢套	20	20	20
非 金 属 护 套		20	15	无铠装 10,有铠装 15

注:电力电缆中包括油浸纸绝缘电缆(包括不滴流浸渍电缆)、橡皮绝缘电缆和塑料绝缘电缆。
　　"＊"为铝包电缆外径＜40mm 时,其比值选取 25。

2. 电线在电缆沟内敷设

电缆在电缆沟内敷设方式适用于敷设距离较短且电缆根数较多(如超过 8 根)的情况。如变电所内、厂区内以及地下水位低、无高地热源影响的场所,都可采用电缆沟敷设。由于电缆在电缆沟内为明敷方式,敷设电缆根数多,有利于进行中长期供配电线路规划,而且敷设、检修或更换电缆都较方便,因而获得广泛采用。

电缆沟结构及安装尺寸如图 1-11、表 1-19 所示。电缆沟通常采用砌砖或混凝土浇注方式,电缆支架的固定螺栓在建造电缆沟时预埋。电缆沟内表面用细砂浆抹平滑,位于湿度大的土壤中或地下水位以下时,电缆沟应有可靠防水层,且每隔50m左右设一口集水井,电缆沟底对集水井方向应有不小于0.5%的坡度,以利于排水。电缆沟盖板一般采用钢筋混凝土盖板,每块盖板重≤50kg。在室内,电缆沟盖板可与地面相平或略高出地面。在室外,为了防水,如无车辆通过,电缆沟盖板应高出地坪100mm,可兼作人行通道。如有车辆通过,电缆沟盖板顶部应低于地坪300mm,并

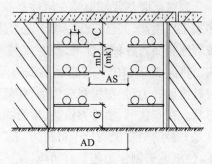

图 1-11　10kV 以下电缆沟结构示意图

用细砂土覆盖压实,盖板缝隙均用水泥砂浆勾缝密封。为了便于维护,室外长距离电缆沟应适当加大尺寸,一般深度为1300mm,宽度以不小于700mm为宜。

电缆支架一般由角钢焊接而成,其支架层间净距不应小于2倍电缆外径加10mm,焊接时垂直净距与设计偏差不应大于5mm。另外其安装间距应不超过表1-20的规定数值。电缆支架经刷漆防腐处理后,即可安装到电缆沟内的预埋螺栓上,其安装高差应不超过5mm。在有坡度的电缆沟内或建筑物上安装的电缆支架,应与电缆沟或建筑物的坡度相同。电缆支架采用 φ6 圆钢依次焊接连接后再可靠接地,接地电阻不应超过10Ω。

表 1-19　电缆沟参考尺寸(mm)

结　构　名　称		符号	推荐尺寸	最小尺寸
通道宽度	单侧支架	AD	450	300
	双侧支架	AS	500	300
电缆支架层间距离	电力电缆	mD	150~250	150
	控制电缆	mk	130	120
电力电缆水平净距		t	35	35
最上层支架至盖板净距		C	150~200	150
最下层支架至沟底净距		G	50~100	50

表 1-20　电缆各支持点间的距离(mm)

电　缆　类　型		敷　设　方　式	
		水平	垂直
电力电缆	全塑型	400	1000
	除全塑型以外的中、低压电缆	800	1500
	35kV 及以上高压电缆	1500	2000
控　制　电　缆		800	1000

在敷设电缆时,应将高、低压电缆分开,电力电缆与控制电缆分开。如果是单侧电缆支架,电缆敷设应按控制电缆、低压电缆和高压电缆的顺序,自下而上地分层放置,各类电缆之间最好用水泥石棉板隔开。

三、电缆头制作

电缆敷设完成后,其两端要与电源和用电设备相连接,各段电缆也要相互连接起来,这就需要制作电缆头。电缆始、末端电缆头称作电缆终端头,电缆相互连接的电缆头称作电缆中间接头。各类电缆,特别是电力电缆必须在密封状态下运行,以防电缆受潮,防止油浸纸绝缘电缆浸渍剂流失,保证电缆的绝缘强度和耐压能力不降低,所以电缆终端头和电缆中间接头的制作是电缆敷设中的关键工序,对制作安装工艺要求非常高。

电缆头种类繁多,有用于室内的铁皮漏斗式终端头、聚氯乙烯软手套干包式终端头、环氧树脂浇注式和环氧树脂预制式终端头等;还有用于室外的铸铁鼎足式终端头和环氧树脂浇注式终端头等。本节将主要介绍近年来新发展起来的热缩型电缆终端头的制作。

辐射交联热收缩电缆头附件是60年代由美国瑞凯（Raychen）公司研制的，目前我国也有多家工厂生产，并已广泛应用于电力线路之中。辐射交联热收缩电缆头附件是由聚烯烃、硅橡胶等原料加入各种添加剂，经混炼使聚合物分子发生交联，线型分子结构转化为空间网状结构。再经 $300\times10^4\text{V}$ 高能 γ 射线辐照、加热到结晶熔点以上时，便呈橡胶弹性状态。此时再对其施加外力，挤塑扩张成型后，作降温冷却处理，使聚合物分子链"冻结"，保持弹性变形后的形状。在安装时，由外界供热，聚合物分子链"解冻"而恢复到弹性变形前的形状。由此可见，这是一种新型智能高分子材料，具有"弹性记忆"功能，从而使电缆头制作工艺发生了根本性变革，使电缆头制作工艺具有简单、维护方便、性能可靠，适应电缆直径的范围大，而且体积小、重量轻，所以它将逐渐取代其他的电缆头附件。其产品规格型号如表1-21所示，表中的电缆头规格型号含义如下：

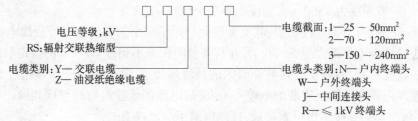

表 1-21　常用热缩型电缆头附件

电力电线名称	电力电缆型号	适用电缆截面（mm）	适用电缆种类
交 联 电 缆 热缩型户内式 终 端 头	10kV　RSYN-1 10kV　RSYN-2 10kV　RSYN-3	25～50 70～120 150～240	10kV 交联电缆 〃〃〃 〃〃〃
交 联 电 缆 热缩型户外式 终 端 头	10kV　RSYW-1 10kV　RSYW-2 10kV　RSYW-3	25～50 70～120 150～240	〃〃〃 〃〃〃 〃〃〃
交 联 电 缆 热 缩 型 中 间 连 接 头	10kV　RSYJ-1 10kV　RSYJ-2 10kV　RSYJ-3	25～50 70～120 150～240	〃〃〃 〃〃〃 〃〃〃
油浸纸绝缘 热缩型户内式 终 端 头	10kV　RSZN-1 10kV　RSZN-2 10kV　RSZN-3	25～50 70～120 150～240	10kV 油浸纸绝缘电缆 〃〃〃 〃〃〃
油浸纸绝缘 热缩型户外式 终 端 头	10kV　RSZW-1 10kV　RSZW-2 10kV　RSZW-3	25～50 70～120 150～240	〃〃〃 〃〃〃 〃〃〃
油浸纸绝缘 热 缩 型 中 间 连 接 头	10kV　RSZJ-1 10kV　RSZJ-2 10kV　RSZJ-3	25～50 70～120 150～240	〃〃〃 〃〃〃 〃〃〃
四 芯 电 缆 热 缩 型 终 端 头	1kV　RST-1 1kV　RST-2 1kV　RST-3	$3\times25+1\times10\sim3\times50+1\times25$ $3\times70+1\times35\sim3\times120+1\times70$ $3\times150+1\times95\sim3\times240+1\times150$	1kV 四芯橡塑电缆 〃〃〃 〃〃〃
四 芯 电 缆 热 缩 型 中 间 连 接 头	1kV　RSJ-1 1kV　RSJ-2 1kV　RSJ-3	$3\times25+1\times10\sim3\times50+1\times25$ $3\times70+1\times35\sim3\times120+1\times70$ $3\times150+1\times95\sim3\times240+1\times150$	〃〃〃 〃〃〃 〃〃〃

例如 10kVRSYN-1 型，则表示为 10kV 辐射交联热缩型户内终端头，适用于交联电缆截面 $25\sim50\text{mm}^2$。

在制作电缆头时，应在天气晴朗、环境温度 0℃ 以上、相对湿度不大于 70% 的洁净环境中进行，下面简要介绍其中两种电缆终端头的制作及一般工艺要求：

1. 10kV 交联电力电缆热缩型终端头的制作

聚乙烯交联电力电缆取代油浸纸绝缘电力电缆是电缆发展的必然趋势。传统的环氧树脂浇注式电缆终端头附件不能用于聚乙烯交联电缆,但热缩型电缆终端头附件不仅适用于油浸纸绝缘电缆,也适用于聚乙烯交联电缆,并取代了过去传统的制作工艺方法,其制作工序及工艺要求如下:

1)剥除内、外护套和铠装

电缆经实验合格后,将其一端切割整齐,并固定在制作架上。然后,根据电线终端头的安装位置至连接用电设备或线路之间的距离确定剥切尺寸。外护套剥切尺寸,即从电缆端头至剖塑口的距离,一般要求户内取 550mm,户外取 750mm。在外护套断口以上 30mm 处用 1.5mm² 铜线扎紧,然后用钢锯沿外园表面锯至铠装厚度的 2/3,剥去至端部的铠装。再从铠装断口以上留 20mm,剥去至端部的内护层,割去填充物,并将线芯分开成三叉形,如图 1-12 所示。

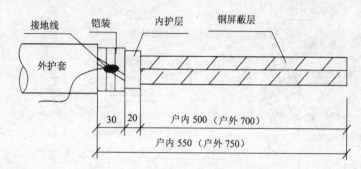

图 1-12　10kV 交联电缆终端头剥切尺寸

2)焊接接地线

先将铠装打磨干净,刮净铠装附近的屏蔽层。然后,将软铜编织带分成 3 股,分别在每相的屏蔽层上用 1.5mm² 铜线缠扎 3 圈并焊牢,再将软铜编织带与铠装焊牢,从下端引出接地线,以使电缆在运行中使钢铠及屏蔽层能良好接地。

3)固定三叉手套

线芯三叉处是制作电缆终端头的关键部位。先在三叉处包缠填充胶,使其形状为橄榄形,最大直径应大于电缆外径 15mm。填充胶受热后能与其相邻材料紧密粘结,可起到消除气隙、增加绝缘的作用。然后套装三叉手套,在用液化气烤枪加热固定热缩手套时,应从中部向两端均匀加热,以利排除其内部残留气体。

4)剥铜屏蔽层、固定应力管

从三叉手套指端以上 55mm 处用胶带临时固定,剥去至电缆端部的铜屏蔽层之后,便可以看到灰黑色交联电缆的半导电保护层。在铜屏蔽层断口向上再保留 20mm 半导电层,将其余半导电层剥除,并用四氯乙烯清洗剂擦净绝缘层表面的铅粉。

固定安装热缩应力管,从铜屏蔽切口向下量取 20mm 作一记号,该点即为应力管的下固定点,用液化气烤枪沿底端四周均匀向上加热,使应力管缩紧固定,再用细砂布擦除应力管表面杂质,如图 1-13 所示。

5)压接线端子和固定绝缘管

剥除电缆芯线顶端一段绝缘层,其长度约为接线端子孔深加 5mm,并将绝缘层削成"铅笔头"形状,套入接线端子,用液压钳进行压接。最后在"铅笔头"处包绕填充胶,填充胶上部要搭盖住接线端子 10mm,下部要填实线芯削切部分成橄榄状,以起密封端头作用。然后,将绝缘管分别从线芯套至三叉手套根部,上部应超过填充胶10mm,以保证线端接口密封质量,并按上述方法加热固定,接着再套入密封管、相色管,经加热紧缩后即完成了户内热缩电缆头的制作。对于户外热缩电缆头,在安装固定密封管和相色管之前,还须先分别安装固定三孔防雨裙和单孔防雨裙。

　6)固定三孔防雨裙和单孔防雨裙

　将三孔防雨裙套装在三叉手套指根上方(即从三叉手套指根至三孔防雨裙孔上沿)100mm处,第一个单孔防雨裙孔上沿距三孔防雨裙孔上沿为170mm,第二个单孔防雨裙孔上沿距第一个单孔防雨裙孔上沿为60mm。对各防雨裙分别加热缩紧固定后,再套装密封管和相色管,并分别加热缩紧固定,这样就完成了室外电缆终端头的制作,如图1-14所示。

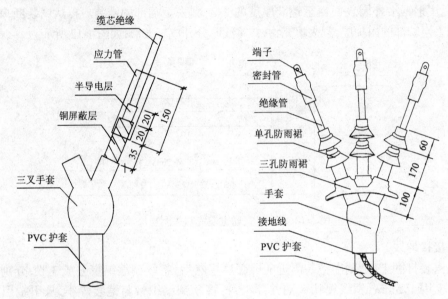

图1-13　热缩三叉手套和应力管的安装　　图1-14　交联电缆热缩型户外终端头

2.10kV油浸纸绝缘电力电缆热缩型终端头的制作

　10kV油浸纸绝缘电力电缆热缩型终端头附件包括聚氯四氟乙烯带、隔油管、应力管、耐油填充胶、三叉手套、绝缘管、密封管和相色管等,对于户外热缩型终端头还有三孔、单孔防雨裙。其制作工序及要求如下:

　1)剥麻被护层、铠装和内垫层

　电缆经试验合格后将其一端固定在制作架上,然后确定从电线端部到剖塑口的距离,一般户内取660mm,户外取760mm,并用1.5mm² 细线或钢卡在该尺寸处扎紧,剥去至端部的麻被护层。在麻被护层剖切口向上50mm处用钢带打一固定卡,并将铜编织带接地线卡压在铠装上,再剥去至端部的钢铠。这时可见由沥青及绝缘纸构成的内垫(护)层,它紧紧绕粘在铅包外表面,因此需要用液化气烤枪加热铅包表面的沥青及绝缘纸,加热时应注意烘烤均匀,以免烧坏铅包。用非金属工具将沥青及绝缘纸等内垫层剥除干净,如图1-15所示。

　2)焊接地线、剥铅包及进行胀管

　将内垫层剥除干净后,在铠装断口向上120mm段用锉刀打磨干净,作为铜编织带接地线焊区,用1.5mm² 铜线将接地线缠绕3圈后焊牢。然后再将距铠装断口120mm处至端部的铅包剥除,用胀管钎将铅包口胀成喇叭口型。喇叭口应圆滑、无毛刺,其直径为铅包直径的1.2

倍。从喇叭口向上沿统包绝缘量20mm,用绝缘带缠绕5~6圈,以增加三叉根部的机械强度,再用手撕去至端部的统包绝缘层,把线芯轻轻分开。

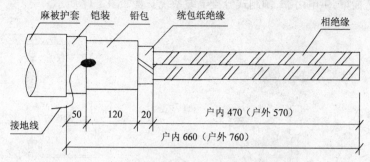

图1-15　10kV油浸纸绝缘电缆终端头剥切尺寸

3)固定隔油管和应力管

电力电缆线芯部分的洁净程度会直接影响到电缆终端头的制作质量。所以应戴干净手套用四氯乙烯清洗剂清除线芯表面的绝缘油及其他杂质。为了改善应力分布,还应在线芯表面涂抹一层半导体硅脂膏,然后耐油四氟带从三叉根部沿各线芯绝缘的绕包方向分别半叠绕包一层,以起阻油作用。这时就可套入隔油管至三叉根部,用液化气烤枪从三叉根部开始烘烤,先内后外,由下而上均匀加热,使隔油管收缩固定,收缩后的隔油管表面应光亮。将固定好的隔油管表面用净布擦干净后,距统包纸绝缘层20mm处套入应力管,然后用同样方法加热固定。应力管主要用来改善电场分布,使电场均匀以免发生放电击穿事故。

4)绕包耐油填充胶和固定三叉手套

如前所述,三叉口处的制作是电缆终端头的关键工艺。由于三叉口处易形成气隙,场强集中,极易发生绝缘击穿事故,所以须采用耐油填充胶填充,受热后使其与相邻材料紧密粘结,达到消除气隙和加强绝缘的目的,同时还具有一定的堵油作用。在应力管下口到喇叭口下10mm部分用填充胶绕包,用竹钎将线芯分叉口压满填实。然后再在喇叭口上部继续绕包填充胶成橄榄状,使其最大直径约为电缆直径的1.5倍。

这时即可套入三叉手套,应使指套根部紧靠三叉根部,可用布带向下勒压。加热时先从三叉根部开始,待三叉根部一圈收紧后再自下而上均匀加热,使其全部缩紧。由于三叉手套是由低阻材料制成的,这样就可使应力管与接地线有一良好的电气通路,实现良好接地,同时也保证了电缆端部的密封。

5)压接线端子和固定绝缘管

根据接线端子孔深加5mm来确定剥除缆芯端部绝缘层的长度,将绝缘层削成"铅笔头"形状,套入接线端子并用液压钳压接。然后再用耐油填充胶在"铅笔头"处绕包成橄榄状,要求绕包住隔油管和接线端子各10mm,以达到堵油和密封的效果。将绝缘管套至三叉口根部,上端应超过耐油填充胶10mm,再用同样方法由下而上均匀加热,使绝缘套管收缩贴紧。如果再套入密封管、相色管后,户内油浸式电缆终端头即制作完成。

对于室外油浸式电缆终端头,还需安装固定三孔、单孔防雨裙,其安装固定方法与10kV交联电缆终端头的三孔、单孔防雨裙固定方法相同,如图1-16所示。此外,还有安装更为便捷的冷缩式橡塑型电缆头附件QS2000系列,使用时无须专用工具和热源,尤其在易燃易爆等禁火场所中使用更有其优越性。例如,将冷缩铸模套管套入电缆适当位置,把塑胶内管拉出后,冷缩铸模绝缘套管即收缩而与电缆外表面贴紧,具有绝缘性好,耐潮湿、耐高温、耐腐蚀、一种型号适用于多种电缆线径和安装便利等优点。还有前面介绍的低压 YFD 系列预分支电缆,是 90 年代的最新配电产品。主电缆在电缆井中通过支架和马鞍形线夹安装固定,分支电缆与主电缆的连接则是由专用模压分支联接件插接,安装工艺简单,供电可靠,预制式分支电缆系统安装如图 1-17 所示。

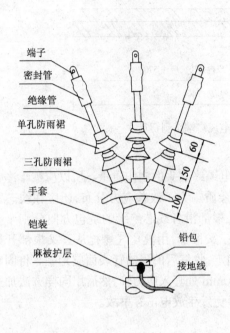

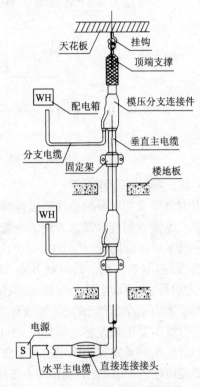

图 1-16　油浸纸绝缘电线热缩型户外式终端头　　　　图 1-17　预制分支电缆配电系统安装示意

四、电力电缆试验

　　电力电缆敷设竣工后,应绘出竣工图和写出交接试验报告。我们知道,电缆敷设属于隐蔽工程,而电缆中间接头、终端头往往是电缆线路中的故障多发点,所以只有严格按有关规范规定的要求对电缆及电缆头进行试验,才能保证输配电系统安全运行。电力电缆试验分为竣工交接试验和投入运行后定期试验,以检查电缆的绝缘性能和耐压能力。新敷设的电缆线路应在竣工时和投入运行两个月后各试验一次,以后每年定期进行一次试验。其试验内容主要包括:

1．绝缘电阻测量

　　1)磁电式兆欧表工作原理简介

　　兆欧表是测量电缆绝缘电阻的常用仪表,其内部接线如图 1-18 所示。动线圈 1、附加电阻 R_c 与待测绝缘电阻 R_j 相串联;动线圈 2 与附加电阻 R_u 相串联,两条支路并联后接于手摇(或电动)直流发电机 FD 的输出端上。此外,在"线"端钮的外围还设有电镀钢质园环,称作屏蔽环,它直接与发电机的负极连接。可见动线圈 1 回路中的电流 I_1 与待测绝缘电阻 R_j 成反比,

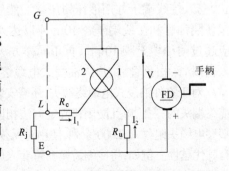

图 1-18　兆欧表内部接线原理图

即 $I_1 \propto 1/R_j$，R_j 越小，电流 I_1 越大，磁场与 I_1 相互作用而产生的电磁力矩 T_1 就越大，可使指针向标度盘"0"的一侧偏转。动线圈 2 回路中的电流 I_2 为常数，与待测绝缘电阻 R_j 的大小无关，即磁场与 I_2 相互作用而产生的电磁力矩 T_2 也为恒定值，且与 T_1 方向相反，称为反作用力矩。

但由于气隙中的磁场分布不均匀，所以对同一线圈电流来说，其线圈在磁场中的位置不同，所产生的电磁力矩大小也不同，即力矩是指针偏转角的函数，用数学形式可表示为：

$$\left.\begin{array}{l} T_1 = f_1(\alpha)I_1 \\ T_2 = f_2(\alpha)I_2 \end{array}\right\} \tag{1-21}$$

式中 $f_1(\alpha)$、$f_2(\alpha)$ 表示当指针偏转角 α 变化时，T_1、T_2 随 α 而变化的两个函数。

在测试绝缘电阻时，以 120r/min 转动发电机 F 手柄，产生电压 V，并施加在动线圈 1、动线圈 2 两支路的两端。当指针偏转到某一位置不动时，$T_1 = T_2$，则由式(1-21)得：

$$\frac{I_1}{I_2} = \frac{f_2(\alpha)}{f_1(\alpha)} \tag{1-22}$$

通过数学变换可表示为：

$$\alpha = f(I_1/I_2) \tag{1-23}$$

上式表明，兆欧表指针偏转角 α 大小取决于电流 I_1 与 I_2 的比值。当待测绝缘电阻 R_j 的数值改变时，I_1/I_2 也将随之变化，T_1 与 T_2 两力矩的平衡位置也将相应改变，从而将使表针偏转到某一位置时静止不动，指示出相应的 R_j 数值。由于兆欧表指针指示值取决于两动线圈中电流大小之比，故又称作"比率计"。

2)兆欧表选择及绝缘电阻测量

根据所规定的各种电压等级电气设备的绝缘电阻标准，可选择合适量程的兆欧表。在表 1-22 中列出部分电气设备、器件的兆欧表选择范围，在表 1-23 中列出交联电力电缆允许绝缘电阻的最小值。对于油浸纸绝缘电力电缆，额定电压 1～3kV，绝缘电阻 $R_j \geqslant 50\text{M}\Omega$；额定电压 $\geqslant 6\text{kV}$，绝缘电阻 $R_j \geqslant 100\text{M}\Omega$。测量 1kV 及以上的电力电缆绝缘电阻时，可选用 2.5～5kV 的兆欧表，测量 1kV 以下电力电缆绝缘电阻时，则选用 0.5～1kV 的兆欧表。

表 1-22 测量部分电气设备、器件绝缘电阻时兆欧表选用范围

被测设备或器件	额 定 电 压 （V）	兆欧表工作电压(kV)
一般线圈	＜500	0.5
	≥500	1.0
发电机绕组	≤380	1.0
变压器、电机绕组	≤380	0.5
	≥500	1.0～2.5
其他电气设备	＜500	0.5～1.0
	≥500	2.5
刀闸开关、母线、绝缘子		2.5～5.0

表 1-23 交联聚乙烯绝缘电力电缆允许绝缘电阻最小值(MΩ)

额 定 电 压 （kV）	电 缆 截 面 （mm²）		
	16～35	50～95	120～240
6～10	2000	1500	1000
20	3000	2500	2000
35	3500	3000	2500

在测量电缆线间或某相对铠装及地的绝缘电阻时,须先将电缆的电源切断,与所连接的电气设备或线路断开,再将兆欧表的"线"端与待侧电缆的某相缆芯连接,兆欧表的"地"端与另两相缆芯及铠装连接,并以 120r/min 转速摇动兆欧表手柄(电动兆欧表则需按动开启按钮),持表针稳定后读取读数即为电缆某一相对另外两相及地的绝缘电阻。注意在换相测量时应对电缆进行充分放电,以保证测量操作人员和设备的安全。

2. 电缆耐压与泄漏电流试验

为了减少电缆线路电感、电容等带来的影响,本试验应采用高压直流电源,如图 1-19 所示。高压试验整流装置主要由自耦变压器 TC_1、轻型 YD 系列高压试验变压器 TM、高压整流元件(高压整流管 U 或高压半导体硅堆)、限流电阻 R 和滤波电容 C 等组成,其输出高压直流电压施加到电缆的某一相与另外两相及地之间。

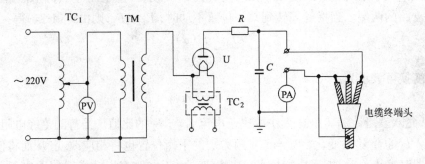

图 1-19　电力电缆耐压试验及泄漏电流试验线路

电力电缆耐压试验标准为:①油浸纸绝缘电力电缆额定电压 $V_N=1\sim10kV$ 时,试验电压取 $V_S=6V_N$;额定电压 $V_N=15\sim35kV$ 时,试验电压取 $V_S=5V_N$,试验持续时间均为 10min。②交联聚乙烯绝缘电力电缆和聚氯乙烯绝缘聚氯乙烯护套电力电缆额定电压 $V_N=1、6、10、20、35kV$ 时,均取 $V_S=2.5V_N$,试验持续时间为 15min。对于 1kV 以下橡皮绝缘电缆,可不做耐压试验。

在进行耐压试验时,可同时进行泄漏电流试验。如果将屏蔽式高压微安表 PA 串联在整流装置的正极输出端上,测量精度较高,由于采用了屏蔽措施,故可减少杂散电流的影响。但是,读表操作时较为危险,因此常将微安表串接在整流装置的负极输出端上,虽然测量精度有所降低,但高压微安表可不带屏蔽装置,读表操作也较为安全。

试验时可依次施加额定电压的 25%、50%、75% 和 100% 试验电压值,分别读表记录相应的泄漏电流值,以判断电缆是否受潮,质量是否符合规范规定要求。在表 1-24 中列出了长度 $L\leqslant250m$ 油浸纸绝缘电力电缆的最大允许泄漏电流值。如果电缆长度 $L>250m$,泄漏电流允许值可按电缆长度按比例增加。对于质量优良的电缆,在试验时确保正确接线、且使杂散电流减至最小的条件下,在规定试验电压范围内,其泄漏电流与试验电压大小应近似为线性关系。当试验电压 $V_S=(4\sim6)V_N$ 时,泄漏电流为 $0.5\sim1$ 倍的规定最大允许泄漏电流值。如果泄漏电流超过以上倍数时,或随耐压试验持续时间有上升现象时,就说明电缆存在缺陷。这时可适当提高试验电压或延长耐压试验持续时间,以进一步判断电缆存在的故障问题。

表 1-24　油浸纸绝缘电力电缆最大允许泄漏电流($L\leqslant250m$)

电缆 芯 数	三			根		单		根
额定电压(kV)	3	6	10	20	35	3	6	10
泄漏电流(μA)	24	30	60	100	115	30	45	70

五、电缆故障点测定

在电缆敷设之前,通过对电缆外观检查、绝缘电阻测量、耐压试验及泄漏电流试验等措施,是容易发现故障点的,而电缆敷设以后,故障点就难以发现了。在电力电缆敷设后进行施工交接试验或在运行过程中,电缆出现故障后如能及时准确地测定出故障点的位置,就会大大缩短检修工时,减少劳动强度和检修费用,提高经济效益。下面介绍两种较为常用的电缆故障测定法:

1. 用缪利环线法测定电缆故障点

1)电线单相接地故障检测

电缆单相接地故障检测线路原理如图 1-20 所示,采用电桥三点接线缪利环线法测定故障点。

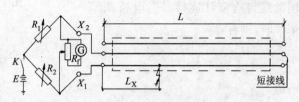

图 1-20　电缆单相接地故障点检测线路

闭合电源开关 K,调节桥臂电阻 R_1、R_2,当电桥平衡时,则有

$$\frac{R_1}{R_2} = \frac{2L - L_x}{L_x} \qquad (1\text{-}24)$$

所以

$$L_x = \frac{R_2}{R_1 + R_2} 2L \qquad (1\text{-}25)$$

式中　L——电缆敷设长度,m;

R_1、R_2——电桥臂电阻,Ω;

L_x——从测量端到故障点的距离,m。

为了减小测量误差,可将接于无故障电缆线芯的电桥测量端 X_2 改接到另一相无故障电缆线芯上,在电缆另一端将该相无故障电缆线芯与故障相电缆线芯用导线短接,再按上述方法重新测量一次,取两次测量计算结果平均值作为确定故障点的距离。

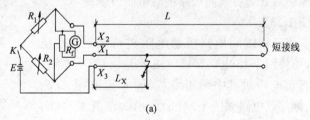

(a)

2)电缆两相短路故障检测

电缆两相短路故障检测线路原理如图 1-21 所示,显然当电桥调节平衡时,从测量端到故障点的距离可按式(1-24)计算。如果电缆两相在不同地点出现接地短路故障时,则仍按单相接地故障点检测线路图 1-20 接线,分别进行检测计算确定故障点。

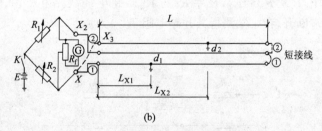

(b)

图 1-21　电缆两相短路故障点检测线路

(a)两相同一点接地短路　(b)两相不同点接地短路

(注:测定 d_1 故障点实线①连接,虚线②断开;

测定 d_2 故障点虚线②连接,实线①断开。)

2. 电缆三相短路故障点测定

利用上述缪利环线法接线来检测电缆三相短路故障点时，由于无完好的电缆线芯可供检测时利用，故需要另外沿电缆全长另外敷设 2 根辅助线，如图 1-22 所示。其中一根辅助线与电桥测量端 X_2 连接，另一根辅助线与检流计连接。当电桥调节平衡时，则有：

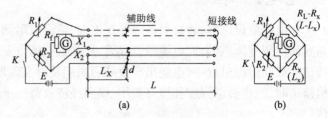

图 1-22　电缆三相短路故障点检测线路

$$\frac{R_1 + R_L}{R_2} = \frac{L - L_x}{L_x} \tag{1-26}$$

所以

$$L_x = \frac{R_2}{R_1 + R_2 + R_L} L \tag{1-27}$$

式中　R_1、R_2——电桥臂电阻，Ω；

　　　L——电线敷设长度，m；

　　　R_L——每根辅助线的直流电阻，Ω；

　　　L_x——从测量端到三相短路故障点的距离，m。

显然，当电缆线路较长或线路穿过公路、铁路及其他设施时，这种方法很不实用。下面介绍不需要另外敷设辅助线来测定电缆三相短路故障点的简便方法。

设电缆全长为 L，故障点至 I 端的距离为 L_x，令 $k = L_x/L$。显然测算出 k 值后，故障点也就检测到了。现假设电缆的三相缆芯截面均匀，各相缆芯电阻相等，即 $R_a = R_b = R_c = R$。在短路点 d 的各线间短路接触电阻分别为 R_{jab}、R_{jbc}、R_{jca}，则短路时图 1-22 的直流等效电路可用图 1-23 表示。

将三相线间短路接触电阻进行 Δ—Y 变换后，可将图 1-23 电路转换成图 1-24(a)所示电路。用直流电桥对其中两相缆芯(如 a、b 相)进行测量，则等效电路如图 1-24(b)所示。在图 1-24(b)中，$R_i = R_a + R_b$，$R_j = R_{ja} + R_{jb}$。将电缆线路 II 端断开，在 I 端测得其开路电阻 R_{IK} 为：

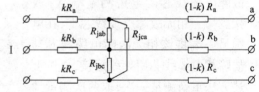

图 1-23　电缆三相短路直流等效电路

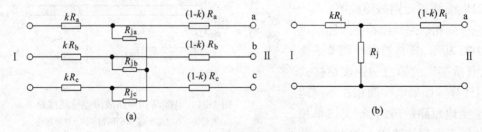

图 1-24　图 1-23 的等效电路

(a)三相短路等效电路　(b)其中两相等效电路

$$R_{IK} = kR_i + R_j \tag{1-28}$$

将电缆 I 端断开,在 II 端测得其开路电阻 R_{IIK} 为:

$$R_{IIK} = (1-k)R_i + R_j \tag{1-29}$$

再将电缆 I 端短接,在 II 端测得其短路电阻 R_{IId} 为:

$$R_{IId} = (1-k)R_i + kR_i // R_j \tag{1-30}$$

由式(1-29)、(1-30)得:

$$R_{IIk} - R_{IId} = R_j - kR_i // R_j \tag{1-31}$$

将式(1-28)代入式(1-31)得:

$$R_{IIK} - R_{IId} = R_{IK} - kR_i - kR_i(R_{IK} - kR_i)/R_{IK}$$

即

$$R_{IK}R_{IIk} - R_{IK}R_{IId} = (R_{IK} - kR_i)^2$$

由式(1-28)、(1-31)可知,$R_{IK} \geqslant kR_i$,$R_{IIK} \geqslant R_{IId}$,则有

$$R_{IK} - kR_i = \sqrt{R_{IK}R_{IIK} - R_{IK}R_{IId}} \tag{1-32}$$

又由式(1-28)、(1-29)得:

$$R_i = (R_{IK} - R_{IIK})/(2k - 1) \tag{1-33}$$

将式(1-33)代和式(1-32),整理后得:

$$k = \frac{R_{IK} - \sqrt{R_{IK}R_{IIK} - R_{IK}R_{IId}}}{R_{IK} + R_{IIK} - 2\sqrt{R_{IK}R_{IIK} - R_{IK}R_{IId}}} = \frac{1 - \sqrt{R_{IIK}/R_{IK} - R_{IId}/R_{IK}}}{1 + R_{IIK}/R_{IK} - 2\sqrt{R_{IIK}/R_{IK} - R_{IId}/R_{IK}}}$$

令 $R_{IIK}/R_{IK} = \alpha$,$R_{IId}/R_{IK} = \beta$,则上式变为:

$$k = \frac{1 - \sqrt{\alpha - \beta}}{1 + \alpha - 2\sqrt{\alpha - \beta}} \tag{1-34}$$

在电缆发生三相短路故障时,其两相等效接触电阻 $R_j = 0$ 的特殊情况下,由式(1-29)和式(1-30)可知 $R_{IIK} = R_{IId}$,即 $\alpha = \beta$,这时可近似求得:

$$k = \frac{1}{1 + \alpha} = \frac{R_{IK}}{R_{IK} + R_{IIK}} \tag{1-35}$$

从而可求得从电缆 I 端至故障点的距离为:

$$L_X = kL \tag{1-36}$$

这种测定电缆三相短路故障点的方法步骤归纳如下:①将电缆 II 端的三相线芯分离开,在 I 端测量其中两相线芯间的开路电组 R_{IK};②将电缆 I 端的三相线芯分离开,在 II 端测量与①相同的两相线芯间的开路电阻 R_{IIK};③再将电缆 I 端的三相线芯短接,在 II 端测量与①相同的两相线芯间的短路电阻 R_{IId};④计算 α、β 和 k 值;⑤计算从电缆 I 端至故障点距离 $L_X = kL$。

在测定电缆故障点时,应注意使用的跨接线及连接导线应具有良好的绝缘,其截面应不小于被测电缆截面;将导线接头处氧化物等清除干净,使之接触良好;所用连接导线应尽可能短;测量电流一般在 50mA 以上,以提高电桥测量精度。另外,在每次测量之前,均应用接地棒使被测电缆充分放电一分钟左右,以免高压静电伤人或损坏仪器仪表。

例题 1-5 某电缆线路全长 $L = 300m$,由于线路发生三相短路故障,现采用电缆三相短路故障点测定法,由直流电桥测得 $R_{IK} = 65.19\Omega$,$R_{IIK} = 77.7\Omega$,$R_{IId} = 33.74\Omega$,试计算从电缆 I 端至故障点的距离 L_X。

解: 由所测数据求得:

$$\alpha = R_{IIK}/R_{IK} = 77.7\ /65.19 = 1.192$$

$$\beta = R_{IId}/R_{IK} = 33.74/65.19 = 0.518$$

则由式(1-34)得:

$$k = \frac{1 - \sqrt{1.192 - 0.518}}{1 + 1.192 - 2 \times \sqrt{1.192 - 0.518}} = 0.325$$

从电缆 I 端至其三相短路故障点的距离由式(1-36)求得:

$$L_x = kL = 0.325 \times 300 = 97.5\text{m}$$

练习思考题 1

1. 在架空线路中有几种类型的电杆和拉线,分别适用于什么场所?

2. 简述架空线路的安装程序及要求。

3. 架空线路的相序排列有什么规定?

4. 在进行线路架设过程中,如何进行弧垂的调整?

5. 在架空线路投入运行之前,须作哪些交接试验?

6. 在某地区架设架空线路,选用 LJ-35 型铝绞线。已知该地区年最大风速为 8m/s,导线覆冰厚度为 5mm,要求线路等高架设,弧垂 $f_0 = 0.5\text{m}$,试求直线杆间最大档距及每档距内的导线长度。

7. 某电缆发生三相短路故障,现用直流双臂电桥测得 I 端开路电阻 78.5Ω,II 端开路电阻 88.7Ω 和短路电阻 43.6Ω,如已测得从 II 端到故障点的距离为 230m,试求该电缆线路总长为多少米?

8. 试述电缆直埋和电缆沟内敷设的基本工序及要求是什么?

9. 电力电缆的交接试验内容是什么,有什么安全方面的要求?

10. 试述交联聚乙烯绝缘电力电缆热缩型终端头的制作工序及基本要求。

11. 某架空线路采用 LJ-35 型导线 3 根作为电力传输线,2 根 LJ-16 型导线作为避雷线,现要在 45°转角杆和终端杆上分别制作拉线,试计算选择合适的镀锌铁拉线。

12. 架空线路的用电负荷及与电源端距离如图 1-25 所示,假设要求线路的电压损失 ΔV_{ux} = 5%,试用同一截面法和不同截面法选择导线截面(拟选用铝绞线 LJ 型)。

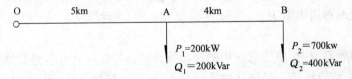

图 1-25　题 12 架空线路示意图

13. 如何利用缪利环线法测定电缆短路故障点,在测量时应注意什么问题?

第二章 变电所主要电气设备的安装调试

变配电所是电能供给和分配的中心,容量不太大的变配电所一般引入 6～10kV 的电源,变配电所通常简称为变电所。如果引入电源不经过变压器而直接供给同电压等级的负荷用电,或仍以同电压等级线路输出时,称为配电所;如果引入电源经过变压器变压后再供给负荷用电,或用另一种电压等级线路输出时,称为变电所。本章将重点介绍 6～10kV 变电所电力变压器、高低压断路器、互感器、继电保护装置、以及高低压配电柜(屏)等常用电气设备安装调试的基本理论和基本方法。

第一节 三相电力变压器的安装调试

三相电力变压器是变电所的电压变换和电能传输设备,应尽量选用节能油浸式电力变压器,以减少电能损耗。对于高层建筑物内变电所,由于对防火要求高,应选用干式环氧树脂浇注型电力变压器。这种变压器具有体积小、重量轻、电损小、噪声低以及防尘、耐高温和难燃等特点,在宾馆饭店、办公大楼等高层建筑中获得广泛应用。在表 2-1、2-2 中分别列出油浸式三相电力变压器和环氧树脂浇注型三相电力变压器的主要技术数据,以供设计安装时参考。

表 2-1 S7 系列 10kV 油浸式三相电力变压器主要技术数据

容 量 (kVA)	250	335	400	500	630	800	1000	1250
连 结 组 别				Y, yno	D,yn11			
一次电压(kV)					10			
二次电压(kV)				0.4/0.23				
阻抗电压(%)			4			4.5		
空载损耗(W)	640	760	920	1080	1300	1540	1800	2200
短路损耗(W)	4000	4800	5800	6900	8100	9900	1160	13800
空载电流(%)	1.5	1.4	1.3	1.2	1.1	1.0	0.9	0.8
轨 距(mm)	550	550	660	660	660	820	820	8207
油重量(kN)	3.20	3.73	4.36	5.04	7.16	8.58	11.84	14.22
总重量(kN)	13.73	15.20	18.14	21.08	24.61	29.42	34.81	41.19
宽 度(mm)	1000	1060	1150	1300	1570	1700	1850	2000
高 度(mm)	1600	1644	1700	1800	1849	1900	1950	2000
长 度(mm)	1420	1445	1500	1600	1680	1740	1810	1900

目前,我国在供电系统中应用最多的是三相油浸式电力变压器,这类变压器散热性能好,同样规格的绕组其载流量较大。油浸式电力变压器主要由铁芯、原副绕组、变压器油、油箱及散热器、油枕、吸湿器、信号温度计、瓦斯继电器、安全阀、调压分接开关和高低压套管等组成,如图 2-1 所示。本节将着重介绍油浸式三相电力变压器的安装调试方法,并扼要介绍变压器容量的选择计算。

表 2-2 SCB8 系列环氧树脂浇注干式变压器主要技术数据

容 量 （kVA）	250	315	400	500	630	800	1000	1250
连 结 组 别				Y，yno		D，yn11		
一次电压(kV)					10			
二次电压(kV)					0.4/0.23			
阻抗电压（%）			4			6		
空载损耗(W)	900	1080	1210	1440	1670	1890	2210	2610
短路损耗(W)	2850	3400	4000	4800	5600	6850	8050	9700
空载电流（%）	1.8	1.8	1.8	1.8	1.8	1.3	1.3	1.3
轨　距(mm)	550	660	660	660	660	820	820	820
总 重 量 (kN)	11.08	15.00	15.15	16.57	21.33	26.09	29.22	33.88
宽　度(mm)	750	850	850	850	850	1020	1020	1020
高　度(mm)	1225	1350	1405	1465	1645	1630	1680	1750
长　度(mm)	1260	1400	1300	1340	1480	1630	1590	1740

注：噪声范围 51～57dB,工频耐压试验电压 35kV,持续时间为 5min。

一、三相电力变压器的容量选择计算

一般应先根据实际线路负荷情况采用需要系数法或二项式法计算出变压器低压侧的总计算负荷,其中包括用电设备负荷,线路与变压器损耗等,并考虑对无功功率的补偿,使线路功率因数达到 0.92 以上。据此选择具有一定容量储备的变压器。负荷计算通常采用以下几种方法：

1. 需要系数法

1)用电设备组的计算负荷

有功功率：

$$P_{js} = k_x P_s \qquad (kW) \qquad (2-1)$$

无功功率：

$$Q_{js} = P_{js} tg\phi \qquad (kVar) \qquad (2-2)$$

视在功率：

$$S_{js} = \sqrt{P_{js}^2 + Q_{js}^2} \qquad (kVA) \qquad (2-3)$$

2)配电干线的计算负荷

有功功率：

$$P_{js} = k_t \sum k_x P_s \qquad (kW) \qquad (2-4)$$

无功功率：

$$Q_{js} = k_t \sum (k_x P_s tg\phi) \qquad (kVar) \qquad (2-5)$$

视在功率：

$$S_{js} = \sqrt{(\sum P_{js})^2 + (\sum Q_{js})^2} \qquad (kVA) \qquad (2-6)$$

以上式中　P_s——用电设备组的设备容量,kW；

k_x——需要系数,见表 2-3；

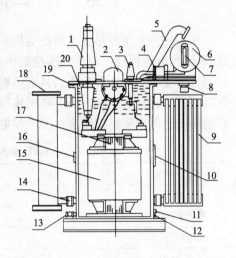

图 2-1　油浸式三相电力变压器的结构

1—高压套管；2—调压分接开关；3—低压套管；
4—瓦斯继电器；5—安全气道；6—油枕；
7—油标；8—吸湿器；9—散热器；10—铭牌；
11—接地螺栓；12—油样阀门；13—放油阀门；
14—活门；15—绕组；16—信号温度计；17—铁芯；
18—净油器；19—油箱；20—变压器油

$tg\phi$——用电设备功率因数角正切值；

k_t——同时系数，见表 2-4。

则计算负荷的计算电流为：

$$I_{js} = S_{js} / \sqrt{3} V_N \qquad (A) \qquad\qquad (2-7)$$

表 2-3　部分建筑电气设备的 k_x、$\cos\phi$、$tg\phi$ 数据

电气设备名称	需要系数（k_x）	功率因数（$\cos\phi$）	功率因数角正切值（$tg\phi$）
宾馆饭店总照明	0.35~0.45	0.85	0.62
冷冻机房用电设备	0.65~0.75	0.80	0.75
室外照明	1	1	0
锅炉房用电设备	0.65~0.75	0.75	0.88
给水泵、排水泵	0.80	0.85	0.62
厨房动力设备	0.50~0.70	0.80	0.75
洗衣机房电力	0.65~0.75	0.50	1.73
窗式空调器	0.70~0.80	0.80	0.75
卫生通风机	0.65~0.70	0.80	0.75
生产通风机	0.75~0.85	0.80~0.85	0.75~0.62
电梯	0.75~0.85	0.70	1.02
干燥箱、加热器	0.6	1.00	0
实验室及实习工厂	0.10~0.20	0.70~0.80	1.02~0.75
绞肉机、磨碎机	0.70	0.80	0.75
医院及卫生所电力	0.40~0.50	0.80	0.75
拌和机、球磨机	0.75~0.85	0.80~0.85	0.75~0.62
木工机械	0.20~0.30	0.50~0.60	1.73~1.33
锻工机械	0.25	0.60	1.33
卷扬机械	0.55~0.60	0.80	0.75
单头手动电弧焊变压器	0.35	0.35	2.68

表 2-4　应用需要系数法时的负荷同时系数

用电场所	适用范围	同时系数 k_t
宾馆饭店	动力照明	0.92
车间变压器 （低压母线为最大负荷时）	冷加工车间 热加工车间 动力站	0.70~0.80 0.70~0.90 0.80~1.00
总变配电所 （当母线为最大负荷时）	计算负荷＜5000kW 计算负荷为 5000~10000kW 计算负荷＞10000kW	0.90~1.00 0.85 0.80

注：1. 有功功率与无功功率的"同时系数"k_t 取相同值；
　　2. 由车间的负荷计算全厂的最大负荷时，应乘以表中的两种"同时系数"。

"同时系数"k_t 一般取 0.8~0.9，在计算配电干线负荷时，应先计算配电干线的总用电负荷，然后根据用电场所特点选取"同时系数"k_t 值，将配电干线总用电负荷乘以"同时系数"k_t。另外，在上述计算中，均认为"需要系数"k_x 是与用电设备的台数和容量无关的常数。对于用电设备台数多、变电所容量又较大时，采用"需要系数"法计算负荷容量所引起的计算该差较小，在允许范围之内。但对于用电设备台数较少、变电所容量也较小时，由于其中几台容量大的用电设备运行与否将会对整个负荷变化产生非常大的影响，所以，采用"需要系数"法计算负荷容量将会引起较大的计算误差，为此提出了二项式法。

2. 二项式法

二项式法是采用两个系数来表示负荷变化规律的方法，其计算方法为：

1)单组用电设备计算负荷

有功功率：

$$P_{js} = aP_n + b(P_s - P_n) = cP_n + bP_s \qquad (2\text{-}8)$$

式中　b、c——二项式系数，其中 $c = a - b$；

　　　P_s——用电设备组的设备容量，kW；

　　　P_n——用电设备组中 n 台容量最大用电设备的容量之和，kW。

无功功率计算同式(2-2)、视在功率计算同式(2-3)。

2)多组用电设备计算负荷

有功功率：

$$P_{js} = (cP_n)_{max} + \sum bP_s \qquad (\text{kW}) \qquad (2\text{-}9)$$

无功功率：

$$Q_{js} = (cP_n)_{max}\text{tg}\phi_n + \sum(bP_s\text{tg}\phi) \qquad (\text{kVar}) \qquad (2\text{-}10)$$

式中　$(cP_n)_{max}$——各用电设备的附加功率 cP_n 中最大值(若每组中的用电设备小于 n 时,则取小于 n 的两组或多组中最大用电设备组附加功率总和),kW；

　　　$\text{tg}\phi_n$——与 $(cP_n)_{max}$ 相应功率因数角的正切值；

　　　$\text{tg}\phi$——用电设备组功率因数角的正切值。

视在功率计算同式(2-3),负荷计算电流的计算同式(2-7)。

如将式(2-8)变换成为 $P_{js}/P_s = cP_n/P_s + b$,并假设由 n 台功率为 P 的用电设备来等效 P_n,则有

$$k_x = \frac{P_{js}}{P_s} = \frac{cP_n}{P_s} + b = \frac{cn}{P_s/P} + b$$

令 $n_{dx} = P_s/P$,即将设备组容量等效为 n_{dx} 台功率为 P 的用电设备,则

$$k_x = cn/n_{dx} + b \qquad (2\text{-}11)$$

式(2-11)为双曲线方程,当 $n_{dx} = n$ 时,$k_x = c + b = a$；当 $n_{dx} = \infty$ 时,$k_x = b$,如图2-2所示。由此看来,b 为用电设备等效台数 n_{dx} 为无穷大时的需要系数。

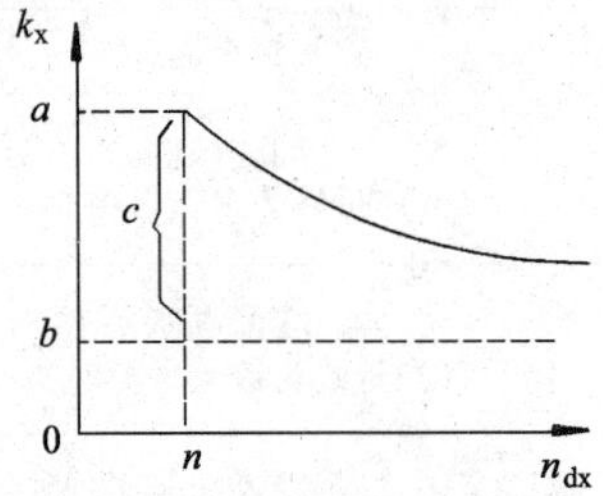

3. 负荷密度法

根据建筑面积和单位面积功率值(即负荷密度)来确定计算负荷,即

$$P_{js} = k_m S/1000 \qquad (2\text{-}12)$$

图2-2　需要系数 k_x 与等效设备台数 n_{dx} 的关系曲线

式中　k_m——负荷密度,W/m²；

　　　S——总建筑面积,m²。

4. 单位指标法

对于宾馆饭店等高层建筑来说,可按单位指标法确定计算负荷,即

$$P_{js} = k_z C/1000 \qquad (2\text{-}13)$$

式中　k_z——单位指标数,W/床；

　　　C——总床数。

用负荷密度法和单位指标法确定计算负荷时,一般会有较大的误差,因此多用于方案初步设计对容量进行估算。在表2-5中列出了旅游宾馆的负荷密度 k_m 和单位指标 k_z 参考值,其

总功率因数一般可取 0.8 左右。

表 2-5 宾馆饭店负荷密度 k_m 单位指标参数值

用电场所或用电设备名称	负荷密度 k_m（W/m²）		单位指标 K_z（W/床）	
	平　均　值	推荐范围值	平　均　值	推荐范围值
全馆总负荷	74	65～79	2242	2000～2400
全馆照明负荷	15	13～17	928	850～1000
全馆电力负荷	56	50～62	2366	2100～2600
冷冻机房	17	15～19	969	870～1100
锅炉房	5	4.5～5.9	156	140～170
水泵房	1.2	1.2	48	40～50
风机	0.3	0.3	8	7～9
电梯	1.4	1.4	28	25～30
厨房	0.9	0.9	55	30～60
洗衣机房	1.3	1.3	48	45～55
窗式空调器	10.0	10.0	357	320～400

线路上三相有功损耗和无功损耗可分别按下式计算：

$$\Delta P_x = 3I_{js}r \times 10^{-3} \qquad (\text{kW}) \tag{2-14}$$

$$\Delta Q_x = 3I_{js}x \times 10^{-3} \qquad (\text{kVar}) \tag{2-15}$$

式中　r——每相线路电阻，Ω；

x——每相线路电抗，Ω。

电力变压器的有功损耗和无功损耗可分别按下式近似计算：

$$\Delta P = 0.02S_{js} \qquad (\text{kW}) \tag{2-16}$$

$$\Delta Q_B = 0.08S_{js} \qquad (\text{kVar}) \tag{2-17}$$

当考虑线路损耗和变压器损耗后，系统的总有功功率和总无功功率分别为：

$$\sum P_{js} = P_{js} + \Delta P_x + \Delta P_B \tag{2-18}$$

$$\sum Q_{js} = Q_{js} + \Delta Q_x + \Delta Q_B \tag{2-19}$$

则总视在功率为：

$$\sum S_{js} = \sqrt{\left(\sum P_{js}\right)^2 + \left(\sum Q_{js}\right)^2} \tag{2-20}$$

考虑系统年有功负荷系数 α_n（一般取 $\alpha_n = 0.7 \sim 0.75$）和年无功负荷系数 β_n（一般取 $\beta_n = 0.76 \sim 0.82$），则系统的自然平均功率因数为：

$$\cos\phi_1 = \frac{\alpha_n \sum P_{js}}{\sqrt{\left(\alpha_n \sum P_{js}\right)^2 + \left(\beta_n \sum Q_{js}\right)^2}} = \sqrt{\frac{1}{1 + \left(\beta_n \sum Q_{js}/\alpha_n \sum P_{js}\right)^2}} \tag{2-21}$$

要求供电线路的功率因数 $\cos\phi$ 应在 0.92 以上，如果自然平均功率因数 $\cos\phi < 0.92$，应考虑装设移相电容器对无功功率进行适当补偿。由《建筑供配电》可知，每相的移相电容器容量为：

$$Q_c = \alpha_n \sum P_{js}(\text{tg}\phi_1 - \text{tg}\phi_2) \tag{2-22}$$

则经移相电容补偿后，变电所的总容量为：

$$S_j = \sqrt{\left(\alpha_n \sum P_{js}\right)^2 - \left(\beta_n \sum Q_{js} - Q_c\right)^2} \tag{2-23}$$

S_j 即为电力变压器的最小容量。但一般要求变压器应有（15～25）% 的容量储备，以满足生产发展增容的需要，则变压器容量应修正为：

$$S_N = (1.15 \sim 1.25)S_j \tag{2-24}$$

变压器高压侧的额定电流为:

$$I_N = S_N / \sqrt{3}V_N \tag{2-25}$$

式中　I_N——三相电力变压器的额定电流,A;

　　　V_N——三相电力变压器额定电压,kV;

　　　S_N——三相电力变压器的额定容量,kVA。

据此可选择合适的变压器。

例题 2-1　某工地用电负荷如下:

1. 混凝土搅拌机 3 台,每台功率为 11kW;

2. 灰浆搅拌机 4 台,每台功率为 5.5kW

3. 升降机 2 台,每台功率 4kW;

4. 传送带 4 台,其中功率为 7.5kW、5.5kW 各 2 台;

5. 起重机 2 台,每台功率 27.8kW(负载持续率 $\varepsilon\% = 25\%$)

6. 单相电焊机 3 台,每台容量 32kVA,380V,$\cos\phi = 0.52$,负载持续率 $\varepsilon\% = 65\%$;

7. 照明负荷 20kW。

试确定工地变电所三相电力变压器容量。

解:先按下式将单相电焊机的视在功率换算到负载持续率为 100% 时的设备容量为:

$$P_{NS} = \sqrt{\varepsilon\%}\,S_N\cos\phi = \sqrt{65\%} \times 32 \times 0.52 = 13.4\text{kW}$$

按需要系数法确定负荷,由式(2-1)~式(2-3)得:

混凝土搅拌机组:

$$P_{js1} = k_{x1}n_1P_{N1} = 0.75 \times 3 \times 11 = 24.8\text{kW}$$

$$Q_{js1} = P_{js1}\text{tg}\phi_1 = 24.8 \times 0.75 = 18.6\text{kVar}$$

灰浆搅拌机组:

$$P_{js2} = k_{x2}n_2P_{N2} = 0.75 \times 4 \times 5.5 = 16.5\text{kW}$$

$$Q_{js2} = P_{js2}\text{tg}\phi_2 = 16.5 \times 0.75 = 12.4\text{kVar}$$

升降机和起重机组:

$$P_{js3} = k_{x3}(n_{31}P_{N31} + n_{32}P_{N32}) = 0.55 \times (2 \times 4 + 2 \times 27.8) = 35\text{kW}$$

$$Q_{js3} = P_{js3}\text{tg}\phi_3 = 35 \times 0.75 = 26.3\text{kVar}$$

传送带机组:

$$P_{js4} = k_{x4}(n_{41}P_{N41} + n_{42}P_{N42}) = 0.75 \times (2 \times 7.5 + 2 \times 5.5) = 19.5\text{kW}$$

$$Q_{js4} = P_{js4}\text{tg}\phi_4 = 19.5 \times 1.02 = 19.9\text{kVar}$$

单相电焊机组:

$$P_{js5} = k_{x5}n_5P_{N5} = 0.35 \times 3 \times 13.4 = 14.1\text{kW}$$

$$Q_{js5} = P_{js5}\text{tg}\phi_5 = 14.1 \times 2.68 = 37.8\text{kVar}$$

照明负荷:

$$P_{js6} = k_{x6}P_{N6} = 1.0 \times 20 = 20\text{kW}$$

$$Q_{js6} = 0$$

则总计算负荷由式(2-4)~式(2-6)求得：

$$\sum P_{js} = K_1 K_x P_{js} = 0.9 \times (24.8 + 16.5 + 35 + 19.5 + 14.1 + 20) = 116.9\text{kW}$$

$$\sum Q_{js} = K_1 K_{js} P_{js} \text{tg}\phi = 0.9 \times (18.6 + 12.4 + 26.3 + 19.9 + 37.8) = 103.5\text{kVar}$$

$$\sum S_{js} = \sqrt{(\sum P_{js})^2 + (\sum Q_{js})^2} = \sqrt{116.9^2 + 103.5^2} = 156.1\text{kVA}$$

假设该工地线路较短,可忽略线路损耗,变压器的有功损耗和无功损耗分别为：

$$\Delta P_B = 0.02 \sum S_{js} = 0.02 \times 156.1 = 3.1\text{kW}$$

$$\Delta Q_B = 0.08 \sum S_{js} = 0.08 \times 156.1 = 12.5\text{kVar}$$

则有：

$$P'_{js} = \sum P_{js} + \Delta P_B = 116.9 + 3.1 = 120.0\text{kW}$$

$$Q'_{js} = \sum Q_{js} + \Delta Q_B = 103.5 + 12.5 = 116.0\text{kVar}$$

取有功负荷系数 $\alpha_n = 0.75$,无功负荷系数 $\beta_n = 0.85$,由式(2-21)计算线路自然平均功率因数为：

$$\cos\phi_1 = \sqrt{\frac{1}{1 + (0.85 \times 116 / 0.75 \times 120)^2}} = 0.69$$

若将线路功率因数 $\cos\phi_1$ 提高到 $\cos\phi = 0.92$,由式(2-22)求得需要补偿的无功容量为：

$$Q_c = a_n P'_{js}(\text{tg}\phi_1 - \text{tg}\phi) = 0.75 \times 120 \times (1.049 - 0.426) = 56.1\text{kVar}$$

则经电容器组补偿后的线路总容量为：

$$S_j = \sqrt{(a_n P'_{js})^2 + (\beta_n Q_{js})^2}$$
$$= \sqrt{(0.75 \times 120)^2 + (0.85 \times 116 - 56.1)^2} = 79.3\text{kVA}$$

取变压器容量储备系数为15%,则变压器容量为：

$$S_N = (1 + 15\%)S_j = 1.15 \times 79.3 = 91.2\text{kVA}$$

据此可选用 S_7-100/10 型油浸式三相电力变压器。

二、三相电力变压器的安装

1. 三相电力变压器稳装

1)对变压器稳装和变压器室的基本要求

(1)对变压器外廓与四周墙壁净距应不小于0.8m,与门的净距应小于1m。变压器室的门应采用钢制防火门,宽度1.8~3m,且朝外开。门的设置应尽量避免朝西,室内应无与本室无关的管道和明配线通过。

(2)变压器宽面推入时,低压侧应向门一侧;窄面推入时,油枕应向门一侧。

(3)变压器室内安装负荷开关、熔断器时,其操作机构应靠近门一侧,以便于正常或发生紧急情况时操作。

(4)变压器室土建尺寸应符合有关规范规定要求,图2-3为架空进线方式、容量为500~630kVA的电力变压器室土建尺寸。

(5)在变压器室内屋顶上应设置用于吊装变压器的吊钩,其铅垂线应通过变压器重心,以便进行变压器安装及吊芯检查。

(6)变压器室一般应具有良好的自然通风条件,规定其夏季排风口温度不宜大于45℃,进风口与排风口温差不应超过15℃,否则应采取机械通风。

另外,在高层建筑主体内设置变电所时,应注意选用环氧树脂浇注式(干式)电力变压器,以利于防火。

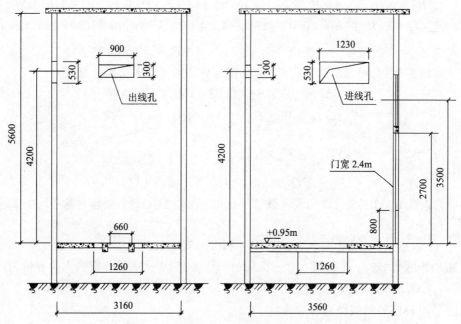

图 2-3 500～630kVA 电力变压器室土建尺寸(mm)

变压器室的进、出风窗口有效面积可按下式计算:

当进、出风窗口面积相等时,

$$F_i = F_o = \frac{2.45 k \Delta P}{\Delta t} \sqrt{\frac{2(\zeta_i + \zeta_o)}{h(\gamma_i^2 - \gamma_o^2)}} \qquad (2\text{-}26)$$

当进、出风窗口面积不相等时,

$$F_i = \frac{2.45 k \Delta P}{\Delta t} \sqrt{\frac{2(\zeta_i + \alpha^2 \zeta_o)}{h(\gamma_i^2 - \gamma_o^2)}} \qquad (2\text{-}27)$$

$$F_o = F_i / \alpha$$

式中　F_i——进风窗口有效面积,m^2;

F_o——出风窗口有效面积,m^2;

ΔP——变压器的空载及短路损耗(为额定铁损与额定铜损之和),kW;

Δt——进、出风窗口的温差,℃;

k——屋顶受太阳热辐射而增加的热量修正系数,对于车间内附式或车间内设变压器时取 1,为车间外附式时取 1.06～1.09;

ζ_i——进风窗口局部阻力系数,一般取 1.4;

ζ_o——出风窗口局部阻力系数,一般取 2.3;

h——进、出风窗口中心高差,m;

α——进、出风窗口面积之比,当 $F_i / F_o = 2/3$ 时,取 $\alpha = 0.667$,当 $F_i / F_o = 1/2$ 时,取 $\alpha = 0.5$;

γ_i——进风窗口空气容重,N/m^3。当 30℃时取 11.42,当 35℃时取 11.23;

γ_o——出风窗口空气容重,N/m^3,当 45℃时取 10.88。

2)电力变压器的稳装调整及附件安装

(1)电力变压器的稳装调整

在稳装变压器时,应将其油枕侧槽钢(底钢架)或滚轮用垫铁适当调整垫高,使油箱盖沿油枕方向形成1%~1.5%的坡度,瓦斯继电器连通管则有2%~4%的坡度,以使变压器在运行过程中产生的瓦斯气体能全部进入瓦斯继电器。在变压器按要求调整以后,安装止轮器,将变压器稳装在导轨上,再把接地线连接到接地螺栓上,然后就可安装变压器的其它部件和附件了。

(2)瓦斯继电器和电接点温度计安装

目前国内生产的瓦斯继电器有三类,即浮筒式(GR-3型、FJ-22型)、挡板式(在 GJ-22型基础上改型设计)和开口杯与挡板复合式(FJ$_1$-80型和FJ$_3$-80型等)。FJ$_3$-80型瓦斯继电器结构如图2-4所示,主要由上、下开口杯1、2,干簧管磁力触点3、4,平衡锤5、6,永久磁铁12、13和挡板10等组成。正常时上、下开口杯都浸泡在变压器油中,由于开口杯和附件在油中受到浮力作用,所以其重力与浮力共同作用而产生的力矩比平衡锤5、6产生的力矩小,故上、下开口杯均位于高位,干簧管磁力触点3、4均断开。

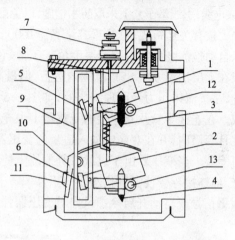

图 2-4　FJ$_3$-80 型瓦斯继电器结构图

1、2—上、下开口杯;3、4—磁力触点 5、6—平衡锤;
7—排气阀;8—探针;9—支架;10—挡板;
11—油速调整挡;12、13—永久磁铁

当变压器内部发生局部匝间短路等轻微故障时,瓦斯继电器的上方空间将逐渐聚集瓦斯气体而迫使油面下降,上开口杯1随之下落,并带动永久磁铁12移动到磁力触点3附近时,磁力触点3闭合而发出轻瓦斯信号。当变压器内部发生相间短路等严重故障时,将产生强烈的油流冲击挡板10,并推动下开口杯2及永久磁铁13接近磁力触点4,这时磁力触闭合而发出重瓦斯信号,并使断路器跳闸,切断变压器的电源。当变压器严重缺油时,仍可使下开口杯2及永久磁铁13下移,同样会使断路器跳闸而切断变压器电源。由此可见,瓦斯继电器是油浸式电力变压器的主保护,它既可以反应变压器的各种内部故障,又可以反应变压器的不正常运行情况。瓦斯继电器的顶盖上设有4个接线端子,其中编号1、2为轻瓦斯信号端子,3、4为重瓦斯信号端子。还装设有探针8和排气阀7。变压器瓦斯保护接线如图2-5所示,上开口杯1下落到一定位置时,将使磁力触点3动作,发出轻瓦斯信号;而下开口杯2下落到一定位置时,将使磁力触点4动作,经信号继电器起动出口中间继电器。该继电器具有两个电流自保持线圈,当瓦斯继电器的磁力触点4在油流冲击下可能产生振动时,也可保证断路器可靠地实现跳闸。在断路器跳闸完成后,出口回路的自保持线圈回路可借助断路器的辅助触点来切断。

在安装瓦斯继电器时,应先关闭位于油枕与瓦斯继电器之间的截油阀,拆下临时短节管,再将瓦斯继电器的外标注箭头指向油枕,垫好耐油胶垫,按正确方位安装,将连接螺丝拧紧,以确保不漏油。然后再

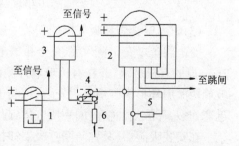

图 2-5　变压器瓦斯保护接线示意图

1—瓦斯继电器;2—出口中间继电器;
3—信号继电器;4—切换片;5、6—附加电阻

打开截油阀和排气阀,放出瓦斯继电器内的残存气体,直到有油溢出时再将排气阀关闭,以免由于瓦斯继电器内存气体而误动作。

电力变压器在投入运行时和注油后,均应将重瓦斯切换片4置于信号位置,经48~72h后,直至无散发气体时为止。同时,为了保证瓦斯继电器正确动作和灵敏度的要求,一般使瓦斯继电器的动作油速整定为0.6~1m/s;对于强迫油循环的变压器,其动作油速应整定为1.1~1.4m/s,瓦斯继电器的动作油速可用油速试验装置来整定。在户外变压器上装设瓦斯继电器时,应在其端盖和电缆(或电线)引线端子盒上采取防水措施,以免雨水浸入瓦斯继电器内部而引起保护装置误动作。

按有关运行规程规定,容量 $S \geq 1000$kVA 的油浸式电力变压器应设信号温度检测装置,以自动检测变压器的运行温度值。正常运行时的允许温度应按上层油温进行检测。变压器一般在上层油温 60~85℃ 范围内运行,但最高不得超过 95℃。变压器油温检测采用电接点温度计,是按流体压力计原理制成的,如图 2-6 所示,主要由受热器、连接导管和温度指示表等组成。在连接导管及其连接的受热器 1 中充有乙醚液体,受热器安装在变压器顶盖或侧壁的温度计套筒内,并在套筒内加入适量的变压器油。当对电接点温度计的动作温度校验无误后,即可安装。当变压器由于过载或其他故障使油温升高并超过正常值时,受热器中的液体受热膨胀,经连接导管使温度指示表的指针偏转。当指针偏转到规定值时,其表上电接点闭合而发出报警信号或自动开启冷却风扇对变压器强迫风冷。

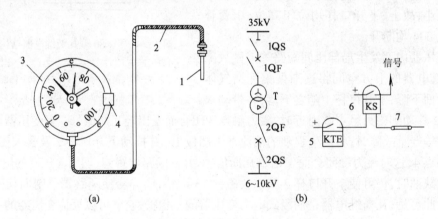

图 2-6 压力式电接点温度计结构及信号接线图

(a)压力式温度计   (b)变压器温度信号接线图

1—受热器;2—连接导管;3—温度指示表;4—接线盒;

5—压力式温度计(温度继电器);6—电压信号继电器 DX-11/220 型;7—联结片

(3)防爆安全阀和吸湿器的安装

变压器防爆安全阀又称安全排气管,在安装时须先将其管口临时封闭钢板取下,换以2mm 厚的有机玻璃,并在有机玻璃外侧面刻出线长等于防爆安全阀内径的"＋"字线。然后在玻璃两面用环形橡胶垫密封安装,以利于在变压器产生的瓦斯气体压力超过允许值时使玻璃迅速炸裂,释放出油箱内的高压气体,起到对变压器油箱的保护作用。

在安装吸湿器(又称防潮呼吸器)时,须先检查硅胶是否失效。例如当白色或浅蓝色硅胶失效时会变成红色,这时应在温度为 115~120℃ 范围内烘干 8h 后再用。然后将吸湿器盖处的密封橡皮模取掉,使其管路畅通,并在其盖中加入适量的变压器油进行滤尘。

对于大中型电力变压器,还要进行散热器、充油套管、强迫油循环冷油器及潜油泵等附件的安装,之后从油枕上方注油孔处缓缓注入变压器油,使油面上升到油标(油位指示器)的规定刻度线处。如果变压器是强迫油循环冷却的,则对油循环冷油器和潜油泵逐个进行充油。在对变压器充油完成后,应先对冷却系统进行试运转,以检查散热器的冷却风扇、潜油泵等装置的工作情况是否正常,待正常后再进行变压器其他运行前的检查。

2.变压器吊芯检查

安装规范要求:容量为1000kVA及以上的电力变压器应进行吊芯检查。所谓吊芯检查,就是将变压器的铁芯、绕组连同油箱盖油枕等一起吊出油箱进行检查。吊芯检查工作应选择晴朗无风的天气进行。在室内时要求环境干燥洁净,在室外则要求搭设防雨防尘帆布蓬,且环境温度在0℃以上,铁芯温度不低于周围环境温度,空气相对湿度不大于75%。另外,吊索应具有足够的强度,钢丝绳可以挂在油箱上盖的吊攀上(注意在进行变压器整体吊装时,必须将钢丝绳挂在油箱的吊攀上)。吊芯检查程序及内容如下:

1)放油:在起吊变压器铁芯、绕组之前,应先将油箱内变压器油放出一部分,即放到顶盖的密封橡胶垫圈以下,以防在拆卸油箱盖螺栓时变压器油溢出。

2)吊芯:可采用汽车起重机或倒链起重装置进行吊装。在吊装过程中要确保铁芯、绕组平稳吊出油箱,不得与油箱碰撞,以防绕组绝缘损伤。铁芯、绕组吊出油箱后,用干净道木垫在油箱上口部,再将其整体放在道木之上。

3)主要检查内容:铁芯、绕组吊出油箱之后,应立即进行检查,并由专人记录各检查项目结果。其检查内容主要包括:

(1)检查铁芯上和油箱中有无铁渣等铁磁物质

先检查铁芯上有无附着铁渣等金属,拧紧铁芯上的所有夹紧螺栓,以减小磁阻和运行噪声;拧紧绕组上的压紧螺丝,以使绕组的轴向压紧程度一致。然后,在洁净木杆上固定永久磁铁,打捞掉入油箱中的螺帽、螺栓和铁渣等铁磁材料。

(2)检查调整调压分接开关

为了使变压器的输出电压满足线路用电负荷的要求,其输出电压应在一定范围内可以调节。一般在变压器高压侧设有绕组抽头及其转换开关,又称为分接头转换开关。通过对高压测三相分接头同步转换,即通过改变一、二次绕组的匝数比而达到调压的目的。分接头转换开关分为无载分接开关和有载分接开关两种。其中有载分接开关的动触头包括一个主触头和一个辅助触头。主触头(即工作触头)与开关的金属轴连接,金属轴作为三相的中性点,在主、辅触头之间接有过渡电阻,其电气线路如图2-7所示。

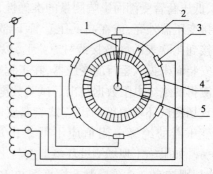

图2-7 有载分接开关接线示意图
1—主触头;2—辅助触头;3—静触头;
4—过渡电阻;5—转轴

检查分接开关的转动机构是否灵活,应润滑良好,机械连锁及限位开关的动作正确。检查主、辅触头接触是否良好,可用0.05mm厚的塞尺检查。如果塞尺塞不进去,且触头接触压力为21.6~49N时为合格,铜编织导线应连接可靠。对于电动驱动的分接开关,应接通其控制电源,以检查分接开关及其指示器是否动作可靠,指示器是否正确无误。

(3)检查铁芯穿芯螺栓及上、下接地片。

先检查铁芯上、下接地片是否接触良好,有无锈蚀松动现象存在,然后再检测铁芯、穿芯螺拴等对地的绝缘电阻,即松开接地螺丝使其暂时不接地,在上、下接地片上焊接导线,用2.5kV兆欧表测量铁芯对地及各穿芯螺栓对地的绝缘电阻。并以1kV交流电压或2.5kV直流电压进行持续1min的耐压试验。一般要求10kV及以下电力变压器的穿芯螺栓最低绝缘电阻不小于2MΩ;10kV以上,30kV以下电力变压器的穿芯螺栓最低绝缘电阻不小于5MΩ。如不符合要求,应卸下穿芯螺拴检查,并作绝缘处理。

4)铁芯绕组吊回油箱:吊芯检查完毕后应及时将铁芯绕组吊回油箱内,并在油箱与顶盖之间装设密封垫圈,将油箱盖板上的所有螺栓均匀拧紧。再将放出的变压器油(经耐压击穿试验合格后)从油枕加油孔处缓缓倒回油箱中,即做到吊芯检查、检测、复位、注油在一个作业班内完成。当环境空气较干燥(相对湿度 ε≤65%)时,要求铁芯、绕组在空气中放置时间不应超过16h;而当环境空气湿度较大(相对湿度 ε≤75%)时,铁芯、绕组在空气中放置时间不应超过12h。吊芯检查后,应根据检查测试结果写出吊芯检查工程交接试验报告。

三、三相电力变压器的调试

电力变压器安装合格后,在投入运行之前,必须按照电力部颁发的《电气设备交接和预防性试验标准》规定的交接试验项目,根据变压器的出厂试验数据进行校验,以判断其性能是否达到安全运行标准。

1.绝缘电阻和吸收比的测量

变压器绝缘电阻一般采用兆欧表来测量,1kV以下变压器选用500～1000V兆欧表,1kV及以上变压器选用2500V兆欧表。如测量变压器高压绕组对低压绕组及地的绝缘电阻时,应将被测高压绕组的一端用导线接入兆欧表线路端"L",低压绕组的一端及变压器铁芯、外壳用导线接入兆欧表接地端"E",如图2-8(a)所示。低压绕组对高压绕组及地,以及高压绕组对低压绕组的绝缘电阻测量接线如图2-8(b)、(c)所示。为了减少变压器外壳表面或高、低压套管受潮而影响测量的准确性,在测量时可用导线连接变压器外壳,或在高低压套管下部用导线绕几圈后再连接到兆欧表的屏蔽接线柱"G"上,以起屏蔽作用。对于新安装而未投入运行的变压器,在工程交接试验中,一般将所测得的绝缘电阻数据与出厂试验数据相比较。规定在施工现场测试环境温度与出厂试验温度(20℃)接近时,所测量变压器的绝缘电阻值应不低于出厂试验绝缘电阻的70%。如果施工现场测试环境温度与出厂试验温度相差较大时,则按表2-6选择温差换算系数 k 并换算到出厂试验温度20℃时的绝缘电阻值。当施工现场实测温度为20℃以上时,按 $R'_{20} = kR_t$ 计算,当实测温度为20℃以下时,按 $R'_{20} = R_t/k$ 计算,并且应满足下式条件为合格。

$$R_{20}' \geqslant R_{20} \tag{2-29}$$

式中　R_t——施工现场环境温度为 $t℃$ 时的测量绝缘电阻值,MΩ;

　　　R_{20}——出厂测试绝缘电阻,MΩ;

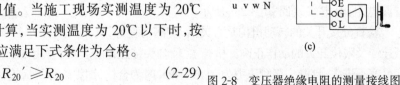

图2-8　变压器绝缘电阻的测量接线图
(a)高压绕组对低压绕组及地(带屏蔽)
(b)低压绕组对高压绕组及地
(c)高压绕组对低压绕组(带屏蔽)

R'_{20}——施工现场测量绝缘电阻换算值，$M\Omega$；

k——绝缘电阻温差换算系数。

表 2-6 绝缘电阻温差换算系数表

温 差（℃）	5	10	15	20	25	30	35	40	45	50	55	60
换算系数（k）	1.2	1.5	1.8	2.3	2.8	3.4	4.1	5.1	6.2	7.5	9.2	11.2

例题 2-2 某台电力变压器出厂试验绝缘电阻为 760MΩ，且试验温度为 20℃。若在施工现场环境温度 20℃时，测得绝缘电阻为 550MΩ；环境温度 35℃时，测得绝缘电阻为 430MΩ，试校验该台电力变压器的绝缘电阻是否合格。

解：在施工现场环境温度为 20℃时，测得电力变压器的绝缘电阻 550MΩ，即 R'_{20} = 550MΩ > 70% R_{20} = 70% × 760 = 532MΩ，故该电力变压器的绝缘电阻符合要求。

在施工现场环境温度为 35℃时，则与出厂试验时的环境温差为 Δt = 35 − 20 = 15℃，查表 2-6 得温差换算系数 k = 1.8，由式（2-29）可求得换算到温度为 20℃时的绝缘电阻值为：

$$R'_{20} = kR_t = 1.8 × 430 = 774M\Omega > R_{20} = 760M\Omega$$

故该台电力变压器的绝缘电阻合格。对于高压绕组电压等级为 3~10kV 的油浸式电力变压器，当无出厂测试绝缘电阻时，当温度为 20℃、30℃、40℃、50℃、60℃、70℃、80℃ 等温度值时，其绕组所对应的绝缘电阻最低允许值分别为 300、200、130、90、60、40、25MΩ，可供调试绝缘电阻时参考。

此外，还可以利用吸收比来判断变压器绝缘是否受潮或存在缺陷。因为任何绝缘材料在被施加一定直流电压时，都有极为微弱的电流流过，该电流由充电电流、吸收电流和泄漏电流等三部分组成。其中充电电流和吸收电流均随时间的增加而迅速衰减，充电电流随时间衰减最快（中小型变压器、电动机等，其充电电流可在 15s 内全部衰减为零），吸收电流的衰减速度与绝缘材料的干燥、洁净程度和耐压性能等情况有关。对于干燥、洁净和耐压性能良好的绝缘材料，其泄漏电流很小，吸收电流衰减也很缓慢，需要几十秒到数分钟才能达到稳定。由此可见，所测得的绝缘电阻值将随测量时间的延长而增大，如图 2-9 所示。

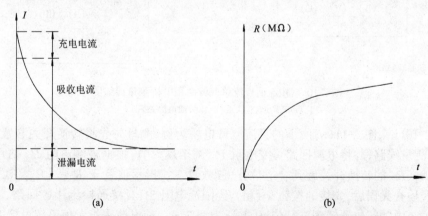

图 2-9 绝缘材料施加一定直流电压时的电流及绝缘电阻变化规律

(a)电流随时间变化规律； (b)绝缘电阻随时间变化规律

当绝缘介质受潮和损坏时，泄漏电流增大，而吸收电流分量不显著，故绝缘电阻值随时间增加而减小。因此，将吸收比定义为：

$$\alpha = R_{60}/R_{15} \tag{2-30}$$

式中　R_{60}——兆欧表测量 60s 时的绝缘电阻,$M\Omega$;

　　　R_{15}——兆欧表测量 15s 时的绝缘电阻,$M\Omega$。

如果 $\alpha \geqslant 1.3$,则认为变压器内部没有受潮和损坏;如果 $\alpha < 1.3$,则认为变压器内部有可能受潮和损坏,应对变压器进行干燥和绝缘处理。显而易见,吸收比 α 和绝缘电阻相联系,当变压器的吸收比较低时,用兆欧表测量 60s 时的绝缘电阻也较低。

2. 直流电阻的测量

测量三相电力变压器绕组的直流电阻,其目的是检查分接开关、引线和高、低压套管等载流部分是否接触良好,绕组导线规格和导线接头的焊接质量是否符合设计要求,三相绕组匝数是否相等。因此,绕组直流电阻测量是变压器调试中的一项重要试验内容。

通常采用直流电桥测量法,如被测电阻 $R_x \leqslant 10\Omega$ 时,选用直流双臂电桥,$R_x > 10\Omega$ 时,可选用直流单臂电桥。直流双臂电桥是一种测量小电阻($10^{-6} \sim 10^2$)的常用仪器,测量精度较高,高达 0.02 级。目前,我国已生产有多种类型的直流电桥,例如 QJ65 型直流单双臂两用电桥,其面板上共有 6 个读数盘 R_M,2 个比例臂转换开关(即比例臂电阻 R_1 和 R_2),检流计通断按钮 k_1、k_2,检流计短路按钮 k_3 和电源通断按钮 k_4,以及 11 个接线柱(1、2—为双臂电桥时接标准电阻 R_N 接线柱;3、4—为双臂电桥时接被测电阻 R_x 接线柱;5、6—为单臂电桥时接被测电阻 R_x 接线柱;7、8—连接检流计 G 接线柱;9、10—为单臂电桥时接电源 E 接线柱;11—静电屏蔽接线柱)。当采用不同的接线方式时,可以构成直流单臂电桥和直流双臂电桥两种测量电路,其测量接线图和测量线路原理图见图 2-10、图 2-11。

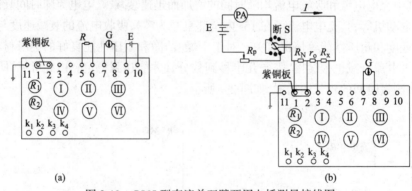

(a)　　　　　　　　　　　　(b)

图 2-10　QJ65 型直流单双臂两用电桥测量接线图

(a)单臂电桥接线图　(b)双臂电桥接线图

以图 2-10(b)、图 2-11(b)所示的直流双臂电桥为例,测量时先将转换开关 S 置于"断开"位置,连接测量线路,并将电源回路可变电阻 R_p 调至最大值,根据被测电阻 R_x 估计值,将比例臂电阻 R_1、R_2 的转换开关旋到合适位置,读数盘 R_M 指示值置于 $R_x \approx (R_M/R_1)R_N$ 的相应位置。经检查无误后,先接通按钮 k_1(粗),经限流电阻 51kΩ 接通检流计 G 回路。然后将电源转换开关 S 由"断"位置转到"通"位置,并适当调节 R_p,使电流表指示值不超过标准电阻 R_N 的允许电流值。这时再调节读数盘 R_M,使检流计 G 指零。

将电源转换开关 S 由"通"位置转换到"断"位置,并同时接通按钮 k_2(细)和检流计 G 回路,这时限流电阻 51kΩ 被短接。同样,将电源转换开关 S 再由"断"位置转到"通"位置,并调节 R_M 使检流计 G 指零后,再将 S 转到"断"位置上。显然,在检流计 G 指零时,6、7 两点的电

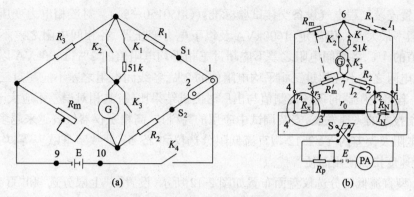

图 2-11 QJ65 型直流单双臂电桥线路原理图

(a)单臂电桥接线图　　(b)双臂电桥接线图

位相等,根据克希荷夫回路电压定律得:

$$I_1 R_1 = I_N R_N + I_2 R_2 \qquad (1)$$

$$I_1 R_m = I_2 R'_m + I_N R_X \qquad (2)$$

$$(I_N - I_2) r_o = I_2 (R_2 - R'_m) \qquad (3)$$

解方程组得:

$$R_x = \frac{R_m}{R_1} R_N + \frac{r_o R_m}{R_2 + r_o + R'_m} \left(\frac{R_2}{R_1} - \frac{R'_m}{R_m} \right)$$

式中　$R_m = R'_m$,$R_1 = R_2$,故有:

$$R_x = \frac{R_m}{R_1} R_N$$

在使用电桥时,连接被测电阻 R_X 的电流接线柱 3′、4′与电位接线柱 3、4 应接线正确,且 3、4 引出线应短于 3′、4′引出线。此外,还应注意所用连接导线的截面应大一些,导线接头应接触良好。

用直流电桥测量高、低压绕组的直流电阻值,按要求依次填入表 2-7 中,然后进行各线间(或相间)电阻误差百分比计算,即

$$\Delta R \% = \frac{R_{max} - R_{min}}{R_P} \times 100 \% \qquad (2-32)$$

式中　R_{max}、R_{min}——变压器线间或相间实测的最大、最小电阻值,Ω;

R_P——变压器的三个线间(或相间)实测电阻平均值,Ω。

表 2-7　电力变压器绕组直流电阻测试报告表

一　次　绕　组				二　次　绕　组	
线间电阻(Ω)	分接开关档位			线间电阻(Ω)	相间电阻(Ω)
	Ⅰ档	Ⅱ档	Ⅲ档		
U—V				u—v	u—N
V—W				v—w	v—N
W—U				w—u	w—N
误差(%)				误差(%)	误差(%)

《电气装置安装工程电气设备交接试验标准》(GB50150—91)。对三相电力变压器绕组直流电阻不平衡率最大允许值规定：1600kVA及以下电力变压器，各相间电阻之差不应超过三相平均电阻值的4%，各线间电阻之差不应超过三相平均电阻值的2%；1600kVA以上电力变压器，各相间电阻之差不应超过三相平均电阻值的2%，各线间电阻之差不应超过三相平均电阻值的1%。若将变压器的现场实测值与出厂时测试结果比较，其相对误差不应大于2%。

随着科学技术的飞速发展，安装调试中应用的高科技、高精密仪器仪表越来越多。例如测量低值直流电阻及误差的YY2512型直流低阻分选仪和ZS-51型数字毫欧表等，均具有测量精度高、测量速度快和使用简便等优点。

YY2512型直流低阻分选仪盘面布置如图2-12所示，设置了"上限分选"和"百分比分选"按钮，"上限分选"按钮用于对开关、插接件等接触电阻的测量，"百分比分选"按钮则用于对低

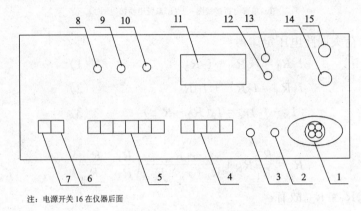

注：电源开关16在仪器后面

图2-12　YY2512型直流低阻分选仪盘面布置图

1—测试端口；2—200mΩ档调零电位器；3—2、20、200Ω档调零电位器；4—直流电阻确值量程按键；5—偏差分选量程开关；6—测量/分选开关；7—蜂鸣器开关；8、9、10—分别为分选值偏高、合格、偏低信号灯；11—直流电阻确值或定标值显示；12—mΩ单位指示；13—Ω单位指示；14、15—分别为定标值细调、粗调电位器；16—电源开关(在仪表背后)

值电阻的测量。因此特别适用对变压器、电动机等电气设备绕组的直流电阻测量。操作时，先开机预热15min，在进行低值直流电阻测量或分选时，均须调零，即将测量夹按图2-13(b)所示要求短接，调节200mΩ或2、20、200Ω档调零电位器，使显示器11指示为0。测量线夹分电压线夹(黑色)和电流线夹(红色)，在测量被测电阻 R_x 时，其接线方法如图2-13(a)所示。

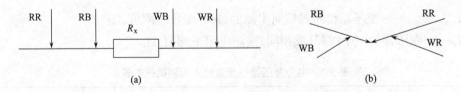

图2-13　YY2512型直流低阻分选仪接线夹连接方式

(a)测量被测电阻时接线夹连接方法　(b)调零时接线夹连接方法

RR—红线夹红线；RB—红线夹黑线；WB—白线夹黑线；WR—白线夹红线

例如在进行确值测量时，应先将"测量/分选开关"6置于适当量程的"测量"位置上，经调零后再进行测量，在显示器11上直接读取测量结果。在进行分选测量时，则应先将"测量/分选开关"6置于适当量程的"测量"位置上，经调零后再将6置于"分选"位置上，然后在测试端

口 1 接入被测分选电阻。预定直流电阻确值量程按键 4(即预定定标值),调节定标值粗、细调电位器 14、15,即可在显示器 11 上读取定标值。再选择适当的偏差分选量程开关 5,当分选阻值偏高时,红色指示灯 8 亮,偏低时黄色指示灯 10 亮,合适时绿色指示灯 9 亮,同时蜂鸣器发出音响,从而实现直流电阻偏差分档测量。

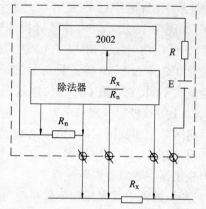

图 2-14 ZS-51 型数字毫欧表接线原理图

ZS-51 型数字毫欧表的测量范围为 $10\mu\Omega \sim 2M\Omega$,也是施工现场测量变压器、电动机绕组直流电阻的理想电工测量仪器,其测量原理如图 2-14 所示。其测量方式采用四端法双积分 A/D 转换系统,电源(E)电流通过基准电阻 R_n、被测电阻 R_x 分别产生电压 IR_n 和 IR_x,再由 CMOS 大规模集成电路构成除法器。将 IR_x 和 IR_n 进行除法运算后,进行液晶数字显示,其显示值为 $k = IR_x/IR_n = R_x/R_n$,各量程 R_n 均为线绕式精密标准电阻。

在测量变压器、电动机绕组直流电阻之前,也须先调零。根据被测绕组直流电阻估计值选择适当量程,并把电压、电流接线夹按图 2-13(b)短接调零。如选 20Ω、200Ω······$2M\Omega$ 等各档时,仪器可自动调零,显示器读数为"000";如选用 20、200mΩ、2Ω 等各档时,则需手动调零,经调零后即可测量绕组直流电阻。

值得注意的是,在测量绕组直流电阻时,应先将被测绕组脱开电源,并使其充分放电,绝对不得带电测量;还应将电压接线夹接在电流线夹的内侧。

3. 绕组连接组别的测试

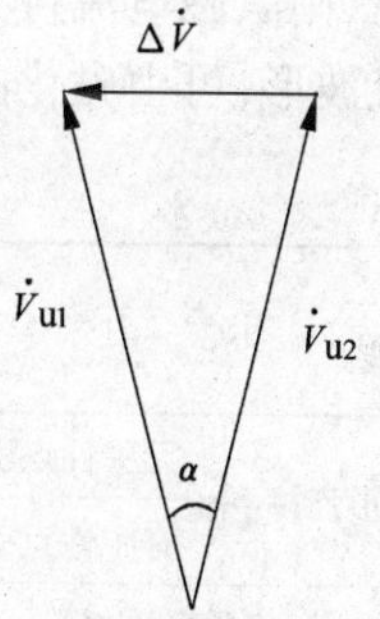

两台以上变压器并联运行时,必须要同时满足三个条件:①变压器的变比相等;②具有相同的连接组别;③短路电压 V_d% 应相等。只有连接组别相同,才能保证相互并联的变压器副边电压相位一致。否则,它们相应的副边电压间将具有相位差。例如两台并联运行的三相电力变压器,若其中一台连接组别为 D,yno,另一台连接组别为 D,yn11,则它们对应的副边线电压或相电压的相位差均为 30°,故并联运行时对应端间将存在电压差 ΔV,如图 2-15 所示。显然,$\Delta V = 2V_{u1}\sin 15° = 0.52V_{u1} = 0.52V_{u2}$($V_{u1}$、$V_{u2}$ 分别为第一台和第二台变压器副边绕组的相电压),由于 ΔV 是直接施加在两台变压器的对应线端上,故回路内只有这两台变压器的短路阻抗。这样,在绕组回路中将产生超过其额定电流几倍的环路电流,所以不同连接组别的变压器不允许并联运行,变压器连接组别检测试验也是其调试的主要项目之一。

图 2-15 不同连接组别变压器并联运行时副边相应绕组线电压或相电压相量图

1)在变压器连接组别及选用原则新颁布的国家标准《电力变压器》(GBl094—85)中对变压器绕组连接组别表示方法作出规定,变压器连接组别新、旧表示方法在表 2-8 中列出。变压器高、低压侧绕组间的相位关系用"时钟"表示,即将高压侧线电压相量作为时钟的"分针",并固定在钟面的数字"0"处;而将低压侧对应的线电压相量作为时钟的"时针"。例如 D,yn11,其中 D,yn 表示变压器高、低压侧绕组接线组合,高压侧绕组三角形连接,低压侧绕组星形连接,并有中性线引出;标号 11 则表示 $\dot{V}_{uv}$ 滞后于 $\dot{V}_{UV}$ 为 330°,如图 2-16 所示。由相量分析证明,三相变压器高、低压绕组接法相同(Y,y 或 D,d)时,连接组别为 0、2、4、6、8、10 等 6 种标号之一;高、低压绕组接法不同(Y,d 或 D,y)时,连接组别为 1、3、5、7、9、11 等 6 种标号之一。

目前国际上多数国家的变配电系统所用电力变压器均采用 D,yn11 连接组别,这种连接组别的电力变压器主要具有以下优点:

(1)变压器的空载损耗和负载损耗均较低。

(2)有效地抑制了高次谐波电流,能保证供电波形的质量。我们知道,当磁通密度为 0.8～1.3T 时,磁化曲线进入弯曲部分,当磁通密度超过 1.3T 时,磁化曲线进入饱和部分(一般电力变

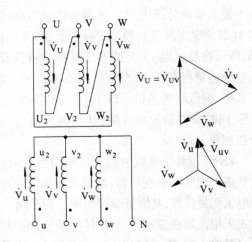

图 2-16 连接组别为 D,yn11 的三相变压器电压相量图

压器采用热轧硅钢片制作铁芯,其磁通密度选择范围为 1.1～1.475T)。在磁路饱和后,磁通密度将不随激磁电流成正比变化,即激磁电流较磁通密度增长要大得多。如要保持磁通为正弦波,则激磁电流将为一个尖顶波形,其尖顶程度与磁路的饱和程度有关。磁路饱和时的激磁电流波形,可由磁化曲线和磁通波形求得,如图 2-17 所示。

表 2-8 变压器连接组别新、旧表示方法对照表

表 示 内 容		原 国 家 标 准		新 国 家 标 准	
		高 压 侧	低 压 侧	高 压 侧	低 压 侧
星形连接	无中性点引出	Y	Y	Y	y
	有中性点引出	Yo	Yo	YN	yn
三角形连接		△	△	D	d
单 相 连 接		I	I	I	i
符 号 间 连 接		用斜线"/"		用逗号","	
组 别 数		"1～12",并在数字前面加横线"-"		"0～11",在数字前面不加横线	

通过对激磁电流波形的谐波分析可知,除含基波外,还含有三次谐波及其它各奇次谐波,但谐波分量中以三次谐波最强。当磁通密度达到 1.4T 时,三次谐波幅值可超过基波辐值的 50%。由此可见,要保证磁通和感应电动势为正弦波,激磁电流中的三次谐波分量是起主要作用的。当三相绕组 D 接法时,绕组环路内就可以存在方向相同的三次谐波电流,用以供给

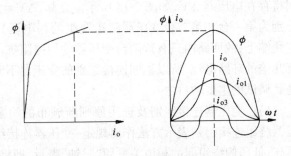

图 2-17 磁路饱和时激磁电流波形

激磁电流中所需的三次谐波电流分量。这样,就可以保持感应电势接近于正弦波,改善了供

电波形的质量。

(3)有利于单相接地短路故障的切除。在 D,yn11 连接组别配电系统中,当系统内发生单相接地短路故障时,由于变压器高压侧为 D 接法,其感应环流的零序电流可以消除磁路中的零序磁通,所以零序阻抗小。通过计算分析可知,在相同的条件下,连接组别 D,yn11 变压器要比 Y,yno 变压器的单相短路电流大 2 倍以上。这就是说,在低压设备保护整定电流值相同的情况下,前者灵敏度为后者的 3 倍以上。

(4)能充分利用变压器容量。在《工业与民用供配电系统设计规范》GBJ52—89 中规定:在 TN 及 TT 系统接地型式的低压电网中,为减少变压器损耗,降低谐波电流,有利于单相接地短路故障的切除及单相不平衡负荷的充分利用,宜选用 D,yn11 连接组别的三相电力变压器作为配电变压器。在《10kV 及以下变电所设计规范》GBJ53—89 中也规定:由单相不平衡负荷引起的中性线电流超过变压器低压绕组额定电流 25%,应选用结线为 D,yn11 的变压器。

通过以上对 D,yn11 连接组别变压器的优点分析,按照有关规范,由于工矿企业、宾馆饭店、民用建筑和机关学校等多采用 TN-C-S 或 TN-S 等低压配电系统,所以宜选用 D,yn11 连接组别的三相电力变压器。

2)变压器连接组别的直流校验法

在施工现场常采用直流校验法来判断变压器的连接组别。在校验时只需将测试的一组结果与变压器连接组别规律表 2-9 对照,结合被测变压器铭牌给出的绕组接法,即可判断其连接组别,因此这种校验方法简便适用。

表 2-9　用直流法测试变压器连接组别规律表

组序	接法	相位差	一次侧接入直流电源 (+)	(−)	二次侧试结果 u_1 (+)	v_1 (−)	v_1 (+)	w_1 (−)	u_1 (+)	w_1 (−)
1	D,y Y,d	30°	U_1 V_1 U_1	V_1 W_1 W_1	+ 0 +		− + 0		0 + +	
2	D,d Y,y	60°	U_1 V_1 U_1	V_1 W_1 W_1	+ + + *		− * + −		− + * +	
3	D,y Y,d	90°	U_1 V_1 U_1	V_1 W_1 W_1	0 + +		− 0 −		− + 0	
4	D,d Y,y	120°	U_1 V_1 U_1	V_1 W_1 W_1	− + * +		− − − *		− * + +	
5	D,y Y,d	150°	U_1 V_1 U_1	V_1 W_1 W_1	− + 0		0 − −		− 0 −	
6	D,d Y,y	180°	U_1 V_1 U_1	V_1 W_1 W_1	− * + +		+ − * +		0 − − *	
7	D,y Y,d	210°	U_1 V_1 U_1	V_1 W_1 W_1	− 0 −		+ − 0		0 + −	
8	D,d Y,y	240°	U_1 V_1 U_1	V_1 W_1 W_1	− − − *		+ * − +		+ − * −	

组 序	接 法	相位差	一次侧接入直流电源 (+)	一次侧接入直流电源 (−)	二 次 侧 试 结 果 u₁ (+)	二 次 侧 试 结 果 v₁ (−)	二 次 侧 试 结 果 v₁ (+)	二 次 侧 试 结 果 w₁ (−)	二 次 侧 试 结 果 u₁ (+)	二 次 侧 试 结 果 w₁ (−)
9	D,y Y,d	270°	U_1 V_1 U_1	V_1 W_1 W_1	0 − −		+ 0 +		+ − 0	
10	D,d Y,y	300°	U_1 V_1 U_1	V_1 W_1 W_1	+ − * −		+ + + *		+ * − +	
11	D,y Y,d	330°	U_1 V_1 U_1	V_1 W_1 W_1	+ + 0		0 + +		+ 0 +	
12	D,d Y,y	0°	U_1 V_1 U_1	V_1 W_1 W_1	+ * − +		− + * +		+ + + *	

那么,表2-9是如何得到的呢? 以图2-18为例,通过对该变压器同名端确定测试和相量图分析,已知变压器连接组别为 Y,d5。然后在变压器的一次侧 U_1、V_1 间接入 1.5～3V 直流电源,并串入开关 k,且 U_1 端通过开关 k 接电源正极,V_1 端接电源负极;再在二次侧 u_1—v_1、v_1—w_1、u_1—w_1 间分别接入直流毫安表(或直流毫伏表),表的"+、−"接线柱连接如图2-19(a)所示。

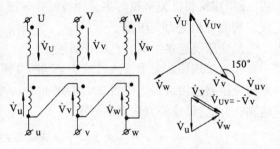

图 2-18　Y,d 5 变压器接线及相量图

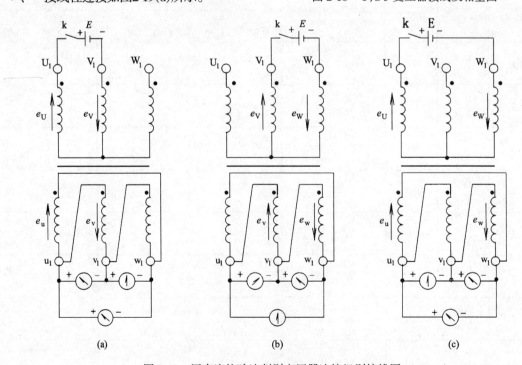

图 2-19　用直流校验法判别变压器连接组别接线图

因为变压器一次侧首端 U_1、V_1、W_1 与二次侧末端 u_2、v_2、w_2 分别为同名端,故一、二次侧对应相电压的相位差为180°。在开关 k 闭合瞬间,各相绕组感应电动势与图上标注方向一致,并规定表针正向偏转时记作"+",反向偏转时记作"−",不动时记作"0",据此观察记录各表指针的偏转方向。显然,$v_{u1v1} = -e_v$,$v_{v1w1} = 0$,$v_{u1w1} = -e_u$,即得到"−、0、−"的结果。用同样方法,分别按图 2-19(b)、(c)接线方式测试,又可得到"+、−、0"和"0、−、−"的结果,这就是表 2-9 中 Y,d5 所对应的一组结果。另外 11 组结果也用同样方测取,从而获得表 2-9。

由表2-9可见,时钟为奇数的变压器,所测试结果中有一相毫安表指针偏转为零。但在实测中毫安表指针会有一定的偏转,这是由于三相绕组的阻抗不完全对称的缘故。另外,在表 2-9 中各组测试结果均有一定规律性,例如变压器高低压绕组法为 Y,d 或 D,y 时,均具有 3 个零值和 6 个较大值(电流表指针偏转角绝对值较大),属于奇数组连接组别;而变压器高低压绕组接法为 Y,y 或 D,d 时,均具有 3 个较大值(电流表指针偏转角绝对值较大)和六个较小值(电流表指针偏转角绝对值较小),属于偶数组连接组别。所以,根据实测结果和变压器铭牌上给出的绕组接法,查表 2-9 即可判断该变压器的连接组别了。

4. 变压器的变比测量

变压器变比是原、副绕组的感应电动势之比,也是匝数之比,即 $k_v = E_1/E_2 = W_1/W_2$。在空载时,$V_{20} = E_2$,$V_1 \approx E_1$,所以 $k_v \approx V_1/V_{20}$。这就表明,在进行变压器变比测量计算时,应在空载状态下测量变压比。对于单相变压器,其变比等于原副绕组额定电压之比(或匝数比);而三相变压器,其变比等于原副边线电压之比。对于不同接法的三相变压器,其变比与原副边相电压的关系为:接法为 Y,y(或 D,d)时,$k_v = V_{UV}/V_{uv} = V_U/V_u$;接法为 Y,d(或 D,y)时,$k_v = V_{UV}/V_{uv} = \sqrt{3} V_U/V_u$(或 $k_v = V_{UV}/V_{uv} = V_U/\sqrt{3} V_u$)。

变压器变比是两台及以上变压器能否并联运行的重要条件之一。只有变比相等,才能保证并联运行的变压器副边电压大小相等;如果联接组别也相同,即各对应的副边电压相位一致。这样,当变压器并联运行时,就不会产生环流。否则,如果它们的副边电压大小不相等时,即使是空载,也将有环流产生。以两台接法为 Y,yn 的变压器并联为例,如图 2-20 所示为其中一相并联接线图,在开关 k 未闭合时,其电位差 ΔV_{20} 为:

$$\Delta \dot{V}_{20} = \dot{V}_{I20} - \dot{V}_{II20} = \left(\frac{1}{k_I} - \frac{1}{k_{II}}\right)\dot{V}_1 \tag{2-33}$$

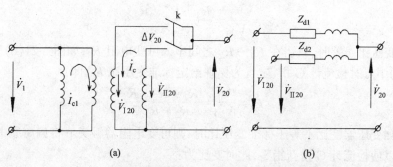

图 2-20 变比不同的两台变压器并联时的空载电流

(a)其中一相并联线路 (b)近似等效电路

当开关 k 闭合后,则环流 $\dot{I}_C$ 为:

$$\dot{I}_C = \frac{\Delta \dot{V}_{20}}{Z_{d1} + Z_{d2}} = \frac{\dot{V}_{\mathrm{I}20} - \dot{V}_{\mathrm{II}20}}{Z_{d1} + Z_{d2}} \tag{2-34}$$

式中　$V_{\mathrm{I}20}$、$V_{\mathrm{II}20}$——分别为变压器 I 、II 副边开路电压，V；

　　　Z_{d1}、Z_{d2}——分别为变压器 I 和 II 副边短路阻抗，Ω。

由于变压器短路阻抗小，所以即使二台变压器的变比误差很小，也会产生较大环流。

例题 2-3　现有一台容量为100kVA，额定电压 6300/230V，接法 Y,d 的三相变压器与另一台容量为315kVA，额定电压 6300/220V，接法 Y,d 的三相变压器并联运行。已知短路电压 $V_{d1}\% = V_{d2}\% = 5.5\%$，试求并联运行时的环流值。

解：两台变压器副边的额定电流分别为：

$$I_{\mathrm{I}N} = S_{\mathrm{I}}/\sqrt{3}\, V_{\mathrm{I}N} = 100 \times 10^3/\sqrt{3} \times 230 = 251\mathrm{A}$$

$$I_{\mathrm{II}N} = S_{\mathrm{II}}/\sqrt{3}\, V_{\mathrm{II}N} = 315 \times 10^3/\sqrt{3} \times 220 = 827\mathrm{A}$$

从《电机与拖动基础》知道，短路阻抗 $Z_d = (V_N/I_N) \times V_d\%$，则两台变压器副边的短路阻抗分别为：

$$Z_{d1} = (V_{\mathrm{I}N}/I_{\mathrm{I}N}) \times V_{d1}\% = (230/251) \times 5.5\% = 0.0504\Omega$$

$$Z_{d2} = (V_{\mathrm{II}N}/I_{\mathrm{II}N}) \times V_{d2}\% = (220/827) \times 5.5\% = 0.0146\Omega$$

则由式(2-34)得：

$$I_c = (230 - 220)/(0.0504 + 0.0146) = 10/0.065 = 153.85\mathrm{A}$$

由此可见，两台变压器的副边电压虽然只相差 10V，就产生 153.85A 的空载环流，相当于变压器 I 额定电流的 $(153.85/251) \times 100\% = 61.3\%$，在空载时就产生这样大的空载环流，显然是不允许的。因此，要限制环流在一定范围内，一般规定变压器空载环流不超过额定电流的 10%，变比误差应不超过 $\pm 0.5\%$。在交接试验中，如果变压器不作并联运行，变比误差应在 $\pm 0.2\%$ 以内，如果并联运行，其变比误差应不超过 $\pm(0.5\sim1)\%$。在工程上，测量变压器变比通常采用变压比电桥法和双电压表法等两种。

1)变压比电桥法

其原理如图 2-21(a)所示，在变压器原边施加电压 V_1，则副边感应电压为 V_2，调节电阻 R_1 使检流计指针在零位，这时 a 与 a' 点为等电位。则变压比 k_v 为：

$$k_v = \frac{V_1}{V_{20}} = \frac{R_1 + R_2}{R_2} = \frac{R_1}{R_2} + 1 \tag{2-35}$$

当测量变压比误差时，只需在 $R_1 \sim R_2$ 之间串入可变电阻 R_f，如图 2-21(b)所示。设动触头 p 在 R_f 的中点时检流计 G 指零，且为铭牌给定标准变压比 k_v，即：

$$k_v = \frac{V_1}{V_{20}} = \frac{R_1 + R_2 + R_f}{R_2 + R_f/2} \tag{2-36}$$

如果被测变压器变比不等于标准变压比时，则可变电阻器触头 p 将偏离原中点位置，即需调节触头 p 以使检流计 G 重新指零，此时变比为：

$$k'_v = \frac{V_1}{V'_{20}} = \frac{R_1 + R_2 + R_f}{R_2 + R_f/2 + \Delta R_f} \tag{2-37}$$

式中　ΔR_f——触头 p 偏离可变电阻器中点的电阻值(触头向上偏移取正值，向下偏移取负值)，Ω；

　　　$\Delta V_{20}'$——被测变压器副边开路电压值，V。

这样可求出被测变压器变比误差为：

$$\Delta k_v = \frac{k'_v - k_v}{k_v} \times 100\% \tag{2-38}$$

将式(2-36)、(2-37)代入式(2-38)可得：

$$\Delta k_v = \frac{-\Delta R_f}{R_2 + R_f/2 + \Delta R_f} \times 100\% = -\frac{\Delta R_f}{R_2 + R_f/2} \tag{2-39}$$

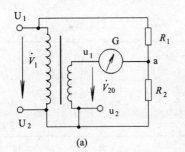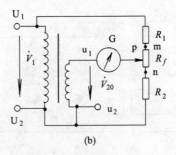

图 2-21　变压器变比测量原理图

(a)变比测量接线图　　(b)变比误差测试接线图

例题 2-4　某台变压器额定电压 10/0.4kV，Y，y 接法。如已知变比误差为 ±2%，则变压器变比的变化范围和变比电桥中的触头 p 将偏离电阻 R_f 中点的阻值范围各是多少？

解：变压器的标准变比为：

$$k_v = V_1/V_{20} = 10/0.4 = 25$$

由式(2-38)可求得变压器变比的变化范围为：

$$k'_v = k_v(\Delta k_v + 1) = 25 \times (\pm 2\% + 1) = 24.5 \sim 25.5$$

为了计算方便，若取 $R_2 + R_f/2 = 1000\Omega$，则由式(2-39)求得触头 p 点偏离 R_f 中点的阻值范围为：

$$\Delta R_f = -\Delta k_v(R_2 + R_f/2) = -(\pm 2\%) \times 1000 = \pm 20\Omega$$

由此可见，当变比误差 $\Delta k_v = \pm 2\%$ 时，可变电阻的动触头 p 在距其中点 ±20Ω 的范围内变动。从 u_2 端至 p 点的电阻变化范围为 $R_{pu_2} = 980 \sim 1020\Omega$。

变压比电桥型号很多，其中 QJ35 型是目前使用较多的一种，具有操作简便、测量精度高等优点。随着我国电气设备安装调试技术的飞速发展，安装调试手段越来越先进，具有高科技的升级换代仪器仪表大量涌现。如 ZBC-1 型变压比自动测试仪采用了高精度 A/D 转换和计算机技术，能自动检测变压器(及互感器)的变比，并根据预先输入的变压器联接组别及其变比标准值，自动计算实测变比值和变比误差，同时进行数字显示。其变比测量范围可达 1～2500，与 QJ35 型变压比电桥相比，具有测量精度高、运算速度快和操作安全、简便的特点。该测试仪面板布置如图 2-22 所示，其操作方法简介如下：

①将变压器高压侧 U₁、V₁、W₁(或 U₁、U₂)和低压侧 u₁、v₁、w₁(或 u₁、u₂)分别接入背板接线夹 12、13 的对应端上；②根据被测变压器铭牌给出的接线方式，将接线方式选择开关 10 置于相应接线位置上；③合上电源开 6，状态显示屏 1 应显示正常工作状态"P"；④由被测变压器额定电压计算标准变压比，并通过置数开关 7 置入标准变压比。置数开关 7 由 4 个小开关组成，可置入四位有效数字。而开关 8 用于设置小数点位置，其位置范围为 1～3 位。按"＋"或

"–"键时,可使小数点向左、右移位,同时由数值显示屏2显示标准变比;⑤由相序选择开关9来预置选择相序UV、VW或WU;⑥按下测量起动按钮3,这时状态显示屏1闪动"Y"字,表示测量开始。当"Y"字稳定后,数值显示屏2显示出四位有效数值,即为实测变比值。若状态显示屏1显示"F",则表示测量有错误,应按下复位按钮5进行检查;⑦当测量变比显示正确后,即可按下误差显示按钮4,如状态显示屏1显示"E"字,表示数值显示屏2上的变比误差百分数为正值,若状态显示屏1显示"–"字,则表示数值显示屏2上的变比误差百分数为负值。

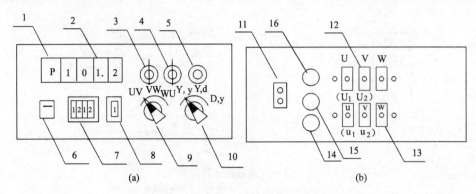

图2-22 ZBC-1型变压比自动测试仪面板布置图

(a)面板布置 (b)背板布置

1—状态显示屏;2—数值显示屏,由4位LED数码管组成;3—测量启动按钮;4—误差显示按钮;5—复位扭;
6—电源开关;7—变压比标准值整定开关;8—变压比值小数点位数设置开关;9—相序选择开关;10—接线方式选择开关;
11—电源插座;12—高压侧接线夹;13—低压侧接线夹;14、15、16—熔断器

在测量操作过程中,应注意先将接线方式选择开关10和相序选择开关9预置好,再按下测量起动按钮3进行测量。只有在状态显示屏1显示"P"时才能进行切换,严禁在无状态显示或显示"Y"时切换,在切换之前应先按下复位按钮5,即使之在恢复显示"P"或切断电源之后进行切换,以免损坏仪器。

2)双电压表法

在无变压器变比测量的专用仪器时,可用双电压表法测量变压器变比。为了保证测量仪器设备和人身安全,一般在变压器低压侧施加三相交流电源,用调压器从零伏均匀升压并调至额定电压值。而在变压器高压侧接入电压互感器,且电压互感器铁芯及二次绕组的一端应可靠接地。这样用两块电压表分别测量高、低压侧的电压值,即可计算求得变压器的变压比,所选用电压互感器和电压表的精度均应在0.5级以上。

5. 变压器空载实验

试验线路如图2-23所示,变压器空载试验是在低压侧施加额定电压,高压侧开路时测量空载电流 I_0 和空载功率

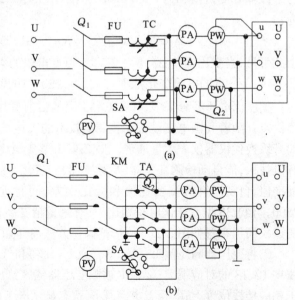

图2-23 三相电力变压器空载试验线路

(a)用自耦变压器施加试验电压 (b)用接触器直接施加试验电压

损耗 P_o，据此计算变压器励磁参数。由于电力变压器的空载电流很小，对于中小型变压器来说，其值约为其额定电流 I_N 的 $(4-16)\%$，所以试验时应根据空载电流大小选择电流表量程。另外，变压器的空载功率因数很低，一般 $\cos\phi\leqslant0.2$，因此应选用低功率因数瓦特表，以减少功率测量误差。因为普通瓦特表是按额定电压 V_N、额定电流 I_N 和功率因数 $\cos\phi=1$ 的情况刻度的，如果用这样的瓦特表测量功率，以单相瓦特表测量单相变压器的空载功率损耗 P_o 为例，设额定电压为 V_N、空载电流为 $I_o=I_N\times5\%$，$\cos\phi=0.2$，则空载损耗 $P_o=0.01V_NI_N$，即瓦特表指针仅偏转到满量程的 1%，显然将会引起较大误差。为此设计生产了适用于测量低功率因数负载功率的瓦特表，如 D5 型低功率因数瓦特表为光标指示的直读数、多量限、便携式测量仪表，其光标指示器将可动部分的偏转角放大一倍，而得到足够长度的标度尺，并且对测量机构采取磁屏蔽来防止外磁场影响，对动框和固定线圈之间采取静电屏蔽来防止静电影响，从而减小了测量误差，提高了测量精度。

为了进一步减小测量误差，还可在低功率因数瓦特表的电压线圈支路内串联补偿线圈 N_A，并且绕制在其电流线圈的外面，且二者绕向相反，所以它们所建立的磁场方向相反，如图 2-24 所示。由于电压线圈支路中流过的电流也是补偿线圈 N_A 中流过的电流，同时采取"电压线圈后接"的接线方式，所以也就抵消了由于电流线圈中含有电压线圈支路电流所引起的误差，即消除了瓦特表本身功率消耗所带来的影响。对于容量较小的三相电力变压器可采用图 2-23(a)所示线路，并选择容量足够的三相自耦变

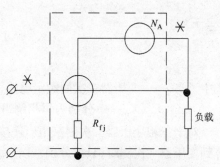

图 2-24　带补偿线圈的低功率
因数瓦特表原理图

器随时调节试验电压大小，以减小试验电压波动带来的影响。试验时应先合上旁路开关 Q_2，再合上开关 Q_1，待电源接通稳定后打开 Q_2，将测量仪表接入线路。同时调节自耦变压器均匀升压，使试验电压达到变压器额定电压值，并记录测量数据。如果被测三相电力变压器的容量较大，可采用图 2-23(b)所示线路，但应保证试验电压稳定并达到规定试验电压值。

空载电流百分比一般可由下式计算：

$$I_o(\%)=\frac{I_{po}}{I_N}\times100\%=\frac{I_{uo}+I_{vo}+I_{wo}}{3I_N}\times100\% \tag{2-40}$$

式中　I_N——变压器额定电流，A；

　　　I_{uo}、I_{vo}、I_{wo}——变压器各相空载电流，A；

　　　I_{po}——变压器的三相空载电流算术平均值，A。

在变压器调试中，如果电源容量不够，可以适当降低试验电压，但规定试验电压不得低于变压器额定电压的 70%，并将所测变压器空载损耗换算到额定电压时的空载损耗值，即：

$$P_o=P'_o\left(\frac{V_N}{V_s}\right)^\eta \tag{2-41}$$

式中　P_o——换算到试验电压为额定电压 V_N 时的空载损耗，W；

　　　P'_o——试验电压为 $V_s(V_s\geqslant70\%V_N)$ 时的空功损耗，W；

　　　η——变压器的铁芯材料参数，热轧硅钢片时，取 $\eta=1.8$；冷轧硅钢片时，取 $\eta=1.9\sim2$。

如图 2-23 所示，三相变压器空载损耗可采用"三瓦特表法"测量，也可采用"二瓦特表法"

测量,但"二瓦特表法"测量三相功率只适用于三相三线制线路。设变压器的二次侧为星形连结,则瞬时功率为:

$$P_{uv} + P_{wv} = i_u v_{uv} + i_w v_{wv} = i_u(v_u - v_v) + i_w(v_w - v_v)$$
$$= i_u v_u + i_w v_w - (i_u + i_w) v_v$$
$$= P_u + P_v + P_w$$

由此可知三相变压器空载时的平均功率为:

$$P_o = P_{uvo} + P_{wvo} = P_{vo} + P_{wo} \qquad (2\text{-}42)$$

由于变压器空载电流很小,则空载电流在二次绕组中产生的铜耗可忽略不计,空载损耗 P_o 完全用来抵偿变压器的铁耗,即 $P_{Fe} \approx P_o$。这样,由所测出的试验电压 $V_s(V_s = V_N)$,空载电流 I_o 和空载功率损耗 P_o,可计算出变压器的励磁参数 $Z_m = r_m + jX_m$。励磁参数应根据一相的空载功率损耗、相电压和相电流来计算,即

$$Z_m = V_N / \sqrt{3} I_o \qquad (2\text{-}43)$$

$$r_m = P_o / 3 I_o^2 \qquad (2\text{-}44)$$

$$X_m = \sqrt{Z_m^2 - r_m^2} \qquad (2\text{-}45)$$

式中　V_N——变压器二次侧额定电压,V;

　　　Z_m、r_m、X_m——分别为每相绕组的励磁阻抗,励磁电阻和励磁电抗,Ω。

对于三相变压器二次侧三角形连接时,其励磁参数计算由读者自行推出,如将励磁参数折算到变压器一次侧时,只需分别乘以 k_V^2 即可。

6. 工频交流耐压试验

工频交流耐压试验主要检查电力变压器主绝缘性能及其耐压能力,进一步检查变压器是否受到损伤或绝缘存在缺陷。变压器绕组的工频交流耐压试验标准见表 2-10。

表 2-10　电力变压器工频交流耐压试验标准(kV)

一次侧额定电压	3	6	10	15	20	35
出厂试验电压	18	25	35	45	55	85
现场交接试验电压	15	21	30	38	47	72
无出厂试验电压标准时,现场交接试验电压	13	19	26	34	41	64

在试验时应将各相高压绕组分别对低压绕组、铁芯及地进行耐压试验。在耐压试验过程中,尤其是大型电力变压器,极易发生谐振过电压,对电力变压器及试验设备、仪器仪表等均有遭受过电压损坏的危险,因此还须采用球隙过电压保护装置,如图 2-25 所示,图中电压互感器及电压表用以监视试验电压值。球隙过电压保护装置的球极间隙应预先调整好,使其放电电压略高于变压器的耐压试验标准值,即放电电压约为试验电压标准值的 120%。这样,只要过电压达到球极间隙的放电电压值,即将发生击穿放电,并通过过电流保护装置动作切断电源。球极间隙不同,其放电电压值也不同,在表 2-11 中列出了球隙放电电压有效值。表中数据为标准大气压力为 1.01325×10^5 Pa,即相当于 $760mm$ 高汞柱,且周围环境温度 20℃ 标准状态下,一端接地时球极间隙的工频放电电压有效值(括号内的数据表示准确度较低)。

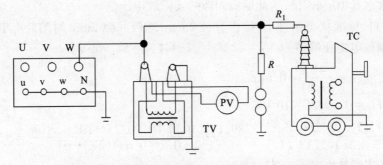

图 2-25 具有球隙保护装置的变压器交流耐压试验线路

TC—试验变压器；R₁—限流电阻；R₂—阻尼电阻；TV—电压互感器；Q—球隙过电压保护装置

表 2-11 球极间隙放电电压值(kV)

球径(cm) \ 球极间隙(mm)	1.0	1.5	2.0	2.6	3.0	3.5	4.0	4.5	5.0	5.5	6.0	10.0
12.5	22.3	32.2	41.9	50.9	60.2	68.7	77.1	84.1	91.2	97.6	103.2	(138.6)
15	22.1	32.2	41.9	51.3	60.5	69.4	77.8	86.3	93.3	101.1	107.5	(147.8)
25	21.9	31.8	41.7	50.9	60.8	−	79.2	−	96.9	−	113.8	171.8
50	−	−	41	−	−	−	79.2	−	−	−	116	185.3
75	−	−	41	−	−	−	79.2	−	−	−	116	187.4
100	−	−	−	−	−	−	−	−	96.9	−	−	188.1

如果大气压力或温度为非标准状态时,应对气隙放电电压值加以修正,其修正公式为:

$$V = V_B\delta = V_B \cdot k\frac{H_P}{T} \qquad (2\text{-}46)$$

式中 V——球隙实际放电电压,kV;

V_B——球隙标准状态下的放电电压,kV;

δ——修正系数;

k——常数;

H_P——大气压力,Pa;

T——大气绝对温度,(273 + t℃)。

显然,在标准状态下,$\delta = 1$,则常数 k 为:

$$k = \delta\frac{T}{H_P} = 1 \times \frac{273 + 20}{1.01325 \times 10^5} = 289.17 \times 10^{-5}$$

采用球隙过电压保护装置进行变压器耐压试验时,还需考虑空气相对湿度对球隙放电电压的影响。将单位容积空气的实际含水量与同体积空气标准含水量(14.87g/m²)的比值,称为空气相对温度 ε。则考虑空气相对湿度后,修正系数 Q 为:

$$Q = 1.2 - 0.2\varepsilon \qquad (2\text{-}47)$$

这样,考虑大气压力、绝对温度和相对湿度等因素对球极间隙放电电压的综合影响后则有:

$$V = \frac{V_B\delta}{Q} = \frac{289.17 \times 10^{-5}H_P V_B}{(1.2 - 0.2\varepsilon)(273 + t℃)} \qquad (2\text{-}48)$$

例题 2-5 直径25cm 的球极,其间隙调整为2mm,且大气压力 0.99325×10⁵Pa,空气温度

5℃,单位容积含水量 $10g/m^3$,试求此球极间隙的实际放电压值。

解:查表 2-11,标准状态条件下,球极直径 25cm,球极间隙 2mm 时的放电电压有效值为 $V_x=41.7kV$,则放电电压峰值为 $V_B=\sqrt{2}\,V_x=\sqrt{2}\times41.7=58.96kV$。

大气相对湿度:$\varepsilon=\dfrac{10}{14.87}=0.67$;

大气压力:$H_P=0.99325\times10^5Pa$。

$$V=\frac{289.17\times10^{-5}H_PV_B}{(1.2-0.2\varepsilon)(273+t℃)}=\frac{289.17\times10^{-5}\times0.99325\times10^5\times58.96}{(1.2-0.2\times0.67)(273+5)}=57.14kV$$

即此球极间隙的实际放电电压为 57.14kV。

根据变压器交流工频耐压试验标准和上述计算并调整好球隙后,即可进行试验了,且耐压试验持续时间为 1min。在试验过程中,如果测量仪表指示稳定且被测变压器无放电声及其它异常现象时,则表明变压器试验合格,否则,将可能存在变压器主绝缘损坏,或油内含有气泡杂质和铁芯松动等故障,须进行吊芯检查处理。

7.额定电压冲击合闸试验

在变压器制造厂用冲击高压发生器模拟雷击所引起的大气过电压做冲击合闸试验,以考查变压器主绝缘的绝缘强度。而在施工现场,当变压器安装及以上试验完成后,还需要进行额定电压冲击合闸试验。试验线路如图 2-23(a)所示,只需在变压器低压侧进行,并通过旁路开关 Q_2 将测量仪表短接,以免冲击电流将测量仪表损坏。

在接通电源瞬时,由于变压器的励磁电流和磁通的变化率最大,所以绕组中的感应电动势要比额定电压大几倍,故合闸瞬时所产生的电压叫做冲击合闸电压。这样,变压器绕组在冲击合闸电压的作用下,可使其绝缘薄弱处充分地显露出来。同时倾听变压器内部是否有异常声响,观察变压器油箱有无冒烟或气泡逸出现象,以便判断变压器是否有故障存在。待达到稳态后,再拉开 Q_2,记录电流表、电压表和功率的读数。然后再合上 Q_2,切断变压器电源,按上述操作方法重复试验 5 次。如果在 5 次冲击合闸试验中空载电流基本相同,无其它异常现象发生,即可认为冲击合闸试验符合要求。

以上扼要介绍了油浸式三相电力变压器的绝缘电阻及吸收比检测、直流电阻测量、对分接开关及变压比检测、联接组别校验、空载试验、工频交流耐压试验和额定电压冲击合闸试验等,此外还有变压器油的化学分析和击穿耐压试验、泄漏电流试验及介质损失角正切值试验等工程交接试验项目(本课从略),这些都是油浸式三相电力变压器的主要调试内容。对于干式变压器来说,试验内容较少,主要包括变压器绕组直流电阻测量、绝缘电阻及吸收比检测、分接开关及变压比检测、工频交流耐压试验和空载冲击合闸试验等,各项试验项目均可参照油浸式变压器试验进行。

第二节　仪器仪表用互感器的安装调试

在电力系统中,装设有各种类型的电压互感器和电流互感器,以使测量仪器仪表、控制装置与高电压、大电流相隔离,确保电气设备和人身安全,同时也扩大了测量仪表量程,提高了测量精度。

一、电压互感器

电压互感器俗称PT,工作原理与电力变压器相似,其主要作用是将电力系统的高电压降低,并向测量仪表、继电器等负荷的电压线圈供电。电压互感器按冷却方式分有油浸式、干式;按安装位置分有户外式和户内式;按相数分有单相、三相及三相五柱式等,其型号含义见表2-12。另外电压互感器的一次侧绕组线间额定电压应与所接入的电网电压相符,二次侧绕组线间额定电压均为100V。这样,选用量程为0～150V的电压表,再配以与电网电压等级相同的电压互感器,就可以测量电网电压了。

表 2-12　电压互感器的型号含义

字母顺序	I		II		III			IV			
字　母	J	HJ	D	S	J	G	Z	F	J	W	S
含　义	电压互感器	仪用电压互感器	单相	三相	油浸式	干式	浇注绝缘	胶封装	接地保护	三相五柱式	三相带补偿线圈

1. 电压互感器的极性

为了使电压互感器绕组之间能够正确连接,正确接入电网,并为测量仪表、继电器等负载的电压线圈供电,在进行电压互感器安装调试时,应严格校验和标定极性。

目前生产的电压互感器多为减极性表示法,即当从电压互感器的一、二次绕组同极性端通入电流时,在铁芯中应能产生同方向磁通,如图2-26(a)所示。图中 L_1 与 k_1（或 L_2 与 k_2）为同极性端（同名端）,也可用"﹡"表示。从同极性端看,流过电压互感器一、二次绕组的电流方向相反,所以称之为减极性。显然,采用减极性表示时,经过电压互感器二次绕组流入继电器线圈的电流方向与直接接入电网时流入继电器的电流方向相同。

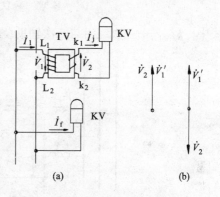

图 2-26　电压互感器同极性端表示方法
(a)接线圈　(b)相量图

电压互感器在安装检查后,还须对其接线端子极性进行校验,以保证接线无误。对于变压比不大的电压互感器可按图 2-27(a)线路校验,即在端子 L_1、L_2 间施加小于额定电压的试验电压,则端子 k_1、k_2 间的电压大小为 $V_2 = V_1/k_v$。如端子 L_1 与 k_1 是同极性端,电压表读数为 $V_1 - V_2 = V_1(1 - 1/k_v)$;如端子 L_1 与 k_1 是异极性端,则电压表读数为 $V_1 + V_2 = V_1(1 + 1/k_v)$,所以根据电压表测试结果即可判断电压互感器的一、二次绕组同极性端了。而对于变压比较大的电压互感器,为了安全和校验方便,可按图 2-27(b)线路校验,即在端 L_1、L_2 间通过开关 SA 接入直流电源 E,在端子 k_1、k_2 间接入毫安表 PA(或毫伏表 PV)。当开关 SA 闭合瞬时,如毫安表指针正向偏转,表明图中的二次绕组电流是从端子 k_1 流出(即从毫安表"+"接线端子流入),则 k_1 与连接蓄电池正极的接线端子 L_1 为同极性端。

2. 电压互感器接线方式

根据继电保护装置控制线路及测量仪表等接入电压的要求,电压互感器常采用以下接线方式:

1)YN,yn 接线方式

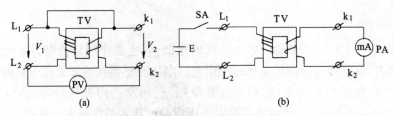

图 2-27　电压互感器的极性校验线路
(a)交流校验法　(b)直流校验法

　　YN,yn 接线方式可由三台单相电压互感器构成,每台单相电压互感器的二次侧都有一个基本绕组和一个辅助绕组。其一次绕组和二次基本绕组的中性点直接接地,并从二次绕组中性点引出中性线,这种接线方式可以将继电器、测量仪表等接入相电压或线电压。而二次辅助绕组相互串联接成开口三角形,作为零序电压过滤器,可接入电压表或电压继电器作为绝缘监视,如图 2-28 所示。从图中可见,开口三角形端子 a_2、x_2 间的电压为:

$$\dot{V}_{a_2x_2} = \dot{V}'_u + \dot{V}'_v + \dot{V}'_w = (\dot{V}_V + \dot{U}_V + \dot{V}_W)/k'_v \tag{2-49}$$

式中　k'_V——一次绕组与二次辅助绕组间的变比。

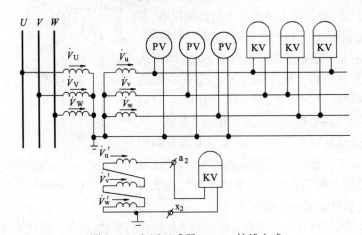

图 2-28　电压互感器 YN,yn 接线方式

　　在正常情况下,由于电网电压三相对称,故 $\dot{V}_u + \dot{V}_v + \dot{V}_w = 0$,则 $\dot{V}_{a_2x_2} = 0$;当某相发生接地短路故障时, $\dot{V}_U + \dot{V}_V + \dot{V}_W \neq 0$,故有:

$$\dot{V}_{a_2x_2} = (\dot{V}_U + \dot{V}_V + \dot{V}_W)/k'_v = 3\dot{V}_0 \tag{2-50}$$

即开口三角形接线端子 a_2、x_2 间的电压与一次侧电网的零序电压 V_0 成正比。

　　2)Y,y 接线方式

　　Y,y 接线方式的电压的互感器如图 2-29 所示,一般由三相三柱式电压互感器构成,用于中性点非直接接地或经消弧线圈接地的电网中。要求三相三柱式电压互感器一次绕组的中性点不得接地,这是因为如其一次绕组中性点接地,当高压电网发生单相短路接地时(如 U 相接地),U 相对地电压为零,V、W 相对于地的电压 $\dot{V}'_V$、$\dot{V}'_W$ 均升高 $\sqrt{3}$ 倍,且相位差为 60°,如图 2-30(a)所示。用对称分量法分析可知,当中性点非直接接地电网中发生单相接地故障时,只

· 62 ·

有正序、零序电压分量作用在电压互感器的一次绕组上,由正序、零序电压分量($\dot{V}_U$、$\dot{V}_V$、$\dot{V}_W$及 $\dot{V}_{U0}$、$\dot{V}_{V0}$、$\dot{V}_{W0}$)分别产生相应的正序、零序电流及磁通。其中正序电流 $\dot{I}_U$、$\dot{I}_V$、$\dot{I}_W$ 彼此相位互差 120°其相量和为零。正序电流流过绕组在铁芯中产生的正序磁通 $\dot{\phi}_U$、$\dot{\phi}_V$、$\dot{\phi}_W$ 也彼此相位互差 120°,相量和为零,所以正序磁通可在三柱式铁芯内形成闭合磁路。由于磁路的磁阻非常小,正序励磁电流也很小。而零序电流及其产生的零序磁通 $\dot{\phi}_{U0}$、$\dot{\phi}_{V0}$ 与 $\dot{\phi}_{W0}$ 的相位相同,故不能在三柱式铁芯内形成零序磁通的闭合磁路,需经过空气隙和电压互感器的外壳构成闭合磁路。由于空气隙磁阻很大,所以零序励磁电流要比正序励磁电流大几倍,而且其相位差也较小,如图 2-30(b)所示。由图 2-30(c) 相量分析可知,发生单相接地故障相(例如 U 相)铁芯柱中的合成磁通近似为零,而未发生接地故障相(例如 V、W 相)铁芯柱中的合成磁通 $\dot{\phi}'_V$、$\dot{\phi}'_W$、却大大超过正序磁通,且 $\dot{\phi}'_V$ 与 $\dot{\phi}'_W$ 相位差约为 60°。所以,若电压互感器在电网单相短路接地故障状态下常时间工作时,将使绕组过热而烧毁。由此可见,三相三柱式电压互感器的一次绕组中性点不允许接地,一般这种电压互感器的一次绕组的中性点均无中性线引出。

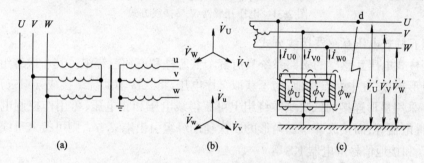

图 2-29　三相三柱式电压互感器的星形接线方式

(a)接线图　(b)电压相量图　(c)错误接线方式

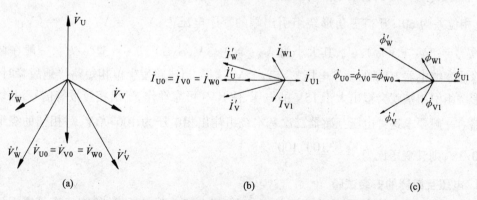

图 2-30　电网发生单相接地故障时电压、电流和磁通相量图

(a)电压相量图　(b)各相绕组电流相量图　(c)磁通相量图

3)V-V 接线方式

V-V 接线方式是由两台单相电压互感器构成,如图 2-31 所示。图中两台单相电压互感器的一次绕组首尾相接后分别接于电网线电压 $\dot{V}_{UV}$ 和 $\dot{V}_{VW}$ 上,其一次绕组首尾连点接于 V 相。二

次绕组也是首尾相互连接,且 V 端接地,以确保设备、仪器仪表和人身安全。这种接线方式的电压互感器多用于中性点非直接接地或经消弧线圈接地的电网中,可以获得三个对称的线电压和相对于系统中性点的相电压(如图 2-31 中的 4~6 继电器),而不能获得相对于地的相电压。但是可节省一台单相电压互感器,降低了系统中对地的励磁电流,可避免产生过电压。所以,对于只需要线电压的测量仪表及继电保护装置而言,应尽量采用这种简单接线方式的电压互感器。

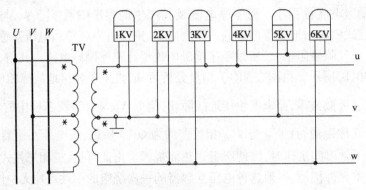

图 2-31　电压互感器 V-V 接线方式

4)三相五柱式电压互感器接线方式

三相五柱式电压互感器的磁路系统具有五个铁芯柱和三相三绕组。其一次绕组和二次基本绕组均星形连接,且中性点接地;为了获取零序电压,将二次辅助绕组接成开口三角形,如图 2-32 所示。采用星形连接的二次基本绕组上可获得线电压和相电压,可用作控制电源或接入测量仪表、继电器等;而接成开口三角形的二次辅助绕组引出端 a_2、x_2,则可接入母线绝缘监察继电器 KV_2 和接地信号继电器 KS 等。

如前所述,令一次绕组相电压 $V_U = V_V = V_W$,在正常情况下,$\dot{V}_{a_2 x_2} = 0$,当电网发生单相(如 U 相)接地故障时,其电压相量图见图 2-30(a),此时 U 相、W 相的对地电压 $V'_v = V'_w = \sqrt{3} V_v$,相位差为 60°;开口三角形绕组引出端的零序电压为:$\dot{V}_{a_2 x_2} = \dot{V}_v + \dot{V}_w = (\dot{V}_U + \dot{V}_V + \dot{V}_W)/k'_v = (\dot{V}'_v + \dot{V}'_w)/k'_v$,其大小为 $V_{a_2 x_2} = 2\sqrt{3} V_v \cos 30° /k'_v = 3 V_V /k'_v$,一般在调试时将绝缘监察继电器 KV_2 的动作电压整定为 15V,这样,当线路发生单相短路接地故障时,开口三角形绕组引出端就会输出大于 15V 的电压,使 KV_2 可靠动作,送出相应报警信号,并切断故障线路。一般要求这种电压互感器二次基本绕组输出相电压为 $100/\sqrt{3}$V,每相辅助绕组电压为 100/3V,则其变压比为:$\dfrac{V_N}{\sqrt{3}} / \dfrac{100}{\sqrt{3}} / \dfrac{100}{3}$

3.电压互感器的安装试验

在安装电压互感器之前,应先进行外观检查,其内容主要包括:1)检查瓷套管有无裂纹损坏,瓷套管与互感器的上盖间胶合是否牢靠;2)检查油浸式电压互感器的油箱有无漏油问题,油面是否达到标定的油位线以上;3)检查干式电压互感器的铁芯、线圈有无撞伤等。

电压互感器可以独立安装在混凝土基座或金属支架上,也可安装在开关柜内。在搬运油浸式电压互感器时,应注意使其上盖倾斜度不超过 15°,与电压互感器接线端子连接的母线应不使其绝缘瓷套管受到拉力。安装后还需对电压互感器的一、二次绕组进行极性检查,按有关规范要求进行必要的交接试验后方可投入运行。

1）电压互感器的绝缘电阻测试

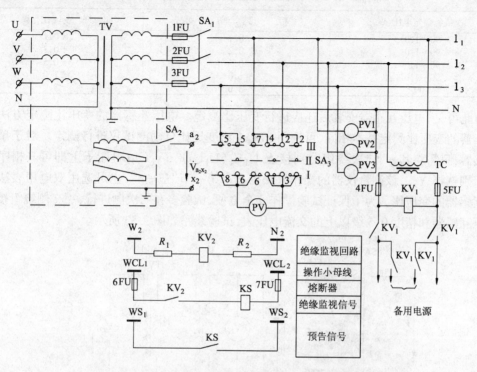

图 2-32　10kV 三相五柱式电压互感器接线图

SA_1、SA_2—辅助开关；TC—中间变压器；TV—电压互感器；KV_1—中间继电器；
KV_2—绝缘监察继电器；KS—信号继电器；SA_3—电压转换开关

电压互感器的绝缘电阻测试可参考图 2-8 进行。其一次侧选用 2500V 兆欧表，二次侧选用 1000V 兆欧表测试绝缘电阻。由于电压互感器的绝缘电阻无规定标准，一般一次侧绝缘电阻可与同电压等级电力变压器或同型号电压互感器的一次侧绝缘电阻值相比较。二次侧绝缘电阻值则由一次侧额定电压来确定，如一次侧额定电压＞0.5kV 时，绝缘电阻≥10MΩ，如一次侧额定电压≤0.5kV 时，绝缘电阻≥1MΩ。

2）电压互感器的变压比测定

由于互感器中的励磁电流、绕组中的阻抗均不为零，故当电流流过一、二次绕组时将产生电压降，而造成二次电压 V_2 与归算到二次侧的一次电压 $V_1' = V_1/k_V$ 在数值上不同，即电压互感器的电压误差 f_V 为：

$$f_V = \frac{V_2 - V_1'}{V_1'} \times 100\% \tag{2-51}$$

另外，归算到二次侧的一次电压 $\dot{V}_1'$ 与二次电压 $\dot{V}_2$ 在相位上还存在很小的相角差 δ，并且电压误差与相角误差均与二次负载的性质、大小有关，一次电压的变化对电压互感器的误差也有影响。因此，国家标准规定：电压互感器的一次电压变化范围不得超过额定电压的 ±10%，在此条件下其误差应不超过允许误差值。

根据不同的使用要求，通常将电压互感器分为不同的精度等级，见表 2-13。此外还有 3B、

6B 等级别,B 级可供保护用,每一级都有规定的允许误差范围。

表 2-13 电压互感器的允许变比误差 f_v

二次绕组额定电压(%)	精 度 等 级	允 许 变 比 误 差
90～110	0.1	±0.1
90～110	0.2	±0.2
90～110	0.5	±0.5
90～110	1.0	±1.0
100	3.0	±3.0

由此可见,电压互感器安装后还应进行变压比测定。电压互感器的变压比测定方法与电力变压器的变压比测定基本相同,可选用 ZBC-1 型变压比自动测试仪进行测定。对于单相电压互感器,只需将其一、二次绕组分别接入 U_1V_1(U_1U_2)、u_1v_1(u_1u_2)端子上即可。相序选择 UV,组别选择 Y,y,该测量仪器的操作方法见本章第一节"三—4",也可选用双电压表法测定电压互感器的变压比。为了保证试验操作安全方便,试验多在二次侧进行,一交侧绕组接入标准电压互感器和精度 0.5 级以上的交流电压表,试验线路如图 2-33 所示。

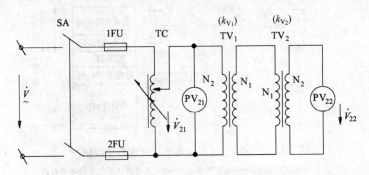

图 2-33 电压互感器变比测定试验线路

TV$_1$—被测电压互感器;TV$_2$—标准电压互感器;TC—自耦变压器;1FU、2FU—熔断器;SA—开关

通常试验电压值取电压互感器二次额定电压的 90%、100% 和 110% 等三个值分别进行测量,并分别按下式计算变压比误差,

$$f_V = \frac{k_{V_1}V_{21} - k_{V_2}V_{22}}{k_{V_2}V_{22}} \times 100\% \tag{2-52}$$

式中 k_{V_1}、k_{V_2}——分别为被测电压互感器和标准电压互感器的变比;

V$_{21}$、V$_{22}$——分别为被测电压互感器和标准电压互感器的二次电压测试值,V。

然后计算三次试验测量的变比误差平均值 f_{VP},要求 f_{VP} 不得超过表 3-13 所规定的允许变比误差值。

3)电压互感器工频交流耐压试验

电压互感器工频交流耐压试验的目的是检验其主绝缘及绕组匝间的绝缘强度,其试验方法与电力变压器的耐压试验相同,参见本章第一节"三—6",耐压试验标准见表 2-14。

如果施工现场无成套工频交流耐压试验设备时,也可采用如图 2-34 所示线路进行耐压试验。为了安全方便,常在电压互感器的二次侧进行试验,即通过自耦变压器 TC 将试验电压施加到电压互感器的二次绕组上,而一次绕组开路,并选用量程 0～150V 交流电压表和 0～

0.5A 交流电流表各一只进行监测。

表 2-14　互感器、断路器和隔离开关的耐压试验标准

额 定 工 作 电 压 （kV）		3	6	10	35	60
出厂试验电压(kV)	电流互感器、断路器、隔离开关	24	32	42	95	155
	电压互感器	24	32	42	95	140
交接试验电压(kV)	电流互感器、断路器、隔离开关	22	28	38	85	140
	电压互感器	22	28	38	85	125
无出厂试验电压数据时,交接试验电压标准(kV)		15	21	30	72	120

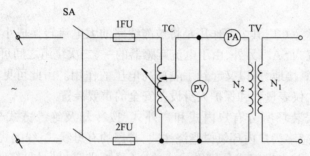

图 2-34　电压互感器工频交流耐压试验

　　试验时均匀调节自耦变压器 TC,使试验电压达到电压互感器二次绕组额定电压的 130%,持续时间 3min,同时记录电流表 PA 指示的电流值。如果电压互感器绕组的主绝缘及匝间绝缘良好,励磁电流应无较大变化。在进行电压互感器工频交流耐压试验后,将试验电压调到二次绕组额定电压值作空载试验,一般空载电流为 0.3A 左右,也可与同型号电压互感器的空载电流相比较。

　　值得注意的是,电压互感器在试验及运行过程中均不允许超负荷或短路运行,只能空载或轻载运行。对于油浸式电压互感器,在进行工频交流耐压试验之前,还须对变压器油作 5 次击穿耐压试验,每次试验间隔≥5min。

4. 电压互感器的选择及使用条件

　　电压互感器的额定容量是为保证其精度等级而确定的,而不象电力变压器那样是按温升条件确定额定容量。电压互感器的额定容量一般只有几十到几百伏安,如果其二次负荷容量超过额定容量,将会造成电压互感器的误差超过允许误差值,故要求电压互感器二次绕组接入负载的计算电流不超过其额定电流,总负荷容量不超过其额定容量,即

$$\left.\begin{aligned} I_{2N} &\geqslant I_{js} \\ S_{2N} &\geqslant \sqrt{(\sum P_j)^2 + (\sum Q_j)^2} \end{aligned}\right\} \tag{2-53}$$

式中　I_{2N}——电压互感器二次额定电流,A;

　　　I_{js}——二次负荷总计算电流,A;

　　　S_{2N}——电压互感器额定容量,VA;

　　　$\sum P_j$、$\sum Q_j$——分别为二次负荷(仪表、继电器等的电压线圈、信号灯等)总有功功率和总无功功率。

　　应根据安装环境和工作条件选择合适型号的电压互感器。电压互感器有干式和油浸式等类型,应尽可能选用体积小、重量轻和无污染的环氧树脂浇注型干式电压互感器。例如,小接地电流的 10kV 电力系统,要求进行电压、电能测量及单相接地保护时,就可选用三台户内式

单相三绕组、环氧树脂浇注绝缘的电压互感器 JDZJ-10 型,也可选用三相五柱式电压互感器 JSZW-10 型,接线方式见图 2-28 和图 2-32。如用于计量电能,应选用精度等级在 0.5 级以上的电压互感器;而用于电压观测和继电控制,则应选用精度等级较低的电压互感器,并且所选择电压互感器的一次侧额定电压应当与被测线路的电压值相符。

另外,在进行电压互感器安装接线时,二次侧绕组必须有一端可靠接地,以防止在其主绝缘损坏时,使二次侧出现高电压而危及设备和人身安全,同时也可防止二次侧产生静电荷积累而影响到测量精度。

二、电流互感器

电流互感器俗称为 CT,其主要作用是将被测线路的大电流转换成小电流,通常电流互感器的二次侧额定电流为 5A。另外,由于电流互感器的一、二次绕组之间可靠绝缘,二次绕组的一端和铁芯、外壳可靠接地,所以又起到了隔离高电压的作用。由此可见,电流互感器是隔离高电压、大电流,扩大仪表量程和保护人身设备安全的重要装置。

电流互感器按安装场所分有户内式和户外式,按冷却及绝缘方式分有油浸式和干式。10kV 及以下电流互感多为户内环氧树脂浇注式,常用的有母线式、线圈式和贯穿式等类型,其型号含义见表 2-15。其中贯穿式分绝缘导线单匝、复匝贯穿,母线贯穿。即在电流互感器上只绕制二次绕组,在安装时将线路绝缘导线或铜、铝母线穿入其铁芯园孔之中即为一次绕组。而线圈式电流互感器上有一、二次绕组,并套装在同一铁芯上。现多采用贯穿式环氧树脂浇注式电流互感器,如 LMZ-0.5/1-600/5 表示为母线贯穿式,环氧树脂浇注绝缘电流互感器,额定电压 0.5kV,精度等级为 1 级,变流比为 600/5。

表 2-15 电流互感器型号字母含义

顺 序	字 母	含 义	顺 序	字 母	含 义
I	L	电流互感器		Z	环氧树脂浇注绝缘
	D	单匝贯穿式	III	C	瓷 绝 缘
	F	复匝贯穿式		W	户 外 装 置
	M	母线贯穿式		D	差 动 保 护
	R	装 入 式		B	过 流 保 护
II	Q	线 圈 式	IV	J	接地保护或加大容量
	C	瓷 箱 式		S	速 饱 和
	Z	支 持 式		G	改 进 型
	J	低 压 型		Q	加 强 型

1. 电流互感器的极性

电流互器的极性标注原则与电压互感器相同,一般也是按减极性原则来标注电流互感器的极性,即当电流均从一、二次绕组同极性端流入时,在铁芯中可产生相同方向的磁通,如图 2-35所示。当一次绕组电流 I_1 从 L_1 流向 L_2 瞬时,二次绕组感应电流 I_2 流出的一端为始端 k_1,另一端则为末端 k_2。显然,两绕组电流在铁芯中产生的磁通方向相反,即 L_1 与 k_1 为同极性端,或在 L_1、k_1 上标注"*",所以也称作减极性标注法。

在安装电流互感器之前,应对接线端子极性标号进行校验,其校验方法与电压互感器基本相同,见图2-27(b)。校验电流互感器极性时,对于贯穿式电流互感器,应确定一次绕组的穿入铁芯方向及始、末端,再将直流电源通过开关SA接入一次绕组,而二次侧接直流微安表或检流计。

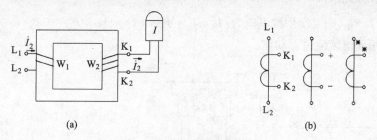

图 2-35　电流互感器同极性端表示法
(a)原理图　　(b)符号表示

2. 电流互感器的接线方式

在电力系统中,由于对继电保护装置要求的不同,因此电流互感器与继电器的接线方式有多种,常用的有三相星形接线方式、两相不完全星形接线方式和两相电流差接线方式等,分别简介如下:

1)三相星形接线方式

三相星形接线方式是在电力系统的每相上均单独装设电流互感器,其二次绕组星形连接,并在各二次回路中串入继电器的电流线圈,三个继电器的电流线圈也是星形连接,二者星形的中性点再连接在一起,即为中性线,如图2-36(a)所示。

这种接线方式的特点是:①能反应线路发生的各种类型的故障。由于在各相上都装设电流互感器,所以当线路发生各种相间短路和接地故障时,都能使相应的继电器动作而起到保护。例如,当发生三相短路时,各电流互感器的一、二次短路电流相量图如图2-36(b)所示。其各相短路电流相位彼此互差120°,零序电流为零。二次侧短路电流 $\dot{I}_{du}$、$\dot{I}_{dv}$、$\dot{I}_{dw}$ 分别流过各相应继电器线圈,三个继电器都将动作。当发生两相短路时,如 U、V 相短路,则短路电流仅在 U、V 相间内流过,且两相的短路电流大小相等,方向相反,相位互差180°,如图2-36(c)所示。显然,其相量和等于零,零序电流为零,二次侧短路电流 $\dot{I}_{du}$、$\dot{I}_{dv}$ 分别流过相应的电流继电器线圈,使 U、V 相的继电器动作。当发生单相短路时,如 U 相短路,一次短路接地电流只在短路故障相 U 相内流动,则相应的二次短路电流 $\dot{I}_{du}$ 流过 u 相继电器线圈及其中性线所构成的回路,其相量图见图2-36(d),故使 u 相继电器动作。由此可见,这种三相星形接线方式必须具有中性线。如果不设中性线,则在发生单相短路故障时,故障相电流互感器的二次电流将通过另外两相电流互感器的二次绕组而构成回路。由于电流互感器二次绕组的阻抗值很大,致使故障相电流互感器的负荷大大增加,流过故障相继电器的电流将减少,可能引起继电器不动作,也会使电流互感器的变流比误差超过允许值。②由于继电器线圈串接于电流互感器的二次绕组中,所以流入继电器线圈中的电流 I_j 与电流互感器二次绕组电流 I_2 相等,即接线系数 $k_x = I_j/I_2 = 1$,对上述三种故障来说都具有相同的灵敏度。

2)两相不完全星形接线方式

将两个电流互感器分别装设在 U、W 相上,其二次绕组分别接入继电器电流线圈后接成不完全星形,如图2-37所示。显然,流入继电器线圈的电流 I_j 等于相应电流互感器二次电流 I_2,故接线

系数 $k_x = 1$，对于不同的三相短路，相间短路及 U、W 相的单相接地等故障均具有相同的灵敏度。

当发生三相短路故障时，三相短路电流对称，如图 3-37(b) 所示。电流互感器二次电流为：$\dot{I}_u = \dot{I}_U/k_i$，$\dot{I}_w = \dot{I}_W/k_i$，则二次中线电流为：$\dot{I}_n = \dot{I}_u + \dot{I}_w = (\dot{I}_U + \dot{I}_W)/k_i = -\dot{I}_V/k_i = -\dot{I}_V$。显然两个继电器均有短路电流流过而动作。

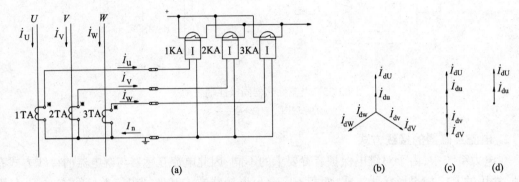

(a)　　　　　　　　(b)　(c)　(d)

图 2-36　电流互感器三相星形接线方式及短路时二次电流相量图
(a)接线图　(b)三相短路相量图　(c)三相短路相量图　(d)单相短路相量图

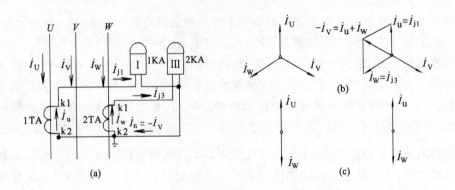

(a)　　　　　　　(b)　(c)

图 2-37　电流互感器两相不完全星形接线方式
(a)接线图　(b)三相短路相量图　(c)两相短路相量图；

当发生两相短路故障时，继电器动作情况将与该两相之间发生的短路故障的有关参数有关。例如，发生 U、W 相间短路时，其暂态电流为：

$$I''^{(2)} = \frac{E''}{2(X''_G + X_L)} \tag{2-54}$$

式中　$I''^{(2)}$——两相短路次暂态电流，A；

E''——发电机(变压器)次暂态电势，V；

X_L——从发电机(变压器)端至短路点的外接电抗，Ω

X_G''——发电机(变压器)的次暂态电抗，Ω。

当短路点离电源较远时，可以认为发电机(变电器)在短路过程中的稳态短路电流 $I_\infty^{(2)}$ 等于次暂态短路电流 $I''^{(2)}$，即 $\dot{I}_U = -\dot{I}_W$，如图 2-27(c) 所示，其大小为 $I_U = I_W = I_\infty^{(2)}$。同样，电流互感器二次电流大小为 $I_u = I_w \approx I_\infty^{(2)}/k_i$，从而使两个继电器均有短路电流流过而动作，中性线电流为零。

当发生 U、V 相间短路或 V、W 相间短路时，其相间短路电流大小仍为 $I_\infty^{(2)}/k_i$，但只有继

· 70 ·

电器Ⅰ或继电器Ⅲ因为有短路电流流过而动作。当发生单相接地故障时,如 U 相或 W 相发生接地故障,可使继电器Ⅰ或继电器Ⅲ动作,但如 V 相发生接地故障时,继电器将不能动作。所以两相不完全星形接线方式不能完全反应所有单相接地故障,通常只用作相间短路保护。

　　采用不完全星形接线方式时,应注意将电网中各个保护装置的电流互感器装设在同名的两相上,即装设在 U、W 相上,而 V 相不应装设。否则,如在不同地点发生两点接地短路故障时,相应线路的保护装置可能不动作,而造成越级跳闸扩大停电范围。以图 2-38 为例,1#线路的电流互感器安装于 U、V 相,2#线路的电流互感器安装于 V、W 相。这样,当 1# 线路的 W 相及 2# 线路的 U 相同时发生单相接地故障而形成两点接地短路时,两线路的保护装置均不动作,而造成上一级保护装置动作,使停电范围扩大。

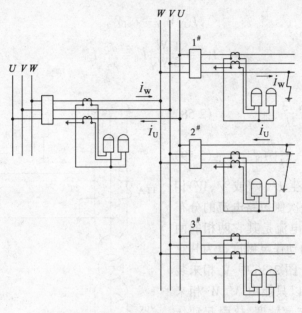

图 2-38　两相不完全星形接线方式电流互感器
装设于不同名两相上可能发生的故障分析

　　另外,对于 Y,d 连接组别的电力变压器,当采用电流互感器为两相不完全星形接线方式的保护装置时,在发生两相短路故障情况下,其灵敏度可能会比采用电流互感器为三相星形接线方式低,如图 2-39 所示。例如,电力变压器二次侧 u、v 两相短路时,设其短路电流为 I_{dl}。由于 u、w 相绕组串联后与 v 相绕组并联,即 u、w 相绕组串联支路等效阻抗值是 v 相的两倍,并且两条支路的端电压相等,故 v 相绕组短路电流是 u、w 相绕组串联支路的 2 倍。由图 2-39 所示电流正方向可得:

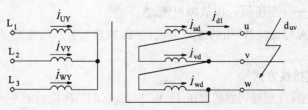

图 2-39　电力变压器 Y,d11 连接组别时二次侧两相短路故障分析

$$\left.\begin{array}{c} \dot{I}_{\mathrm{ud}} = \dot{I}_{\mathrm{wd}} \\ \dot{I}_{\mathrm{ud}} - \dot{I}_{\mathrm{vd}} = \dot{I}_{\mathrm{dl}} \\ \dot{I}_{\mathrm{vd}} = -2\dot{I}_{\mathrm{ud}} \end{array}\right\} \tag{2-55}$$

解之得：

$$\left.\begin{array}{c} \dot{I}_{\mathrm{ud}} = \dot{I}_{\mathrm{wd}} = \dfrac{1}{3}\dot{I}_{\mathrm{dl}} \\ \dot{I}_{\mathrm{vd}} = -\dfrac{2}{3}\dot{I}_{\mathrm{dl}} \end{array}\right\} \tag{2-56}$$

设变压器变比为 k_{v}，可知 $k_{\mathrm{v}} = \sqrt{3}W_{\mathrm{Y}}/W_{\mathrm{d}}$，略去励磁电流，其磁势平衡方程为：

$$\dot{I}_{\mathrm{UY}}W_{\mathrm{Y}} = \dot{I}_{\mathrm{ud}}W_{\mathrm{d}}$$

即

$$\dot{I}_{\mathrm{UY}} = \frac{1}{3}\frac{W_{\mathrm{d}}}{W_{\mathrm{Y}}}\dot{I}_{\mathrm{dl}} = \frac{\sqrt{3}}{3k_{\mathrm{v}}}\dot{I}_{\mathrm{dl}} \tag{2-57}$$

同理，

$$\dot{I}_{\mathrm{WY}} = \frac{\sqrt{3}}{3k_{\mathrm{v}}}\dot{I}_{\mathrm{dl}} \tag{2-58}$$

$$\dot{I}_{\mathrm{VY}} = -\frac{2\sqrt{3}}{3k_{\mathrm{v}}}\dot{I}_{\mathrm{dl}} \tag{2-59}$$

从上述变压器发生 U、V（或 V、W）相间短路故障而引起一次侧短路电流的分布规律可知，V 相短路电流是其它两相的两倍，即 V 相继电器的动作灵敏度也为其它两相的两倍。但由于图 2-36 中 V 相未装设继电保护装置，所以只能由 V、W 相来决定保护装置的动作灵敏度，故引起动作灵敏度降低。为此可采用如图 2-40 所示的两电流互感器三继电器的接线方式，第三个继电器的电流为：

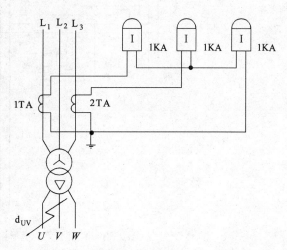

图 2-40　两电流互感器三继电器的不完全星形接线方式

$$\dot{I}_{\mathrm{j3}} = (\dot{I}_{\mathrm{UY}} + \dot{I}_{\mathrm{WY}})/k_{\mathrm{i}} = -\dot{I}_{\mathrm{VY}}/k_{\mathrm{i}} = \frac{2\sqrt{3}}{3k_{\mathrm{v}}k_{\mathrm{i}}}\dot{I}_{\mathrm{dl}} \tag{2-60}$$

式中　k_{i}——电流互感器变流比；

　　　$\dot{I}_{\mathrm{dl}}$——线间短路电流，A；

　　　$\dot{I}_{\mathrm{UY}}$、$\dot{I}_{\mathrm{VY}}$、$\dot{I}_{\mathrm{WY}}$——变压器一次故障电流，A。

由此可见，继电器 3kA 可反应 V 相的故障电流，使保护装置灵敏度提高了一倍，弥补了图2-37接线方式的不足。

　　3)两相电流差式接线方式

　　如图 2-41 所示，电流互感器仍然装设在 U、W 相上，它们二次绕组的不同极性端子相连接，流入继电器电流 $\dot{I}_{\mathrm{j}}$ 等于两台电流互感器的二次电流之差，即 $\dot{I}_{\mathrm{j}} = \dot{I}_{\mathrm{u}} - \dot{I}_{\mathrm{w}}$，故称作两相电流差接线。

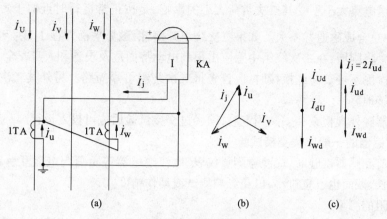

图 2-41　电流互感器两相差式接线方式

(a)接线方式　(b)三相短路相量图　(c)二相短路相量图

这种接线方式与两相不完全星形接线方式一样,也不能反应所有单相接地故障,通常用于相间短路故障保护,但对不同类型的相间短路其接线系数 k_{jx} 不同。例如,当发生三相短路时,流入继电器电流 $\dot{I}_j = \dot{I}_{ud} - \dot{I}_{wd} = \sqrt{3}\dot{I}_{ud}e^{-j30°}$ A,即流入继电器电流为电流互感器二次电流的 $\sqrt{3}$ 倍,接线系数 $k_{jx} = \sqrt{3}$。

同样,当发生两相短路故障时,流入继电器电流大小与故障相的组合有关。如 U、W 两相短路时,$\dot{I}_{ud} = -\dot{I}_{wd}$,流入继电器电流 $\dot{I}_j = 2\dot{I}_{ud}$,即接线系数 $k_{jx} = 2$;如 U、V 两相或 V、W 两相短路时,由于 V 相未设置电流互感器,所以流过继电器电流 I_j 只有一相短路电流 $\dot{I}_{ud}$ 或 $\dot{I}_{wd}$,即 $\dot{I}_j = \dot{I}_{ud}$ 或 $\dot{I}_j = \dot{I}_{wd}$,接线系数 $K_{jx} = 1$。显然,这种接线方式对于不同类型的相间短路,其动作灵敏度不同。

另外,对于 Y,dll 连接组别的变压器,当发生 U、V 两相(或 V、W 两相)短路时,见图 2-39。由式(2-57)、(2-58)可知,反应在变压器一次侧 U、W 两相的电流大小和相位都相同,所以流入继电器电流 $\dot{I}_j = \dot{I}_{ud} - \dot{I}_{wd} = 0$,继电器将不会动作。可见此种接线方式不能作为 Y,dll 连接组别电力变压器的保护装置。

经过对上述电流互感器三种接线方式的比较,三相星形接线方式较为复杂,但工作可靠性高,被广泛应用于电力变压器、发电机组等大型电气设备的保护装置中。此外,在大接地电流系统(即中性点直接接地电力系统)中,这种接线方式还可兼作相间短路和接地故障的保护。而两相不完全星形接线方式较为简单,可广泛应用于相间短路保护,特别是小接地电流系统(即中性点不接地或经消弧线圈接地的电力系统)中,当不同地点发生两点接地短路时,将有 2/3 机会只切除一条线路,这样就缩小了停电范围。两相电流差式接线方式接线更为简单,故在 10kV 以下电力线路,以及变压器、电动机保护中也应用较多。

3. 电流互感器的安装及要求

在安装电流互感器之前应首先检查绝缘套(瓷套管)是否完好无损,油浸式电流互感器有无漏油现象,液面是否达到规定油标液面位置;校验确定电流互感器绕组的极性,应使各电流互感器绕组的极性方位一致,并保证二次侧连接的电度表和差动保护装置能正常工作;同一组各相电流互感器应装设在同一水平直线上,其中心偏差应不大于 5mm。

另外在进行电流互感器试验或投入运行过程中,应注意二次绕组不得开路。因为电流互感器的一次绕组电流大小不受其二次负荷大小的影响,是按正常运行时近似于短路状态设计的,所以磁路中总合成磁通并不大。如果二次绕组开路,由磁势平衡方程 $\dot{I}_1 W_1 = \dot{I}_0 W_0$ 可知,铁芯中的磁通量将剧增,在二次绕组中感应出很高电动势而危及设备和人身安全。所以,当电流互感器的二次侧不接负荷或换接时,应首先将二次绕组可靠短路。另外其二次绕组的一端及铁芯应可靠接地。

电流互感器经外观检查和安装固定后,须经过交接试验后方可投入运行。

4.电流互感器的一般工程交接试验

在进行电流互感器试验时,应注意测量仪表、电流继电器等负荷与电流互感器的配合,连接导线不宜过长,截面也不宜过小,以免影响测试或动作精度。

1)绝缘电阻的测量

在测量电流互感器的一次绕组对二次绕组及地(含铁芯),及二次绕组对一次绕组及地的绝缘电阻时,所选用兆欧表的要求与测量电压互感器绝缘电阻时相同。测量电流互感器一次绕组对二次绕组及地的绝缘电阻无规定标准,一般可与同类型、同型号规格的电流互感器相比较;而二次绕组对一次绕组及地的绝缘电阻则按一次额定电压来确定,当一次额定电压在 0.5kV 以上者,绝缘电阻应不低于 10MΩ,额定电压在 0.5kV 以下者,绝缘电阻应不低于 1MΩ,否则需要进行绝缘处理。

2)变流比误差的测定

在《电机及拖动基础》中知道,电流互感器的磁势平衡方程为:

$$\dot{I}_1 W_1 + \dot{I}_2 W_2 = \dot{I}_0 W_1 \tag{2-61}$$

式中 $\dot{I}_1 W_1$、$\dot{I}_2 W_2$——分别为电流互感器一、二次绕组磁势,安匝;

$\quad\quad \dot{I}_0 W_0$——电流互感器合成励磁磁势,安匝。

或

$$\dot{I}_2 = -\frac{W_1}{W_2}(\dot{I}_1 - \dot{I}_0) \tag{2-62}$$

由于励磁电流 $\dot{I}_0$ 远小于负载电流 $\dot{I}_2$,当忽略励磁电流时,即有

$$\dot{I}_2 \approx -\frac{W_1}{W_2}\dot{I}_1 = \dot{I}'_1 \tag{2-63}$$

$\dot{I}'_1$ 为电流互感器的一次电流归算到二次侧的电流。由上式可推得:

$$k_i = I_{1N}/I_{2N} \approx W_2/W_1 \tag{2-64}$$

即变流比 k_i 等于一、二次额定电流之比。由于电流互感器励磁电流 $\dot{I}_0$ 的存在,使得二次电流 $\dot{I}_2$ 与归算到二次侧的一次电流 $\dot{I}'_1$ 在数值上不相等,且存在相位差,所以将产生电流数值误差和相角误差。

(1)电流互感器的相角误差

电流互感器二次电流 $\dot{I}_2$ 与归算到二次侧的一次电流 $\dot{I}'_1$ 的相角差 δ 如图 2-42 所示。由等值电路可得二次电动势 $\dot{E}_2$ 为:

$$\dot{E}_2 = \dot{I}_2(Z_2 + Z_f) = \dot{I}_2[(R_2 + R_f) + j(x_2 + x_f)] = \dot{I}_2 Z \tag{2-65}$$

式中 Z_2——电流互感器二次绕组阻抗,Ω;

Z_f——负载阻抗,Ω;

Z——电流互感器二次等值阻抗,Ω。

显然,$\dot{I}_2$滞后于$-\dot{E}_2$相位角 α 为:

$$\alpha = \text{arctg}\,\frac{x_2 + x_f}{R_2 + R_f} \tag{2-66}$$

由于铁芯主磁通 $\dot{\phi}_m$ 超前感应电动势 $\dot{E}_2$ 为90°,归算到电流互感器二次侧的励磁电流 $\dot{I}'_1$ 超前 $\dot{\phi}_m$ 的角度为 ψ,即

$$\psi = \text{tg}^{-1}(I'_P/I'_Q) \tag{2-67}$$

式中 $\dot{I}'_P$ 和 $\dot{I}'_Q$ 分别为励磁电流 $\dot{I}'_0$ 的有功分量和无功分量,即为铁芯中的涡流损耗和磁滞损耗的等效电流,其中磁化电流 $\dot{I}'_Q$ 与主磁通 $\dot{\phi}_m$ 同相;而 $\dot{I}'_0$ 与 $\dot{I}_2$ 的相量和即为归算到二次侧的一次电流 $\dot{I}'_1$。由图 2-42(b)可知:

$$\delta \approx \sin\delta = \frac{I'_0\sin\varphi}{I'_1} = \frac{I'_0}{I'_1}\cos(\psi + \alpha)$$
$$= \frac{I_0}{I_1}\cos(\varphi + \alpha) \qquad (\text{rad}) \tag{2-68}$$

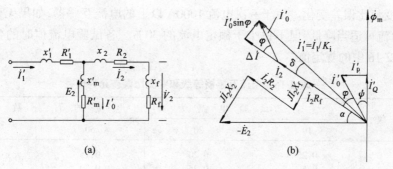

图 2-42　电流互感器等效电路及相量图

(a)归算到二次侧的等效电路　(b)相量图

(2)电流互感器的比差

由于电流互感器二次电流 $\dot{I}_2$ 与归算到二次侧的一次电流 $\dot{I}'_1$ 在数值上不相等,所造成的误差称作比差,其定义为:

$$f_i = \frac{I_2 - I'_1}{I'_1} \times 100\% = \frac{I_2 W_2 - I_1 W_1}{I_1 W_1} \times 100\% \tag{2-69}$$

由于受励磁电流的影响,二次电流 $\dot{I}_2$ 总是小于归算到二次侧的一次电流 $\dot{I}'_1$,故电流互感器的比差为负值。为了补偿励磁电流而引起的比差,通常将二次绕组的实际匝数要比计算匝数少 1~3 匝数为宜。

工程中测量电流互感器的变流比误差通常采用如图 2-43 所示电路,即将被测电流互感器 1TA 的一次绕组与标准电流互感器 2TA 的一次绕组串联后接入变流器 TC 的二次侧,其二次绕组则分别接入精度 0.5 级以上的电流表 PA_1 和 PA_2,以记录测量值。变流比误差可按下式计算:

$$f_i = \frac{I_2 k_{i1} - I_2 k_{i2}}{I_1 k_{i2}} \times 100\% \tag{2-70}$$

式中 $I_1 k_{i1}$——被测电流互感器 1TA 的一次计算电流值,A;

$I_2 k_{i2}$——标准电流互感器 2TA 的一次计算电流值,A。

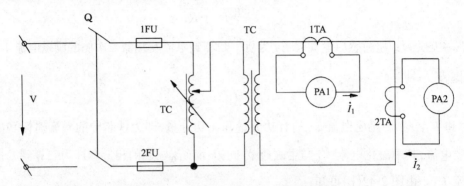

图 2-43 电流互感器变流比误差测试线路

TC—自耦变压器;TC—变流器;1TA—被测电流互感器;2TA—标准电流互感器;Q—刀开关;1FU、2FU—熔断器

在试验时,试验电流分别取一次额定电流的 10%、20%、50% 和 100% 等值分别测定变流比误差。最大试验电流最好能达到电流互感器一次额定电流的 120%,以全面检查在各试验电流值时的变流比误差变化。对于一次电流 1000A 以上的电流互感器,如果无合适的试验设备,其试验电流可适当降低,但不得小于额定电流的 30%。各试验电流值时的变流比误差均应不超过表 2-16 中的规定值。

表 2-16 电流互感器等级和变流比误差允许值

精 度 等 级	试 验 电 流 为 额 定 电 流 的 百 分 数			
	10	20	50	100
0.1	0.25	0.20	0.15	0.10
0.2	0.50	0.35	0.30	0.20
0.5	1.00	0.75	0.65	0.50
1.0	2.00	1.50	1.30	1.00
3.0	—	—	3.00	3.00

3)电流互感器的伏安特性曲线测试

测量电流互感器伏安特性曲线的目的是为了进一步检查电流互感器是否存在绕组匝间短路故障,检测磁饱和时的电压与电流值。电流互感器试验线路如图 2-44 所示,其一次绕组开路,二次绕组接入试验电源,即调节自耦变压器 TC 从零均匀升压,每次增加 0.5A,并记录电流 I_0 和电压 V_2,直至出现电流 I_0 增加而端电压 V_2 基本不变的现象出现时为止,此时则表明电流互感器铁芯已达到磁饱和。然后根据测试的 4~7 组数据绘制 $V_2 = f(I_2)$ 伏安特性曲线,见图 2-45 中的曲线①。

由图 2-42(a)所示电流互感器等效电路可知:

$$\left.\begin{array}{l} \dot{V}_2 = \dot{E}_2 + \dot{I}_2(r_2 + jx_2) = \dot{E}_2 + \dot{I}_2 Z_2 = \dot{E}_2 + \dot{I}_0 Z_2 \\ \dot{E}_2 = \dot{I}_0(r'_m + jx'_m) = \dot{I}_0 \dot{Z}'_m = \dot{I}_2 \dot{Z}'_m \end{array}\right\} \tag{2-71}$$

式中 Z_2——电流互感器二次绕组阻抗,Ω;

r_2——二次绕组电阻(可用直流电桥测出，$Z_2 \approx (1.4\sim1.6)r_2$)，$\Omega$；

x_2——二次绕组电抗，Ω；

Z'_m——电流互感器折算到二次侧的励磁阻抗(r'_m、x'_m 分别为折算到二次侧的励磁电阻和励磁电抗)，铁芯饱和时，其值很小，Ω；

$\dot{E}_2$——励磁电势，V；

$\dot{I}_0$——一次绕组开路时，二次绕组通过的励磁电流，$\dot{I}_0 = \dot{I}_2$，A。

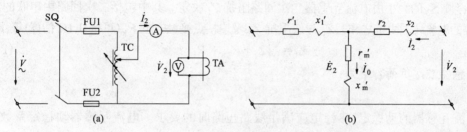

图 2-44　电流互感器伏安特性曲线测试线路
(a)试验线路图　(b)等效电路图

由式(2-71)得 $\dot{E}_2 = \dot{V}_2 - \dot{I}_0 Z_2$，由此可得电流互感器励磁特性曲线 $E_2 = f(I_0)$，如图 2-45 中曲线②所示。

对于同一型号规格的电流互感器，测试伏安特性曲线时各点宜取相同试验电流值，以便加以比较和发现绕组匝间短路故障。当某台电流互感器存在匝间短故障时，在试验电压 V_2 相同的情况下，其电流 I_0 将比同型号规格的电流互感器的电流大，即伏安特性曲线将明显降低。同时，通过伏安特性曲线也可获得磁饱和时相应的电压、电流值。电流互感器的磁饱和电压越高、相应的励磁电流越小，其性能就越优良，精度等级越高。通常要求同一组继电保护装置或测量装置

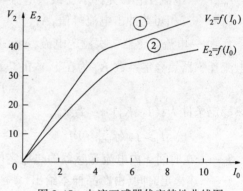

图 2-45　电流互感器伏安特性曲线图

中的电流互感器伏安特性曲线应基本相同，以尽量减小电流互感器所引起的误差。

在进行电流互感器伏安特性曲线测试时，应保证试验电压从零伏平滑升高，不允许在升压过程中又降低电压，以避免由于铁芯的磁滞特性而影响对伏安特性曲线测定的准确性。

此外，电流互感器一次绕组对铁芯及地的工频交流耐压试验方法与电力变压器的耐压试验相同，其耐压试验标准参见表 2-14。对于已安装于开关柜或配电屏(箱)中的电流互感器，如果与断路器、电压互感器等电器设备的耐压标准相同时，则可一起进行工频交流耐压试验，试验持续时间≥2min；而电流互感器二次绕组可与柜内二次回路一起进行工频交流耐压试验，试验电压 1kV，持续时间≥1min。

5. 电流互感器的选择

在选择电流互感器时，应根据装设场所确定户内式或户外式，再根据线路额定电压、额定

电流和精度等级等要求进行选择确定,并按动稳定、热稳定条件加以校验,即应满足以下条件:

1)电流互感器一次绕组的额定电压应大于或等于线路电压。

2)电流互感器一次绕组额定电流应大于线路最大工作电流,一般取线路最大工作电流的 1.2～1.5 倍,并要求在线路发生短路故障时,对测量仪器仪表的冲击电流小,即要求其磁路迅速达到饱和,以限制二次电流成比例增长。

3)电流互感器的负荷 S_2 不应超过其额定容量 S_{2N},以保证电流互感器的精度等级,即

$$S_{2N} \geqslant S_2 \tag{2-72}$$

式中负荷容量 S_2 的大小由电流互感器二次回路阻抗 Z_f 决定。其中包括二次回路中串联的继电器、仪表等的电流线圈阻抗之和 $\sum Z_j$、导线阻抗 Z_{dx} 及连接点接触电阻 R_{jc}(可按 0.1Ω 估算)等,即:

$$Z_f = \sum Z_j + Z_{dx} + R_{jc} \tag{2-73}$$

故电流互感器二次负荷容量为:

$$S_2 = I_{2N}^2 Z_f \tag{2-74}$$

4)电流互感器的动稳定、热稳定应满足线路短路时的要求。电流互感器动稳定系数 K_{es} 为允许承受最大电流峰值与额定电流的比值,即

$$K_{es} = i_{max}/\sqrt{2}I_{1N} \tag{2-75}$$

满足动稳定条件为:$\left.\begin{array}{l} i_{max} \geqslant i_{sh} \\ \sqrt{2}K_{es}I_{1N} \geqslant i_{sh} \end{array}\right\} \tag{2-76}$

式中　i_{max}——电流互感器允许承受最大电流峰值,A;

　　　i_{sh}——三相短路冲击电流峰值,A;

　　　I_{1N}——电流互感器一次额定电流,A;

　　电流互感器热稳定系数 K_t 为在 t_s 内的热稳定电流与额定电流的比值,即

$$K_t = I_t/I_{1N} \tag{2-77}$$

满足热稳定条件为:$\left.\begin{array}{l} (I_{1N}K_t)^2 t \geqslant I_\infty^2 t_{ima} \\ I_t \geqslant I_\infty (t_{ima}/t)^{1/2} \end{array}\right\} \tag{2-78}$

式中　I_t——在时间 t 内电流互感器的热稳定电流,A;

　　　t——热稳定时间(由产品样本给出,一般取 $t = 1s$),s;

　　　I_∞——短路稳态电流,A;

　　　t_{ima}——假想短路时间。当无限大电源系统短路时,若短路时间 $\leqslant 1s$ 时,可按实际短路时间加 0.05s 估算;若短路时间 $>1s$ 时,则按实际短路时间计算,s。

5)继电保护装置选用的电流互感器应满足 10% 误差曲线要求。因为电流互感器的电流比差对继电保护装置的工作灵敏度有很大影响,当系统出现短路故障时,流过电流互感器的一次电流将大大超过其额定值,其电流比差也将显著增大。为了保证继电保护装置准确可靠动作,所以规定电流互感器的电流误差(或电流比差)不允许超过 10%,即 $f_i \leqslant 10\%$。

电流互感器电流关系曲线 $I_2 = f(I_1)$ 如图 2-46(a)所示,当 I_1 较小时,铁芯磁路未饱和,电流 I_2 随 I_1 的变化近似为线性关系。当 I_1 增加到一定值时,铁芯饱和,电流将不随 I_1 线性变化了。如一次电流达到 I_{1A} 时,电流互感器工作在工作曲线①上的 A 点,电流误差 $f_i = 10\%$,则 A 点所对应的电流 I_{1A} 称作饱和电流。饱和电流 I_{1A} 与额定电流 I_{1N} 之比称为电流互

感器饱和倍数,即 $m_A = I_{1A}/I_{1N}$。

由式(2-65)可知,当电流互感器的二次电流 I_2 为定值时,二次负载阻抗 Z_f 增大时,将引起二次感应电动势 E_2 增加,由图 2-42(a)电流互感器等效电路可知,E_2 增加将使励磁电流 I'_0 增大,即使 I'_0 在折算到二次侧的一次电流 I'_1 中所占比例增大,而使 I_2 减少。由式(2-69)可知,将使用电流误差 f_i 增大。

由此可见,电流互感器一次电流 I_1 和二次负载阻抗 Z_f 的大小,会直接影响到电流误差的大小。通常将电流误差 $f_i = 10\%$ 时的相应饱和电流 I_{1A} 与额定电流 I_{1N} 之比称为电流互感器的饱和倍数,即 $m_A = I_{1A}/I_{1N}$;m_1 与二次负载阻抗 Z_f 之间的关系曲线称作电流互感器 10% 误差曲线,见图 2-46(b),此曲线一般由生产厂家提供。所以在选择继电保护装置的电流互感器时,可根据线路负荷电流大小确定电流互感器额定电流和电流变比,再根据系统短路电流计算求出最大短路电流,从而确定电流互感器饱和电流 I_{1A},并计算电流互感器饱和倍数 m_A。利用 10% 误差曲线求出与 m_A 相对应的最大允许二次负荷阻抗 Z_{fA}。如果实际二次负荷阻抗 $Z_f \leqslant Z_{fA}$,则所选择的电流互感器可满足 $f_i \leqslant 10\%$ 的要求。

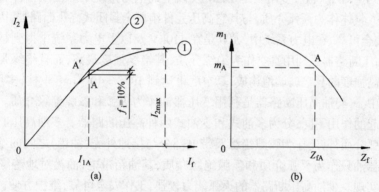

图 2-46 电流互感器电流关系曲及其 10% 误差曲线

(a)一、二次电流关系曲线　　(b)10%误差曲线

例题 2-6 某 10kV 供电线路,已知计算电流 $I_{js} = 350A$,短路电流 $I_k = 11kA$,短路冲击电流峰值 $i_{sh} = 25kA$,假想短路时间 $t_{ima} = 0.5s$。如有一台额定电压 $V_{1N} = 10kV$,变流比 $k_i = 400/5$,1s 热稳定倍数 $K_t = 75$,动稳定倍数 $K_{es} = 150$,试判断此电流互感器是否适用。

解:电流互感器一次额定电压应与线路供电电源相等,即 $V_{1N} = 10kV$;变流比 $k_i = 400/5$ 也适用于电流为 350A 的线路。

(1)电流互感器的动稳定校验

由式(2-75)求得电流互感器允许承受最大电流峰值为:

$$i_{max} = \sqrt{2}K_{es}I_{1N} = \sqrt{2} \times 150 \times 400 = 84.9 \times 10^3 A$$

$$i_{max} > i_{sh} = 25kA$$

故满足电流互感器动稳定要求。

(2)电流互感器热稳定校验

由式(2-78)可分别求得:

$$(I_{1N}K_t)^2 t = (400 \times 75)^2 \times 1 = 9000 \times 10^5$$

$$I_{\infty}^2 t_{ima} = (11 \times 10^3)^2 \times 0.5 = 605 \times 10^5$$

即满足 $I_t^2 t \geqslant I_{\infty}^{(3)2} t_{ima}$ 条件,符合热稳定要求,该台电流互感器适用。

第三节 室内高压断路器安装调试

室内高压断路器是开关电器中结构最为复杂的一类。在正常运行时,可用它来将用电负荷或某线路接入或退出电网,起倒换运行方式的作用;当设备或线路上发生故障时,可通过继电保护装置联动断路器迅速切除故障用电设备或线路,保证无故障部分仍正常运行。由此可见,高压断路器在电力系统中担负着控制和保护电气设备或线路的双重作用。

高压断路器具有分断能力强、性能稳定、工作可靠和运行维护方便的特点,其核心部件是灭弧装置和触头。按使用不同的灭弧介质而生产了各类高压断路器,目前我国电力系统中应用的断路器有如下几种:(1)高压空气断路器是以压缩空气为灭弧介质和弧隙绝缘介质。并兼作操作机构的动力,操作机构与断路器合为一体。目前我国生产的 KW4、KW5 系列高压空气断路器的空气压力在 2×10^6MPa 以上,多用于是 10kV 及以上的电力系统中。(2)六氟化硫(SF6)高压断路器则采用 SF6 气体作为灭弧介质,与其它高压元件组成全封闭式高压断路器,因此不受环境条件影响,运行安全可靠,在电力系统中,尤其是在 110kV 及以上电力系统中得到越来越广泛的采用。(3)真空高压断路器是利用真空作为绝缘介质,其绝缘强度最高,而且绝缘强度恢复快。其真空灭弧室是高强度的真空玻璃泡构成,真空度可达到 $10^{-7} \sim 10^{-9}$mm 汞柱,多用于 10kV 及以上的电力系统中。(4)油高压断路器是利用变压器油作为灭弧和弧隙绝缘介质。按其绝缘结构及变压器油所起的作用不同,分为多油式和少油式两种高压断路器。多油高压断路器的变压器油除了作为灭弧介质外,还作为弧隙绝缘及带电部分与接地外壳(油箱)之间的绝缘。少油高压断路器的变压器油只作为灭弧介质和弧隙绝缘介质,其油箱带电,油箱对地绝缘则通过瓷介质(支持瓷套)来实现。少油高压断路器的灭弧能力较强,工作安全可靠,维护方便,而且体积小,用油量少、重量轻、价格便宜,所以在电力系统中获得最为广泛的采用。在 20kV 及以下电压等级的供配电系统中广泛采用 SN10 系列(户内式)断路器,在 20kV 以上则大量使用 SW4、SW6(户外式)断路器。本节将主要介绍 SN10 系列少油高压断路及其一般安装调试方法。

一、SN10 系列少油高压断路器的结构

SN10-10 型少油高压断路器外型如图 2-47 所示,其三相彼此独立,每相断路器都有一个油箱 1,并由支持瓷套 3 固定在框架 2 上,油箱的上、下出线座与外线路连接。在框架 2 上设有主轴 4、拐臂 5、分闸弹簧 6,操作机构可通过拐臂 5、绝缘拉杆 9 和拐臂 5 的驱动主轴 4 转动,从而实现分合闸动作。弹簧缓冲器 8 和限位缓冲器 7 分别为合闸、分闸时缓冲,以免由于受强烈冲击震动而损坏零件。

少油高压断路器的其中一相内部结构见图 2-48,油箱通过支持瓷套固定在支座上,支座上装有主轴 A_1 和拐臂 16,通过绝缘拉杆 17 使油箱内主轴 A_2 和主拐臂 13 作顺时针或逆时针转动。当主轴 A_2 和主拐臂 13 顺时针转动时,将通过连臂 14 使动触杆 9 向上移动实现合闸,同时分闸弹簧 18 被拉伸而存储弹力能,为断路器分闸做准备。当主轴 A_2 和主拐臂 13 在分闸弹簧 18 作用下逆时针转动时,将使动触杆向下移动实现分闸。为了防止在分闸时动触杆 9 冲击油箱底部,故装有油缓冲器 15。为了防止主拐臂 13 在分合闸过程中撞击油箱壁,在主拐臂 13 上也装有缓冲橡皮垫 12。

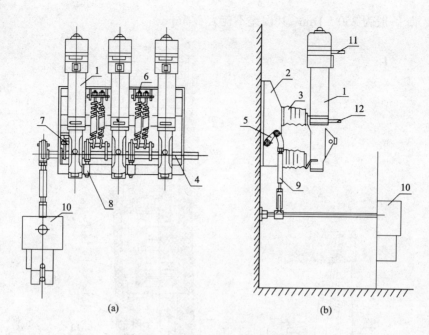

图 2-47　SN10-10 型少油高压断路器

(a)正视图　(b)侧视图

1—油箱;2—框架;3—支持绝缘子(瓷套);4—主轴;5—拐臂;6—分闸弹簧;7—限位缓冲器;
8—弹簧缓冲器;9—绝缘拉杆;10—操作机构;11—上接线座;12—下接线座

动触杆 9 与导向筒 8 之间装有两个滚动触头 11,由滚动触头 11 与下出线座 10 电气连接。静触头则由静触头座 3、单向止回阀 20、静触片 5 等组成,安装于灭弧室 6 上部,并与上出线座 2 电气连接。灭弧室 6 位于上、下出线座之间,其外部为绝缘筒 7。当断路器的动触杆 9 向下移动且分断较大电流时,动、静触头之间产生电弧的高温将使变压器油迅速气化,产生较大压力,使单向止回阀 20 向上升起而关闭通向顶罩的小圆孔。这样电弧只能在密闭的电弧室内燃烧,而形成更大的气体压力。当动触杆继续向下移动时,将分别打开灭弧室内的各个横向、纵向吹弧道,高压油气混合体冲出,可在 0.018s 内吹熄电弧。当灭弧室内气体压力下降到一定程度时,单向止回阀 20 落下而打开通向顶罩的小园孔,使剩余气体排入油气分离器,并将废气从排气孔排出。当断路器分断较小电流时,由于电弧较小,灭弧室内气体压力较小,所以动触杆向下移动时,气体的纵吹、横吹效果较差,主要由纵向弧道内形成的附加油流灭弧,熄弧时间较长,约为 0.02s 以上。由此可见,这种自能式灭弧方式的少油高压断路器,分断电流越大,熄弧能力越强,灭弧时间越短;分断电流电弧越小,熄弧能力越弱,灭弧时间也越长。

二、少油高压断路器的安装调试

1. 少油高压断路器安装及要求

高压断路器通常是通过支持瓷套固定在框架上。在安装之前应对断路器进行外观检查,重点检查其密封情况,有无机械损伤和漏油等现象。安装时应注意以下几点:

1)断路器应垂直安装,以减少动触杆在分、合闸过程中的摩擦力。并应固定牢靠,底座或支架与基础的垫片不超过 3 片,总厚度 10mm 以内,且各垫片间焊接牢固。

2)三相联动的断路器相间支持瓷套法兰面宜在同一水平面上,各相油箱间中心距应符合产品规定要求,一般为 $250\pm1mm$,其误差不应大于 5mm。

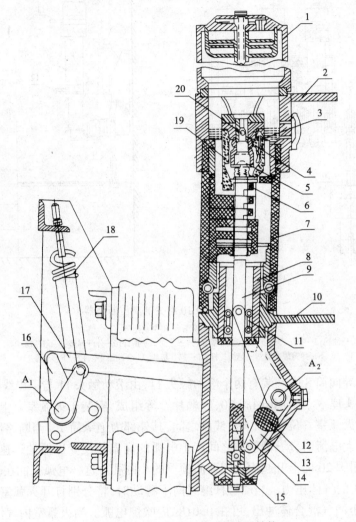

图 2-48 SN10 型少油高压断路器结构

1—帽及油气分离器;2—上出线座;3—静触头座;4—压紧弹簧;5—静触片;6—灭弧室;7—绝缘筒;8—导向筒;
9—动触杆;10—下出线座;11—滚动触头;12—缓冲橡皮垫;13—主拐臂;14—连臂;15—油缓冲器;16—拐臂;
17—绝缘拉杆;18—分闸弹簧;19—绝缘罩筒;20—单向回止阀;A_1、A_2—主轴

3)联动三相各断路器之间的连杆,拐臂应在同一水平面上,拐臂角度应一致。

4)支持瓷套内部应清洁,卡固弹簧、法兰密封垫应完好,安放位置正确且紧固符合要求。

5)油断路器一般应进行解体检查清理,并按产品说明书所要求的拆卸顺序进行,尤其要注意隔弧片的安放顺序和方向,以便在回装时正确无误,使横向吹弧道畅通。如制造厂规定不作解体检查清理并且有质检合格证保证的,10kV 以下的油断路器不可进行解体检查清理,只进行抽查即可。

6)手车式少油高压断路器的安装,除了满足上述规定要求外,还应满足以下要求:(1)手车轨道应安装在同一水平面上,且相互平行,轨距应与手车轮距相配合,手车推入或拉出应轻便灵活;(2)手车的隔离静触头位置应安装准确,安装接触良好,其接触行程和超行程应符合产品技术规定;(3)手车接地应可靠,电气和机械联锁装置动作准确,操作灵活轻巧、制动装置应可靠和便于拆装等。

2．少油高压断路器的调试

1）断路器安装垂直度检查

卸开绝缘拉杆 17，用手转动主拐臂 13 应无阻滞现象，否则应进一步检查调整断路器的器身中心垂直度，以消除动触杆运行中的摩擦力过大问题。

2）动触杆总行程和接触行程检查调整

动触杆总行程是指动触杆从分闸状态初始位置运行到合闸后位置的距离；而动触杆接触行程是指动触杆接触到静触头后运行的距离。总行程和接触行程均可从有关产品手册中查得，如 SN10-10/600～350 型，总行程 $B=147^{+1}_{-3}$mm 接触行程 $\Delta B=41^{+3}_{-1}$mm。在检测时可先将断路器的帽和油气分离器 1 卸掉，并旋下中间的六方螺母，使动触杆 9 在合闸位置。用不锈钢探针从六方螺母处插入至动触杆顶端，测量六方螺母上口至动触杆顶端的长度 A。动触杆 9 在分闸位置时，再用不锈钢探针从六方螺母处插入至动触杆顶端，测量六方螺母上口至动触杆顶端的长度 L，从而可求得动触杆总行程 $B=L-A$。一般 B 值合格了，接触行程也就合格了。如果不符合要求，可以适当调节绝缘拉杆 17 的长度和油缓冲器 15 的活塞杆高度，一般主拐臂 13 的分、合闸夹角约为 110°为宜。

3）三相触头同期性的调整

三相联动断路器在分、合闸时，各相动触杆与静触头接触或分离应一致，即同期性要好，一般要求三相的不同期性应不超过 3mm。可采用灯泡目测法来校验三相联动断路器分、合闸的同期性，测试线路如图 2-49 所示。如不符合要求，可适当调节绝缘拉杆 17 的长度。调节分闸弹簧 18 的长度还可实现调整分、合闸的速度。调整完毕后，将所有连接部位连接牢固，锁片锁牢，防松螺母拧紧，闭口销张开。

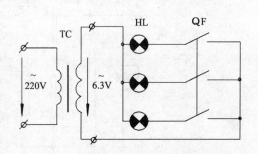

图 2-49　三相联动断路器三相触头同期性测试
QF—断路器；HL—指示灯；TC—变压器

4）少油高压断路器的交接试验

（1）绝缘电阻的测量：选用 2500V 兆欧表，分别测试断路器各相动、静触头之间及各相对外壳及地的绝缘电阻、即先分闸测量各相动、静触头之间的绝缘电阻；再合闸测量各相对外壳及地的绝缘电阻，其值应不小于表 2-17 的规定值。

表 2-17　断路器的绝缘电阻最小允许值（MΩ）

额定电压(kV)	3～15	20～220
绝缘电阻(MΩ)	1000	2500

（2）动、静触头接触电阻的测试：对高压断路器的触点接触要求很高，这是由于通断电压高、电流大，所以要求其动、静触头的接触电阻不得超过允许值。因为动、静触头的接触电阻非常小，为微欧数量级，所以应选用直流双臂电桥或选用 ZS-51 型数字毫欧表、YY2512 型直流低阻分选仪等测量仪器测量。如果所测得的动、静触头接触电阻超过规定值，应首先检查测量线路接线是否正确，各连接点是否接触良好，有无油渍和氧化膜存在。对于带有消弧副触头的断路器，应分别测量其主触头与消弧副触头的接触电阻。经过上述检查无问题后应再重复测

试,如接触电阻仍然过大,则应拆开静触头座检查其触头压力和紧密度,并参照产品说明书加以调整和修理。触头表面应清洁,触头上的铜钨合金不得有裂纹、脱焊或松动。导电部分的铜编织带或可挠软铜片不应断裂,铜片间无锈蚀,固定螺栓应齐全紧固。同相的各触头片的弹簧压力应均匀一致,合闸时触头接触紧密,且分、合闸过程中均无卡涩现象。

(3)交流耐压试验:少油高压断路器的交流耐压试验标准见表2-14,试验线路如图2-50所示。该试验可与其高压隔离开关、负荷开关等一起进行分相及三相对地试验。在对断路器的某一相施加试验电压时,另外两相应与油箱一起接地,并且在分、合闸情况下各进行一次。

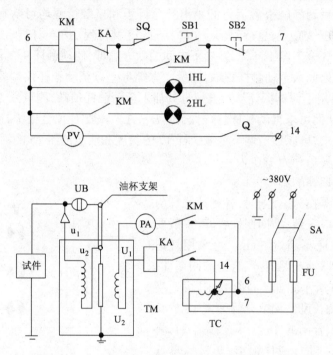

图2-50　少油高压断路器及其变压器油试验线路

TC—高压交流试验变压器;KA—过流继电器;TS—自耦变压器;UB—油杯;
SQ—零压起动限位开关;KM—交流接触器;SB1~SB2—分别为起动、停止按钮

(4)变压器油耐压强度试验:15kV 及以下高压断路器的变压器油耐压强度标准为25kV,试验线路如图2-50所示。试验时取少量断路器的变压器油样倒入干净的油杯内,同时调节油杯中的电极间隙(一般为1.5~2.5mm)后,将油杯固定在专用油杯架上,静置5~10min,以充分消除油内残存的气泡。然后按试验线路要求接线,将自耦变压器 TC 调整到零位,使零压起动限位开关 SQ 触点闭合。合上开关 SA,电源指示灯 1HL 亮,表明试验电源已接通。再按下起动按钮 SB_1,接触器 KM 吸合,指示灯 2HL 亮,均匀调节自耦变压器 TC 升压,直至电极间隙被击穿时为止,此时过流继电器 KA 动作而使试验电路失压。电极间隙被击穿时的电压值即为变压器油的耐压(击穿)强度。再按同样方法进行 5 次变压器油耐压强度试验,每次间隔 5min,以观察变压器油的耐压强度是否符合试验标准。经试验合格后方可将油注入断路器油箱,变压器油注至油位指示器的规定油标位置,注油量一般为49~78.4N,油位指示器的油位指示应正确、清晰。

三、高压断路器操作机构

高压断路器操作机构的作用是使断路器实现接通并维持通路状态或分断状态。用电磁装置将电能转换成磁力(机械能)来实现断路器分、合闸的动力机构,称为电磁操作机构。在变配电系统中,与 SN10-10 型断路器相配套的电磁作机构一般为 CD10 型。

1. CD10 型操作机构的结构

其内部结构如图 2-51 所示,主要由三部分组成:

1)自由脱扣机构:自由脱扣机构位于操作机构的上部,其中分闸电磁铁位于操作机构的右侧,由分闸铁芯 3 和分闸线圈 2 组成。当分闸操作时,分闸线圈 2 中通入直流电流产生磁场,分闸铁芯 3 被吸入而实现分闸。分闸后经联动触点切断分闸线圈电源,分闸铁芯 3 复位落下。在操作机构上部的左、右侧均装有辅助触点 4,下方则装设合闸线圈 10 和合闸铁芯 15。自由脱扣器上的主转轴 5 经连杆、支架等传动机构操作断路器。在主转轴 5 上还装有分、合闸指标牌 13,以指示断路器的合闸或分闸状态。

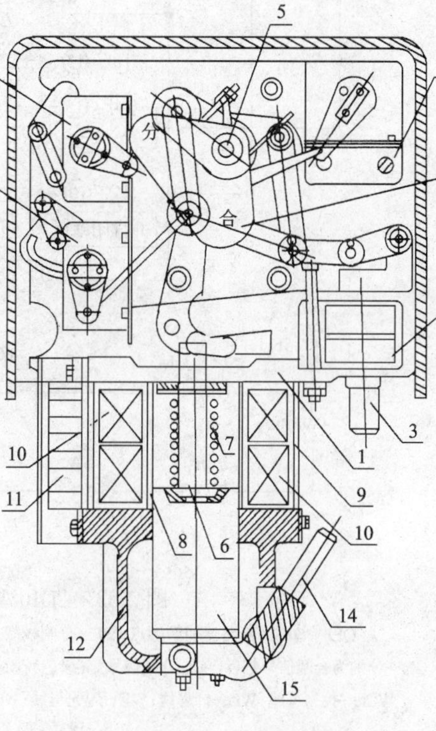

2)合闸电磁系统:在操作机构的合闸电磁系统中,铸铁支架 1 与缓冲法兰 12 构成合闸电磁系统的上下导磁体,其中间的外套筒 9 为磁轭,兼作合闸线圈的外护圈,而内套筒 8 为合闸线圈的内护圈,以免合闸线圈受到机械损伤。在内套筒中设有合闸铁芯 15,其上方装有顶杆 6,并由铁支架 1 的园孔中穿出。

当合闸线圈 10 通入电流时,合闸铁芯 15 被吸入,推动顶杆 6 并驱动传动机构使断路器实现合闸。合闸后其辅助触点 4 动作而切断合闸线圈的电源,故合闸铁芯靠其自重和复位弹簧 7 共同作用而迅速落下,断路器则由自由脱扣机构的自锁环节来维持合闸状态。

图 2-51 CD10 型电磁操作机构结构图
1—铸铁支架;2—分闸线圈;3—分闸铁芯;4—辅助触点;
5—主转轴;6—顶杆;7—复位弹簧;8—内套筒;
9—外套筒;10—合闸线圈;11—接线端子板;
12—缓冲法兰;13—分、合闸指示牌;
14—手动操作手柄;15—合闸铁芯。

3)缓冲法兰:位于操作机构的下部,既能对外套筒 9,内套筒 8、合闸铁芯 15 和合闸线圈 10 起到定位作用,又是磁路的组成部分。在缓冲法兰 12 内部装有橡皮垫,以对合闸铁芯在迅速下落时起到缓冲作用。缓冲法兰 12 的下部还装设有手动操作手柄 14,套入丁字套筒即可手动操作合闸。

2. CD10 型操作机构的电动控制

我们知道,电磁操作机构具有操作灵活安全,便于远距离集中控制的优点,在操作人员远离被控对象现场情况下,也同样可以实现对断路器的分、合闸操作。电磁操作系统应具有如下功能:(1)能监视电源及下次操作时分、合闸回路的完整性;(2)能指示断路器的分、合闸位置状态,如出现自动重复分、合闸事故时应有明显的信号;(3)应具有断路器"防跳"的闭锁装置;(4)断路器分、合闸结束后,应使分合闸命令脉冲自动解除;(5)线路应简单可靠,使用的小母线应最少。电磁操作系统按控制方式可分为分别操作、选线逻辑操作和程序自动操作等三种,下面以手动操作为例介绍对 CD10 型操作机构的控制,如图 2-52 所示。

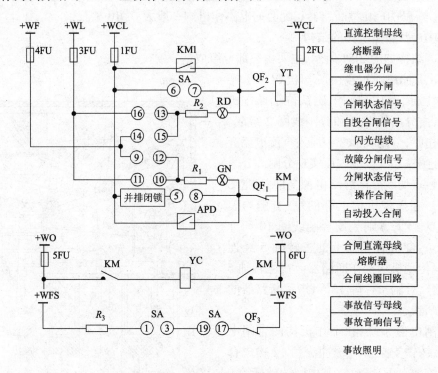

+WF +WL +WCL ... −WCL	直流控制母线
4FU 3FU 1FU KM1 2FU	熔断器
	继电器分闸
SA QF₂ YT ⑥ ⑦	操作分闸
R₂ RD ⑯ ⑬	合闸状态信号
⑭ ⑮	自投合闸信号
⑨ ⑫	闪光母线
R₁ GN ⑪ ⑩	故障分闸信号
QF₁ KM	分闸状态信号
并排闭锁 ⑤ ⑧	操作合闸
APD	自动投入合闸
+WO −WO 5FU KM YC KM 6FU	合闸直流母线 / 熔断器
	合闸线圈回路
+WFS −WFS R₃ SA ① ③ SA ⑲ ⑰ QF₃	事故信号母线 / 事故音响信号
	事故照明

图 2-52　CD10 型电磁操作机构控制线路

QF1~QF3—断路器辅助触点;YT—分闸线圈;YC—合闸线圈;KM—合闸接触器;SA—万能转换开关;
RD,GN—分别为合闸信号灯(红色)、分闸信号灯(绿色);KM1—出口中间断电器的分闸触点;APD—备电自动投入装置合闸触点;
WCL—控制母线;WL—灯母线;WF—闪光母线;WO—合闸电源母线;WFS—事故音响母线;IFU~6FU—熔断器

图中 SA 为万能转换开关 LW2-Z-1a、4、6a、40,20/F8 型,有"跳闸后""预备合闸"、"合闸"、"合闸后"、"预备跳闸"、"跳闸"等 6 个档位,其内部接点分、合情况见表 2-18。

表 2-18　LW2-Z-1a、4、6a、40、20/F8 型万能转换开关内部触点分合情况表

跳闸后手柄位置及内部触电分合图 (合/分)	手柄触点形式	1-3	2-4	5-8	6-7	9-10	9-12	10-11	13-14	14-15	13-16	17-19	18-20	21-23	22-21	22-24
	F8 / 1a / 4 / 6a / 40 / 20 / 20															
跳闸后	▭	—	×	—	—	—	×	—	—	×	—	—	—	—	—	×
预备合闸	▯	×	—	—	×	—	—	×	—	×	—	—	—	—	×	—
合闸	⟋	—	×	—	×	—	×	—	×	—	×	×	—	—	×	—
合闸后	▯	×	—	×	—	×	—	—	×	—	×	×	—	—	×	—
预备跳闸	▭	—	×	×	—	×	—	—	—	×	—	—	×	×	—	—
跳闸	⟋	—	×	—	—	—	×	—	—	×	—	—	×	×	—	—

86

1)合闸操作过程

合闸操作过程由"预备合闸"、"合闸"、"合闸后"等三档完成。设万能转换开关 SA 初始位置为"跳闸后",则断路器处于分闸状态,此时辅助触点 QF_1 闭合,QF_2 断开。故 SA 在"跳闸后"档位时,SA_{10-11} 闭合而接通灯母线 $+WL$,绿色分闸信号灯 GN 点亮,表示断路器分断。由于电阻 R_1 与 GN 及合闸接触器线圈 KM 串联,故 KM 并不能吸合。同时 SA_{14-15} 也闭合而接通闪光母线 $+WF$,但由于 QF_2 断开,所以红色合闸信号灯 RD 不亮。此外 GN 和 RD 还起着监视控制电源和下次操作时回路完整性的作用,例如熔断器 2FU 熔断时,红、绿信号灯不亮,而达到监视电源的作用;而红、绿信号灯分别串联在分、合闸回路中,又可监视下一次操作时回路的完整性。

将万能转换开关 SA 拨向"预备合闸"位置时,由表 2-18 可知 SA_{9-10} 闭合,此时 QF_1 仍闭合,故使绿色信号灯 GN 与闪光母线 $+WF$ 接通,发出绿色闪光信号,表示合闸回路是完整的,可以继续进行合闸操作,同时也核对了所操作的档位是否有误。而 SA_{13-14} 闭合,使 RD 仍与闪光母线 $+WF$ 接通,但由于辅助触点 QF_2 断开,故 RD 仍不亮。

再将万能转换开关 SA 拨向"合闸"位置,由表 2-18 可知,SA_{5-8} 闭合,合闸接触器 KM 吸合,合闸线圈 YC 得电而实现断路器合闸。此时又由于辅助触点 QF1 断开而使 KM 失电,切断合闸线圈 YC 回路,同时分闸信号灯 GN 熄灭;而 SA_{13-16} 闭合,辅助触点 QF_2 闭合使合闸信号灯 RD 点亮,发出红色合闸信号。同时,由于分闸线圈 YT 与合闸信号灯 RD、电阻 R_2 (2.5kΩ)串联,故不会发生误分闸动作。另外 SA_{9-12} 闭合,如果断路器自动分闸时,分闸信号灯 GN 将发出绿色闪光信号,表示断路器已经"自动分闸"。

最后将 SA 拨向"合闸后"位置,SA_{5-8} 断开,SA_{9-10}、SA_{13-16} 闭合,从而确保切断合接触器 KM 线圈的控制电源 $+WCL$,使 RD 继续发出红色合闸信号。当发生断路器自动分闸时,GN 可发出"自动分闸"的绿色闪光信号。

值得注意的是,由于合闸线圈 YC 工作电流很大(约 120-200A),所以应由大容量直流电源单独供电,并由合闸接触器 KM 控制。由上述分析可知,SA 在"合闸后"位置时可使 YC 断电,从而可节省电能。合闸线圈 YC 断电后,合闸铁芯 15 及顶杆 6 下降,则由自由脱扣机构中的搭钩顶住滚轮,使整合系统维持合闸状态。

图 2-52 中的"并排闭锁"环节,可使两路电源进线变电所的两路电源不会并列运行。如图 2-53 所示,两路电源不并列运行的条件是电源进线断路器和母线分段断路器等三台不能同时合闸运行,只能同时有一台或两台断路器合闸运行。

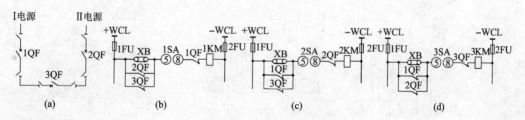

图 2-53 单母线分段式断路并排闭锁环节

(a)一次系统 (b)~(d)分别为 1QF~3QF 合闸操作回路

2)分闸操作过程

将 SA 拨向"预备跳闸"位置时,SA_{13-14} 闭合,由于此时辅助触点 QF_2 已闭合,所以 RD 发出红色闪光信号。同样由于分闸线圈 YT 与电阻 R_2、合闸信号灯 RD 相串联,故不能实现分闸动作。另外 SA_{10-11} 闭合,辅助触点 QF_1 已断开,分闸信号灯 GN 还不能点亮。

再将 SA 拨向"跳闸"位置,SA_{6-7} 闭合,分闸线圈 YT 与控制母线 + WCL 接通而实现断路器分闸。由于分闸线圈 YT 的工作电流只有几安培,所以分闸回路直接由控制母线电源供电。断路器分闸后,辅助触点 QF_2 断开而切断分闸回路。同时由于分闸辅助触点 QF_1,SA_{10-11} 也闭合,故此时分闸信号灯 GN 点亮而发出绿色分闸信号。最后将 SA 拨向"跳闸后"位置,即完成了分闸操作过程。

图中 KM1 为继电保护装置的出口中间继电器触点,当线路发生故障时,继电保护装置动作而使分闸线圈 YT 得电,实现断路器分闸而切断故障线路。

从上述对 CD10 型操作机构的控制线路分析可知,既实现了对操作机构及断路器的远距离操作控制,又可对操作机构控制的全过程和运行情况进行监视。当断路器的分、合闸状态与 SA 的分、合状态不对应时,均可发生闪光信号。例如,当 GN 发出绿色闪光信号时,表示继电保护装置使断路器实现分闸或误脱扣分闸状态;当 RD 发出红色闪光信号时,则表示备用电源自动投入合闸触点 APD 动作实现合闸或断路器误合闸状态。但是,当 SA 在"预备合闸"或"预备分闸"档位时,信号指示灯分别发出红色及绿色闪光信号,则表示合闸或分闸回路具有完整性,表明可以继续进行合闸或分闸操作。

3. CD10 型操作机构的调试

1)支持杆的调整

图 2-54(a)为 CD10 型电磁操作机构的脱扣器合闸后位置图,要使该操作机构的传动系统工作协调,对支持杆 7 的调整是十分关键的。只有将支持杆 7 调整到合适的高度,才能确保操作机构对断路器进行可靠的分、合闸操作。一般应使销轴 A_5 高于 A_6 约 $1\sim2\text{mm}$ 为宜,即使连杆 10、11 的同一轴线与水平线之间形成很小的仰角。

2)分、合闸铁芯的调整

如图 2-54(a)所示,用手动操作检查合闸铁芯及顶杆 5 的行程。当顶杆 5 将滚轮顶到最高位置时,搭钩 3 在其弹簧作用下返回到滚轮的下方(即在通过轮心的垂线上),此时测量滚轮与搭钩之间的间隙应为 $1\sim1.5\text{mm}$,可通过调节顶杆 5 的长度来实现,一般合闸铁芯的行程为 75mm 左右。

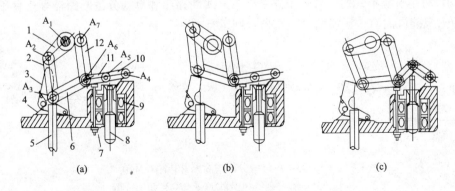

图 2-54　CD10 型电磁操作机构工作原理示意图

(a)分闸位置　(b)合闸位置　(c)分闸过程中

在合闸状态下,用手向上推动脱扣铁芯8,顶起连杆10而实现分闸。在调整时应使脱扣铁芯8上的顶杆接触到连杆10后再升高8~10mm即可。在进行分、合闸铁芯调整过程中,可同时对其辅助触头 QF_1、QF_2 进行调整,以保证其在分、合闸状态下动、静触头在中心位置上接触,且触点闭合时接触紧密,分断时也有足够的间隙。如果是延时辅助触头,在分断位置时其动、静触头间隙一般为 4~5mm。

3)断路器及其操作机构的电气检查试验

在断路器及其操作机构调整符合要求后,还须进行总体电气检查试验,以检查操作机构是否协调可靠。

检查试验内容主要包括:(1)绝缘电阻测试,即用兆欧表分别检测分、合闸线圈对铁芯、外壳的绝缘电阻,应不小于 1MΩ;(2)直流电阻测试,即用直流单、双臂两用电桥(QJ65 型)或直流低阻分选仪(YY2512 型)等测量分、合闸线圈的直流电阻,以检查线圈是否存在匝间短路故障,其数值大小可与同类型操作机构的线圈阻值相比较;(3)分、合闸试验,将操作电压(或电流)调节到额定值的 80%、90%、100%、110%,分别进行 3~5 次分、合闸试验,以进一步检查操作机构的灵敏性、可靠性等电气性能。

四、高压断路器的选择

以上介绍了高压断路器及其操作机构的主要结构、工作原理和安装调试方法,对断路器的一般选择要求也应有一定的了解。

1. 按工作电压和工作电流选择

为了保证高压断路器(或高压隔离开关、负荷开关)能安全可靠地运行,应满足以下条件:

$$\left.\begin{array}{l} V_{kN} \geqslant V_N \\ I_{kN} \geqslant I_{jxm} \end{array}\right\} \tag{2-79}$$

式中　V_{kN}——断路器额定电压,kV;

　　　I_{kN}——断路器额定电流,A;

　　　V_N——线路额定电压,kV;

　　　I_{jxm}——线路正常工作时的最大负荷电流,A。

由于高压断路器一般为普通型和湿热带型,其额定电流是按环境温度 +40℃确定的,所以当实际环境温度高于或低于 +40℃时,应对额定电流加以修正,即

$$I_{kN}{}' = k I_{kN} \tag{2-80}$$

式中　k——额定电流修正系数,可按下式确定:

$$k = \sqrt{\frac{T_m - T}{T_m - 40}} \tag{2-81}$$

式中　T_m——高压断路最高允许工作温度,℃;

　　　T——年最热月平均环境温度,℃。

也可按经验近似计算断路器额定电流。如 $T<40℃$ 时,每降低 1℃可增加 $0.5\% I_{kN}$,但最大不得超过 $20\% I_{kN}$;如 $40℃ < T \leqslant 60℃$ 时,每增加 1℃可减少 $1.8\% I_{kN}$。据此初选断路器,再按断路器的动稳定、热稳定条件进行校验。

动稳定条件:

$$\left.\begin{array}{c} i_{\max} \geqslant i_{cj}^{(3)} \\ I_{\max} \geqslant I_{cj}^{(3)} \end{array}\right\} \qquad (2\text{-}82)$$

式中　$i_{\max}$、$I_{\max}$——分别为断路器(或电气设备)允许通过最大电流的峰值、有效值,kA;

$\quad\quad i_{cj}^{(3)}$、$I_{cj}^{(3)}$——分别为三相短路冲击电流的峰值、有效值,kA。

热稳定条件:

$$I_t t \geqslant i_{\infty}^{(3)2} t_{jx} \qquad (2\text{-}83)$$

I_t——在规定热稳定试验时间 t 秒内,断路器的热稳定电流 kA;

$i_{\infty}^{(3)}$——三相短路稳态电流,kA;

t_{jx}——假想时间(或称为热效时间),s。

在无限大电源系统中,如果实际短路时间 t_d(t_d 为继电保护装置整定的动作时间与断路器的分断时间之和)小于 1s 时,可按实际短路时间加 0.05s 计算假想时间 t_{jx}(即 $t_{jx} = t_d + 0.05$);如果实际短路时间大于 1s 时,则按实际短路时间计算假想时间 t_{jx}(即 $t_{jx} = t_d$)。其中 $I_t t$ 参数可由断路器产品样本中查得。

2. 按安装地点的三相短路容量选择

所谓安装地点的三相短路容量,是指在无限大电源系统中,电力系统出口断路器后面发生三相短路时的短路容量。断路器的额定断流容量 S_{kd}(或额定开断电流 I_{kd})应不小于安装地点的三相短路容量 S_d(或三相短路电流 I_d),即

$$\left.\begin{array}{c} S_{kd} \geqslant S_d \\ I_{kd} \geqslant I_d \end{array}\right\} \qquad (2\text{-}84)$$

如果断路器安装在低于其额定电压的电路中时,其断流容量可按下式换算:

$$S'_{kd} = \frac{V_N}{V_{KN}} \cdot S_{kd} \qquad (2\text{-}85)$$

式中　S'_{kd}——断路器换算后的断流容量,MVA;

$\quad\quad S_{kd}$——断路器额定断流容量,MVA;

$\quad\quad V_N$——安装地点线路的额定电压,kV;

$\quad\quad V_{kN}$——断路器的额定电压,kV。

3. 按工作环境、运行要求和经济等因素选择

应根据安装使用环境(温度、海拔高度、空间介质等)确定选用户内式或户外式高压断路器;再按照操作的频繁程度确定高压断路器的类型,如操作频繁的场所应选用高压真空断路器,否则可选用高压少油断路器。高压少油断路器的型号含义为:

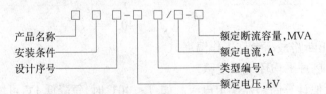

表 2-19 中列出常用高压少油断路器的技术数据,以供选择参考。

表 2-19　常用高压少油断路器技术数据

型　　　号	额定电压	额定电流	额定断流容量	额定分断电流	动稳定电流	4s热稳定电流	操作机构	固有分断时间	合闸时间
	kV	A	MVA	kA			类型	s	
SN10-10I/600-300	10	600	300	17.3	44.1	17.3	CS2、CD10 CT7	0.06	0.25
SN10-10I/1000-500		1000	500	29	74	29	CD10、CT7		

例题 2-6　某 10kV 高压配电系统如图 2-55 所示,已知系统出口断路器的断流容量为 200MVA,线路计算电流 350A,继电保护装置整定时间 1.1s,断路器分断时间 0.2s。如变电所的进线选择 SN10-10I/600-500 型户内高压少油断路器,是否符合要求?

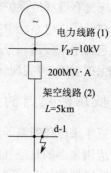

图 2-55　某 10KV 高压
配电系统图

解:短路计算点 d-1 的平均额定电压取 $V_{pj} = 10.5$kV,又知系统出口断路器的断流容量 $S_{dl} = 200$MVA,则电力系统的电抗为:

$$X_{XT} = V_{pj}^2/S_{dl} = (10.5 \times 10^3)^2/200 \times 10^6 = 0.551\Omega$$

架空线路距离 $L = 5$km,由《工厂配电设计手册》查得 $x_0 = 0.38\Omega/$km,故线路电抗为:

$$X_{L-1} = x_0 L = 0.38 \times 5 = 1.9\Omega$$

则短路线路的总电抗为:

$$X_\Sigma = X_{XT} + X_{L-1} = 0.551 + 1.9 = 2.451\Omega$$

这样,略去线路直流电阻,三相短路电流周期分量有效值为:

$$I_{d-1}^{(3)} = V_{pj}/\sqrt{3}X_\Sigma = 10.5/\sqrt{3} \times 2.451 = 2.473\text{kA}$$

由《建筑供配电》知道,在无限大电源系统中,短路电流周期分量有效值在短路过程中是恒定的,故三相次暂态短路电流和三相短路稳态电流为:

$$I'^{(3)} = I_\infty = I_{d-1}^{(3)} = 2.473\text{kA}$$

所以三相短路冲击电流峰值为:

$$i_{cj}^{(3)} = 2.55I'^{(3)} = 2.55 \times 2.473 = 6.306\text{kA}$$

三相短路容量为:

$$S_{d-1}^{(3)} = \sqrt{3} V_{pj} I_{d-1}^{(3)} = \sqrt{3} \times 10.5 \times 2.473 = 44.975\text{MVA}$$

由式(2-79)～(2-85),查表 2-19 进行校验,校验结果见表 2-20。由此可见,该线路中选用 SN10-10I/600-300 型高压少油断路器可满足要求。

表 2-20　10kV 高压少油断路器校验表

SN10-10I/600-300		安 装 处 线 路 电 气 参 数	
项　　　目	数　　　据	项　　　目	数　　　据
额定电压(V_{kN})	10kV	额定电压(V_N)	10kV
额定电流(I_{kN})	600A	最大负荷电流(I_{jxm})	350A
额定断流容量(S_{kN})	300MVA	短路计算点三相短路容量 $S_{d-1}^{(3)}$	44.975MVA
允许通过最大电流峰值(i_{max})	44.1kA	三相短路冲击电流峰值($i_{cj}^{(3)}$)	6.306kA
热稳定参数($I_t^2 t$)	$17.3^2 \times 4 = 1197.16$	三相短路热稳定数据($I_\infty^{(3)2} t_{jx}$)	$2.473^2 \times 1.3 = 7.95$

第四节　低压断路器安装调试

在现代化工业厂房和高层民用建筑中,用电负荷密度越来越大,单台大容量电力变压器得到越来越多应用,并且对低压配电网络实施集中控制,因此,当低压配电网络中发生短路故障时,其短路电流是相当大的。如果不采取措施及时切除短路电流,将使供电回路受到的电动应力和热应力作用,而引起供电回路和用电设备的严重破坏。此外,由于现代化工业及民用建筑的智能化程度越来越高,对配电系统的可靠性、安全性及连续性供电也提出了更高要求。如在有些场所,即使在发生事故的情况下也必须保证对未发生事故的回路继续供电,这就要求供电系统应具有选择性保护。

在低压供电系统中实现控制和保护的重要电气设备之一是低压断路器,俗称自动空气开关。它可用来接通和分断正常负荷电流、过载电流及短路电流,在电路中可起到短路、过载、欠压等保护功能,可实现分配电能和进行电路切换,也可直接控制操作不频繁起动的电动机等。

一、低压断路器的发展概况

近年来低压断路器发展十分迅速,种类繁多。按灭弧介质分为油浸式、空气式和真空式,目前应用最多的是空气式断路器;按动作速度分为一般型和快速型,如直流快速断路器和交流限流断路器的分断时间为 $10\sim20ms$;按操作方式分为电动操作、储能操作和人力操作等;按极数分为单极、二极、三极和四极等;按安装方式分为固定式、插入式和抽屉式;按使用类别分为非选择型和选择型。在《低压断路器》JB1284—85 标准中,其中 A 类为非选择型,即在短路情况下,它与负载侧其他短路保护电器之间无选择性要求,无人为延时,故无额定短时耐受电流(指断路器在规定试验条件下短时承受的电流值)要求;B 类为选择型,即在短路情况下,它与负载侧的其他短路保护电器之间有选择性要求,有可调的人为延时(不小于 $0.305s$),故有额定短时耐受电流要求。此外,按断路器的结构可分为万能式断路器和塑壳式断路器。

1. 万能式断路器

万能式断路器即框架式断路器,它有一个钢制框架,所有器件均安装在框架之内,如图2-56所示,其器件一般都设计成可拆卸式的,以便于制造安装。这种断路器容量较大,额定电流可达 4000A ,可装设较多的脱扣器。将不同脱扣器组合后,可以产生不同的保护性能,如制成非选择型或选择性的配电断路器、有反时限动作特性的电动机保护断路器等。万能式断路器中的热脱扣器就是用于获得反时限保护特性,当它被半导体脱扣器取代时,还可实现短路延时保护。

由于万能式断路器的触头系统可设计成有足够的短时耐受电流,加之与较强的灭弧室配合,因此极限短路分断能力高,特别适用于作主保护断路器。

万能断路器还可制成一般型和限流型,所谓"限流型",是指将峰值短路电流 i_s 预期短路电流限制在较小的允通电流值 i_D 之内。限流断路器多采用电动斥力来分断,其触头系统如图2-57所示。F_0 为触头预压力,以防触头在电磁脱扣器动作之前被损坏。F_{AB} 与 F_{BC} 为短路电流在两并列触头回路导体间产生的电动斥力,以使触头快速斥开,达到限制短路电流上升的目的。电动斥力使触头分开先于自由脱扣器动作,其固有动作时间为 $1\sim2ms$,全分断时间为 10s 左右。

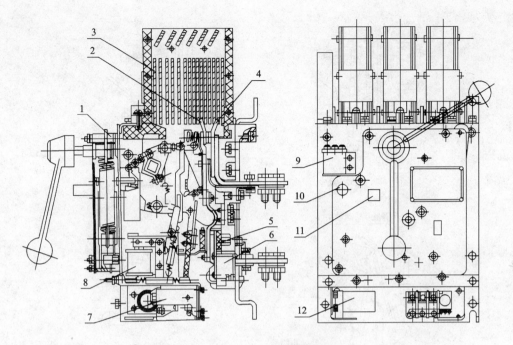

图 2-56　选择型万能式断路器结构

1—操作机构；2—动弧触头；3—灭弧室；4—静弧触头；5—电磁脱扣器；6—互感器；7—热继电器或半导体脱扣器；
8—欠压脱扣器；9—分励脱扣器；10—脱扣器；11—分、合指示窗；12—失压延时装置

万能式断路器型号较多，有 DW10 型、DW15-200～400A 型断路器，DWX15-200～630A 型限流断路器，以及引进德国 AEG 公司的 ME 系列断路器，日本的 AH、AE，西门子 3WE 等系列断路器。在表 2-21 列出了这些断路器的主要性能指标，从保护方式来看，几种断路器都可实现在合闸过程中遇到故障电流时瞬时切断，起到防止故障进一步扩大的作用，也可实现时间选择保护功能。另外，万能式断路器一般均采用电磁操作机构，容量较大的断路器则采用电动操作机构。对于极限通断能力较高的万能断路器，则多采用储能式操作机构，以提高通断速度。

2．塑壳式断路器

塑壳式断路器的主要特征是由基座和盖组成的塑料外壳，所有部件均装于塑壳基座之上。这类断路器多为 A 类，且容量较小，一般在 400A 以内，可用于对电动机或其他负载的保护。较大容量的塑壳式断路器，也配有欠压脱扣器和分励脱扣器等，其结构如图 2-58 所示，具有结构较为简单、紧揍和操作安全等特点。

容量较小的塑壳式断路器，多采用储能式操作机构，其操作方式为手动操作，主要有琴健式（DZ5 型）和扳式（DZ10、DZ47、DZ63、C45 型）等两种，也可以采用非储能式操作机构，容量较大的塑壳式断路器则多采用电动机操作机构。而万能式断路器一般采用电磁操作机构，容量较大的也多采用电动操作机构。对于极限通断能力较高的万能式断路器，多采用储能式操作机构，以提高通断速度。

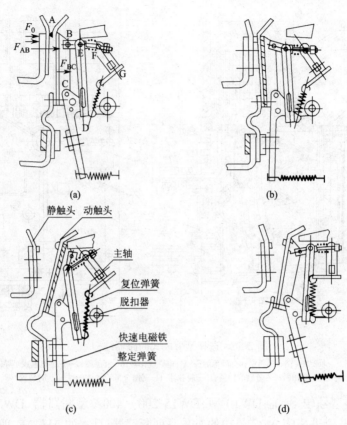

图 2-57 限流断路器触头系统动作示意图

(a)正常闭合位置　(b)触头初斥开瞬时位置　(c)触头斥开位　(d)正常分断位置

表 2-21　DW15、DW12 及 ME 等系列断路器的主要性能指标

代号	型号	额定电压(V)	额定电流(A)	寿命(次)		通 断 能 力 (kA)						保 护 特 征
				机寿	电寿	300V		660V		1000V		
						瞬时	延时	瞬时	延时	瞬时	延时	
DW15	DW15-200	380	200	180000	2000	25/50	5	10	5			半导体型:长延时,短延时,瞬动。电磁式:长延时,瞬动。200～630A 短延时,最长为 0.2s 1000～4000A 短延时,最长为 0.4s。
	DW15-400		400	9000	1000	25/50	8	15	8			
	DW15-630		630	9000	1000	30/50	12.6	20	10			
	DW15-1000		1000	4500	500	40	30					
	DW15-1600		1500	4500	500	40	30					
	DW15-2500		2500	3500	500	60	40					
	DW15-4000		4000	3500	500	80	60					
DW15	DW15-200	380	200	10000	2000	50		20				电磁:具有过载长延时功能,可保护电动机,也可用于配电系统的保护。瞬动:限流。
	DW15-400		400	9000	1000	50		25				
	DW15-630		630	9000	1000	70		25				

代　号	型　号	额定电压(V)	额定电流(A)	寿命(次)		通　断　能　力　(kA)						保　护　特　征
				机寿	电寿	300V		660V		1000V		
						瞬时	延时	瞬时	延时	瞬时	延时	
ME（德）	ME-630	660	630	20000	1000	40	40	40	40			半导体型:长延时,短延时,瞬动,具有过载,短路闭锁。机械型:长延时,瞬动,短延时,具有过载短路闭锁信号。此外,还有闭锁电磁铁,用于防瞬时的点动接通。特点:分断容量高,短延时与瞬动分断容量相同,上下连线分断容量一样。
	ME-800		800	20000	1000	40	40	40	40			
	ME-1000		1000	20000	1000	40	40	40	40			
	ME-1200		1250	20000	500	40	40	40	40			
	ME-1600		1600	20000	500	40	40	40	40			
	ME-1605		1900	20000	500	40	40	40	40			
	ME-2000		2000	10000	500	60	60	60	60			
	ME-2500		2500	10000	500	60	60	60	60			
	ME-2505		2900	10000	500	60	60	60	60			
	ME-3200		3200	10000	500	80	80	80	80			
	ME-3205		3900	10000	500	80	80	80	80			
	ME-4000		4000	3000	150	100	100	80	80			
	ME-4005		5000	3000	150	100	100	80	80			
MEY（德）	MEY-630	660	630					100	50			电磁式:具有过载长延时,瞬动,限流。
	MEY-1000		1000					100	50			
	MEY-2000		2000					100	50			
AE（日）	AE-1000S	660	1000	3500	1500			30	36			1、具有半导体脱扣器,长延时,短延时,瞬动。能实现三相保护,最大额定电流为80%,90%,100%。2、脱扣指示,过电流报警。3、接地故障保护。4、接地电流脱扣器闭锁电磁铁。5、具有MCR脱扣器。
	AE-1250S		1250	3500	1500			30	36			
	AE-1600S		1000	3500	1500			42	42			
	AE-2000S		2000	3500	1500			42	42			
	AE-2500S		2500	3500	1500			42	42			
	AE-3000S		3200	3700	300			50	50			
	AE-4000S		4000	3700	300			65	65			
	AE-5000S		5000	3700	300			65	65			
AH（日）	AH-6B	660	600	10000	1000	40		30	22			1、具有半导体脱扣器;长延时,短延时,瞬动。2、具有接地保护。3、具有MCR(为 Maximum Continuous Rating 的缩写)脱扣器。
	AH-10B		1000	5000	500	50		30	30			
	AH-16B		1500	2500	500	65		45	30			
	AH-20CH		2000	2500	500	70		30	30			
	AH-30CH		3200	2000	100	85		50	42			
	AH-40C		4000	2000	100	120		35	60			
3WE（西门子）	3WE-1	660	630	20000				40		20		1、具有电磁脱扣器:长延时,短延时,瞬动。2、具有电子式:长延时,短延时,瞬动。3、具有短路脱扣装置。
	3WE-2		800	20000				40		20		
	3WE-3		1000	20000				40		20		
	3WE-4		1250	20000				50		20		
	3WE-5		1600	20000				50		20		
	3WE-6		2000	10000				60		20		
	3WE-7		2500	10000				60		20		
	3WE-8		3150	10000				60		20		
	3WE-9		4000	10000				60		20		
DW12	DW12-250	380	2500	5000	500	70						具有电磁式钟表延时脱扣器:长延时,短延时,瞬动。特点:瞬动容量大。
	DW12-3200		3200	5000	500	70						
	DW12-5000		5000	5000	500	100						
	DW12-6300		6300	5000	500	100						

二、低压断路器的主要部件

1. 灭弧室

灭弧室常采用栅片式结构,即由长短不同的钢片交叉组合成灭弧栅,安放在由绝缘材料制成的灭弧室内,如图 2-56、图 2-58 所示。在主触头分断时,被拉长的电弧被灭弧栅分割成若干段短电弧,从而使电弧迅速冷却游离,也使电弧总压降增加,使电源电压不足以继续维持电弧燃烧。灭弧室内壁可用钢板纸制成,以产生帮助灭弧的气体,加强灭弧效果。为了进一步使游离气体冷却,在栅片上方设有灭焰栅片,可降低飞弧距离,以免造成相间飞弧短路。

2. 触头系统

主要包括触头、载流母线、软联结及脱扣器环节等,它是断路器的核心部件,如图2-59所示。

触头的传动系统由 5 个连杆(CB、BE、EF、FG 和 GC)机构组成。当可折连杆 BE 与 EF 的 E 点上移过死区(由拉杆 10 拉住定位)时,BE 与 EF 可视为暂态刚性连杆。故五连杆系统变为四连杆(CB、BF、FG 和 GC)机构,操纵主轴 8 可使触头绕轴 C 作闭合或分断动作。如有外力拉动拉杆 10 使 E 点下移过死区,则暂态刚性连杆 BE 与 EF 失去稳定;成为自由转动时,四连杆机构还原为五连杆系统。从而触头不能保持在闭合位置,即从闭合位置直接进入分断位置,但这时主轴仍停留在闭合位置。拉动拉杆 10 向下的力来自两个方面:①当出现短路电流时,如前所述,由于平行导体 1 与 2 之间出现的电动力使 C 点绕轴 O 顺时针方向转动,带动 D 点也顺时针转动。这样,通过拉杆 10 拉动 E 点下移过死区。②当出现过电流时,过流脱扣器的衔铁 13 吸向铁芯 14,同样带动 D 点绕 O 轴顺时针转动,通过拉杆 10 拉动 E 点下移过死区,使触头快速分断。改变整定弹簧的弹力可改变瞬动过电流的动作值。

对于大、中型低压断路器,触头环节设置有主触头、副触头和弧触头,三者采取并联方式。主轴头通过额定电流,有足够的电动稳定性和热稳定性;弧触头在主触头分断时进行熄弧;副触头为过渡触头。例如在主触头分断瞬时,电弧电流由主触头分断时进行熄弧;副触头为过渡触头。例如在主触头分断瞬时,电弧电流由主触头转移到弧触头。在电弧转移过程中,放出高热易将主触头烧毁,故在主、弧触头中间并加副触头。若弧触头发生故障,副触头也可替代弧触头熄弧。其触头分断次序为主触头→副触头→弧触头。对于中、小型低压空气断路器来说,其分断电流不大,一般不设置副触头。

3. 断路器的脱扣系统

根据供配电系统和用电设备对保护的不同要求,可选用具有不同脱扣系统的断路器。脱

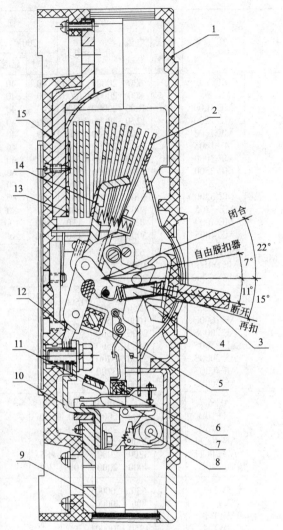

图 2-58 塑壳式断路器结构
1—塑料壳;2—灭弧室;3—操作手柄;4—自由脱扣机构;5—主轴;6—脱扣轴;7—双金属片;8—瞬时调节装置;9—下母线;10—热元件;11—电磁脱扣器;12—铜编织带连线;13—静触头;14—动触头;15—上母线

扣器的各类很多,主要有如下几种:

1)欠压脱扣器

欠压脱扣器多为电磁式,由铁芯、衔铁、线圈、整定弹簧等部件组成,如图2-60所示。当电网电压降低到额定电压的35%时,释放衔铁10,在弹簧11的作用下,衔铁推动杠杆5使搭钩脱扣,从而实现断路器分断。

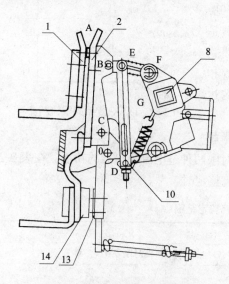

图 2-59 触头系统结构示意图

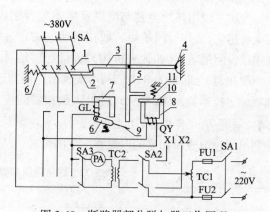

图 2-60 断路器部分脱扣器工作原理
1—触头;2—锁钩;3—搭钩;4—轴;5—杠杆;6、11—弹簧;
7—过流脱扣器;8—欠压脱扣器;9、10—衔铁
SA、SA1、SA3—单投开关;SA2—双投开关;X1、X2—接线端子

2)分励脱扣器

分励脱扣器由控制电源供电,由操作人员控制或继电保护信号使其线圈通电,实现对断路器的远距离操作。如图2-61所示,由分励脱扣机构、速饱和电流互感器和热继电器等组成,其工作电压按标准规定为额定电压 V_N 的70%~110%。

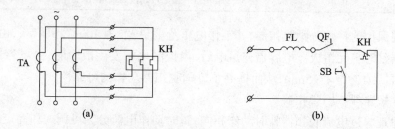

图 2-61 分励脱扣器工作原理
TA—速饱和电流互感器;KH—热继电器;
FL—分励脱扣器线圈;SB—分励脱扣器控制按钮;QF₁—断路器操作机构辅助触头

此外,还有一种带延时的欠压脱扣器,如图2-62所示,只需增加一组 R、C 延时元件。当电源电压为75%~105% V_N 时,经整流后对电容器 C 充电,同时给欠压脱扣器线圈 QY 供电,保持正常吸合电压。当电源电压降至35% V_N 时,由电容器 C 对欠压线圈 QY 放电,直至电容器端电压不足以维持衔铁吸合而使欠压脱扣器释放,所以断路器可以实现延时断开。其延时时间为1s、2s、3s等三档。如电源电压在预整定延时时间内恢复到正常值时,欠压脱扣器不动作,仍保持吸合,以防止电网短时电压降低(如雷击、备用电源转换、大型电动机起动等)所引起的停电。

3)过电流脱扣器

如图 2-60 所示,一般断路器的每极均分别装设过电流脱扣器,但三极断路器也可装设两个过电流脱扣器。在给定电流范围内,过电流脱扣器的动作电流可调,其调节方式多为旋钮式或螺杆式。过电流脱扣器依靠感受元件来反应电流的大小,当过电流达到预整定电流值时,过电流脱扣器 7 吸动衔铁 9,推动杠杆 5 使搭钩 3 脱扣,从而实现断路器分断。由此可见,电磁脱扣器为瞬动脱扣器。另一种反时限过电流脱扣器是用双金属片或用热继电器与电流互感器配合制成,其线路过电流越大,动作时间越短。如在瞬动电磁式过电流脱扣器中增设阻尼装置(如钟表机构),可得到短延时动作的过电流脱扣器,延时约为 0.1~1s,可实现断路器的选择分断。随着科学技术的发展,电子式过电流脱扣器的应用越来越

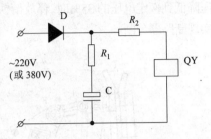

图 2-62　DWX-15 系列限流断路器的欠压脱扣器线路

多,灵敏度高,工作可靠,功能齐全,可以实现瞬动和反时限两种过电流脱扣器的功能。在表 2-22 中列出了过电流脱扣器的电流整定范围标准,以供电流整定时参考。

表 2-22　过电流脱扣器的电流整定范围(A)

脱 扣 器 类 型			动 作 电 流 整 定 倍 数	
长　　延　　时			$0.7\sim1.0I_N$(不可调时取 $1.0I_N$)	
短　　延　　时			$3\sim6I_N$($I_N\geqslant2500$) $3\sim10I_N$,或 $3\sim6I_N$ 和 $5\sim10I_N$($I_N<2500$)	
瞬时	瞬时动作		$1\sim3I_N$,或 $3\sim6I_N$、$5\sim10I_N$、$6\sim12I_N$	不可调时,从中选择一个适当值
	与短延时配合		$10\sim20I_N$($I_N<250$);$7\sim14I_N$($I_N\geqslant2500$)	
	仅与长延时配合配电	配电	$3\sim10I_N$ 或是 $3\sim6I_N$、$5\sim10I_N$ (如不可调时,从 $3\sim10I_N$ 中选一适当值)	
		电机	$3\sim6I_N$ 或 $8\sim15I_N$(不可调时选 $5I_N$ 或 $12I_N$)	
	$I_N<100A$		在 $3\sim5I_N$ 中选一适当可调范围或定值	

用于电网保护的特殊分励脱扣器,其工作电压范围更宽,为 $10\sim110\%\ V_N$,由普通分励脱扣器和电容器延时单元组成。电容器充足电后,当控制电源发生故障时,由电容器供电,可使分励脱扣器再持续工作 4~5min,从而提高了分励脱扣器动作的可靠性。

4)电磁式短路(瞬动)脱扣器

其工作原理与过电流脱扣器瞬时动作相同,瞬时动作电流分为可调式和固定式两种类型。还有一种电子式短路脱扣器,其瞬时动作电流可调。如表 2-23 列出了短路脱扣器的动作电流及一般整定范围,以供在试调时参考。按 IEC 标准规定,脱扣器实际动作电流相对于预整定电流的允许偏差为 20%。

表 2-23　电磁式短路脱扣器的动作电流及整定范围

应 用 场 所	延 时 类 型	动作电流及其整定范围 (用热脱扣器时,给出 I_N 的倍数)
发电机保护断路器 电动机保护断路器 电缆保护断路器	瞬时动作或短延时 瞬时动作 瞬时动作或短延时	约 $2\sim4I_N$(I_N 为额定电流) 约 $8\sim14I_N$ 约有 $3\sim6I_N$

在断路器因短路故障动作后,为了防止故障尚未排除时又合闸,故设置短路锁定机构。短路锁定机构可以在短路脱扣器动作,使断路器分断的同时动作,并将断路器锁定在分断位置上,只有待故障排除将短路锁定机构复位后,才能使断路器重新合闸。

三、低压断路器的选用

我们知道,配电系统设计的主要任务是使所设计的系统能在最短的时间内消除发生的故障,同时维持高度的供电连续性,尽可能缩小停电的范围。要实现对配电系统及其电气设备的最佳保护和供电连续性的目标,就必须正确地选择和调整保护设备——低压断路器,以使配电系统上下级保护电器的动作具有选择性。目前低压配电系统中大量使用低压断路器,低压断路器具有失压、过电流、分励和短路等脱扣器,以及良好的延时选择性能,是较为完善的保护电器,在低压配电线路和电气设备控制中得到十分广泛的应用。因此,如何正确地选择低压断路器是十分重要的。

1.低压断路器的选用原则

1)断路器的类型选择

按适用条件,低压断路器分为配电、照明、电动机保护、晶闸管保护和漏电保护等不同类型,所以应根据实际使用条件选用不同类型的断路器,并确定是否需要采用选择型产品。当与其他断路器或其他保护电器之间的配合有选择要求时,应选用选择型断路器。

2)断路器额定电压、额定电流和额定短路分断能力的选择

低压断路器额定电压、额定电流和额定短路分断能力的选择一般均应分别满足以下条件:

$$\left. \begin{aligned} V_{dN} &\geqslant V_N \\ I_{dN} &\geqslant I_{js} \\ I_{df} &\geqslant I_{dmax} \end{aligned} \right\} \qquad (2\text{-}86)$$

式中　V_{dN}——低压断路器额定电压,V;

　　　I_{dN}——低压断路器额定电流,A;

　　　I_{fd}——低压断路器额定短路分断电流,kA;

　　　V_N——线路电源额定电压,V;

　　　I_{js}——线路计算负荷电流,A;

　　　I_{dmax}——线路最大短路电流有效值,kA。

所选用的断路器应同时满足上式条件,如果断路器的额定电流、额定电压满足要求,但额定短路分断能力小于安装点的线路最大短路电流时,则应提高断路器的额定电流值。而断路器的过电流脱扣器额定电流则仍按线路计算负荷电流选择。

3)断路器瞬时或短延时脱扣器电流整定

断路器瞬时或短延时脱扣器电流整定值,对于用电负荷电流较小,配电线路较长时是十分重要的,可近似按线路末端单相对地短路电流整定,即

$$I_{std} \leqslant I_d^{(1)}/1.25 \qquad (2\text{-}87)$$

式中　I_{std}——过电流脱扣器瞬时或短延时整定电流,A;

　　　$I_d^{(1)}$——线路末端单相对地短路电流,A

此外,在选择断路器时还应注意:①欠压脱扣器额定电压应等于线路额定电压,对具有短

延时的断路器,所带欠压脱扣器也应为延时型,且延时时间≥短路延时时间;②分励脱扣器及电动传动机构额定电压应等于控制电压;③母联开关应选用可以下进线或上进线的断路器。例如断路器产品说明书规定上进线,则在安装时将不能采用下进线方式,即在选用及安装断路器时应注意进线方向。

2. 低压断路器的电流整定及校验

断路器动作电流整定及灵敏度校验是断路器的选择、安装调试工作中的重要内容,它不仅关系到断路器能否实现对配电线路和用电设备的保护,也关系到电网能否安全运行的问题。下面对低压配电、电动机和线路导线保护等类型断路器的电流整定和校验方法分别作简要介绍。

1)低压配电用断路器的选择

低压配电用断路器是用于电能分配的开关,如电源总开关和负载支路开关等,常用的有 DZ10、DZ20、DW5、DW15 和 ME 等系列断路器。在选用断路时除了考虑上述一般选用原则外,还必须考虑将系统故障限制在最小范围,故需增加以下选用原则:

(1)过电流脱扣器的长延时整定电流

过电流脱扣器的长延时整定电流一般可按下式确定:

$$I_{gzd} \geqslant 1.1 I_{js} \tag{2-88}$$

式中　I_{gzd}——过电流脱扣器长延时整定电流,A;

　　　1.1——可靠系数数;

　　　I_{js}——线路计算负荷电流,A。

另外在确定 I_{gzd} 时,还应注意线路导线长期允许载流量。对于电缆线路,则应小于电缆允许载流量的 80%。在调试中,当采用 3 倍长延时整定电流时,可返回时间应大于线路尖峰电流 I_{jh} 的实际持续时间。

(2)过电流脱扣器的短延时整定电流

过电流脱扣器的短延时整定电流除按式(2-87)确定以外,还可按下式确定:

$$I_{std} \geqslant 1.1(I_{js} + 1.35 k_{st} I_{Nm}) \tag{2-89}$$

式中　k_{st}——电动机起动电流倍数;

　　　I_{Nm}——最大容量一台电动机额定电流,A。

短延时时间阶梯按配电系统的分段而定,各级间短延时时差 $\Delta t = 0.1 \sim 0.3s$。一般上级断路器短延时动作时间要大于下级断路器短延时动作时间 0.2s,或大于下级断路器瞬时动作时间 0.1s(当下级无短延时动作时),以保证各级的动作具有选择性。上下级短延时动作电流配合要求一般选取:

$$I_{std1} \geqslant 1.2 I_{std2} \tag{2-90}$$

式中　I_{std1}、I_{std2}——分别为上、下级断路器的短延时整定电流(若下级断路器无短延时,则取其瞬时整定电流 I_{sd2})。

(3)过电流脱扣器瞬时整定电流

作为配电用断路器的过电流脱扣器瞬时整定电流可按下式计算:

$$I_{sd} \geqslant 1.1(I_{js} + k_1 k_{st} I_{Nm}) \tag{2-91}$$

式中　I_{sd}——过电流脱扣器瞬时整定电流,A;

　　　k_1——电动机起动电流冲击系数,一般取 $k_1 = 1.7 \sim 2$;

k_{st}——电动机起动电流倍数，一般取 $k=4\sim7$；

I_{Nm}——最大容量一台电动机的额定电流，A；

I_{js}——线路计算负荷电流，A。

按上下级断路器的瞬时动作电流配合要求，应满足条件：

$$I_{sd1}\geqslant 1.2I_{sd2} \tag{2-92}$$

式中 I_{sd1}、I_{sd2}——分别为上、下级断路器的瞬时动作整定电流，A。

(4)灵敏度及分断能力校验

断路器灵敏度应满足条件：

$$I_{dmin}/I_{std}\geqslant k_{m} \tag{2-93}$$

式中 k_{m}——断路器的灵敏度，一般单相短路取 $1.5\sim2$，两相短路或防爆场所取 2；

I_{dmin}——本级低压断路器所保护的配电线路发生单相或两相(中性点不接地系统)短路时的最小短路电流；

I_{std}——断路器的短延时整定电流，如无短延时时，则用瞬时整定电流 I_{sd} 校验。

所谓断路器的分断能力，是指断路器在额定频率和给定功率因数的条件下，将额定电压提高 10％时所能分断的短路电流值。额定短路分断能力用预期短路电流周期分量的有效值表示，要求不低于断路器安装位置下端头的预期短路电流最大值。当动作时间 $>0.02s$ 时，可不考虑短路电流的非周期分量，即将短路电流周期分量有效值 I_{d} 作为最大短路电流。所以，断路器的分断能力应满足条件：

$$I_{fd}\geqslant I_{d} \tag{2-94}$$

式中 I_{fd}——低压断路器的额定短路分断电流，A；

I_{d}——线路短路电流周期分量有效值，A。

而当动作时间 $<0.02s$ 时，应考虑短路电流的非周期分量，将短路电流第一个周期全电流的有效值 I_{c} 作为最大短路电流。这样，断路器的分断能力应满足：

$$I_{fd}\geqslant I_{c} \tag{2-95}$$

2)电动机保护用断路器的选择

作为电动机保护用的断路器可分为两类，即一类是仅作保护而不进行不频繁操作；另一类是既作保护又可不频繁操作。用于电动机保护的断路器有 DZ5、DZ15、DZ47、DZ10、DZ20、DW15 和 ME 等系列。其选用原则如下：

(1)过电流脱扣器长延时整定电流：

作为电动机保护用的断路器，其过电流脱扣器长延时整定电流可按下式确定：

$$I_{gzd}=(1\sim1.1)I_{N} \tag{2-96}$$

式中 I_{gzd}——断路器过流脱扣器长延时整定电流，A；

I_{N}——电动机额定电流，A。

在安装调试中，当试验电流达到 $6I_{gzd}$ 时，断路器的可返回时间应大于电动机起动时间，以躲过电动机起动电流的影响。

(2)瞬时整定电流

过电流脱扣器的瞬时整定电流可按下式计算：

$$I_{sd}\geqslant(1.7\sim2)k_{st}I_{N} \tag{2-97}$$

式中 I_{sd}——电动机保护用断路器的瞬时动作整定电流，A；

k_{st}——电动机起动电流倍数，取 $k_{st}=4\sim7$；

I_N——电动机额定电流，A：

1.7～2——可靠系数，即考虑电动机起动电流中非周期分量及断路器动作电流误差而引入的系数。

当保护装置采用高返回系数的过流继电器，且动作时间 $>0.02s$ ，即能躲过起动电流非周期分量的衰减时间时，上式中可靠系数宜取 $1.35\sim1.4$。

一般地来说，鼠笼式电动机瞬时整定电流取 $(8\sim15)I_N$；绕线式电动机瞬时整定电流取 $(3\sim6)I_N$，即可靠系数的选用应考虑被保护电动机的型号、容量及起动条件等因素。电动机保护用断路器的灵敏度及分断能力的校验方法与配电线路基本相同。

3) 导线保护用断路器的选择

宾馆饭店和民用建筑等动力照明系统中，导线保护用断路器的选用应考虑以下几点：

(1) 过电流脱扣器长延时整定电流的确定：

$$I_{gzd}\leqslant I_{js} \tag{2-98}$$

(2) 瞬时整定电流的确定：

$$I_{sd}=(6\sim20)I_{js} \tag{2-99}$$

(3) 灵敏度及分断能力校验：

导线保护用断路器的灵敏度可按下式校验：

$$I_{dmin}^{(1)}/I_{sd}\geqslant k_m \tag{2-100}$$

式中 $I_{dmin}^{(1)}$——照明线路末端单相短路电流最小值，A；

k_m——断路器灵敏度，单相短路时取 $1.5\sim2$，两相短路时取 2；

I_{sd}——瞬时整定电流，A。

导线保护用断路器的分断能力校验方法与配电线路相同。目前，宾馆饭店、办公大楼、学校和住宅楼等动力照明系统中，导线保护用断路器多采用体积小、操作安全的塑壳式断路器，常用 DZ5、DZ10、DZ12、DZ15、DZ47、C45（或 C45N）、S60（或 SO60）等系列断路器，具有分断能力强，短路保护和过载保护等优良性能，因而获得了广泛应用。

例题 2-7 设配电系统如图 2-63 所示，设备参数在图上标出，试选用各级断路器。

解： 在选用各级断路器之前先计算各级短路点的短路电流，其结果在表 2-24 中列出。

表 2-24 线路各短路点短路电流

系 统 数 据	热电站 6.3kV 母线出线处，在 100MVA、6.3kV 基准条件下，最大、最小运行方式下的标幺阻抗值分别为 0.0828,0.6	
短 路 点	最大运行方式下三相短路电流(A)	最小运行方式下单相短路电流(A)
d—1	23773	9893
d—2	21216	8092
d—3	9821	2763
d—4	9596	2740
d—5	5142	1689
d—6	20334	7750
d—7	18836	7105
d—8	14811	4420

1. 断路器 3QF 的选择

由于属于电动机负载,故应选用电动机保护用断路器。已知电动机额定电流 $I_N = 84A$,d-4 点三相短路电流最大值 9596A,根据断路器选择基本条件式(2-86),查有关产品样本或手册,选用 DW15-200 型低压断路器。其额定电流 $I_{dN} = 200A$,短路电流分断能力 $I_{df} = 20kA$,能可靠分断 d-4 点短路电流。

1)过电流脱扣器长延时动作电流整定,按式(2-96)得:

$$I_{gzd} = 1.1I_N = 1.1 \times 84 = 92.4A$$

取 $I_{gzd} = 90A$,断路器热过电流脱扣器额定电流为 100A,按 $6I_{gzd}$,断路器的返回时间取 5s。

2)过电流脱扣器瞬时动作电流整定,按式(2-97),且取 $k = 7$ 得:

$$I_{sd} = 1.7k_{st}I_N = 1.7 \times 7 \times 84 = 999.6A$$

取 $I_{sd} = 1000A$。

3)灵敏度校验,可按式(2-100)进行计算校验,由表 2-24 查得该线路末端 d-5 点,单相短路电流最小值为 1689A,故有 $I_{d-5min}^{(1)}/I_{sd} = 1689/1000 = 1.69 > 1.5$,则该断路器动作灵敏度符合要求。

2. 断路器 2QF 的选择

由于是配电支路,故应选用选择型配电用断路器。已知配电支路计算负荷电流 $I_{js2} = 256A$,由表 2-24 查得 d-2 点三相短路电流最大值 21216A,根据式(2-86),可选用 DW15-400 型断路器,其额定电流 $I_{dN} = 400A$,短路电流分断能力 $I_{df} = 25kA$,能满正常运行和可靠分断 d-2 点的短路电流。

1)过电流脱扣器长延时动作电流值整定,由式(2-88)得:

$$I_{gzd} = 1.1I_{js2} = 1.1 \times 256 = 281.6A$$

DW15-400 型断路器的半导体式过电流脱扣器额定电流为 400A,故取 $I_{gzd} = 300A$,且用 $3I_{gzd}$ 时的可返回时间取 8s。

2)过电流脱扣器短延时动作电流值整定,由式(2-89)得:

$$I_{std} = 1.1(I_{js} + 1.35k_{st}I_{Nm}) = 1.1 \times (256 + 1.35 \times 7 \times 84) = 1154.8A$$

再按上下级短延时动作电流配合要求,由式(2-90)计算得:

$$I_{std1} = 1.2I_{sd2} = 1.2 \times 1000 = 1200A$$

则综合以上计算,选取 $I_{std} = 1200A$,其动作时间取 0.2s。

3)过电流脱扣器瞬时动作电流值整定,按式(2-91)得:

$$I_{sd} = 1.1(I_{js} + k_1k_{st}I_{Nm}) = 1.1 \times (256 + 1.8 \times 7 \times 84) = 1445.8A$$

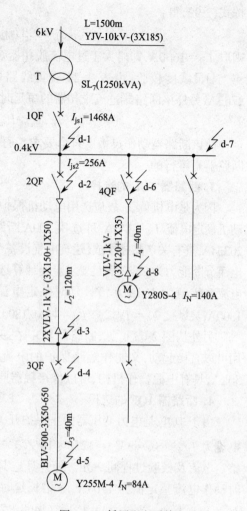

图 2-63 低压配电系统

按式(2-92)得：

$$I_{sd1} = 1.2 I_{sd2} = 1.2 \times 1000 = 1200A$$

则取 $I_{sd} = 1600A$，即略大于过电流脱扣器短延时动作电流整定值。

4)灵敏度校验：由表 2-24 查得线路中 d-3 点处在最小运行方式下，单相短路电流为 2763A，另外该断路器过流脱扣器的短延时动作整定电流为 1200A，则根据式(2-93)有：

$$k_m = I_{d-3min}/I_{std} = 2763/1200 = 2.3 > 1.5$$

故该断路器动作灵敏度符合要求。通过上述计算及校验，选用配电用 DW15-400 型低压断路器是可行的。

3.断路器 4QF 的选择

因为是电机负载，故应选用电动机保护用断路器，其 4ZK 的选择过程基本同 3QF。已知电动机额定电流 $I_N = 140A$，可选用 200A 断路器，由表 2-24 查得 d-6 点三相短路电流最大值为 20334A，查有关产品样本或《建筑电气设备手册》，应增大一级选用 DW15-400 型断路器，其短路电流分断能力为 25kA 满足要求。经计算选热式过电流脱扣器其额定电流为 200A，长延时动作电流整定值为 160A，6 倍长延时整定电流($6I_{gzd}$)可返回时间取 5s，瞬时动作电流整定值为 1800A；灵敏度 $k_m = I_{d-8min}^{(1)}/I_{sd} = 4420/1800 = 2.46 > 1.5$，故可满足断路器选择原则的要求。

另外从图 2-63 可见，断路器 4QF 在变压器近旁，其短路点的短路电流也较大，因此若选用可以直接起动，又能作短路保护的限流式断路器 DWX15-200 型更佳，其短路分断能力为 50kA，具有电磁操作机构，可以像接触器同样的方式工作。

4.断路器 1QF 的选择

由于 1QF 是电力变压器的主保护开关，其计算负荷电流 $I_{js1} = 1468A$；另外变压器的额定电流为 $I_{BN} = S_N/\sqrt{3} V_N = 1250 \times 10^3/\sqrt{3} \times 380 = 1900A$，故选用 DW15-2500 型低压断路器，其整定电流及校验过程同 2QF。经计算选其半导体式过电流脱扣器，额定电流为 2000A；长延时动作电流整定值 1700A，3 倍长延时整定电流($3I_{gzd}$)可返回时间取 15s；瞬时整定电流 $I_{sd} = 1.1(I_{js} + k_1 k_{st} I_{Nm}) = 1.1 \times (1468 + 2 \times 7 \times 140) = 3770.8A$。对于变压器的主保护开关，其瞬时整定电流可适当提高，取 $I_{sd} = 4500A$；短延时整定电流 $I_{std} = 1.1(I_{js} + 1.35 k_{st} I_{Nm})$ = $1.1 \times (1468 + 1.35 \times 7 \times 140) = 3070.1A$，取 $I_{std} = 3500A$，短延时时间为 0.4s；灵敏度校验 $k_m = I_{d-7min}^{(1)}/I_{sd} = 7105/4500 = 1.58 > 1.5$，满足要求。若灵敏度达不到要求，可在低压侧中线上装设专用零序保护装置。

DW15-2500 型低压断路器短路电流分断能力为 60kA，远大于 d-1 点三相短路电流最大值 23773A。另外其短延时为 0.4s，分断能力为 40kA，故此主保护开关能可靠地分断 d-1 点的短路电流。

除此之外，在设计或安装断路器时还应注意接线方向。例如，通过查阅有关产品样本或手册可知，DW15-2500 型万能式断路器可上、下进线，而 DW15-200、400 型万能式断路器只能上进线。

四、低压断路器的安装试调

低压断路器是一种结构较复杂的保护电器，除了正确选用之外，还应通过正确的安装调试才能保证断路完成所具备的各项保护功能。

1. 低压断路器的安装

1)低压断路器的安装位置应按产品说明书规定,考虑灭弧罩上方或相邻电器导电部分的安全飞弧距离,同时安装前校核断路器的接线方向,以便于母线的配制或引接(尤其是大容量的断路器,其配制母线截面较大,应满足其工艺上所要求的尺寸,并保证有足够的相间、对地距离。即在安装低压断路器和配装支持绝缘子时,应考虑硬母线的最小允许弯曲半径和最小电气安全净距,参见表 2-25 和表 2-26)。

表 2-25　硬母线最小弯曲半径

母线种类	弯曲方式	母线截面寸(mm)	最小弯曲半径 (mm)			备 注
			铜	铝	钢	
矩形母线	立　弯	50×5 及以下 125×10 及以下	1b 1.5b	1.5b 2b	0.5b b	a-厚度 b-宽度
	平　弯	50×5 及以下 125×10 及以下	2a 2a	2a 2.5a	2a 2a	
棒形母线		φ16 及以下 φ30 及以下	50 100	70 150	50 150	

表 2-26　配电装置最小电气安全净距值表(mm)

场所　　额定电压 (kV)　适用范围	最小安全净距								
	室　　内						室　　　外		
	0.4	1~3	6	10	15	20	0.4	1~10	15~20
带电部分至接地部分之间 不同相带电部分之间	20	75	100	125	150	180	75	200	300
带电部分至栅状遮栏之间	800	825	850	875	900	930	825	950	1050
带电部分至网状遮栏之间	100	175	200	225	250	280	175	300	400
无遮栏裸导体至地(楼)面之间	2300	2375	2400	2425	2450	2480	2500	2700	2800
不同时停电检修的无遮栏的 平行裸导体之间	1875	1875	1900	1925	1950	1980	2000	2200	2300
通向室外的出线套管至室外通道路面之间	3650	4000	4000	4000	4000	4000			

2)断路器应垂直安装,倾斜度不得超过 5°。所装设断路器的支架应有足够的机械强度。为了减缓分合闸时的振动,可在断路器与支架间加装 5~8mm 的胶皮垫。

3)断路器在支架上固装好后,就可取下灭弧罩安装母线,母线不应使断路器接线端受到任何机械应力的作用。母线支点与断路器之间的距离,不应小于 1000mm。在安装灭弧罩时,应将其摆正,以不影响触头的动作。

4)先进行手动操作断路器,检查各部分机械动作是否协调灵活、无卡阻现象,脱扣器脱扣后重复锁挂是否良好;对于用电动机传动的,还须调整其终端限位开关,使制动器动作及时、可靠。

同时,还应检查辅助触头、主触头的分合情况。三相主触头接触的不同期性不应大于 0.5mm,否则应调整相应的螺丝。

5)断路器在通电之前,对于不投入使用的脱扣器应将其拆下,以防误动作;并将触头接触面、各铁芯工作面的灰尘及防锈油擦净,将各机械传动销轴等部位注以润滑油。

6)对于容量较大的低压断路器,应检测触头接头接触压力、接触电阻和触头分断间隙,大容量 DW 型断路器触头压力和分断间隙参考值参见表 2-27。如前所述,容量较大的断路器一一般设有弧触头、副触头和主触头，其分合次序先后不同，其调整方法为：先在分断位置时调整弧触头下面的垫片，使其触头间隙在 55～60mm 范围；然后推动操作手柄，使弧触头刚闭合时副触头的间隙大于 5mm（如间隙过小，将会在副触头上产生较大电弧）；再推动操作手柄，使副触头刚闭合时主触头的间隙大于 2mm（可用塞尺检查）。

表 2-27　大容量 DW 型断路器的触头接触压力及分断间隙

名称 额定电压 类别	触头初压力（N）		触头终压力（N）		触头分断间隙（mm）
	1000,1500 2500	4000	1000,1500 2500	4000	1000,1500 2500,4000
弧触头	78～98	44～54	132～162	88～108	55～60
副触头	44～54	44～54	78～98	69～88	>5（在弧触头刚闭合时）
主触头	162～196	137～172	245～294	196～245	>2（在副触头刚闭合时）

2. 低压断路器试调

在低压断路器安装检查合格的基础上，方可进行通电检查试验。主要包括欠压脱扣器的合闸、分闸电压测定试验，过电流脱扣器的长延时、短延时和瞬时动作电流的整定试验，以确保断路器所具有的各项保护功能有效地发挥作用。

1）欠压脱扣器试验

欠压脱扣器试验可采用图 2-60 所示试验线路，先打开控制开关 SA 和 SA3，将欠压脱扣器 QY 的电磁线圈单独接入 X1、X2 端，再将双投开关 SA2 投向 X1、X2，闭合 SA1。这时即可调节 TC1 升压，使 QY 的衔铁 10 吸合，再扳动断路器的操作手柄，合闸后继续升压，直到衔铁 10 吸牢时为止，此时的电压值即为合闸电压。一般合闸电压为 75% V_N，在额定电压的 75～105% 时，脱扣器能保证可靠吸合。然后，再调节 TC1 逐渐降低电压，当衔铁 10 被释放使开关分闸时的电压，即为分闸电压，一般分闸电压≤40% V_N

2）过电流脱扣器试验

其目的是检测校核过电流脱扣器的瞬时动作电流、长延时动作电流和短延时动作电流的整定值，以及整定校验延时时间。

过流脱扣器瞬时动作电流整定试验也可采用图 2-60 所示试验线路。试验时应先使欠压脱扣器电磁线圈通电吸合；再扳动断路器操作手柄合闸，将脱扣器的整定电流指示器指针调节到预整定电流值；然后合上控制开关 SA3，将双投开关 SA2 投向变流变压器 TC2，再合上试验电源刀闸开关 SA1，用较快速度调节自耦变压器 TC1 升压。当脱扣器动作并使断路器分断时，电流表所指示的电流值应等于预整定瞬时动作电流。否则应重新调节整定电流指示器的指针，直至满足要求为止。

过电流脱扣器的瞬时动作电流整定值有一定的调节范围，可参考表 2-22 和表 2-23。在试验时要求：当通以 90% 瞬时整定电流时，脱扣器不应动作，当通以 110% 瞬时整定电流时，脱扣器必须瞬时动作。

对于过电流脱扣器长延时动作电流的整定试验，其试验方法与过电流脱扣器瞬时动作电流的整定试验基本相同。一般采用热脱扣器作为过载保护的延时脱扣元件，其整定电流也有一定调节范围，参见表 2-28。以表中无温度补偿式热脱扣器为例，当其长延时整定电流值 I_{gzd} >63A，且从冷态开始通以 1.05I_{gzd} 时，脱扣器应在 2h 内不动作；而从热态开始通以 1.3I_{gzd}

时,则脱扣器延时时间应大于是 20min 动作。

表 2-28　在室温 20℃ 和各支路负荷电流相同时热脱扣器动作电流与延时时间

热 脱 扣 器	整定电流 I_{gzd} (A)	整定电流的倍数		延时时间(h)	环境温度(参考值)
		B_1	B_2		
无温度补偿式	≤63	1.05	1.35	1	如厂家无说明,即为 + 20℃ 或 40℃
	>63	1.05	1.25	2	
温度补偿式	≤63	1.05	1.30	1	+ 20℃
		1.05	1.40		− 5℃
		1.00	1.30		+ 40℃
	>63	1.05	1.25	2	+ 20℃
		1.05	1.35		− 5℃
		1.00	1.25		+ 40℃

注:1. 如果三极脱扣器只用其中两极,B_2 栏动作电流可增加 10% ;只用其中一极,则可增加 20%。
　　2. 通入 B_1 栏规定电流时,脱扣器从冷态开始在规定延时时间内不应脱扣,接着将电流增至 B_2 栏规定电流,则脱扣器在规定延时时间内动作。

在调试时,应选用精度较高的标准电流表对过电流脱扣器的分刻度值逐一校验,合格后再按设计给定的整定电流值进行整定,即将脱扣器的整定电流指示器指针调整到预整定电流的刻度线上。

在配电系统中,一般要求各级间的断路器应具有选择性,因此应按设计给定的整定电流倍数和延时时间进行逐级校验,使之符合设计要求。

第五节　继电保护装置的安装与调试

变配电系统中的各种电气设备,由于其绝缘老化、机械损坏或由于误操作、雷电等原因,会发生各种故障和不正常运行情况。常见故障有三相短路、两相短路、两相接地短路、中性点直接接地系统中的一相对地短路、电气设备的绕组匝间短路等。短路会产生大于额定电流几倍到几十倍的短路电流,电力系统的电压也会随之降低,如不采取有效措施,将会使线路设备损坏,甚至会引发火灾,给国民经济带来重大损失。

继电保护装置是由各种类型的继电器组成的,能自动、迅速和有选择地反应电气设备的故障或工作不正常的状态,并使断路器分闸或发出各种相应信号,以预防故障和缩小故障范围,最大限度保证系统安全可靠的供电。

一、对继电保护装置的基本要求

1. 选择性:当变配电系统发生故障时,继电保护装置应能有选择地切除故障设备或线路,以保证不发生故障的设备或线路继续运行。

在单端供配电系统中,可通过选取不同延时或不同动作电流的办法来实现继电保护装置的选择性。如图 2-64 所示,当 d₁ 点短路时,短路电流将流经 QF-41、QF-31、QF-21、QF-11 等断路器,此时 QF-41 断路器应分闸,而不影响系统其余部分的正常运行。如果 QF-41 断路器由于某种原因拒动,则应由上一级保护装置使断路器 QF-31 分闸。这样,虽然也切除了部分非故障线路,但也限制了故障的更进一步扩大,缩小了停电范围。由此可见,继电保护装置应具有选择性要求。

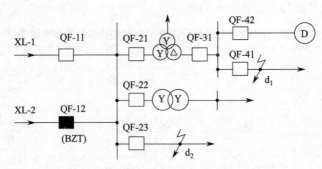

图 2-64　对故障切除具有选择性的配电系统图

另外当 d_2 点短路时,如果由于某种原因断路器 QF-23 拒动,继路器 QF-11 应及时分闸。这时工作电源被断开后,通过"备用电源自动投入装置"(BZT)可迅速动作接通备用电源。

继电保护装置的选择性是通过上下级断路器间的动作时限和灵敏性相互配合来实现的,即由故障点至电源方向逐渐降低继电保护装置的灵敏度和提高时限级差。一般要求时限级差 $\Delta t \geqslant 0.5\mathrm{s}$,上一级继电保护装置整定值应比串联的下一级继电保护装置整定值大 $1.1 \sim 1.15$ 倍以上。

2. 速动性:为了限制由于短路而产生的破坏作用,使供电系统尽快恢复正常供电,继电保护装置应具有速动性,以切除供电系统中的故障部分。一般少油高压断路器的分断时间为 $0.15 \sim 0.1\mathrm{s}$,真空断路器和空气断路器的分断时间为 $0.05 \sim 0.06\mathrm{s}$,继电保护装置的最小动作时间为 $0.02 \sim 0.03\mathrm{s}$,所以,故障的最小切除时间为 $0.07 \sim 0.09\mathrm{s}$。由此可见,要实现速动性要求,应选用分断时间短的断路器和动作时间最小的继电保护装置。但这应在保证选择性的前提下,尽可能提高保护装置的速动性。

3. 灵敏性:是指在保护范围内发生故障或工作状态不正常时,保护装置所能敏感反应和正确动作的能力,一般用灵敏系数来衡量。

如果保护装置用以反应故障时的参数量增加情况时,例如过电流保护装置,其灵敏系数为:

$$k_{\mathrm{Lmi}} = I_{\mathrm{dmin}}/I_{\mathrm{dZ}} \tag{2-101}$$

式中　k_{Lmi}——过电流保护装置灵敏系数;

　　I_{dmin}——保护区内末端发生金属性短路时的最小短路电流(电流互感器二次电流值),A;

　　I_{dZ}——保护装置的二次动作电流,A。

当保护装置为两相以上短路保护时,取其两相短路电流最小值 $I_{\mathrm{dmin}}^{(2)}$;$6 \sim 10\mathrm{kV}$ 中性点不接地系统的单相短路保护,取其单相接地电容电流最小值 $I_{\mathrm{dcmin}}^{(1)}$;$380/220\mathrm{V}$ 中性点接地系统的单相短路保护,则取其单相接地电流最小差值 $I_{\mathrm{dmin}}^{(1)}$。

如果保护装置为反应故障时参数量的降低情况时,例如欠电压(或失压)保护装置,其灵敏系数为:

$$K_{\mathrm{Lmv}} = V_{\mathrm{dz}}/V_{\mathrm{d}} \tag{2-102}$$

式中　k_{Lmv}——欠电压(或失压)保护装置灵敏系数;

　　V_{d}——保护区内末端发生金属性短路时,连接该保护装置母线上的最大残存电压(电压互感器二次电压值),V;

　　V_{dz}——保护装置的二次动作电压,V。

对于不同作用的保护装置和被保护设备所要求的灵敏系数,在表 2-29 中列出。

表 2-29　保护装置的最低灵敏系数 k_{Lm}

类　别	保　护　类　型	元 件 名 称	k_{Lm}	备　　　注
主保护	电流速断保护	电流元件	2.0	按保护安装处短路计算
	过电流保护	电流元件	1.5	个别情况下可选 1.25
		零序元件	2.0	
	线路、电动机的纵联差动保护	电流差动元件	2.0	
	中性点不接地系统中的单相接地保护	电流元件	1.5	架空线路
			1.25	电缆线路
后备保护	远后备保护	电流元件	1.2	按相邻保护区末端短路计算

4. 可靠性:在正常运行中的继电保护装置应始终处于良好的警戒状态,当其保护范围内发生故障或工作状态不正常时,应能可靠动作,否则应能可靠拒动,即不产生误动作。

以上对继电保护装置的四条要求是十分重要的,在考虑保护方案时应根据实际情况,在统筹兼顾的原则下有所侧重,以使继电保护方案在技术上安全可靠。

二、一般常用继电器及其调试

在继电保护装置中,大量采用的是电磁型和感应型继电器。继电器种类繁多,例如有 DL-10 型、DL-20 型和 DL-30 型电流继电器;DJ-100 型、DY-20 型和 DY-30 型电压继电器;DS-110 型、DS-20 型和 DS-30 型时间继电器;DZ-10 型、DZ-30 型和 DZ-70 型中间继电器;DX-11 型、DX-30 型和 DX-41 型信号继电器等等。本节将重点介绍它们的基本结构,工作原理及其调试方法。

1. 电磁式电流继电器

1) 电磁型电流继电器的结构和工作原理

以 DL-10 型电流继电器为例,其结构如图 2-65 所示,主要由电磁铁 1、线圈 2、Z 型舌片 3、反作用弹簧 4 和动、静触点 5 和 6 等部件构成。

$$M_j \geqslant M_T + M_m \qquad (2-103)$$

使继电器动作的最小电流称为动作电流 I_{dz},因电磁力矩 M_j 与线圈中流过的电流平方成正比,故要继电器返回,必须降低线圈中的电流。使继电器返回到原始位置的最大电流值称为继电器的返回电流 I_f,继电器返回

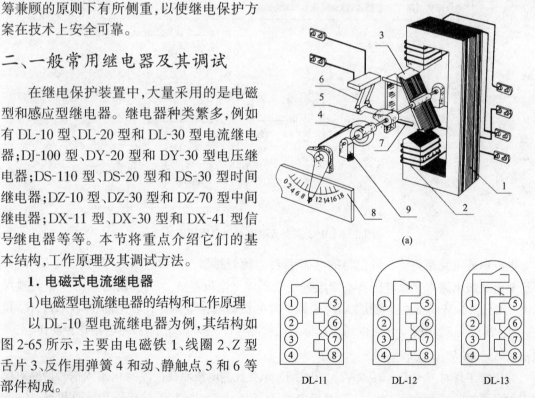

图 2-65　DL-10 系列电流继电器结构及接线图
(a)结构图　(b)内部接线图
1—电磁铁;2—线圈;3—Z 型舌片;4—弹簧;5—动接点;
6—静接点;7—调整杠杆;8—标度盘;9—轴承座;

电流与动作电流之比,称为返回系数 k_f,即:

$$k_f = I_f/I_{dz} \tag{2-104}$$

对于反应电流增量的继电器来说,$I_{dz} > I_f$,所以 $k_f < 1$,一般取 $k_f = 0.85 \sim 0.9$。

以上所介绍的电磁型电流继电器,当其线圈电流达到一定数值时才动作,故称为过电流继电器,其动作时间为 $0.02 \sim 0.04$s,因此也称为瞬动过电流继电器。

图 2-65 所示继电器有两个电磁线圈,匝数均为 W,这样可以通过调整刻度盘的位置和利用电磁线圈的串、并联来整定电流。如果两个线圈串联,并通入电流 I_j,则继电器总磁势为 $I_jW \times 2 = 2WI_j$;如果两个线圈并联,通入电流仍为 I_j,则继电器总磁势为 $2 \times WI_j/2 = WI_j$。可见,在继电器通入相同电流的情况下,线圈串联时的总磁势是线圈并联时的两倍。因为继电器动作所需磁势是一定的,故线圈并联时的动作电流是串联时动作电流的两倍。

随着电子技术的发展,生产出了体积小、重量轻、工作可靠和寿命长的电子式电流继电器,其特性与电磁式电流继电器相似,其线路原理如图 2-66 所示,主要由电压形成电路、整流滤波电路、比较电路和单稳态触发电路等组成。

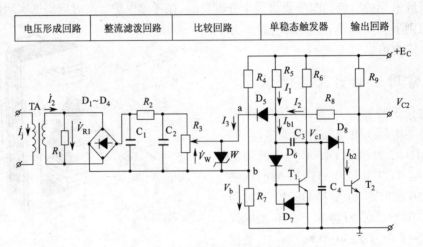

图 2-66　电子式电流继电器线路原理图

电压形成电路是将流入继电器的电流 I_j 经电流互感器 TA 和电阻 R_1 转换成电压 V_{R1},再经整流滤波电路将交流电压 V_{R1} 变成直流电压加于电位器 R_3 上,其输出电压 V_W 与输入电流 I_j 成正比,从而可通过电位器 R_3 来调节继电器的动作电流。比较电路由 W、R_3、R_4 和 R_7 等组成。经 R_4 和 R_7 分压得到 V_b,称为比较电压(一般为 $2 \sim 4$V),继电器是否动作,主要取决于 V_W 和 V_b 的比较结果。

在正常工作时,$I_j < I_{dz}$,$V_W < V_b$,二级管 D_5 承受反向电压而截止,$I_3 = 0$,输入信号回路对单稳态触发器的工作无影响。此时,T_1 基极电流 $I_{b1} = I_1 + I_2$,并使 T_1 处于饱和导通状态,$V_{C1} \approx 0.3$V,此电压不足以使 T_2 导通而处于截止状态,$V_{C2} \approx E_C$,对应于继电器为不动作状态。

当 $I_j \geqslant I_{dz}$ 时,$V_W > V_b$,使 a 点电位变负,D_5 承受正向电压而导通。由于输入回路的分流作用而使 I_b 减小,单稳态触发电路将发生如下翻转过程:

$$V_a = -V_W + V_b < 0 \rightarrow I_3 \uparrow \rightarrow I_{b1} \downarrow \rightarrow V_{c1} \uparrow \rightarrow I_{b2} \uparrow \rightarrow V_{c2} \downarrow \rightarrow I_2 \downarrow$$

即 T_1 由饱和导通转入截止，T_2 则由截止转入饱和导通状态。对应于继电器为动作状态，相应的电流值 I_j 为动作电流 I_{dz}。而当 $I_j < I_{dz}$，且减小到低于 I_{dz} 某一值时，T_2 则由饱和导通状态转入截止状态，显然返回系数 $k_f < 1$。

2)电流继电器试调

(1)电流继电器动作电流和返回电流的试验

试验电路如图 2-67 所示，由自耦变压器 TM、变流器 TC 和电流表等试验设备组成。合上开关 SA，均匀调节自耦变压器 TM，使其输出电压升高，当继电器动作指示灯 HL 点亮时。从电流表上读取电流值即为动作电流。然后再调节自耦变压器 TM，使其输出电压降低，当继电器返回至初始位置，即指示灯 HL 熄灭时，从电流表上读取电

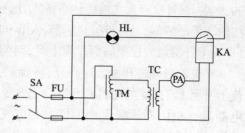

图 2-67　电流继电器动作电流
和返回电流校验电路图
TM—自耦变压器；TC—变流器；KA—电流继电器；
HL—指示灯；PA—电流表；SA—控制开关

流值为返回电流。如此反复试验三次，分别计算动作电流及返回电流的平均值，并以 $10I_{dz}$ 冲击 5 次，以检查继电器的触头是否有卡涩现象。一般校验 DL 系列电磁式电流继电器的返回系数应大于 0.7，如前所述，通常取返回系数 $k_f = 0.85 - 0.9$ 为宜。

(2)电流继电器动作时间校验

电流继电器动作时温校验试验线路如图 2-68 所示，主要由电流继电器 KA、自耦变压器 TM、电流表 PA、变流器 TC、电气秒表 Pt 和开关等组成。目前电气秒表种类繁多，以图 2-68 中所用电气秒表 QX-9709 为例，其外型如图 2-69 所示，是一种触点信号、脉冲信号、传感器信号测试的数码显示仪器，具有时基(小数位数及时间测量范围)选择，自动清零，手动清零和触发计时等功能。可用于继电器，开关触点动作转换时间，脉冲宽度

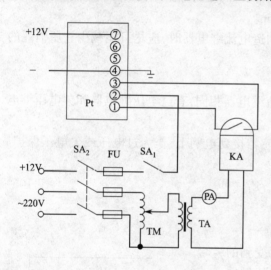

图 2-68　电流继电器动作时间校验线路图
SA1、SA2—控制开关；TM—自耦变压器；TC—变流器；
Pt—电气秒表；KA—电流继电器；PA—电流表

或两个脉冲之间的延迟时间以及物体运动速度等方面的测量。

按图 2-68 接线，其中接线柱①可输出 +6V 电压，为测量触点信号共用端或作为外接传感器工作电源；接线柱②为计时输入端；接线柱③为停止计时输入端；接线柱④为信号接地端(脉冲信号共用端)；而接线柱 ⑥、⑦ 则为工作电源输入端。然后即可设置合适的时基，例如选择开关 Ⅰ、Ⅱ 均拨下时，时基为0.1，最大计时 99999.9s；选择开关 Ⅰ 拨下，Ⅱ 拨上时，时基为 0.01，最大计时 9999.99s；选择开关 Ⅰ 拨上，Ⅱ 拨下时，时基为 0.001，最大计时 999.999s；选择开关 Ⅰ、Ⅱ 均拨上时，时基为 0.0001，最大计时

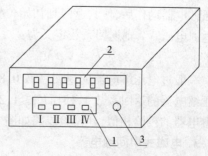

图 2-69　电气秒表 QX-9709 外型图
1—选择开关 Ⅰ～Ⅳ；2—数码显示器；3—清零按组

99.9999s。每次测量之前应注意清零,选择开关Ⅲ拨下时为自动清零,而拨上时则需通过清零按纽3手动清零。另外通过选择开关Ⅳ可设置计时方式,例如选择开关Ⅳ拨下时为触发方式(即为上升沿触发控制);而Ⅳ拨上时,则为电平方式(即为交流电平控制方式)。

在校验时先将开关 SA_1 打开,再合上开关 SA_2,调节自耦变压器 TM,使通过继电器的电流上升至 $1.2I_{dz}$。然后打开 SA_2 合上 SA_1,之后再合上 SA_2,这时电子秒表 Pt 开始计时。当继电器 KA 动作,即其常开触点闭合时,电气秒表 Pt 即刻停走,表上显示读数即为继电器 KA 的动作时间,如此反复试验三次,可得继电器动作时间分别为 t_{dz1}、t_{dz2}、t_{dz3},其平均值为电流继电器的动作时间,即

$$t_{dz} = (t_{dz1} + t_{dz2} + t_{dz3})/3 \qquad (2\text{-}105)$$

其动作时间应不大于 0.15s 为合格。

(3)电流继电器耐压试验

其目的是检查电流继电器的绝缘耐压能力,有无匝间短路等。即在线圈和金属壳体、铁芯之间施加交流电压 2000V、50Hz,持读时间为 1min。

此外,为了减少电流互感器的二次负荷,在制造电流继电器时,应尽可能减少它所消耗的功率,并满足正常运行时的热稳定要求。

2. 电磁式电压继电器

电压继电器的结构和工作原理与电磁式电流继电器相同,有过电压继电器和欠电压继电器两种。

电压继电器的线圈可以直接或经过电压互感器接到电网上,作为过电压或欠电压保护。电压继电器流过的电流 I_j 为:

$$I_j = V_j/Z_j \qquad (2\text{-}106)$$

式中 V_j——线圈的端电压,V;

Z_j——线圈阻抗,Ω。

电磁型电压继电器在磁路未饱和时,Z 型片受到的电磁力矩 M 与流过的电流 I_j 的平方成正比,电压继电器与电流继电器相似,电磁力矩 M_j 与其线圈的端电压 V_j 的平方成正比,即:

$$M_j = K'I_j^2 = K'(V_j/Z_j)^2 = KV_j^2 \qquad (2\text{-}107)$$

使电压继电器动作的最小电压称作动作电压 V_{dz};电压继电器动作后,使其返回到初始位置的最大电压称作返回电压 V_f,则返回系数定义为:

$$k_f = V_f/V_{dz} \qquad (2\text{-}108)$$

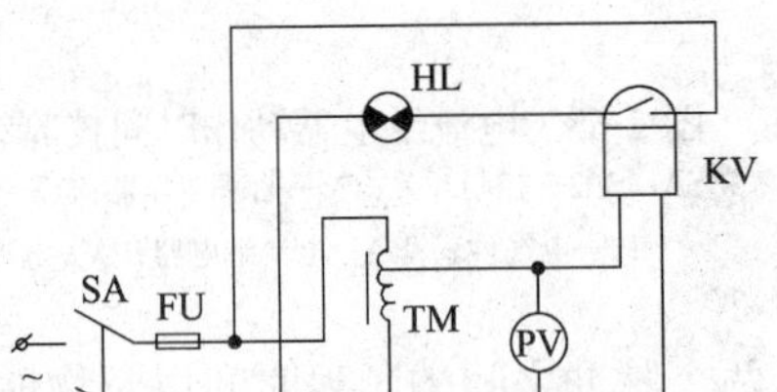

一般过电压继电器的返回系数 $0.85 \leqslant K_f \leqslant 0.9$;欠电压继电器的返回系数 $1.15 \leqslant K_f \leqslant 1.25$。电压继电器的动作电压和返回电压校验方法与电流继电器的校验相似,其校验线路如图 2-70 所示。

图 2-70   电压继电器的动作电压
和返回电压校验线路

TM—自耦变压器;KV—电压继电器;PV—电压表;
HL—指示灯;FU—熔断器;SA—控制开关

3. 电磁式中间继电器

中间继电器有交、直流两种类型,其线圈分为电压线圈和电流线圈。中间继电器是继电保护装置中不可缺少的辅助电器,其作用是提供数量足够的触点,以便同时控制多个线路;增加

触点容量,可接通或断开较大电流的回路;也可使触点在闭合或断开时有一定的延时,以满足保护及自动控制装置的要求。

1)电磁式中间继电器的结构及原理

其结构如图 2-71 所示,当在线圈 2 上施加工作电压后,电磁铁 1 产生电磁引力,将克服弹簧 6 的反作用力而使衔铁 3 吸合,并带动触头 5 使其常开触头闭合、常闭触头断开。当施加于线圈 2 上的电压消失后,在弹簧 6 的作用下,衔铁返回,带动触点 5 返回至初始位置。

瞬时动作的中间继电器,在额定电压下动作时间约为 0.05-0.06s,返回时间约为 0.01-0.02s。延时动作的中间继电器,其铁芯上套有若干片铜短路环,即相当于阻尼线圈。在接通或断开线圈的工作电压时,均在铜短路环中产生感应涡流,由电磁感应定律知道,由涡流产生的磁通将阻碍主磁通的增加或减少,从而使继电器动作或返回都带有一定的延时特性。如 DZS-100 型延时动作的中间继电器,具有不小于 0.06s 的动作时限和返回时限;DZS-145 型延时中间继电器,其返回时间不小于 0.4s。

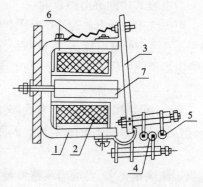

图 2-71　DZ-10 系列中间继电器结构图
1—电磁铁;2—线圈;3—衔铁;4—静触点;
5—动触点;6—反作用弹簧;7—铁芯

为了使断路器能可靠跳闸,或防止发生断路器跳跃现象,可选用具有保持线圈的中间继电器。其结构与一般的 DZ 型中间继电器相似,只是增加了保持线圈,如图 2-72 所示。图中动作线圈为电压线圈,而保持线圈为电流线圈。当继电器动作后,其常开触头闭合而接通保持线圈回路,这时如果切断动作线圈的电压回路,继电器仍能继续保持动作状态。

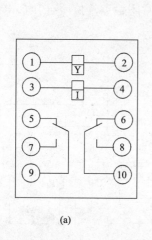

(a)

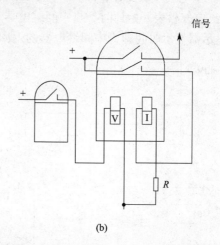

(b)

图 2-72　具有保持线圈的中间继电器
(a)继电器内部接线图　(b)继电器自保持接线方式

当然也可以由电流线圈作为动作线圈,而电压线圈作为保持线圈。用电流线圈作为保持线圈的继电器,一般规定保持电流应不大于额定电流的 80%;用电压线圈作为保持线圈的继电器,保持电压应不大于额定电压的 65%。

具有自保持线圈的中间继电器有多种,例如 DZB-100 系列的中间继电器主要包括 DZB-

115、DZB-127、DZB-138 型三种。这种继电器在接线之前应进行极性校验,找出动作线圈与保持线圈的同极性端,以确保中间继电器动作后能可靠地实现自保持。否则动作线圈与保持线圈的磁势将相互抵消,而不能自保持。

2)电磁式中间继电器校验

电磁式中间继电器的动作电压和返回电压校验与电压继电器的校验方法相同,参见图 2-70,如果是直流中间继电器,应将自耦变压器改用电位器即可。为了保证在工作电源电压降低时中间继电器仍能可靠动作,要求中间继电器的动作电压一般不应大于额定电压的 75%,即应满足;

$$V_{dz} \leqslant (60 \sim 75)\% V_N \tag{2-109}$$

由于中间继电器返回时,其线圈端电压一般已降至零,故这种继电器的返回系数约为 0.4 以下,但不会影响其工作的可靠性。返回系数 $k_f \geqslant 0.2$ 为合格,可按下式对中间继电器校验,即:

$$k_f = V_f / V_{dz} \geqslant 0.2 \tag{2-110}$$

如果不能满足要求,可适当调整弹簧 6 的拉力。

直流中间继电器动作时间和返回时间校验线路如图 2-73 所示。在校验动作时间时,可按图 2-73(a)接线,先将控制开关 SA_2 分断,再闭合开关 SA_1,调节电位器 R_P(对于交流中间继电器则应调节自耦变压器),使其输出电压达到中间继电器的额定电压值。然后将开关 SA_1 分断,使电气秒表 Pt 清零,先闭合开关 SA_2,再闭合 SA_1,此时电气秒表计时。当中间继电器动作时,电气秒表停走,数码显示器显示的时间即为中间继电器的动作时间。按同样方法,再分别取中间继电器额定电压的 70%、80%、90%测量动作时间,各次测得的动作时间应接近相同。

返回时间校验线路如图 2-73(b)所示,先将控制开关 SA_2 分断,闭合 SA_1,调节电位器 R_P(对于交流中间继电器应调节自耦变压器),使其输出电压达到中间继电器的额定电压值,然后将 QX-9709 型电气秒表清零,并闭合开关 SA_2,按下按钮 SB_2,继电器 K_2 动作,切断中间继电器 K_1 电源,电气秒表开始计时。当中间继电器返回(即其常闭触点复位闭合)时,电气秒表停走,数码显示器显示时间即为中间继电器的返回时间。

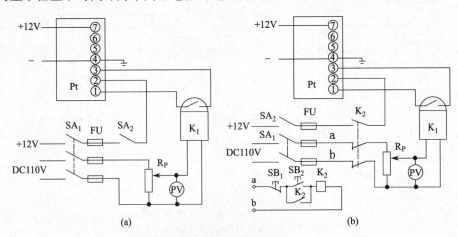

图 2-73 直流中间继电器动作时间和返回时间校验线路

(a)动作时间校验 (b)返回时间校验

如果所测试继电器的动作时间和返回时间不符合规定要求时,可适当调整弹簧 6 的松紧度和触头的间隙。

4. 时间继电器

时间继电器是继电保护及自动控制装置中常用的时限元件,使被控元件的动作得到可调的延时,因此对时间继电器的动作时限准确度要求较高,有电磁式时间继电器和电子式时间继电器等两种。

1)电磁式时间继电器。

电磁式时间继电器的结构如图 2-74 所示,在直流回路中一般采用 DS-110 系列,在交流回路中则多采用 DS-120 系列时间继电器,其结构基本相同。

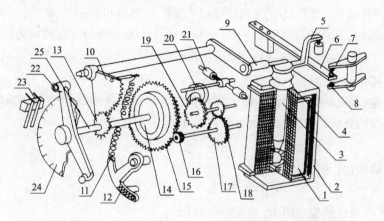

图 2-74　DS-110 系列时间继电器结构图

1—线圈;2—电磁铁;3—衔铁;4—返回弹簧;5—触点切换压头;6、7、8—瞬时动、静触点;9—曲柄;10—扇形齿轮;
11、主弹簧;12、主弹簧拉力调节器;13、16、18—传动齿轮;14—滚珠式摩擦离合器;15、17—主传动齿轮、
19—摆齿轮;20—摆卡;21—摆垂;22、23—延时动、静触点;24—延时标度盘;25—动触点轴;

当继电器的工作线圈 1 加上动作电压后,衔铁 3 被吸下,曲柄 9 失去支撑,在主弹簧 11 的作用下,扇形齿轮 10 转动,并带动齿轮 13 经滚珠式摩擦离合器 14 使同轴的主传动齿轮 15 转动;从而带动钟表机构传动齿轮 16,经中间主传动齿轮 17,传动齿轮 18 使摆卡 20 卡住摆齿轮 19 的一个齿,使之停转。但由于主弹簧 11 的作用,压迫摆卡偏转而离开摆齿轮,摆齿轮便转过一个齿。随后摆卡又重新卡住摆齿轮的另一相邻齿,使之再次停转,如此往复使摆齿轮断续转动,故延时动触点 22 经一定延时后才与静触点 23 接触,达到了延时的目的。

延时动、静触点闭合时间 t_j 由动触点轴所转动的行程角 α 和转动角速度 ω 决定。当 ω 为常数时,则有 $t_j = \alpha / \omega$。由此可见,在进行时间继电器的动作时限 t_j 整定时,可通过改变延时动、静触点闭合时间的行程角 α 来实现。

在工作线圈 1 断电后,衔铁 3 靠返回弹簧 4 复位,并将主簧 11 位伸储存弹力能,以备下次动作。在继电器复位过程中,由于离合器 14 的作用,钟表机构不工作,所以可瞬时完成复位。

2)电子式时间继电器

电子式时间继电器制作工艺简单、成本低,而且工作可靠、寿命长、安装调试简便,因此在继电保护、自动控制装置中广泛采用,常用的放电式延时电路如图 2-75 所示。

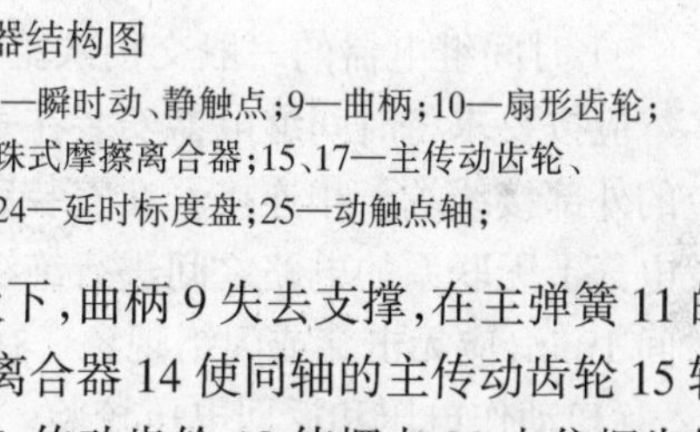

在正常情况下,其前级触发器(图中未绘出)无动作

图 2-75　电子式时间继电器的延时电路图

信号输出,故 T_1 截止,同时放电式延时电路中的 T_2、T_3 饱和导通,输出为低电平,$V_{c3} \approx 0.3V$。当保护动作时,前级触发器翻转,其输出信号使 T_1 饱和导通,$V_{c1} \approx 0.3V$。这时,a 点电位从 $+V_{cc}$ 下降到约为 1V,b 点电位跃变约为 $-V_{cc}$,所以 D_2 和 T_2 均截止。由于 R_6、D_4 支路可为 T_3 继续提供基极电流,故 T_3 仍处于饱和导通状态,使输出维持低电平。此时电容 C 和 D_1、T_1、电源 $+V_{cc}$ 和 R_4、R_5 所组成的回路放电,并反向充电。根据克希荷夫回路电压定律得微分方程为:

$$(R_4 + R_5)C\frac{dv_c}{dt} + v_c = V_{cc} - (V_{D1} + V_{ces1})$$

式中　V_{D1}、V_{ces1}——分别为二级管 D_1 的正向压降和三级管 T_1 的饱和管压降,即 $V_{D1} + V_{ces1} \approx 1V$。

在电容 C 放电瞬时,其端电压 $V_C(O+) = -V_{cc} + 1.4V$,则得微分方程通解为:

$$v_c = (V_{cc} - 1) - (2V_{cc} + 2.4)e^{-t/(R_4 + R_5)C} \tag{2-110}$$

显然 b 点电位按指数规律升高,当升高到约 1.4V 时,即 $v_c = 0.4V$ 时,D_2 和 T_2 将恢复导通。当 T_1 与 T_2 饱和导通时,T_3 截止,输出高电平 $V_{c3} \approx V_{cc}$,送出动作信号。通过上述对电容充放电过渡过程的分析,为简化计算,可将式(2-110)近似写成:

$$v_c = V_{cc} - 2V_{cc}e^{t_{dz}/(R_4 + R_5)C} = 0$$

则电子型时间继电器的动作时间 t_{dz} 为:

$$t_{dz} \approx 0.7(R_4 + R_5)C \tag{2-111}$$

由此可见,在调试中可通过调整电阻 R_4 整定动作时限。

3) 时间继电器的一般交接试验

应按要求将时间继电器安装在垂直的屏板上,并按二次接线原理图进行盘内配线,再与相应的外部接线端子相连接。在安装后,还应对继电器的内部线路(即工作线圈、触点等)与外壳及电气上无联系的电路之间进行绝缘电阻测量和耐压试验。工频交流试验电压为 2kV,持续时间 1min,应无击穿或闪络现象。在此基础上进行以下试验:

(1)动作电压和返回电压校验

对于交流时间继电器动作电压和返回电压校验线路与电压继电器的校验方法相同,见图 2-70。先将开关 SA 闭合,均匀调节自耦变压器 TM(对于直流时间继电器,应将自耦变压器改用电位器 R_P),使工作线圈 1 的端电压升高,当衔铁 3 被吸入,其瞬动常开触点闭合,指示灯 HL 点亮,此时电压表 PV 的数值称为动作电压。然后缓慢降低工作线圈 1 的端电压,当衔铁 3 和延时机构在返回弹簧 4 的作用下返回复位(即瞬动常开触点又断开),指示灯 HL 熄灭时,电压表 PV 上的数值称为返回电压。有关试验规程规定,时间继电器的动作电压应满足条件:

$$\left.\begin{array}{l}\text{直流时间继电器,} V_{dz} \leqslant 70\% V_N \\ \text{交流时间继电器,} V_{dz} \leqslant 85\% V_N\end{array}\right\} \tag{2-112}$$

返回电压应满足条件:

$$V_f \geqslant 5\% V_N \tag{2-113}$$

上式中　V_{dz}——时间继电器动作电压,V;

V_f——时间继电器返回电压,V;

V_N——时间继电器的额定工作电压,V。

如果不符合规定要求,可适当调整返回弹簧 4 的松紧程度及衔铁在移动中是否有卡涩现象。校验调整符合规定要求后,再以动作电压值作两次冲击合闸试验,以进一步检查继电器是否动作可靠,触点有无抖动和接触不良等。

(2)时间继电器的动作时限整定:

在按设计要求进行时间继电器的动作时限整定之前,应先对标度盘上的所有标度值(即动作时限)进行校验。所谓动作时限,就是从额定电压加到工作线圈1的瞬时起,到延时动合触点22、23闭合时止的这段时间,称为时间继电器的动作时限,并由指针在标度盘上指明。直流时间继电器的校验线路如图2-76所示,校验交流时间继电器时,只需将图中电位器 R_P 更换为自耦变压器 TM 即可。

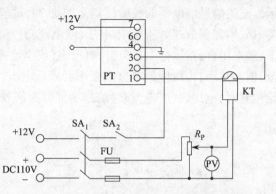

图2-76 直流时间继电器动作时限校验线路

在校验时间继电器的动作时限时,应先将继电器的动作时限指针对准标度盘上的某一待测刻度值,然后将控制开关 SA_2 断开, SA_1 闭合,调节滑线变阻器 R_P,使施加于时间继电器线圈上的电压达到额定电压值。再将开关 SA_1 断开,并使电气秒表 Pt 清零后闭合开关 SA_2,再闭合 SA_1,这时电气秒表开始计时。经过一定的延时时间,其延时动合触头 22、23 闭合,并将电气秒表的①端输出的 +6V 电源接入至其停止计时端③,从而使电气秒表停走,则电气秒表记录的数值即为时间继电器的延时时间。按同样方法,分别取时间继电器额定电压的 90%、80%、70% 等各进行一次试验,取其四次试验数据的平均值,作为时间继电器的延时时限,并将实际测量值与标度盘上的刻度值相比较。如果二者存在误差,应适当调整延时静触点 23 的位置,以改变延时动、静触点之间的行程角 α。另外,也可以适当调整标度盘的位置,例如,当测量值比标度盘上的指示时限值大时,可将标度盘延顺时针方向转动适当角度,以使标度盘上的指示值与实测值相同。

经上述校验调整符合要求后,再将标度盘上的动作时限指针调整到设计整定的时限值,并按同样方法再校验三次,以使时间继电器的整定时限值与设计整定时限值相符,准确无误。

5.信号继电器

在继电保护装置和自动控制系统中,信号继电器被用来作为整套继电保护装置或保护装置中的某一回路的信号指示。根据信号继电器所发出的信号,使值班人员能随时掌握整个系统的运行情况,分析继电保护装置的动作是属于什么性质,以便及时加以处理。常用的电磁式信号继电器有 DX-11、DX-30 型等,其结构如图2-77所示。

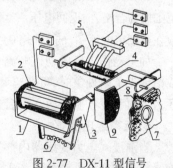

图2-77 DX-11 型信号
继电器结构图

1—电磁铁;2—线圈;3—衔铁;4—动触点;
5—静触点;6—弹簧;7—信号牌观察孔;
8—手动复位旋钮;9—信号牌

在正常情况下,信号继电器线圈 2 中无电流流过,衔铁 3 被弹簧 6 拉住,且信号牌 9 被衔铁边缘托持在较高位置。一旦线圈中流过电流而吸动衔铁时,信号牌将失去支撑而落下。这时在继电器外面观察孔 7 处可以看见信号牌。当信号牌落下时,使转轴转动 90°,使固定在转轴上的动触点 4 与静触点 5 接触,将信号回路接通,发出声、光报警信号。继电器动作后,它的两对常开触点和信号牌均不能自动复位,从而实现对线路或用电设备故障的记忆功能,也便于值班人员及时了解故障的性质,判断出导致少油断路器跳闸的原因,对线路或用电设备故障及时进行处理。当事故处理完毕,需要解除信号时,则利用装在外壳上的手动复位旋钮 8 拨回信号牌,并断开信号电路。

信号继电器通常可以分为电流型信号继电器和电压型信号继电器,其接线如图 2-78 所示。交流信号继电器的校验线路见图 2-79,试验时先将自耦变压器 TM 调至零位,合上刀开关 SA,均匀调节 TM,使输出电压(或电流)升高。当继电器的衔铁 3 刚好被吸动、信号牌 9 落下、触点闭合,指示灯 HL 亮时,电压表(或电流表)的指示值即为信号继电器的动作电压(或电流)值。然后,再缓慢调节自耦变压器降低电压(或电流),在弹簧 6 的作用下衔铁开始返回原始位置时,电压表(或电流表)的指示值即为信号继电器的返回电压(或电流)值。

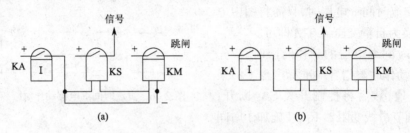

图 2-78　信号继电器的接线方式
(a)电压型信号继电器　(b)电流型信号继电器

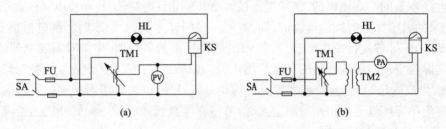

图 2-79　交流信号继电器校验线路
(a)电压型信号继电器　(b)电流型信号继电器

工程交接试验规定:电压型信号继电器的动作电压 V_{dz} 一般在其额定电压 V_N 的(50~65)%范围内为合格,而返回电压 V_f 不得小于其额定电压的 5%;电流型信号继电器的动作电流 I_{dz} 一般在其额定电流 I_N 的(70~90)%范围内为合格,而返回电流 I_f 不小于其额定电流的 5%。

如果动作电压或动作电流、返回电压或返回电流不符合上述要求时,经检查线圈如无短路或衔铁无卡阻现象时,可适当调节弹簧 6 的拉力,或调节衔铁与铁芯之间的间隙。调整好后,还需要再重复校验一次。最后盖好胶木盖,并试验一次,以检查信号牌是否能按要求下落。

6. 瓦斯继电器

当油浸式电力变压器内部发生故障时,由于短路电流及其产生的短路点电弧的作用,将使绝缘材料和变压器油分解产生大量的瓦斯气体。因气体比变压器油的比重小,因而会上升到变压器的最高部位油枕内。反应故障时的气体变化而组成的变压器保护称为瓦斯保护,而且是作为变压器本体的主保护。

瓦斯继电器就是用来检测变压器故障性质和严重程度的,当故障情况较轻时,轻瓦斯保护动作,发出轻瓦斯报警信号;当故障情况较严重时,则重瓦斯保护动作,发出重瓦斯报警信号,并使高压断路器跳闸。瓦斯继电器装设在变压器油箱与油枕之间的连通管上,为了使油箱内的气体都能顺利进入瓦斯继电器,如前所述,在安装变压器时,变压器顶盖平面沿油枕方向应有(1~1.5)%的坡度,安装瓦斯继电器的连通管应有(2~4)%的升高坡度。

瓦斯继电器又称作气体式继电器,按结构分有浮筒式、挡板式和开口杯与挡板复合式等三种。浮筒式瓦斯继电器有 GR-3 型、FJ-22 型等,由于浮筒式瓦斯继电器的浮筒渗油和水银接点防震性能差而导致误动作,所以这种继电器已较少采用。挡板式和开口杯与挡板复合式等瓦斯继电器工作可靠,具有良好的抗震性能,目前这两种瓦斯继电器得到了广泛采用。

FJ$_3$-80 型挡板式瓦斯继电器(见图 2-4)的顶盖上设有 4 个接线端子,分别为轻瓦斯接线端子和重瓦斯接线端子。另外,顶盖上还设有排气阀和探针 8,用以排除继电器内部的残留气体和复位之用。继电器内部的上、下开口杯 1、2 分别与平衡锤 5、6 固定在同一轴杆的两端。在变压器正常工作时,由于变压器油对开口杯的浮力作用,开口杯侧的力矩小于平衡锤侧力矩,所以开口杯均处于向上倾斜的位置。这时,固定在上、下开口杯上的永久磁铁 12、13 分别位于干簧管(即磁力触点)3、4 的上方,其触点均不动作。

当变压器内部发生轻微故障(如局部少量匝间短路等)时,产生的瓦斯气体聚集到继电器顶部而迫使其油面下降,上开口杯 1 随之下降,固定在开口杯上的永久磁铁 12 将靠近干簧管磁力触点 3,在磁力作用下使其触点闭合,接通轻瓦斯信号回路,发出轻瓦斯声光报警信号。当变压器内部发生较严重故障(如相间短路,单相短路接地等)时,将产生较强烈的瓦斯气体而形成油流直接冲击挡板 11,使下开口杯 2 发生偏转下降,固定在开口杯上的永久磁铁 13 将靠近干簧管 4,使其触点闭合而接通重瓦斯信号回路,发出重瓦斯声光报警信号,同时使断路器跳闸,迅速切断电源。变压器瓦斯保护接线原理图如图 2-80 所示。

根据有关规程规定,室内 400kVA 及以上、室外 800kVA 及以上油浸式电力变压器均须装设瓦斯继电保护装置。以 FJ$_3$-80 型瓦斯继电器为例,其安装调整方法如下:

在安装瓦斯继电器之前,应先选用 2kV 兆欧表测量瓦斯继电器及其所在二次回路的绝缘电阻,绝缘电阻应大于 1 MΩ。然后再进行工频交流耐压试验,试验电压为 1kV,持续时间 1min 以上,如未发生异常现象为合格。并通过螺杆调节支架 9,以使永久磁铁 12、13 与磁力触点 3、4(即干簧管)之间的距离符合工程要求。支架 9 经过调节固定后就不得再随意改动。在安装瓦斯继电器时,应先关闭位于油枕和瓦斯继电器之间的截油阀,拆下临时短节管,再将瓦斯继电器的外标箭头指向油枕一侧,垫好耐油胶垫,按正确方位安装就位,将螺丝拧紧,以确保不漏油。安装完毕后再打开截油阀和排气阀 7,排除瓦斯电器中的残留空气,以免残留气体使瓦斯继电器误动作,所以直到有油溢出时再将排气阀关闭,最后检查瓦斯继电器动作的可靠性。轻瓦斯保护接点动作时的气体容积可在 250~300cm³ 范围内调节,可通过适当改变平衡锤 5 的位置来实现。轻瓦斯保护的检查可用打气筒从排气阀 7 处打进空气,如果轻瓦斯保护接点闭合,通过电源使信号灯点亮;重瓦期保护的检查可拆下瓦斯继电器罩,按动探针 8 来做模拟试验。

瓦斯继电器的灵敏度较高,误动作机率较大,甚至变压器有轻微放电现象时,也会使瓦斯继电器动作。所以为了防止或减少误动作,应缓慢给变压器注油,以防止有空气气泡积存在变压器油内。即新装变压器投入运行时和变压器注油后,应将重瓦斯继电器保护暂时退出工作,如图 2-80 所示,即将切换片 6 切换到 5 位置,经 48~72h 后,直至无散发气体时为止。同时为了保证瓦斯继电器正确动作和灵敏度的要求,对于重瓦斯保护,一般要求变压器的瓦斯继电器油速整定为 0.6~1m/s;对于强迫油循环的变压器,瓦斯继电器的油速整定为 1.1~1.4m/s,

可采用专用油速试验装置来整定瓦斯继电器的动作油速。此外,在切换片 6 切换到 5 位置时,还需运行 2~3 天,以使油中的空气受热上升逸出后,再通过切换片 6 使重瓦斯保护投入工作。

除此以外还应注意,在户外油浸式电力变压器上装设瓦斯继电器时,应在其端盖和电缆引线端子箱上采取防水防潮措施,以免雨水侵入瓦斯继电器而造成保护装置误动作。同时,在将切换片 6 切换到 5 点时,电阻 R_5 的数值确定还应注意满足信号继电器 3 的灵敏度,使之在 1.4 以上。

例题 2-8 电力变压器瓦斯保护接线原理图如图 2-80 所示,如电流型信号继电器 3 选用 DX-11/0.05 型,试确定 R_5 的数值。

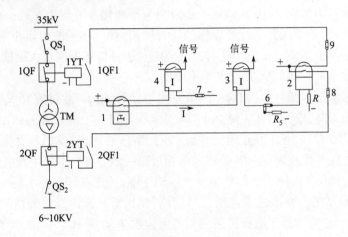

图 2-80　变压器瓦斯保护原理接线图

1—瓦斯继电器;2—出口中间继电器 DZB-130/110 型;串联电阻 20W、1kΩ;3—电流信号继电器 DX-11/0.05 型;
4—电压信号继电器 DX-11/220 型;R_5—电阻、2.5 kΩ、20W; 6—切换片;7、8、9—连接片

解: 查电流信号继电器产品样本可知 DX-11/0.05 型的额定电流 $I_N = 0.05A$,长期允许通过电流 0.15A,动作电流 $I_{dz} \leqslant 95\% I_N$,线圈电阻 70Ω。由信号继电器的灵敏度要求,其回路电流 I 应满足:

$$I \geqslant 1.4 I_{dz} = 1.4 \times 95\% \times 0.05 = 0.067A$$

设直流电源电压为 220V,则电阻 R_5 为:

$$R_5 \geqslant \frac{220}{0.067} - 70 = 3213\Omega$$

如取电阻 $R_5 = 2500\Omega$,经校验 $I = \frac{220}{2500 + 70} = 0.086A$,即大于 $1.4 I_{dz}$,且小于继电器长期允许通过电流 0.15A,故符合要求。

三、继电保护的动作电流(电压)计算

继电保护有变压器的继电保护、电动机的继电保护、同步发电机的继电保护、电网的接地继电保护、电网的相间短路继电保护、电网的距离继电保护和差动继电保护等多种,下面着重介绍电网相间短路时的继电保护动作电流的整定计算。

1. 定时限过电流保护

如图 2-81 所示为电流互感器 TA_U、TA_W 两相不完全星形接线的过电流保护原理图。当线路发生相间短路时,继电器 1KA 或 2KA 动作,其触点闭合,使时间继电器 KT 经整定动作

时限后触点闭合,信号继电器 KS 动作,指示牌落下,并接通信号回路,同时出口中间继电器 KM 动作,其接点接通分闸脱扣线圈 YT 而使断路器跳闸。断路器分闸后,其辅助接点 QF1 随之断开跳闸的控制回路,从而实现了电网相间短路时的继电器定时限过电流保护。

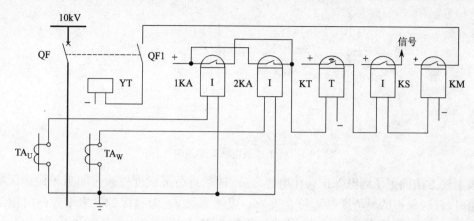

图 2-81　两相不完全星形接线的定时限过电流保护原理图

1)过电流保护的动作电流计算

过电流保护动作电流计算首先应具有可靠性,即只有电网发生路故障时,才允许保护装置动作,其次是相邻两级线路保护的灵敏度应互相配合,以使上一级保护范围不致超过下一级的保护范围,即保证具有良好的选择性。

由于电流继电器的返回电流总是小于动作电流(即 $k_f<1$),所以根据可靠性的要求,过电流保护的动作电流必须满足:在被保护线路正常运行时通过最大负荷电流 I_{Hmax} 的情况下,保护装置应不动作,即 $I_{dz1}>I_{Hmax}$(I_{dz1} 为保护装置动作时所对应的电流互感器一次电流值)。据此推得电流继电器的动作电流为:

$$I_{dz}=\frac{k_K k_{jx}}{k_f k_i}I_{Hmax} \tag{2-114}$$

式中　k_K——可靠系数,取 $k_K=1.15\sim1.25$;

　　　k_{jx}——接线系数($k_{jx}=I_j/I_2$);

　　　k_f——返回系数,一般取 0.85 左右;

　　　k_i——电流互感器的变流比。

此外,在确定最大负荷电流时,还应考虑电网运行可能出现的各种严重情况。如装于双电源供电回路上的过电流保护装置,当其中一个回路发生故障时,全部负荷电流可能全部集中于另一个供电回路,此时负荷电流可达正常值的两倍,但是要求过电流保护不应动作。还有电动机自起动带来的影响等,如图 2-82 所示。当 d_1 点短路使3QF跳闸后,在系统电压恢复的过程中,由于电动机自起动会造成线路 XL-1 的负荷电流大大增加,也要求过电流保护不应动作。为此引入自起动系数 k_{zg},则最大负荷电流 $I_{Hmax}'=k_{zg}I_{Hmax}$,k_{zg} 随负荷性质及电网情况而不同,一般取 $k_{zg}=1.5\sim3$。从而电流继电器动作电流修正为:

$$I_{dz}=\frac{k_K k_{jx}}{k_f k_i}I'_{Hmax} \tag{2-115}$$

2)过电流保护的灵敏度校验:

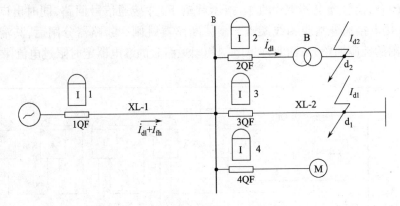

图 2-82　树干式供电系统的过电流保护

按上述方法确定了继电保护动作电流之后，还须进行灵敏度校验。即当被保护区域内发生短路时，校验保护的灵敏度是否符合要求。灵敏系数 k_{lm} 为被保护区末端短路时流入保护的最小短路电流(取最小运行方式下的两相短路电流)与保护的动作电流之比，即：

$$k_{lm} = I_{dlmin}/(I_{dz}k_i) \tag{2-116}$$

式中　I_{dlmin}——被保护区末端短路时，流过保护的最小短路电流(为电流互感器的一次值)，A。

所谓最小运行方式，是指系统中投入运行的电源容量最小，而系统的等值阻抗最大(如变压器或发电机投入运行的台数最少，且投入运行的负荷线路最少)，当发生故障时，短路电流最小的运行方式；最大运行方式，是指系统中投入运行的电源容量最大，而系统的等值阻抗最小，当发生故障时，短路电流最大的运行方式。

这样，在无限大容量的电力系统中发生三相短路时，其三相短路电流周期分量有效值 $I_{dl}^{(3)}$ 可按下式计算：

$$I_{dl}^{(3)} = V_{pj}/\sqrt{3}Z_{\Sigma} \approx V_{pj}/\sqrt{3}X_{\Sigma} \tag{2-117}$$

式中　V_{pj}——短路计算点的平均额定电压，取同级额定电压 V_N 的 105 %；

Z_{Σ}、X_{Σ}——分别为短路电路的每相总阻抗和总电抗，在高压电路，$Z_{\Sigma} \approx X_{\Sigma}$，$\Omega$。

当无限大容量的电力系统发生两相短路时，其两相短路电流周期分量有效值可按下式计算：

$$I_{dl}^{(2)} = V_{pj}/2Z_{\Sigma} \approx V_{pj}/2X_{\Sigma} \tag{2-118}$$

由式(2-117)和式(2-118)可知：

$$I_{dl}^{(2)} = 0.866 I_{dl}^{(3)} \tag{2-119}$$

这就是说，在同一点发生相间短路时，两相短路电流是三相短路电流的 0.866 倍。

另外，按继电保护的作用分为主保护和后备保护。主保护是本段线路区域内电气设备的主要保护，其保护一般不得超出所保护的区域范围。后备保护是在主保护或断路器拒绝动作时，起后备的保护作用。后备保护又分为分近后备保护和远后备保护。所谓近后备保护，是指在同一被保护线路中除了主保护之外，再装设一套保护作为主保护的后备保护。如图 2-83 所示，当 d 点发生故障而主保护拒动时，其近后备保护动作而使断路器 2QF 跳闸。但是当 2QF 拒动时，这种近后备保护将失去作用，为此需要装设专用的断路器拒动的保护装置。例如远后备保护就是在主保护或断路器拒动时,由靠近电源侧的相邻线路保护来实现的保护。当线路XL-2 中的 d 点发生短路时,其主保护 2 和断路器 2QF 均拒绝动作时,则由线路 XL-1 的主保护 1 动作并使断路器 1QF 跳闸,保护 1 就是线路 XL-2 的远后备保护。

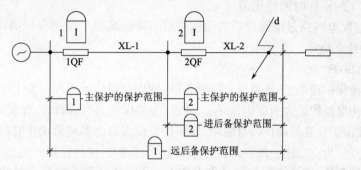

图 2-83　主保护和后备保护的保护范围示意图

根据规程要求,将过电流保护装置作用主保护或近后备保护时,其灵敏系数 $k_{lm} > 1.5$;用作远后备保护时,则取下一级线路末端作为灵敏度校验点,灵敏系数 $k_{lm} > 1.2$。

3)定时限过电流保护的动作时限

定时限过电流保护的动作时限,应根据选择性要求来确定,即各级定时限过电流保护装置的动作时限必须相互配合。如图 2-84 为单侧电源辐射式电网,设被保护线路 XL-1、XL-2、XL-3 的电源侧分别装设定时限过电流保护装置,其动作时限的整定应满足: $t_2 = t_3 + \Delta t$, $t_1 = t_2 + \Delta t$ 即:

$$t_n = t_{n+1} + \Delta t \tag{2-120}$$

式中　t_n——距电源侧较近一级保护的动作时限;

　　　Δt——时限级差,一般取 0.5s。

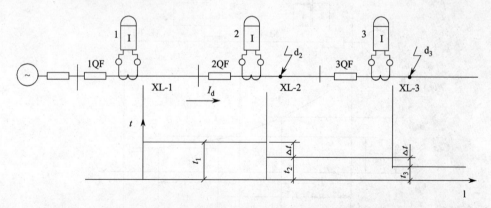

图 2-84　单侧电源辐射式电网定时限过电流保护时限特性

因此,辐射式电网定时限过电流保护的动作时限为阶梯型时限特性,即从负荷侧向电源侧逐级增加级差 Δt。这就是说,保护装设点离电源越近,动作时限越长。例如,当 XL-3 线路中 d_3 点短路时,虽然短路电流 I_d 也流经 XL-1、XL-2 线路,并且此短路电流大于保护 1、2、3 的动作电流,但由于保护 3 的动作时限 t_3 最小,所以保护 3 首先动作而将故障线路切除,使短路电流消失,故保护 1、2 将不动作,从而实现了选择性要求。

对于图 2-82 所示的树干式电网,其过电流保护动作时限的配合原则是:离电源侧较近的任一级保护的动作时限,应大于与其相邻的下一级保护动作时限为 Δt。如用 t_1、t_2、t_3、t_4 分别表示保护 1、2、3、4 的动作时限,则应满足:$t_{12} = t_2 + \Delta t$、$t_{13} = t_3 + \Delta t$、$t_{14} = t_4 + \Delta t$,取其中最大值作为保护 1 的动作时限整定值。

由此可见,输配电线路过电流保护的动作时限不能脱离整个电网保护的实际情况和时限配合要求而个别独立整定。

2. 电流速断保护

定时限过电流保护简单、工作可靠,在辐射式电网中获得广泛应用。如上所述,由于定时限过电流保护的动作电流按最大负荷电流 I_{Hmax} 计算,为了保证具有选择性,保护的动作时限须按阶梯原则整定,使保护装置的动作带有时限,即保护装设点离电源越近动作时限越长,这是过电流保护的一大缺点。为克服这一缺点,可采用电流速断保护。这种保护的选择性是靠增大动作电流的整定值来实现的,即本级保护的动作电流大于下一级线路首端短路时的最大短路电流。从而使电流保护的保护范围限制在被保护线路区域以内,对被保护线路区域以外发生故障不动作,故电流速断保护不用增加时限,各级也无须时限配合。其电流速断保护的动作电流为:

$$I_{sd} = \frac{k_K k_{jx}}{k_1} I_{dmax} \tag{2-121}$$

式中　k_K——可靠系数,对电磁型电流继电器可取 $k_K = 1.2 \sim 1.3$;

　　　　I_{dmax}——本线路末端最大运行方式时的三相短路电流,A。

由式 2-121 可见,电流速断保护动作电流大于本线路末端的最大短路电流,所以这种保护不能对整个线路起保护作用,见图 2-85,图中 I_{sd1}、I_{sd2} 分别为保护 1、2 的电速断保护动作电流。

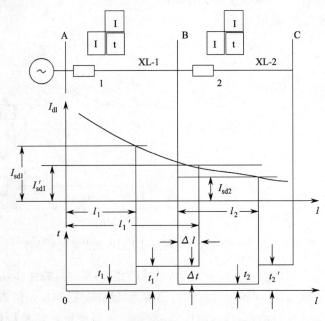

图 2-85　辐射式电网线路间时限电流速断
保护与电流速断保护的配合

3. 时限电流速断保护

要实现对线路全长进行保护的要求,就必须在满足选择性要求的前提条件下,并具有尽可能短的动作时限而增设时限电流速断保护环节。其保护范围不仅是本线路的全长,还可以延伸到下一级线路的一部分,通常要求保护范围延伸到下一级线路的部分不得超过该线路的电流速断保护范围。时限电流速断保护动作电流可按下式计算和整定:

$$I'_{sdl} = \frac{k_K k_{jx}}{k_i} I^*_{sd2} \tag{2-122}$$

式中 I'_{sdl}——本级线路的时限电流速断保护动作电流,A;

I^*_{sd2}——相邻下一级线路电流速断保护动作电流的一次值,A;

k_K——可靠系数,取 $k_K = 1.1 \sim 1.2$。

此外,本线路的时限电流速断保护动作时限 t_1' 与相邻的下一级线路的电流速断保护动作时限 t_2 的关系为:

$$t_1' = t_2 + \Delta t \tag{2-123}$$

相邻下一级线路的电流速断保护动作时限 $t_2 \approx 0$,故 $t_1' = \Delta t$。在调试整定动作时限时,一般取 $t_1' = 0.5s$,这样,当相邻的下级线路始端发生故障且断路器拒动时,该线路的电流速断保护装置动作,从而使保护有选择地将故障线路切除。

由图 2-85 线路短路的电流曲线 $i_{dl} = f(l)$ 及动作电流 I'_{sdl}、I_{sd2}、I_{sd3} 可分别求出线路 XL-1 的电流速断保护区 l_1、时限电流速断保护 l_1' 和线路 XL-2 的电流速断保护区 l_2,以及相应的动作时限 t_1、t_1'、t_2。可见 XL-1 线路的时限电流速断保护区延伸到相邻下一级 XL-2 线路中,延伸长度为 Δl,这就是所谓的三段式电流保护。三段式电流保护由瞬时电流速断、时限电流速断和定时限过电流保护构成的保护装置,如图 2-86 所示。其中第Ⅰ段和第Ⅱ段分别为瞬时电流速断和定时限过电流保护,共同构成本级线路故障时的主保护;第Ⅲ段为时限电流速断保护,可作为相邻下级线路断路器拒动时的远后备保护和本级线路主保护拒动时的近后备保护。所以,三段式电流保护装置具有作为主保护和远、近后备保护等全部功能,在实际中得到广泛应用。

为了使时限电流速断保护能够可靠地保护本级线路全长,应以本级线路末端作为灵敏度校验点,并以最小运行方式下的两相短路电流来校验保护的灵敏度。按规程规定,时限电流速断保护灵敏系数 $k_{lm}' \geqslant 1.25$ 为合格,其灵敏系数 k_{lm}' 可按下式计算:

$$k_{lm}' = I_{dlmin}/(I_{sd}' k_i) \tag{2-124}$$

式中 I_{dlmin}——线路末端短路时的最小短路电流,A;

I_{sd}'——本级线路时限速断保护动作电流,A;

k_i——电流互感器变流比。

例题 2-10   10kV 单侧电源辐射式电网如图 2-87 所示,已知线路 XL-1 最大正常工作电流为 110A,电流互感器的变流比为 300/5,在最大、最小运行方式下,d_1 点三相短路电流分别为 1310A 和 1100A,d_2 点三相短路电流分别为 520A 和 490A。若线路 XL-2 定时限过电流保护的动作时限整定为 2.5s,试确定在线路 XL-1 上装设三段式保护的动作电流和动作时限,并校验其灵敏度,选择主要继电器的型号。

解:设本电网为小接地电流系统,且相邻元件均为一条线路,所以本电网三段式保护均采用两相不完全星形接线方式。

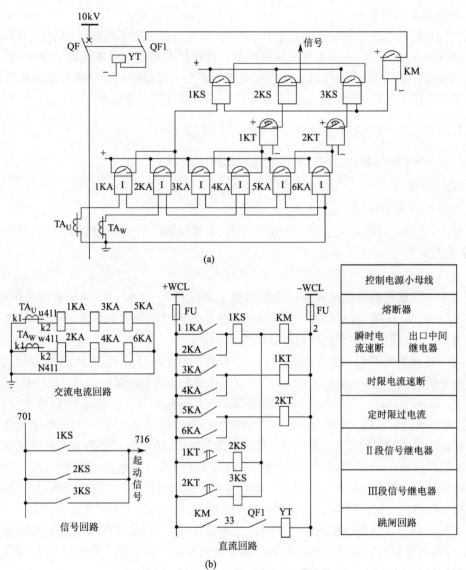

图 2-86　三段式电流保护原理图和展开图

(a)原理图　(b)展开图

1．瞬时电流速断保护

如图 2-87 所示,当线路 XL-1 末端 d_1 点短路时,流过保护的最大短路电流为 I_{dmax1} = 1310A,采用两相不完全星形接线时,接线系数 k_{jx} = 1,取可靠系数 k_K = 1.3,则由式(2-121)求得继电器的动作电流为:

$$I_{sdl} = \frac{k_K k_{jx}}{k_i} I_{dmax1} = \frac{1.3 \times 11 \times 1310}{300/5} = 28.4A$$

查继电器产品手册,选用 DL-11/50 型电流继电器,其动作电流整定范围为 12.5~50A,可满足要求。

2．时限电流速断保护

1)动作电流的整定计算

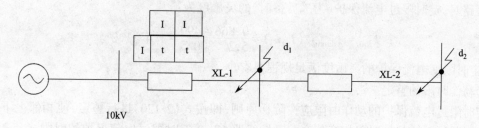

图 2-87　三段式电流保护线路

如前所述,本级线路时限速断动作电流 I'_{sd1} 应与相邻下一级线路瞬时电流速断的动作电流相配合。而线路 XL-2 的瞬时电流速断动作电流应按式(2-121)及该线路末端 d_2 点短路时的最大短路电流 $I_{\mathrm{dmax2}} = 520\mathrm{A}$ 计算,并折算到一次值 I^*_{sd2},即可近似按下式整定:

$$I^*_{\mathrm{sd2}} = k_{\mathrm{K}} I_{\mathrm{dmax2}} = 1.3 \times 520 = 676\mathrm{A}$$

则由式(2-122)计算线路 XL-1 时限电流速度保护的动作电流为:

$$I'_{\mathrm{sd1}} = \frac{k_{\mathrm{jx}} k_{\mathrm{K}}}{k_{\mathrm{i}}} I^*_{\mathrm{sd2}} = \frac{1 \times 1.1}{300/5} = 12.4\mathrm{A}$$

查继电器有关手册,选用 DL-11/20 型电流继电器,其动作电流的整定范围为 5~20A,可满足要求。

2)灵敏度校验

线路末端短路时的最小短路电流 I_{dlmin},可取线路末端 d_1 点在最小运行方式下的两相短路电流,由式(2-119)和式(2-124)求得时限电流速断保护灵敏系数 k_{lm}' 为:

$$k_{\mathrm{lm}}' = I_{\mathrm{d1min}}/(I_{\mathrm{sd1}}' k_{\mathrm{i}}) = 0.866 \times 1100/(12.4 \times 300/5) = 1.28 > 1.25$$

故满足规程规定的要求。

3)动作时限的整定

线路 XL-1 的时限电流速断保护的动作时限应与线路 XL-2 的瞬时电流速断保护动作时限相配合,即按式(2-123)整定。所以取 $t_1' = 0.5\mathrm{s}$,查继电器有关手册,选 DS-111 型时间继电器,其时限整定范围为 0.1~1.3s 可满足要求。

3.定时限过电流保护

(1)动作电流的整定计算

定时限过电流保护的动作电流按式(2-115)整定。取可靠系数 $k_{\mathrm{K}} = 1.2$,返回系数 $K_{\mathrm{f}} = 0.85$,自起到系数 $k_{\mathrm{zq}} = 2$,最大负荷电流 $I_{\mathrm{Hmax}} = 110\mathrm{A}$ 则:

$$I_{\mathrm{dz}} = \frac{k_{\mathrm{K}} k_{\mathrm{jx}} k_{\mathrm{zq}}}{k_{\mathrm{f}} k_{\mathrm{i}}} I_{\mathrm{Hmax}} = \frac{1.2 \times 1 \times 2}{0.85 \times 300/5} \times 110 = 5.2\mathrm{A}$$

查继电器有关手册,选 DL-11/10 型电流继电器,其动作电流整定范围为 2.5~10A。

2)灵敏度校验:

如前所述,定时限过电流保护在线路中作为近后备和远后备保护,故应分别在本级线路 XL-1 的末端 d_1 点和相邻下一级线路 XL-2 的末端 d_2 点短路时,在最小短路电流下校验其灵敏度。根椐式(2-116),d_1 点短路时,定时限过电流保护(为近后备时)的灵敏度为:

$$k_{\mathrm{lm1}} = I_{\mathrm{dlmin1}}/(I_{\mathrm{dz}} k_{\mathrm{i}}) = \frac{0.866 \times 1100}{5.2 \times 300/5} = 3.1 > 1.5$$

d_2 点短路时,定时限过电流保护(为远后备时)的灵敏度为:

$$k_{lm1} = I_{dlmin2}/(I_{dz}k_i) = \frac{0.866 \times 490}{5.2 \times 300/5} = 1.4 > 1.2$$

所以,定时限度电流保护的灵敏度满足规程要求。

3)动作时限的整定

定时限过电流保护的动作时限应按阶梯原则,即按式(2-120)进行整定,使相邻上下级线路的定时限过电流保护时限相互配合。已知线路 XL-2 定时限过电流保护的时限 $t_2 = 2.5$ s,则线路 XL-1 定时限过电流保护的动作时限为:

$$t_1 = t_2 + \Delta t = 2.5 + 0.5 = 3s$$

查继电器有关手册,可选择 DS-112 型时间继电器,其动作时限的整定范围为 0.25～3.5s。

四、继电保护的原理图、展开图和安装图

继电保护接线图是用来表示电器相互之间以及与其他二次回路元件之间电气连接的线路图,通常可分为电气原理图,展开图和安装图三种。

1. 原理图

如图 2-86(a)所示的三段式电流保护装置原理图,其各继电器及元件均以整体的图形加以表示,互相连接的交流回路、直流回路都综合画在一起。为了便于阅读和表明动作原理,还画出了一次回路的有关部分(如断路器 QF、脱扣器线圈 YT 及其辅助触点 QF_1 以及被保护的线路或设备等。)其优点是能直观清晰地表示它们之间的电气连接及其动作原理,便于阅读,整体概念较强,但是在应用上具有一定局限性。例如在线路较复杂时,就难以绘制原理图了,另外线路彼此交叉也给识图带来较大困难,使安装调试和检修维护工作十分不便。另外,从原理图中还会发现只画出各继电器元件间的连接情况,至于元件的内部接线,引出端子及回路的标号,以及直流电源的情况等,均未能表示出来。这样也给安装调试检修维护和分折其工作原理带来不便,因此,除原理图外,又产生了与之相对应的展开图和安装图。

2. 展开图

以电气原理图为基础,将继电器和元件用展开的形式来表示的接线图,称为展开图。如图 2-86(b)为三段式电流保护的展开图,其特点是分别绘制保护的交流电流回路(或交流电压回路)及直流回路,并且同一个继电器或元器件的不同部分(如线圈,触点等),可以分开画,即属于哪个回路就画到哪个回路之中。另外对于同一个继电器或元器件的线圈、触点等,都应标注相同的名称。在绘制或阅读展开图时,应遵守以下规则:

1)回路的排列次序,一般是先绘制或阅读交流电流回路及交流电压回路,后绘制或阅读直流回路;

2)每个回路内各行的排列顺序,对交流回路来说应按 U、V、W 相序排列,对直流回路则按其动作顺序由上而下依次排列;

3)每一行中各元件(线圈、触点等)的连接顺序,应按实际情况和接线方便来绘制;

4)控制回路应按要求标注数字标号,以方便查线、试调和维护。如表 2-30、表 2-31 分别列出发电,变电和输配电系统二次直流回路、交流回路的数字标号范围,以供绘制和调试二次回路时参考;

表 2-30　二次直流回路数字标号范围表

回路类别	保护回路	控制回路	励磁回路	信号及其它回路
标号范围	01～099	1～599	601～699	701～999

表 2-31　二次交流回路数字标号范围表

回路类别	控制、保护及信号回路	电流回路	电压回路
标号范围	1～399	400～599	600～799

5)在阅读展开图时,一般应按先交流回路、后直流回路,由上而下、从左至右的顺序识图。

为了方便识图,常在展开图的右侧加上简要的文字说明表,以说明各行回路或元器件的性质或作用,如"瞬时电流速断"、"出口中间继电器"、"跳闸回路"、"定时限过电流"、"时限电流速断"等。由此可见,将展开图应用于复杂的保护线路绘制,极大地方便了设计制图、识图、试调和检修等工作,所以在工程设计和安装施工中被广泛采用。

3. 安装图

如图 2-88 所示为三段式电流保护安装图,可作为安装、接线,并配合展开图进行整定试验的依据。其画法及编号原则如下:

1)盘上器件的绘制

我们知道,在配电盘的盘面前布置继电器及其他元件,在盘面后进行配线,并应使之整齐美观。为了安装和接线方便,安装图是按盘后视图绘制的,即与盘面正视图相比,各器件间左右的相邻位置、同一器件的左右接线端子位置相反,并且器件外形及其相对位置应相符。

每一器件的内部接线,如电流表、电压表等可不画出,而继电器、电度表等,由于内部接线较复杂,线圈、触点等所在的回路也不同,故应画出。所有元器件的引出接线端及其编号,均根椐实际情况按盘后视绘制。

2)器件的标号

在图 2-88 中,各器件的上方的园圈内均有标号,其内容主要包括:

(1)安装单位及器件排序编号:安装单位编号可用罗马数字Ⅰ、Ⅱ、Ⅲ等表示。由于同一个继电保护盘上,可能装有不属于同一个一次设备的保护装置,例如 1♯主变压器保护、2♯主变压器保护等等。为了避免混乱,所以将每一个一次设备所属的二次保护器件,均划作一个"安装单位",并加以编号。同一安装单位的继电器和元器件,在盘上可自上而下排列在一个区域内。每个安装单位内的继电器、元器件等,可按从左到右、自上而下的顺序,用阿拉伯数字 1、2、3 等加以编号,称为器件(或设备)排序编号。这样可将器件排序与安装单位写在一起。如 I_1、I_2 …… ,并标注在园圈内横线的上方。

(2)器件的文字符号:在园圈内横线下方应标注器件的文字符号,以电流继电器的标注 $\dfrac{I_3}{1KA}$ 为例,即表示展开图中的电流继电器 1KA 属于"安装单位 Ⅰ"中的第 3 个器件。

(3)端子排及编号

盘上器件与盘外设备的连接,必须经过接线端子。可将多个接线端子组装成端子排,每个"安装单位"都有单独的端子排。在端子排上标有安装单位编号及名称,端子排内各端子则自上而下按顺序用阿拉伯数字加以编号。端子排一般布置在盘面后边的两侧。

在安装图中,端子排靠近盘内器件的一测,要标明与各个端子相连接的盘内器件的标号及端子号。例如,图2-88中1♯端子靠近盘内器件的一侧标有ⅠKA-2,即表示该端子应与盘内

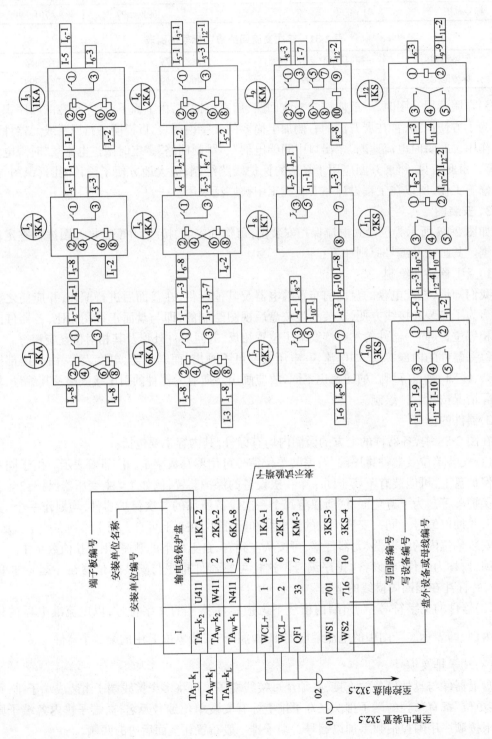

图 2-88 供配电系统三段式电流保护装置安装图

1KA 继电器的 2♯端子相连接。而在安装图中的端子排另一侧,则需标明与端子相连的盘外设备的标号,以及连接导线的回路标号。例如,1♯端子的另一侧标有 TA$_U$-k1 及 U411,即表示该端子与盘外设备 U 相中的电流互感器二次侧的 k1 端子相连,连接导线的回路标号 U411。在标注时应注意与展开图相对应。

4)盘内器件之间连接的表示法

对于盘内器件之间的电气连接线,在安装图中不需画出连接导线,只需采用在器件端子的一侧标注该端子的连接导线标号。端子标注采用"相对编号法",即当甲、乙两端子用导线相连接时,在甲端子上标注乙端子的编号,而在乙端子上标注甲端子的编号,故称为"相对编号法"。例如在图 2-88 中,$\frac{I_2}{3KA}$ 的 8♯端子与 $\frac{I_1}{5KA}$ 的 2♯端子相连接,则在 3KA 的 8♯端子旁标注 I$_1$-2,而在 5KA 的 2♯端子旁标注 I$_2$-8,从而为安装接线和检修调试工作提供了便利。

五、盘柜安装及试运行验收

盘柜是指高压开关柜和低压配电屏(盘),其安装主要包括开箱检查、盘柜安装、接线、母线连接,开关及结构调整等。如高压开关柜是由少油高压断路器(或高压真空断路器、六氟化硫断路器)、隔离开关、电流互感器、电压互感器、熔断器、母线以及各种检测仪表,保护装置和信号装置等组成的设备,主要用于高压电能分配,控制和保护电力变压器配电线路等,有时也用作高压电动机的控制保护。高压开关柜分为固定式 GG-1A 型、XGN□-10 型、HXGN□-10 型和手车式 GFC-1C 型、KYN1-10 型等两大类,其中以 KYN1-10 型高压开关柜为例,其外型结构如图 2-89 所示,其型号含义如下:

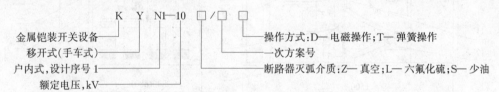

1.基础型钢安装

高压开关柜或低压配屏的安装基础均须采用型钢并可靠接地。基础型钢常采用[8~10♯槽钢或 L50×50×5 角钢。基础型钢的安装是高压开关柜或低压配电屏安装的基础工程,基础型钢可于浇注混凝土地坪时直接埋设,也可先在土建施工时埋设预埋件(如钢板、角钢或螺栓等),再将基础型钢按要求安装在预留位置上。目前,为了保证开关柜、配电屏(盘)的安装质量,多采用后一种安装方法,即在埋设预埋件时,预留出基础型钢的安装位置,待安装盘柜时再安装基础型钢。其安装方法步骤如下:

1)先将基础型钢(槽钢或角钢)调直并除锈,按设计尺寸下料。

2)将基础型钢安放在预留位置上,并用垫铁调整垫平。可采用水平尺或水平仪调整型钢的水平度,其水平误差每米不超过 1mm,全长不超过 5 mm。并使盘柜前后,左右两条基础型钢相互平行,柜后的基础型钢应比柜前低 1~2 mm,这样将对盘柜安装调整和达到整体美观的要求具有一定好处。基础型钢安装后,其顶部应高出抹平地面 5~10mm。

3)将基础型钢调整毕后,用电焊机将基础型钢与预埋件焊接牢固,以免在土建施工二次做面层时碰动型钢而使之移位。配合土建施工用细砂浆把型钢与基础地面之间的缝隙填充并捣实。

4)基础型钢应与接地干线焊接,其焊点不得少于 2 处。基础型钢露出地面的部分应涂刷防腐漆。

2.盘柜稳装

1)盘柜安装位置应符合规定要求,如高压开关柜距墙一般为 1m 左右,但不小于 0.8m。单列布置时操作通道宽度为 2m,双列布置时操作通道宽度为 2.5m。低压配电屏距墙不小于0.8m,为了便于检查巡视,一般要求低压配电屏距墙为 1m。单列布置时操作通道宽度为1.8m,双列布置时操作通道宽度为 2.5m。高压开关柜、低压配电屏如果靠墙安装,距墙也不得小于 25mm。对高压开关柜安装位置要求如图 2-90 所示。

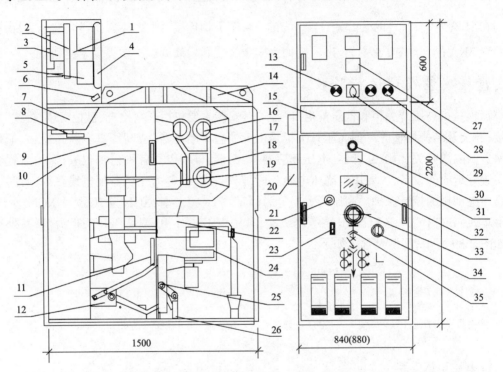

图 2-89 KYN1-10 型户内式高压开关柜结构图

1—仪表继电器室;2—内门;3—电度表;4—继电器安装板;5—继电器;6—端子排;7—二次端子室;
8—二次触头及防护机构;9—手车室;10—断路器手车;11—金属活门;12—提门机构;13—仪表门;
14—泄压装置;15—端子室门;16—主母线;17—主母线室;18—支母线;19—触头盒;20—主母线套管;
21—推进机构摇把孔;22—电流互感器;23—分合闸指示;24—互感器电缆室;25—接地开关;
26—接地开关操作轴及联锁;27—带电显示装置;28—信号灯;29—SA 控制开关;30—手车照明灯开关;
31—铭牌;32—观察窗;33—手车位置指示旋钮;34—紧急分闸手柄;35—主结线图;

2)立柜时可在距柜顶、柜底各 200mm 处拉两根相互平行且在同一立面上的尼龙线作为基准线。将盘柜按设计规定顺序参照基准线依次稳装就位,其四角可用钢垫片调平找正。一般以第一台盘柜为标准,将其它各台依次调整,使盘面一致,排列整齐,盘柜间缝隙 2~3mm。垂直误差不大于 1.5mm/m,成列盘顶部水平误差不大于 5mm。经全面检查符合要求后,用 M12螺栓将开关柜固定在基础槽钢上,然后用 M10×30 螺栓进行柜间连接。应注意在安装盘柜时,不宜将主控制盘,继电保护盘和自动控制盘等盘柜与基础型钢焊接固定。

3)安装主母线。打开母线室,顶盖板和后封板后,即可进行安装主母线。连接母线时,接触面应平整无污物,有污物时应除净,涂中性凡士林,安装好后再紧固顶板和后封板。

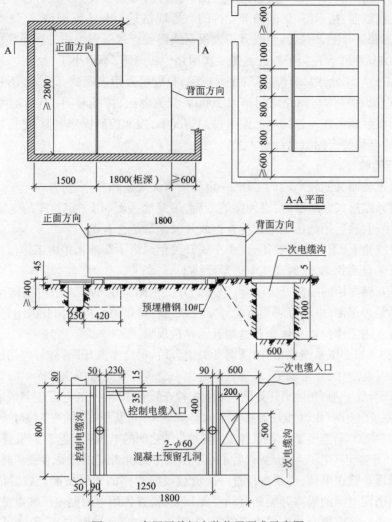

图 2-90　高压开关柜安装位置要求示意图

4）安装一次电缆，电缆头固定在支架上，电缆与母线接触面应平整，接触面涂中性凡士林后即可连接，并紧固，电缆敷设施工完成后，应用隔板将电缆室与电缆沟封隔。

5）连接柜间接地母线，使沿开关柜排列方向连成一体，检查工作接地和保护接地是否有遗漏，接地回路是否连接导通，接地回路导线电阻应不大于 $100\mu\Omega$。

6）安装二次回路电缆，电缆由柜左侧穿入沿侧壁进入继电器室，分接到相应的端子排上，二次电缆施工后封盖电缆孔。

7）先用布擦净开关柜及元器件上的灰尘及油污，然后检查调整柜门、网门及门锁，使其开闭灵活，门开关检查灯应能随门的开闭而亮暗。

手车式高压开关柜必须检查以下内容：①接地触头或接地簧片在手车推入时必须与车体接触良好；②安全挡板能随手车的进出而灵活升降，不得卡涩；③手车推入时，主回路动触头应能准确插入触头座；④电气或机械闭锁装置调整正确，在合闸位置时，手车不能拉出；⑤检查二次回路插头辅助触头等，应接点正确，接触可靠。

8)应对二次回路进行严格检查,首先进行设备查线,对照安装图和展开图核对设备、仪表、开关、继电器、接触器、指示灯、熔断器等元件的型号规格是否与图纸相符,记录操作电源电压值;对照安装图和展开图,用试铃器或万用表根据线码管标号逐根检查二次回路接线是否与图纸相符。用500V兆欧表在端子板处测量二次回路绝缘电阻,不得小于1MΩ;小母线绝缘电阻不得小于10MΩ。二次回路如有晶体管集成电路,只能用万用表测试。另外,还需进行二次回路绝缘强度试验,在导体与箱壳之间施以2000V交流电压,持续时间1min,应无击穿放电现象。经查线无误后就可在不连接主回路电源的情况下,接通控制操作电源,进行二次回路动作的模拟试验,均必须符合图纸设计要求。

3．试运行验收

试运行是重要而又比较危险的工作,一定要按有关规定和程序进行。

1)闭合室外跌落式熔断器时,必须穿绝缘靴,带绝缘手套,用一定长度的绝缘杆操作。先合边相、后合中相,然后用高压验电器检查进线开关上端是否有电。

2)先将进线柜上、下隔离开关闭合(手车式开关柜则将手车推入柜内工作位置),再将进线高压断路器置于合闸状态,这时高压电送至母线上。

3)将电压互感器柜的隔离开关闭合(手车式开关柜则将手车推入柜内工作位置),检查三相电压表指示是否正常,电压互感器有无异常现象。将避雷器柜内隔离开关闭合(手车式开关柜则将手车推入内工作位置),检查避雷器有无异常现象。

4)将出线柜(如变压器馈电柜)的隔离开关闭合后,再合上高压断路器,将高压电送至电力变压器,检查变压器有无异常现象,其空载电流大小是否在规定范围之内。

5)按次序闭合低压进线柜隔离开关及空气开关,检查低压进线柜上的电压表,各线电压、相电压指示应正常。如系统中有两台以上变压器并联运行,必须在低压母联开关处检查各段母线的相序及电压是否符合变压器并联运行连接要求,测量各段同名相母线之间的电压应接近于零值,异名相的母线之间的电压应接近于额定线电压。确认无误后才可合上低压母线联络柜的开关,使变压器并联运行。

6)在向低压负载送电前,还须再检查一次负载设备线路的绝缘情况。然后依次闭合各动力配电屏和照明配电屏的隔离开关和自动空气开关,检查各用电回路电压和电流是否正常。

7)工程竣工交接应提交如下技术资料:①主要设备的产品说明书、生产许可证、产品合格证以及出厂试验数据;②安装检查记录;③隐蔽工程验收单和有关设计变更报告,记录等;④变压器吊芯检查和试验项目报告;⑤断路器、隔离开关、负荷开关检查调整记录和其它他主要电气设备的试验报告;⑥试运行报告等等。

练习思考题 2

1．对油浸式电力变压器吊芯检查时的程序和基本要求如何?

2．电力变压器调试的基本内容有哪些? 各调试内容分别使用哪些试验设备和仪器仪表?

3．电流互感器和电压互感器的工程交接试验项目是什么? 在使用或检查调试互感器时应注意什么主要问题?

4．对继电保护的基本要求是什么? 说明过电流继电器,瓦斯继电器,时间继电器、信号继电器和中间继电器在保护中各起什么作用;并了解它们的工作原理和一般校验方法。

5．什么叫电流继电器的动作电流和返回电流? 返回系数是如何定义的?

6. 何为原理图,展开图和安装图,在阅读和绘制展开图时应遵循什么原则? 并叙述安装图的画法及编号原则。

7. 如何进行盘柜的稳装? 对基础槽钢安装有何要求?

8. 对盘柜配电系统试运行验收有什么具体规定和要求?

9. 如图 2-91 所示为某供电系统图,已知线路 XL-1 的正常最大工作电流为 150A,电流互感器变比为 200/5,在最小运行方式下 d_1 点短路时,三相短路电流值为 1000A,d_2 点短路时,三相短路电流为 780A,d_4 点短路时,三相短路电流为 460A,各段线路过电流保护的动作时限分别为:$t_3 = 1.5s$, $t_4 = 3.5s$,$t_5 = 2.5s$,保护 1 应能满足近后备保护和远后备保护的要求。

求解:(1)计算电流继电器的动作电流,试选择电继电器的型号;

(2)确定保护的动作时限,选择时间继电器的型号;

(3)校验保护装置的灵敏度。

10. 用相量图判别图 2-92 中的电力变压器连接组别,然后再分别画出用直流法测量变压器连接组别试验线路图;叙述测量方法步骤,并判断三块直流毫安表(或毫伏表)的表针偏转方向。

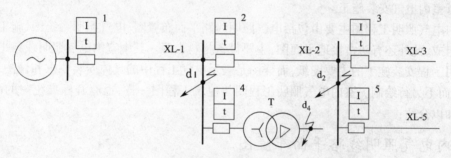

图 2-91 题 9 供电系统图

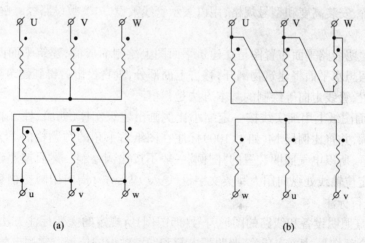

(a)   (b)

图 2-92 题 10 图三相电力变压器结线图

11. 根据图 2-80、图 2-81 电气原理图,分别画出它们的展开图和安装图。

12. 某台 10kV 电力变压器的出厂试验电压标准为 35kV,现要在施工现场进行耐压试验,试验线路如图 2-25 所示。如选择球极直经为 15cm,现场大气压力为 745mm 水银柱,空气湿度 10g/m³,温度为 +30℃,试求在此条件下,球极保护装置的球极间隙应调整为多少毫米?

第三章 室内配线及照明工程的安装试调

第一节 室内电气照明识图

　　室内电气照明工程图是以统一规定的图形符号辅以简单扼要的文字说明,把管线敷设方式、配电箱和灯具等电气设备的安装位置、规格、型号及其相互联系表示出来的工程蓝图。

　　室内电气照明工程图是指导安装施工的"语言",也是进行电气工程预算的重要依据,所以学习和掌握电气识图方法是十分重要的。所谓"识图",就是了解电气照明工程图上的设备名称、规格、型号和有关电气安装试调方面的技术要求,以及各个组成部分是怎样连接的,以便正确地进行室内电气安装施工。

　　室内电气照明工程图主要由包括电气照明线路平面布置图、电气照明系统图、施工说明和详图等组成,此外还有防雷接地平面图,主要设备材料表等。其中室内电气照明线路平面布置图是照明工程安装施工的主要图纸,而详图是表示电气工程中的具体安装要求和做法,多选用通用图,而不另行绘制。室内电气照明工程图与建筑工程图一样,也有其标准统一的画法,下面简要加以介绍:

一、室内电气照明线路平面布置图

　　室内电气照明线路平面布置图用以表示电源进户装置、照明配电箱、灯具、插座和开关等电气的安装位置、安装高度和型号规格,用以表示管线敷设方式、敷设路径、规格和敷设导线根数等等。

　　室内电气照明线路平面布置图是在建筑平面图上绘制而成的,建筑平面图是假设在窗户的2/3处用一假想水平面将建筑物剖开,移去上面部分,垂直投影后得到建筑平面俯视图。电气照明装置布置、管线走向等绘制的基本方法是:

　　1. 先在平面图纸上用细实线按一定缩小比例画出建筑实体(如墙、柱、门、窗、楼梯等)和室内布置的轮廓,并将比例尺 M(如1:100)标注在图纸右下角的图题栏内。为了在图纸上突出电气照明装置,所以电气照明装置的"图例"一般不按比例绘制。然后按照建筑施工平面图的标注顺序在定位轴线处纵向用大写英文字母(Ⓐ、Ⓑ、Ⓒ…),横向用阿拉伯数字(①、②、③、………)分别进行标注。

　　2. 按照电气照明设备和线路的图形符号(即图例)所规定的文字标注方法,根据设计需要在平面上画出全部灯具、插座、开关、照明配电箱和线路敷设的位置。常用电气照明器件、装置的图形符号及文字标注见附录,适用于绘制各种电气工程图。

　　3. 在灯具旁按灯具标注规定标注灯具数量、型号、灯具中的光源数量和容量、悬挂高度和安装方式。目前常用灯具光源主要是热辐射光源和气体放电光源。热辐射光源有白炽灯和卤钨灯(碘钨灯和溴钨灯);气体放电光源有荧光灯、高压汞灯(外镇流式荧光高压汞灯和自镇流式荧光高压汞灯)、氙气辉光灯和金属卤化物灯(钠铊铟灯和管形镝灯等),常用光源的类型及

型号见表3-1。照明灯具的标注形式为:

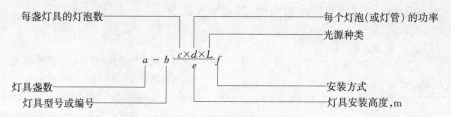

表 3-1　光源的类型及型号

类型	型号	含　义	类型	型　号	含　义
热 辐 射 式 光 源	PZ	普通照明灯泡	气 体 放 电 式 光 源	GCY	荧光高压汞灯泡
	JZ	局部照明灯泡		GYZ	自镇流荧光高压汞灯泡
	JG	聚光灯泡		DDG	日光色管形镝灯
	LZG	管形卤钨灯		NTY	钠铊铟灯
	LHW	红外线卤钨灯管		YH	环形荧光灯管
气体 放电式 光源	YZ	直管形荧光灯		HG	高压钠灯泡
	YU	U形荧光灯管		ND	低压钠灯泡
	YZS	三基色荧光灯管		NHO、ND1、ND、WN	氖气辉光灯泡

在照明灯具的标注形式中,灯具的安装方式用表 3-2 中的英文字母表示,而安装高度是指从室内地坪到灯具灯泡中心的垂直距离。例如,$5-YZ40\dfrac{2\times40}{2.5}Ch$,表示 5 盏 YZ40 型荧光灯,每盏灯具中装设 2 只功率为 40W 的灯管,灯管的安装高度为 2.5m,灯具采用链吊安装方式。如果灯具为吸顶安装,安装高度可用"-"符号表示。在同一房间内的多盏相同型号,相同安装方式和相同安装高度的灯具,可以一处标注,如"5"则表示某房间内共安装 5 盏相同型号、规格、相同安装方式的灯具。

表 3-2　灯具安装方式代号

代　号	含　义	代　号	含　义
CP	吊线式	WR	墙壁内安装
Ch	链吊式	T	台上安装
P	管吊式	SP	支架上安装
S	吸顶或直附式	W	壁装式
R	嵌入式	CL	柱上安装
CR	顶棚内(嵌入可进入人的顶棚)	JM	座　装

4. 对于线路敷设方式及敷设部位,也采用英文字母表示,如表 3-3 所示,电气照明中常用导线型号、规格见表 3-4。

5. 照明配电箱用于工业与民用建筑的电气照明和小容量动力系统中,可作为对电能分配,对线路及用电负荷的过载、短路保护和控制之用。应在电气平面图中的照明配电箱图形符号旁边标注其编号或型号。如果配电箱为非标产品,则只标注编号即可。照明配电箱的型号很多,可根据需要查阅有关电气设计手册和产品样本,了解配电箱的主结线图及其安装尺寸等。以 XX(或 R)M 系列照明配电箱为例,其型号含义为:

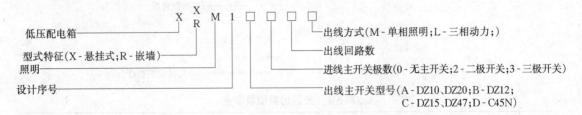

表 3-3　线路敷设方式、部位代号

	代　号	含　　　义		代　号	含　　　义
敷设方式	E	明　敷	敷设方式	PR	用塑料线槽敷设
	C	暗　敷		SR	用金属线槽敷设
	SR	沿钢索敷设		PL	用瓷夹板敷设
	CT	用电缆桥架(或托盘)敷设	敷设部位	B	沿屋架或屋架下弦
	K	用瓷瓶或瓷珠敷设		CL	沿　柱
	PCL	用塑料卡敷设		W	沿　墙
	SC	用水煤气管敷设		C	沿天棚
	TC	用电线管敷设		F	沿地板
	PC	用硬塑料管敷设		AC	在不能进入人的吊顶内敷设
	FPC	用半硬塑料管敷设		ACE	在能进入人的吊顶内敷设
	CP	用蛇皮管(金属软管)敷设			

表 3-4　电气照明工程常用绝缘电线的型号、规格及主要用途

型号	电压(V)	名　　称	线芯标称截面积(mm²)	主　要　用　途
BV BLV		铜芯聚氯乙烯绝缘电线 铝芯聚氯乙烯绝缘电线	0.4、0.5、0.75、1.0、1.5、2.5、4、6、10、16、25、35、50、70、95、120、150、185、	用于直流 1000V 及以下或交流 500V 及以下的电气线路、可以明敷、暗敷,护套线多用于室内明敷设
BVV BLVV		铜芯聚氯乙烯绝缘聚氯乙烯护套线 铝芯聚氯乙烯绝缘聚氯乙烯护套线	0.75、1.0、1.5、2.5、4、6、10	
BV-105 BLV-105		铜芯耐热 105℃聚氯乙烯绝缘线 铝芯耐热 105℃聚氯乙烯绝缘线	0.4、0.5、0.75、1.0、1.5、2.5、4、6、10、16、25、35、50、70、95、120、150、185、	同 BV 型,适用于高温场所
BVR	500	铜芯聚氯乙烯软电线	0.75、1.0、1.5、2.5、4、6、10、16、25、35、50	同 BV 型,安装要求柔软时用
BX BLX		铜芯橡皮绝缘电线 铝芯橡皮绝缘电线	0.75、1.0、1.5、2.5、4、6、10、16、25、35、50、70、95、120、150、185、240、300	电器设备、仪表、照明装置等固定敷设
BXF BLXF		铜芯氯丁橡皮绝缘电线 铝芯氯丁橡皮绝缘电线	0.75、1.0、1.5、2.5、4、6、10、16、25、35、50、70、95	同 BX 型,尤其适用于户外
RFB RFS		丁睛聚氯乙烯复合物绝缘平型软线 丁睛聚氯乙烯复合物绝缘绞型软线	0.12、0.2、0.3、0.4、0.5、0.75、1.0、1.5、2.0、2.5	作为交流250V 及以下各种移动电器、无线电设备和照明灯座接线用

照明配电箱中采用的小型塑壳式断路器(或称作自动空气开关)型号种类繁多,如有国产DZ10、DZ20、DZ47、DZ63等系列,有中外合资天津梅兰日兰公司生产的 C45 系列,还有进口产品如法国罗格朗(Legrand)DX 系列,以及奥富捷电气公司生产的 PND 系列,香港海格尔电气有限公司生产的 MC 系列断路器等,均为更新换代产品,主要用于线路过载、短路保护以及在正常情况下不频繁通断照明线路,还可以用于控制小容量电动机。其额定电流有 6、10、16、20、32、40、50、63A、……等数种,具有体积

小、重量轻、分断能力强、安全可靠、安装方便和操作灵活等特点。

如图 3-1 所示 XRM1‐A312M 主结线图,表示照明配电箱为嵌墙暗装,箱内装设一个进线主开关,型号为 DZ20Y‐100/3300,脱扣器额定电流为 63A,单相照明出线开关,共 12 个,型号为 DZ47‐10/1P。

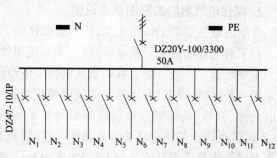

图 3-1　XRM1-A312M 照明配电箱主结线图

最后,还须在照明平面布置图上写清安装施工技术说明(要求),主要包括照明设计总容量、总计算电流、进户线装置及重复接地的技术要求;设备材料数量、规格尺寸;安装施工的一些特殊措施及技术要求等。

二、电气照明配电系统图

电气照明配电系统图是表示照明系统供电方式、配电回路分布及相互联系的电气工程图,室内照明配电系统图可以帮助我们了解建筑物内部电气照明配电的全貌,也是进行电气安装和试调检查的主要图纸之一。

配电系统图常以表格形式绘制,其主要内容是:1)电源进户线、各级照明配电箱和供电回路,表示其相互连接形式;2)配电箱型号或编号,总照明配电箱及分照明配电箱所选用计量装置、开关和熔断器等器件的型号、规格;3)各供电回路的编号、导线型号、根数、截面和线管直径,以及敷设导线长度等;4)照明器具等用电设备(或供电回路)的型号、名称、计算容量和计算电流等。

三、电气识图的基本方法

以上简要介绍土建工程图和室内电气照明工程图(主要是电气照明线路平面布置图和电气照明配电系统图)的一些基本画法和标注方法,这是识图的基础。另外,还必须熟悉、掌握电气照明器件和装置的图形符号和文字标注规定,并且注意在电气照明设计和安装施工实践中,胆大心细、勇于探索。结合工程实际,边收集、查阅、整理资料,边识图指导安装施工,边总结提高,不断增强识图能力和实际工作能力。一般识图方法如下:

1. 按顺序识图,充分了解图纸文字说明

图纸文字说明主要包括施工总图目录、电气照明装置及其它电气材料明细表、安装施工设计说明及技术要求等三部分内容。通过查阅文字说明来了解所提供的工程图纸和有关资料、各种电气设备的型号、规格、以及对电气安装工程的设计意图和技术要求等等。在此基础上,再详细阅读电气照明线路平面布置图和供电系统图。在阅读电气照明线路平面布置图时,应

按"进户线装置→总配电箱→配电干线→分配电箱→配电支线→用电设备"的顺序识图。主要了解所有配电箱、灯具、开关、插座及其它电器的装设位置、安装高度、安装方式以及型号、规格和数量;了解配电线路的走向以及导线型号、截面,根数、管径、敷设方式等。在阅读供电系统图时,则重点了解供电方式、配电回路分布和与电气设备的连接情况,从而实现对室内电气照明系统的全面了解。

2.抓住电气照明工程图要点识图

对室内电气照明工程图来说,应注意抓住如下要点识图:

1)了解电源的由来。根据我国《工业与民用供电系统设计规范》的有关规定,一、二级负荷均为重要负荷。一级负荷通常要求两路独立电源供电;二级负荷可采用两路独立电源供电,也可采用一条(6kV以上)专用架空线或电缆供电;三级负荷无特殊供电要求。宾馆饭店、医院、政府大楼、银行、高等学校和科研院所的重要实验室、大型剧院、省辖市及以上的重点百货大楼、省市区及以上的体育场馆等均属于一、二级负荷,居民住宅、一般学校等均属于三级负荷。在明确建筑物负荷等级的基础上,了解电源是如何引入的,以及引入电源的路数。

2)了解电源进户方式。如室内电源是从室外低压架空线路引入,在室外应装设进户装置。进户装置包括引下线、进户支架、瓷瓶、进户线和保护管等。由室外架空线路的电杆上引至进户支架的线路称为引下线,由进户支架引至总配电箱的线路称为进户线,进户装置如图3-2所示。规范要求:低压进户装置的进户线滴水弯至地面的距离不小于2.7m。若采用直埋电力电缆引入电源,则从架空线路电杆上引入地下的电缆应在地面以上2m有钢管保护;在电缆引入建筑物处也须穿钢管保护,且保护管应超出建筑物防水坡250mm以上。保护管内径应不小于铅包、铝包电缆外径的1.5~2倍,不小于全塑电缆或橡皮绝缘电缆外径的1.6倍。为了避免在敷设电缆穿管时损坏电缆,应将保护管端口打成喇叭口形状。此外,为了用电安全,应在架空线路或电缆线路的进户点处装设重复接地装置,其接地电阻应满足:100kVA以上变压器(发电机)供电线路的重复接地电阻 $R_{jd} \leq 10\Omega$;100kVA及以下变压器(发电机)供电线路的重复接地电阻 $R_{jd} \leq 30\Omega$。

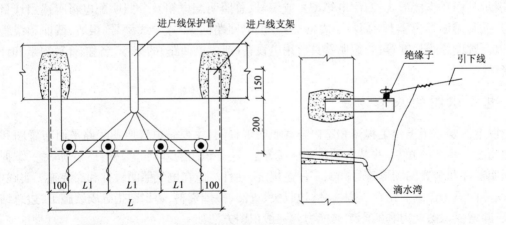

图3-2 低压架空线路进户装置

3)明确各配电回路相序、路径、敷设方式以及导线型号、根数。应按设计所确定的相序从配电箱引出配电回路,以满足使三相负荷接近平衡的设计要求;明确各配电回路的路径、供电区域。在此基础上,了解配电回路的敷设方式。一般居民住宅、学校等民用建筑的低压配电回路多采用水煤气管、电线管、阻燃塑料管暗敷,或者采用塑料护套线(BVV或BLVV)明敷。在高层建筑中,则多采用电缆沟、电缆井、线管和线槽等敷设方式。随着人民生活的不断改善和对室内美化装修标准的提高,传统的瓷瓶、瓷夹板和木(塑)槽板等敷设方式已极少采用,只是在工业厂房中还有采用。而阻燃塑制明敷线槽、新型地面线槽、PVC 刚性阻燃管、波纹管可挠金属套管(套接扣压式薄壁钢导管 KBF 或称作普利卡金属套管)和金属软管等安装工艺简单、敷设工效高、美观实用和成本低廉,因此这些敷线管材在电气安装中得到日益广泛的采用,使配管配线安装技术有了突破性的发展。

4)明确电气设备、器件的平面安装位置。应弄清配电箱、灯具、开关、插座、吊扇等的平面安装位置、及其装设高度和安装方式,以便据此确定线路最佳路径。确定穿墙瓷管或穿越楼板保护管、接线盒等器件的平面位置,确定预留量以及制定出与土建施工和其它工程(如给排水、暖通工程安装、通讯线路和电视电缆安装等)的配合方案。

3. 结合有关土建工程图阅读电气照明工程图

室内电气照明工程与土建工程结合非常紧密,因为照明平面图只能反映所有电气设备器件的平面布置情况,但实际上还有一个立体布设的问题。因此,这就要求我们必须结合有关土建工程图进行阅图,以了解电气照明系统的立体布设的全貌。

在掌握上述阅图方法的基础上,再进一步阅读施工技术说明,以全面领会设计意图和施工技术要求,结合工程实际制定出施工方案。例如与土建施工及其他工程的配合、预制加工电气安装配件、编制施工预算和材料计划,以及提出在电气安装过程中需要修改原设计方案(如暗配管线等)的变更报告等,以避免发生施工错误,使电气安装工程达到设计和使用要求。

第二节　室内配线的一般技术要求与工序

室内配线也称为内线工程,主要包括室内照明配线和室内动力配线,此外还有火灾自动报警、电缆电视、程控电话、PDS 综合布线等弱电系统配线工程。按线路敷设方式分有明配和暗配两种。凡是管线沿建筑结构表面敷设为明敷,如管线沿墙壁、天花板、桁架等表面敷设为明配线(明敷设),在可进人的吊顶内配管也属于明敷。凡是管线在建筑结构内部敷设为暗敷,如管线埋设在顶棚内、墙体内、梁内、柱内、地坪内等均为暗配线(暗敷设),在不可进人的吊顶内配管也属于暗敷。随着高层建筑日益增多和人们对室内装修标准的提高,暗配管配线工程比例增加,施工难度加大,所以本节将着重介绍室内暗配管配线工程的基本安装方法,及其一般施工技术要求。

一、室内配线的一般技术要求

室内配线方式很多,暗配线主要采用线管配线,而明配线有塑料护套线采用硬塑料压线卡或钢精扎头配线,线管配线,槽板配线,瓷(塑)夹板配线,瓷瓶、瓷柱、瓷珠配线,阻燃塑料线槽、金属线槽配线等。在吊顶内采用线管、线槽配线,以及在电缆井、电缆沟内配线等。如上所述,在可进人吊顶内采用线管、线槽配线,以及在电缆井、电缆沟内配线等。均划为明敷配管配线工程范围。对室内配线的基本要求是:电能传输安全可靠,线路布设规范合理,管线安装牢固整齐,并对室内装修无损害,具有一定的美化装饰作用。其主要技术要求如下:

1. 选用导线应符合设计要求

所选用导线的型号、规格应与设计要求相符。如导线的额定电压应大于或等于线路的工作电压,导线截面应能保证正常供电,能满足机械强度的要求,线路末端电压损失不超过允许值,导线的绝缘符合线路敷设方式和安装环境条件要求。

2. 配线应符合安装工艺要求

为了室内配线整齐美观,不破坏室内装修效果,明配线路应水平和垂直安装,选用的导线颜色要与室内装修协调。线路应尽量减少导线接头,以免由于接头处的接触电阻过大或绝缘强度下降而造成事故。若必须有接头时,应把接头放在分线盒、开关盒或灯头盒内,否则应采取压接或焊接工艺,并保证接头接触电阻与绝缘符合规定要求。对于穿管敷设的线路,管内不许有接头。若必须有接头时,应把接头放在开关盒、灯头盒或接线盒内。

3. 配线安装应符合规范要求

在配电线路安装敷设过程中,应符合如下规范要求:

1)采用一般绝缘导线(如 BV、BX 等绝缘导线)室内明配,线路垂直敷设时,导线距离地面不低于 1.8m;水平敷设时,导线距离地面不低于 2.5m,室外明配则不低于是 2.7m,否则应穿管保护。另外配线路径应便于检查维修。

2)导线穿过楼板时应穿钢管保护,钢管长度应从楼板面 2m 高处到楼板下出口为止。

3)导线穿过墙体时要加装保护管,并且两端出线口伸出墙面不小于是 10mm,以防止导线与墙体接触而受潮或穿线时划破导线绝缘。如果导线由室外穿墙进入室内,也应装设保护管。对于同一交流回路的导线可以共管穿入。但管内导线总截面(包括绝缘层)不得超过管内截面的 40%。保护管可选用瓷管、钢管、塑料管等。

4)除了电缆和护套线以外,一般绝缘导线沿墙壁、天花板敷设时,导线与建筑物之间的距离一般不小于 10mm。

5)导线在通过建筑物伸缩缝的地方,为了防止由于建筑物基础沉降不均匀而导致导线和线管受力损坏,导线敷设应稍有松驰;对于线管配线,还应在伸缩缝处装设补偿盒。

6)导线相互交叉敷设时,应在每根导线上套入塑料管或其他绝缘管,并将绝缘套管固定牢靠,以增强导线间的绝缘能力。

7)室内电气管线与其他管道之间的最小距离应不低于表 3-5 中所规定的数值,不同敷设方式时导线最小截面应满足表 3-6 的规定要求,以确保安全用电。

表 3-5 室内电气线路与管道间的最小净距(mm)

管 道 名 称	配线方式		穿管配线	绝缘导线明配线	裸导线配线
热力蒸汽管道	平行	管道上	1000	1000	1500
		管道下	500	500	1500
	交 叉		300	300	1500
暖 气 管 道 热 水 管 道	平行	管道上	300	300	1500
		管道下	200	200	1500
	交 叉		100	100	1500
通风、给排水及压缩空气管道	平 行		100	200	1500
	交 叉		50	100	1500

注:①如热力蒸汽管道外包隔热层后,其上下平行距离可减至 200mm;
　　②暖气管道,热水管道均应设隔热层;
　　③对于裸导线,应考虑在裸导线处加装保护网。

表 3-6　配线工程施工中不同敷设方式导线线芯最小允许截面

配　线　敷　设　方　式		线 芯 的 最 小 截 面（mm²）		
		铜 芯 软 线	铜 导 线	铝 导 线
敷设在室内绝缘支持件上的裸导线		—	2.5	4.0
敷设在绝缘支持件上的绝缘导线　其支持点间距 L(m)	L≤2　室内	—	1.0	2.5
	L≤2　室外	—	1.5	2.5
	2<L≤6	—	2.5	4.0
	6<L≤12	—	2.5	6.0
穿线管敷设的绝缘导线		1.0	1.0	2.5
在槽板内敷设的绝缘导线		—	1.0	2.5
塑料护套线(BVV、BLVV 型)明敷		—	1.0	2.5

二、室内照明配线形式及配线工序

要组织完成好室内电气照明工程的安装以及竣工后的检查验收,应在阅读熟悉电气工程图的基础上,进一步掌握配线形式和配线工序。

1. 室内照明线的一般配线形式

从室内电气照明供电设计中知道,照明配线形式有三种,即放射式、树干式和混合式。其中放射式配线具有供电可靠性高、相互影响小的特点,适用于供电可靠性要求高、负容量相对集中或单台设备容量较大的场所。但这种配线方式管线用量较大,占用配电箱的出线回路数较多,增加了线路敷设工程量和材料安装费用。树干式配线则管、线用量较少,减少了线路敷设工程量,所需电缆井截面及管材减少,降低了材料安装等费用。但供电可靠性稍差,适用于一般对供电可靠性要求不高的场所。混合式配线是放射式与树干式配线的组合,这种配线方式可根据配电箱所设置的位置、用电负荷容量、线路走向等综合考虑,具有方便灵活、供电可靠性较高及供电区域间相互影响小的特点,因此,在室内照明配电线路中应用较普遍。

如图 3-3 为一般建筑的室内电气照明配线示意图。以图 3-3(a)为例,进户线通过进户支架引至教学楼总配电箱,采取放射式引出干线经两侧楼梯间(或中间楼梯间)墙体立管,以树干式敷设至各层分配电箱,再引出支线水平穿管暗敷或采用护套线明敷至所划定供电区域内的用电设备。显然,为了便于立管敷设和节省管、线材料,应将各层配电箱尽可能装设在同一垂线位置上。

值得指出的是,高层建筑室内低压配电干线是指从变电所低压配电屏的分路开关引至各楼层配电屏的线路,其配线方式如图 3-4 所示。我们知道,电气照明对电源电压质量的要求较高。电压的质量主要包括电压偏移和电压波动两个参数。照明供电设计规范规定:照明器末端允许电压偏移值应不超过额定电压的 105%。也不得低于额定电压的如下数值:

1)对视觉要求较高的室内照明为 97.5%;

2)一般工作场所的室内、外照明为 95%,但远离变电所的小面积工作场所允许电压偏移降低到 90%;

3)应急照明、道路照明、警卫照明以及电压为 12～36V 的照明等,允许电压偏移不超过 90%。

由于高层建筑的低压配电线路敷设距离较长,而且用电负荷大,为了减少线路电压偏移和电能损耗,配电干线的截面积较大,另外干线根数也较多。所以,由变电所引来的低压配电干线,一般采取水平敷设在电缆沟、电缆托架或电缆托盘内,垂直敷设在电缆井内,采用电缆桥架或电缆线槽敷设。

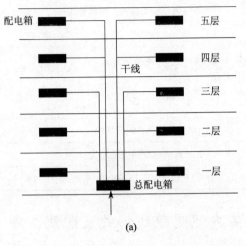

为了敷设和维护方便,一般将电缆井用楼板按楼层分隔成"配电小间",并在"配电小间"的上下楼板上预留敷设电缆线管和线槽的孔洞,在电缆管线和电缆线槽、桥架敷设后再将孔洞缝封实。在"小配电间"内装设楼层配电箱,由楼层配电箱引出至各区域分配电箱的支路,且多采用导线穿管沿吊顶明敷或沿顶棚、地面、墙等暗敷方式,再由分配电箱引出线路至用电设备。为了满足防火和防水要求,"配电小间"应装设防火门,且"配电小间"地坪应高出其室外地坪 3～5cm。

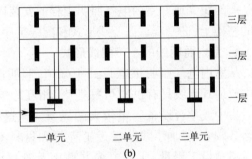

图 3-3　一般建筑室内照明配电系统图
(a)教学楼室内照明配线　(b)住宅楼室内照明配线

2. 室内配线施工工序

室内配线包括动力配线和照明配线。动力线路一般负荷较大,导线截面在 4mm^2 以上,为了便于敷设和检修,从动力配电屏或分配电屏至分配电箱的动力干线多采用地面金属线槽配线新工艺敷设。照明线路通常负荷较小,导线截面在 2.5mm^2 左右,同时考虑室内配线的安全美观,多采用线管配线暗敷,塑料护套线明敷,以及采用阻燃塑料线槽明敷等。

室内照明配线与动力配线的敷设安装施工工序基本相同,其施工工序如下:

1)按电气设计平面图确定灯具、插座、开关、吊扇、配电箱及其它电气设备的平面安装位置;

2)确定配线路径和敷设方式。暗敷设应考虑线管配置、线管、接线盒等的埋设;明敷设则应明确导线穿越楼板、墙壁的位置,以考虑埋设相应的配线保护管;

3)按照明配线的有关固定距离要求,在配线路径上确定导线固定点的位置,如在表 3-7 中列出了瓷夹、瓷柱和瓷瓶配线固定点之间的距离,以供考虑。

4)配合土建施工及时埋设线管、线盒、木砖,以及用来固定线管、线槽、吊扇、灯具等的角钢支架、螺栓等预埋件,配合土建施工打好固定点的孔眼;

5)装设线管、线槽、塑料(瓷)线夹或瓷瓶、瓶柱、瓷夹板等绝缘支持物等;

6)敷设导线;

7)导线的连接、分支、封端,以及与电气设备的连接等。

表 3-7　导线沿室内墙面、顶棚敷设时固定点的最大间距(mm)

配线方式	导 线 线 芯 截 面 积（mm²）				
	1~4	6~10	16~25	35~70	95~120
瓷夹配线	600	800	—	—	—
瓷柱配线	1500	2000	3000	—	—
瓷瓶配线	2000	2500	3000	6000	6000

第三节　室内配线工程与土建、暖通、给排水专业的施工配合

　　室内电气照明安装工程是整个建筑工程项目中不可缺少的重要组成部分,并且与暖通工程给排水工程和土建工程结合紧密。例如电源进户方式、电缆井(沟)的设置、明暗管线的敷设、配电箱、灯具、开关、插座等的安装固定等等,都要在土建施工中预埋构件、管道或预留孔洞;也需要与暖通、给排水工程的管道安装相互协调、合理确定设备的安装位置。随着现代高层建筑、卡拉 OK 舞厅、大型超市的大量涌现,现代设计和施工技术发展十分迅速,不断推出新结构、新设备、新材料和新的安装工艺。因此,室内配线工程与其他工种施工的配合,尤其是与土建工程施工的协调配合就愈加显得重要。这是加

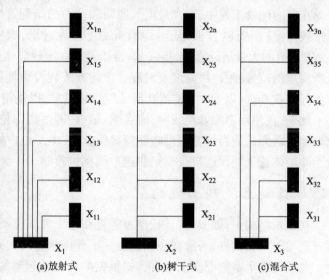

图 3-4　高层建筑室内照明配线示意图

快室内电气照明安装工程进度、保证工程质量和减少经济损失的根本措施之一。在与其他工种施工配合工作主要考虑如下几个方面:

一、施工前的准备

　　电气安装试调人员在认真识图和收集整理有关资料的基础上,应在施工前准备和及时加工在土建施工过程中需要埋设的线管、预埋件或其他器件等,并与土建、暖通、给排水等专业工程技术人员共同审核电气、土建、空调通风、给排水等工程图,以检查核对电气工程图与各专业工程图纸之间是否存在矛盾之处或差错。同时了解土建施工以及暖通、给排水等专业施工的进度计划和施工方法,尤其是土建施工中的梁、柱、墙结构、施工方法及连接方式,仔细校核拟采用的电气照明工程的安装方法及施工方案是否与土建施工相适应,与暖通、给排水等专业施工是否相互协调。在设备布局上应合理,应符合有关设计规范要求,相互之间在安装位置上应无矛盾之处。

二、与土建基础工程的配合

在土建基础工程的施工过程中,应配合做好接地装置过墙引线孔、地坪内配管过墙孔、电缆过墙保护管或电缆沟等的预留、预埋工作,预留孔尺寸可根据其用途而定。例如接地装置过墙孔一般取 120×60mm,为了有利于降低接地电阻,过墙孔最好位于室内素土层处,及室外地坪200mm 以下。地坪内配管过墙孔尺寸由线管的根数、外径和敷设方式确定。若配管需要在过墙孔外转角引上时,过墙孔的高度应在 10 倍配管外径以上,以满足配管弯曲半径的要求。这种过墙孔一般距地坪 100mm 左右。而电缆过墙孔,一般应位于室外地坪下 800mm 左右处,尺寸为 240×240mm。在电缆过墙保护管敷设好后,再用水泥砂浆固定保护管,并将孔洞封实,以防水渗入室内。

三、与墙体工程的配合

在室内配线工程中,有大量电气照明和动力的暗配管线、暗装配电箱、插座盒、开关盒、灯具接线盒等;在弱电方面,还有综合布线、电话通讯、火灾自动报警系统和电缆电视系统(CATV)等的大量暗配管线、接线盒、接线箱等在土建墙体施工中的敷设。所以都应按设计图纸所要求的位置,距地坪高度及时配合土建施工埋设预埋件或预留孔洞。暗装配电箱的箱体宽度如在 300mm 以上时,预留孔洞处应设置过梁,以免箱体受压。

此外,在用钢索配管配线时,应在墙、梁、柱的适当部位上埋设拉索钩和拉索环;在建筑物的伸缩缝两侧的适当位置埋设暗配管补偿盒;在电源进户处,还需要按照电气设计安装高度配合土建墙体施工埋设进户线支架和进户线保护管等。

四、与混凝土浇制工程的配合

在建筑结构中,如梁、柱、墙、楼板等是在施工现场或预制厂内浇制而成的。对于象混凝土梁、柱、墙等承重构件,一般在浇制好后是不允许再有较大面积的钻凿损坏的,否则会影响其强度。尤其是地下室的混凝土墙、顶,如果钻凿还会引起渗漏水等问题。所以,一旦漏埋就只能明管敷设了,这样就会影响室内装修的美观。由此可见,一些需要暗敷的管线、箱盒(如配电箱、开关盒、灯头盒和接线盒支架、螺栓等)必须在土建施工的同时预埋好,尤其是混凝土浇制工程,这是一项时间性很强,而又十分重要的工作。

对于混凝土浇制工程,一般应在钢筋编扎时(即未浇制混凝土之前),按照电气设计要求将需要埋设的管线、箱盒以及安装电器设备、器件用的铁板、木砖等预埋件埋设在相应位置上。另外"预留"在土建施工中也常采用。如安装暗设配电箱时,可先配合土建施工,在墙体的适当位置处埋入木框,在安装时取出木框,再将配电箱装入预留洞之中。

对于在施工现场浇制的混凝土梁、柱等承重构件,如果所埋设的线管需要与相邻墙体中埋设的线管连接时,为了方便配线和防止预埋线管受力损坏,应在靠近梁、柱的墙体中埋设暗配管接线盒。如果混凝土梁、柱等承重构件在预制厂内预制,也应按电气设计要求及时埋设线管等预埋件,当预制混凝土构件中的线管需要与施工现场浇制的混凝土构件中的预埋件相互连接时,同样需要在预制的混凝土构件中埋设接线盒,将现场浇制混凝土构件中的线管插入该接线盒内。对于现场浇制混凝土所埋设的灯头盒、接线盒等,应使之与模板贴紧,并在盒内填满锯沫、纸团等物,以防砂浆进入到盒内而堵塞管口,造成穿线困难。对于采用预制楼板的建筑物,应在吊装楼板时配合土建施工将线管敷设于楼板缝隙或楼板孔中,并使线管弯头从装设灯具的位置处伸出,同时在楼板缝或适当位置埋设固定灯具的预埋件。

随着人们对室内装修标准的提高,在现代居室中普遍采用吊顶装饰形式,并在吊顶上装设各式吸顶灯、花灯等灯具,以增强室内照明艺术效果,美化室内环境,吊顶装饰工程多采用在吊顶夹层内明管配线,所以应配合吊顶安装,按灯具布置的位置将线管、线槽等安装在吊架上。为了防火的需要,宜选用钢质或阻燃塑料刚性线管、线槽。

此外,还有与室内地面土建施工的配合问题,应在线管、地面金属线槽以及室内接地装置全部敷设好后,再浇制混凝土地面或安装铺设室内地板。

总之,从大量的工程实践表明,室内电气安装工程与土建工程、给排水工程、暖通工程等的施工配合是十分重要的工作,是省时、高效、优质完成电气安装工程任务的重要环节。而要做好与土建、暖通、给排水等专业施工的配合,就必须注意在实践中不断积累和总结电气安装施工的经验,加强对整个建筑施工工程的深入了解。

第四节　室内配管配线

将导线穿入线管敷设称为线管配线,而将导线放入线槽内敷设为线槽配线。这两种配线方式安全可靠,可避免线路机械损伤,减少了线路因腐蚀老化,接触不良或鼠虫咬损等所引起的火灾事故。尤其是线槽配线的散热条件较好,提高了线路的载流能力,而且敷设工艺简单,槽盖开启容易,安装维修方便。因此,线管与线槽配线在公用建筑、民用住宅、工业厂房以及现代化高层建筑中得到广泛地应用。

一、线管、线槽配线的最优方案确定

在室内电气照明工程中,线管、线槽配线的比例不断增加,因此,在安装施工中如何使线管、线槽和导线使用长度最短,配线工程造价最低,即如何确定线管、线槽配线的最佳路径是需要认真加以解决的问题。

图论是以"图"为研究对象,用图解分析方法来研究事物之间的关系。目前,图论已被广泛应用于工程技术和科学管理等各个领域的优化问题,在电气照明工程中,也可用图论的方法来寻求室内配线的最优方案,而不需要进行任何复杂的数学计算。

1. 图论常用术语

1)连通图与树:我们知道,图是由点和边组成的。把任何两点之间的边(或弧)称作链,如果某两点之间至少有一条链,则所构成的图称作连通图 G,如图 3-5 所示。可写成下式:

$$G = [V、E] \tag{3-1}$$

式中　V——点集,$V = \{v_1、v_2、\cdots\cdots v_i、v_j\}$;

　　　E——边集,$E = \{e_1、e_2、\cdots\cdots e_i、e_j\}$。

若连通图 G 不构成闭合环路,则称之为"树"。显然,树是连通图 G 的子图,用 T 表示,如图 3-6 所示。图中两点之间的边(或弧)称为链或树枝。假设链(或树枝)的连接点为 $v_i、v_j$,则该链可表示为 $e = [v_i、v_j]$。

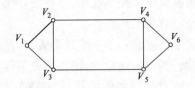

图 3-5　连通图"G"

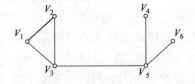

图 3-6　连通图的子图——树"T"

2)权:根据实际需要而赋予链(或树枝)的长度、费用或重量等数量指标,就称为权。权可用于最优化问题的数量分析。

3)赋权图:如果连通图 $G=[V、E]$ 的各条链都赋予某数量指标,即"权",则该连通图称之为赋权图。

4)最小树 $T_{\min}$:当树 T 的各链(各树枝)所表示的数量指标之和最小时,则该树称为最小树 $T_{\min}$,即

$$T_{\min} = \sum_{i=1}^{m-1} L_i \rightarrow \min \tag{3-2}$$

式中　L_i——树的各链的数量指标;

　　　i——链的编号,$i=1、2、3、……、m-1$,正整数;

　　　m——点数,$m-1$ 为树的总链数。

2.确定线管、线槽最优化方案的方法

从配电箱引至各照明灯具、开关、插座及其他用电设备的每条支线都是一棵"树"。当配电箱,灯具、开关和插座等的数量为 m,则相应的树 T 的连接点也为 m,边数为 $m-1$。所以,凡是能构成一棵"树"的配电线路都是可行方案。在确定配电线路为可行方案的基础上,通过式 3-2 来确定配电线路的最佳路径,即寻求配电线路最短、费用最低的最优化方案。

现以某办公楼的标准层为例来说明暗配管敷设的最优化方案的确定。根据建筑平面图和配电箱、灯具、开关等的布置情况,暗配管线敷设方案如图 3-7(a)、(b)所示.显然,在这两种敷设方案中,支线①、②、③都分别构成"树",所以均为可行方案,但二者中哪一个属于最优化方案,则应采用赋权图,即对其各边赋予费用和长度等数量指标。再根据式 3-2 来确定可行方案中的最优化方案。在暗管配线中,一般以预埋线管的长短做为主要指标,即预埋线管最短的为最优化方案,否则应加以调整。

调整的方法是:设图 G 有 m 个连接点,每步从未选的边中选择一条最小权的边,并使之与已选边不构成圈。如此进行 $m-1$ 步,即可获得一棵最小树。在图 3-7(a)、(b)中,因支线③相同,故只比较支线①、②。其中支线①有 $m=13$ 个点,应选边为 $m-1=12$ 条;支线②有 $m=11$ 个点,应选边为 $m-1=10$ 条。以支线①为例,如图 3-8 为支线①的一部分,若把 A 与 B、B 与 C、A 与 C 分别连接起来,则构成一个圈。根据最小树定理,需要从该圈内去掉一条最大权的边。由图可知,AB 或 BC＜AC,应去掉 AC。如此逐个调整,最终获得最小树,显然图 3-7(a)与图 3-7(b)比较,图 3-7(a)为暗管配线中的最优化方案。在室内照明设计和安装施工中,常用最小树定理来审核暗管配线平面布置图,当然,在调整过程中还须考虑实际施工是否方便。

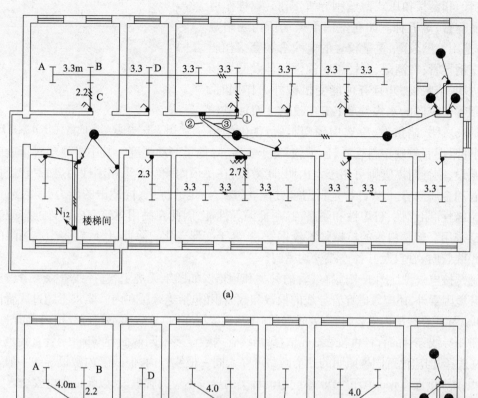

图 3-7 某办公楼标准层的暗管配线方案

(a)方案Ⅰ (b)方案Ⅱ

二、线管的选择及加工准备

线管配线有明配和暗配两种敷设方式。明配管要求管线横平竖直,整齐美观;暗配管则要求按照图论的最小树定理对线管配线路径进行适当调整,使管线路径最短,弯头最少,并方便安装施工,符合有关安装施工验收规范要求。而线管选择及加工准备是完成好线管配线的基本保证。

1.线管的选用原则

在电气安装施工中,常用的线管有电线管(钢管壁厚 1.5mm)、水煤气管(或称作焊接钢管,壁厚 3mm)、PVC 塑料管(阻燃聚氯乙烯硬塑料管、半硬塑料管和刚性阻燃管)、金属软管

(蛇皮管)和套接扣压式薄壁钢导管 KBG(或称作可挠金属套管)等五种。如在室内干燥场所内明暗敷设,可选用管壁较薄、重量较轻的电线管和套接扣压式薄壁钢导管;在潮湿、有轻微腐蚀性气体及防爆场所室内明、暗敷设,并且有可能受机械外力作用时,应选用管壁较厚的水煤气管;在有酸碱性腐蚀或较潮湿的场所明、暗敷设,应选用硬塑料管;半硬塑料

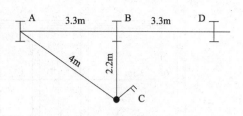

图 3-8 线管暗敷的最优化方案判定

管、刚性阻燃管较硬塑料管质轻、柔软,易于安装,降低了劳动强度。其中半硬塑料管适用于室内暗敷设,刚性阻燃管则可用于室内明、暗敷设,在吊顶内配管常采用刚性阻燃管、套接扣压式钢导管和金属软管。PVC 管是新型管材,不仅具有一定的抗压、抗冲击的能力,而且还具有良好的绝缘性、阻燃性、自熄性和耐腐蚀、耐低温等性能,因此在民用建筑室内装饰的暗配管中得到广泛采用。但塑料管的机械强度较钢管差,易于变形老化。除此以外,在多尘或潮湿的场所内敷设线管时,管口及其各连接处均密封。

通常按电气设计图纸来选择线管的种类和规格。如图纸无规定,选择线管除了考虑施工场所的环境因素外,还应考虑穿管导线的根数和截面积(包括绝缘层在内),要求不超过线管内截面的 40%,导线在线槽内敷设时,则要求导线(包括绝缘层在内)总截面不超过线槽内截面的 60%。部分常用导线穿管的管径可按表 3-8 选择,当线管内敷设多根同截面导线时,钢管直径也可参考表 3-9 选择,但应注意同类照明的几个回路可穿入同一根线管内,但线管内敷设导线一般不得超过 8 根,不同回路,不同电压等级,不同电流种类的导线不应共管敷设,以保证供电安全。

但对于同一台设备的电机回路和无抗干扰要求的控制回路,照明花灯的所有回路,电压为 50V 及以下的回路等可以共管敷设,同一交流回路的导线应穿在同一钢管内,以避免钢管中产生涡流。

为了便于穿引导线,根据《电气装置安装工程 1kV 及以下配线工程施工及验收规范》(GB50258—96)规定,在线管路径长度超过如下数值:①线管路径无弯曲,最大管长 30m;②线管路径有 1 个弯曲,最大管长 20m;③线管路径有 2 个弯曲,最大管长 15m;④线管路径有 3 个弯曲最大管长 8m,都必须装设接线盒或穿线盒。其位置应便于穿线,保证两个接线端间的线管长度不超过规定数值。否则,管径应按加大一级及以上选择。

2. 线管加工

线管敷设前,应根据电气设计图纸要求或现场实际情况选择合适型号和规格的线管,编制总体电气照明工程用料计划,工程进度用料计划、施工组织计划以及所用器具清单等。然后按照图纸要求配合土建施工进行测位、划线、锯管、套丝、弯管及线管的防腐处理等工作。以焊接钢管为例,敷设时主要进行如下工作:

1)锯管和套丝

按线路敷设实际需要长度锯管,一般使用钢锯截断,如管壁较厚和直径较粗,则可使用型材切割机。

如需要将线管采用套管螺纹相互连结起来,或将线管与接线盒连结起来,就需要在线管端部套丝选用套管长度宜为线管外径的 1.5~3 倍。套丝时,一般用龙门虎钳把线管固定住,再选用合适的套丝工具进行套丝。管径较细的薄壁电线管则一般用圆丝板套丝,套丝时应根据线管直径选用不同规格的板牙,管端螺纹长度应不小于套管长度的 1/2。在锯管和套丝完成后,应将管口端口和内壁的毛刺用锉刀磨光,以免穿线时将导线绝缘层损坏。如采用套管焊接

表3-8 常用导线穿管管径选择表(mm)

导线截面(mm²)	线管类别	2 SC	2 TC	2 PC	3 SC	3 TC	3 PC	4 SC	4 TC	4 PC	5 SC	5 TC	5 PC	6 SC	6 TC	6 PC	7 SC	7 TC	7 PC	8 SC	8 TC	8 PC	9 SC	9 TC	9 PC	10 SC	10 TC	10 PC	11 SC	11 TC	11 PC	12 SC	12 TC	12 PC
1	Ⅰ	15	20	15	15	20	15	15	20	15	20	25	15	20	25	15	20	25	20	25	25	20	25	32	25	25	32	25	25	32	25	25	32	32
	Ⅱ	15	15	15	15	15	15	15	15	15	15	15	15	15	15	15	15	15	15	15	15	15	15	15	15	15	20	15	15	20	15	15	20	15
1.5	Ⅰ	15	20	15	15	20	15	20	25	20	20	25	20	20	25	20	20	25	20	25	32	25	25	32	25	25	32	25	32	32	32	32	32	32
	Ⅱ	15	15	15	15	15	15	15	15	15	15	15	15	15	20	15	15	20	15	15	20	15	20	25	20	20	25	20	20	25	20	20	25	20
2.5	Ⅰ	15	20	15	20	20	15	20	25	20	20	25	20	25	25	25	25	25	25	25	32	25	25	32	25	32	40	32	32	32	32	32	40	32
	Ⅱ	15	15	15	15	15	15	15	20	15	15	20	15	15	20	15	15	20	15	20	25	20	20	25	20	20	25	20	20	25	25	25	25	25
4	Ⅰ	20	25	15	20	25	20	20	25	20	25	25	25	25	32	25	25	32	25	32	40	32	32	40	32	32	40	32	32	40	32	40	40	40
	Ⅱ	15	15	15	15	20	15	15	25	20	20	25	20	20	25	20	20	25	20	25	32	25	25	32	25	25	32	25	25	32	25	25	32	25
6	Ⅰ	20	25	20	25	32	20	25	32	25	25	32	25	25	32	25	32	40	32	32	40	32	32	40	32	40	—	40	50	—	40	50	—	50
	Ⅱ	15	20	15	20	25	20	20	25	20	20	25	20	20	25	20	25	32	25	25	32	25	25	32	25	25	32	25	32	—	32	32	32	32
10	Ⅰ	25	32	25	25	32	25	32	40	32	32	40	32	32	40	32	32	40	40	40	—	40	40	—	40	50	—	50	50	—	50	50	—	50
	Ⅱ	20	25	20	20	25	20	25	32	25	25	32	25	25	32	25	32	40	32	32	—	32	32	—	40	32	—	40	32	—	40	40	—	40
16	Ⅰ	25	32	25	32	40	32	32	40	32	32	40	32	40	—	40	40	—	40	50	—	50	50	—	50	50	—	50	70	—	65	70	—	65
	Ⅱ	25	25	25	25	32	32	32	40	32	32	40	32	32	40	32	32	—	32	40	—	40	40	—	40	50	—	50	50	—	50	50	—	50
25	Ⅰ	32	40	32	32	40	32	40	—	40	40	—	40	50	—	50	50	—	50	50	—	50	70	—	65	70	—	65	70	—	65	70	—	65
	Ⅱ	25	32	32	32	40	32	32	40	32	32	—	32	40	—	40	50	—	50	50	—	50	50	—	65	50	—	65	70	—	65	70	—	65
35	Ⅰ	32	40	40	40	—	40	40	—	40	50	—	50	50	—	50	70	—	65	70	—	65	70	—	65	70	—	65	80	—	80	80	—	80
	Ⅱ	32	40	32	32	40	32	32	—	32	40	—	40	50	—	50	50	—	50	50	—	65	70	—	65	70	—	80	70	—	80	70	—	80
50	Ⅰ	40	—	40	40	—	50	50	—	50	70	—	65	70	—	65	70	—	65	70	—	65	80	—	80	80	—	80	80	—	80	—	—	80
	Ⅱ	32	—	40	40	—	40	50	—	50	50	—	50	70	—	50	70	—	65	70	—	80	70	—	80	80	—	80	80	—	80	80	—	80
70	Ⅰ	50	—	50	50	—	50	65	—	65	70	—	65	70	—	80	80	—	80	80	—	80	80	—	80	—	—	100	—	—	100	—	—	100
	Ⅱ	40	—	50	40	—	50	50	—	50	70	—	70	80	—	80	70	—	80	80	—	80	80	—	80	80	—	100	—	—	—	—	—	—
95	Ⅰ	70	—	65	70	—	65	70	—	65	80	—	80	80	—	80	80	—	100	—	—	100	—	—	100	—	—	100	—	—	100	—	—	100
	Ⅱ	50	—	50	50	—	—	70	—	—	70	—	70	80	—	80	—	—	100	80	—	100	80	—	100	—	—	100	—	—	—	—	—	—

注:1. SC—水煤气管;TC—电线管;PC—塑料管;
2. SC、PC的管径指内径;TC的管径指外径;
3. Ⅰ—指BX、BLX型橡皮绝缘导线;Ⅱ—指BV、BLV型塑料绝缘导线。

连接时,焊缝应牢固紧密。也可采用套管紧固螺钉连接,螺钉应拧紧,防止松动。注意镀锌钢管和薄壁钢管只可以采用套管螺纹连接或紧固螺钉连接,而不应采用焊接连接。

表 3-9　钢管直径选择参考表

导线根数及直径 d	1d	2d	3d	4d	5d	6d	7-8d
线　管　内　径	1.7d	3d	3.2d	3.6d	4d	4.5d	5.6d

2)弯管

在线路敷设中,常需管路改变方向,因此需要弯管。我们知道,暗管配线是将,线管埋设在建筑结构之内,不影响室内装饰,所以敷设时应尽量走直线和减少弯曲;明管配线时,线管敷设在建筑结构外表面或室内空间之中,对室内装饰影响很大,所以敷设时要求横平竖直、整齐美观,需要沿建筑物结构形状进行立体敷设,弯曲较多,弯管的工作量较大。当管径不大(如 φ10~16mm 的线管)、管壁较薄时,可以徒手弯制;当管径较大(φ16mm 以上的线管)、管壁较厚时,则需采用液压弯管机弯制。

3)线管的防腐处理

钢线管在敷设前应进行防腐涂漆处理。先用小锤轻轻敲落管内泥土,然后在管内穿入一根铁丝,来回拉动布条或钢丝刷除锈,管外壁可用除锈机或钢丝刷除锈,最后在线管内外涂以防锈漆,以免线管被氧化腐蚀。经刷防锈漆防腐处理后再进行线管敷设。

4)线管的连结

线管的连结包括线管之间的连结、线管与开关盒、接线盒之间的连结。如上所述,对于钢管之间、钢管与接线盒、开关盒之间的连结,应先在被连结钢管端部套丝,钢管之间连结多用管接头(或称套管或管箍),如图 3-9(a)所示。如果线管埋地敷设或为防爆线管,应涂以铅油、缠上麻丝,用管钳拧紧,使两管端吻合密封。在高层建筑和民用建筑中,或其他干燥少尘的场所内,管径50mm 及以上的线管,可用外加套管(套筒)焊接法连结,套管长度应为管外径的 1.5~3 倍,焊缝应牢固严密。而钢管与接线盒、开关盒连结时,先把盒上的敲落孔盖打掉,然后在管上旋一根母,穿入盒内,再旋上盒内护口(螺母)把线管与接线盒连结在一起,如图 3-9(b)所示。

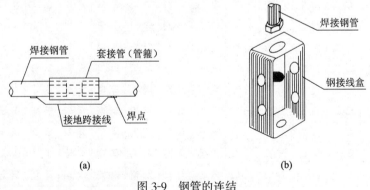

图 3-9　钢管的连结

(a)钢线管之间的连结　(b)钢线管与线盒间的连结

三、暗管敷设

暗管敷设应与土建施工密切配合,即在线管选择和加工准备的基础上,按设计工程图进行线路配管。通常土建都是分段分层施工的,例如框架结构建筑,先绕注砼柱、梁、楼板(或吊装预制楼板),再从上而下分层砌墙;而承重墙结构建筑,则先分层砌墙,再浇注砼楼板(或吊装预制楼板)、圈梁等。这样,暗管敷设就必须配合土建分段配管。如果是先浇砼柱、梁、楼板,后砌墙,就应先敷设各层楼板、柱或梁中的线管及开关盒、灯头盒、接线盒,然后敷设墙内线管,从上而下分段分层进行。另外,在暗管敷设中,通常是先敷设弯曲段线管,后敷设直线段线管。

1. 焊接钢管、电线管等金属线管暗敷

1)现浇砼构件中暗管敷设

在暗管敷设前,应按图纸和施工现场实际情况确定开关盒、灯头盒、接线盒的位置;确定配电箱的位置、确定线管及其进、出位置等等。其中要求开关盒,灯头盒、接线盒、插座盒、配电箱等的位置一定要准确,而线管的位置则要求不严,只要能相互衔接即可。当线管敷设在墙内,地坪内或楼板内等处时,应满足以下要求:

(1)混凝土地面内敷设暗管,其弯曲半径不得小于管外径的10倍,并应使线管尽量不埋入土层中,如果弯曲不能全部埋入时可适当增加埋入深度;

(2)线管暗配宜选最短路径敷设,并尽量减少弯曲。在非地下或混凝土结构内暗敷时,其弯曲半径不得小于管外径的6倍。线管敷设位置应尽量与主钢筋平行,如线管与钢筋重叠交叉时,应将线管放置在钢筋的上面或在上下钢筋之间,以使线管不受损伤,线管埋入建筑结构内,其线管表面埋入厚度不应小于15mm;

(3)线管的出地管口高度一般不宜低于是200mm。而进入落地式配电箱的线管应排列整齐,管口应高出配电箱基础面50~80mm;

(4)线管经过建筑物的伸缩缝时,为了防止房屋基础下沉不均匀而损坏线管和导线,应在伸缩缝两侧装设补偿盒,如图3-10所示。即在伸缩缝的两侧适当位置,按照线管直径和数量多少设置一只或两只接线盒。在其中一侧的接线盒的侧面用螺母拧紧固定线管,在另一侧的接线盒的侧面开一椭圆形孔,把线管穿入孔中而无需固定;

(5)预埋线管时,一律在管口堵以木塞或硬质泡塑料管口塞,并在管内穿入引线铅丝,以备穿线。如果线管路径较短或弯曲较少,也可在土建内粉刷完成后穿线时再穿引线铅丝。

(6)在 TN-S、TN-C-S 系统中,金属线管、金属接线盒(箱)等连结处均应选用适当截面的圆钢或扁钢可靠焊接,以形成良好的

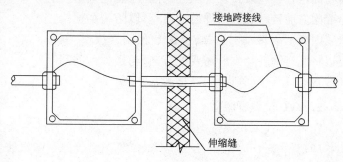

图3-10 线管穿过建筑物伸缩缝的补偿盒

电气通路(见图3-9),并与接地保护线 PE 可靠的电气连接。跨接线规格参考表3-10选择。

线管在现浇砼楼板中敷设如图3-11所示。为了敷设线管方便,在梁、楼板内暗配管时,应在搭模后、未扎钢筋之前敷设定位;在柱内暗配管时,应在扎钢筋后、未搭模板之前敷设定位,线管和与其相连结的灯头盒、接线盒等的敷设定位,可用铁丝绑扎在钢筋上,或用铁丝、园钉固定在模板上。这样就要求在确定线管长度、弯管和敷设定位时,先敷设弯曲线管,后敷设直线管,逐根进行。此外,在敷设定位开关盒时应使之与模板面紧密接触,并在盒内塞填锯沫或废

纸,以避免线管外露和砂浆堵塞管口。

表 3-10　跨接接地线规格选择表

管　径　(mm)	圆　钢　(mm)	扁　钢　(mm)
15～25	φ4	—
32～40	φ5	—
50～63	φ9	25×3
≥70	φ9-2	(25×3)×2

2)预制楼板中的暗管敷设

预制楼板有多孔型和槽型两种,其暗管敷设方法与现浇注砼楼板中的暗管敷设方法不同。如前所述,在预制楼板上进行暗管敷设时,应和土建吊装楼板施工紧密配合。一般一个房间是由几块不同宽度的楼板组装而成的,因此可根据灯具装设的位置,配合楼板吊装安排好楼板的拼接次序和安放位置,使灯具能恰好装设在楼板拼接缝隙上。为了线管敷设方便,应尽量使管路走向与预制楼板的放置方向一致,以便利用楼板拼接缝隙敷设管线。这样,线管沿楼板拼接缝隙敷设,把线管做一弯头就可从缝隙中直接穿至楼板下表面,与灯头盒连结。如果不能利用楼板拼接缝隙,则只能将线管敷设在楼板孔中,并在预制楼板上装设灯具的部位钻一合适的孔洞,同样把线管做一弯头穿至楼板下表面,与灯头盒连结。

在施工中,有些室内灯具,电扇等电器设备安装在砼梁上,其梁内暗敷线管在梁顶部的出线口如何与预制楼板上暗敷的线管相连接,在暗管敷设施工中是较难处理的工作。一般采取的方法是:先按梁内暗敷线管长度和在梁顶部与楼板上暗敷线管连接所需的过渡尺寸,进行锯管、套丝和弯管加工,再将此弯管预理设在现浇注砼梁之中,在砼梁未完全凝固之前转动几次所埋设的线管,以防砼梁把线管紧固而不能转动。这样,待吊装预制楼板后,就可以将此弯管转动到所需要的方向,与楼板上的暗敷线管通过管箍(管束结)连接起来。

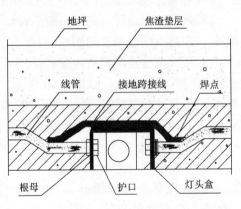

图 3-11　线管在现浇砼楼板中敷设示意图

2. PVC 塑料管暗敷

在 80 年代末我国按国际 IEC 标准和国家 GB 标准生产出阻燃 PVC 塑料管。PVC 塑料管包括硬塑料管、半硬塑料管、波纹管、刚性阻燃管以及塑料线槽(异型管)等五种。PVC 塑料管具有与钢线管相近的防火保护功能,在工业与民用建筑中得到越来越广泛的应用。其优良的防火保护作用是由于在管材中加入了阻燃剂,所以具有不延燃性能,而且重量轻(约为同规格钢管重量的 1/6)、安装操作方便、价格低廉,是较理想的以塑代钢的电气配线管材。

PVC 阻燃塑料管规格有 φ16、φ20、φ25、φ32、φ40、φ50、φ63 等,并配有配套的接线盒、管接头、带盒盖的三通、直通和管夹等配件,以及弯管弹簧、剪管刀具和 PVC 粘结剂。PVC 塑料管的敷设方法与焊接钢管、电线管的敷设方法基本相同,但大大改变了传统电气钢线管的安装加工方法。例如在弯曲半硬塑料线管时,只需采用"弯管弹簧"进行弯管,即将弯管弹簧插入到线管弯曲位置,不用加热就可以用手直接弯成所需要的角度,而且弯曲段管径不变形。当线管需要相互连接时,则可根据管路连接方向选用相应的角弯、带盒盖的三通或直通等配件,先将线管连接端和接头内壁用洁净纱布擦净,再涂以 PVC 粘结剂后进行插粘接。如暗敷设于砼楼板、剪力墙和柱内时,应在土建施工编扎钢筋过程中根据设计图纸要求的走向在钢筋上绑扎固定。在浇捣混凝土时应防止塑料管被振捣器等机械损伤,从地面引出的塑料管部分,应加装钢管保护。塑料管在砖砌墙体内剔槽暗配时,应用水泥砂浆抹面保护,保护层厚度应不小于 15mm。

如硬塑料管、刚性阻燃管明敷于墙、柱、梁、楼板外表面,或敷设于吊顶内时,应采用配套的管卡配件固定,管卡安装间距应符合表 3-11 的规定,管卡与电气器具或箱(盒)边缘的距离为 150～500mm,并应保证横平竖直,整齐美观。塑料线管进入接线盒、配电箱时,其插入深入宜为线管外径的 1.1～1.8 倍,并选用配套管接头及锁扣,应先使管接头用锁扣与接线盒紧固在一起,再将管接头另一端与线管进行插粘接。半硬塑料管和被纹管多用于暗配或在电缆井、电梯井内明配,应使敷设路径尽量短并减少弯曲,当直线段长度超过 15m 或直角弯曲超过 3 个时,应考虑增设接线盒,以利于穿引导线。

由此可见,PVC 塑料管的安装施工过程非常简单,不需用电焊机、套丝机等笨重工具,而且线管内壁光滑易于穿线,省去了金属线管涂刷防腐漆的工作,所以大大提高了工作效率和安装质量,在电气配管配线工程中,PVC 阻燃性线管将取代钢管是必然的趋势。

表 3-11　硬塑料管和刚性阻燃管的管卡安装最大间距(m)

敷　设　方　式	线　管　内　径　(mm)		
	≤20	25～40	≥50
吊架、支架或沿墙敷设	1.0	1.5	2.0

3. 套接扣压式薄壁钢导管敷设

套接扣压式钢导管(简称 KBG 普利卡钢导管)采用优质冷轧带钢,经高频焊管机自动焊缝而成,双面镀锌保护,壁厚均匀,为 1.6mm,卷焊线管圆度高,是一种新型的电气线路保护管并具有较好的技术经济性能,被建设部列为"1997 年科技成果重点推广项目",广泛应用于室内低压配管配线工程。KBG 导管有 φ16、φ20、φ25、φ32、φ40 等五种规格,每根管长一般为 4m。钢导管相互连接时可选用相应规格的直管接头,直管接头中间有一凹槽,所形成的锥度可使 KBG 导管插紧定位,密封性能好。另外凹槽深度与钢导管壁厚相同,故钢导管插入管接头后内壁平整光滑,无台阶、不影响穿线。在管接头两端各设有一个(M5)紧定螺纹孔,如图3-12(a)所示。安装时,先将钢导管与管接头插紧定位后,再将紧定螺钉拧入螺纹孔,直至将螺钉上端的"脖颈"拧断为止,使钢导管与管接头紧密连接,并形成良好的电气通路,无需做接地跨接线。钢导管与接线盒(箱)连接时可选用相应规格的螺纹接头,其与钢导管连接的一端的结构及安装方法与直管接头相同;与接线盒(箱)连接的一端带有爪形锁母和一个六方锁母,如图3-12(b)所示。安装时爪形锁母扣在接线盒(箱)内侧,用紧定板手将爪形锁母和六角锁母夹紧接线盒(箱)壁面,使螺纹接头与接线盒(箱)紧密连接,从而形成良好的电气通路,也无需再做接地跨接线。

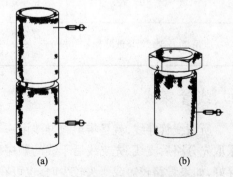

图 3-12　套接扣压式钢导管附件
(a)直管接头　　(b)螺纹接头

KBG 导管弯曲则需要选用专用弯管器,由铸模浇注加工而成。施工现场操作简便,可将相应管径的钢导管弯曲为任意夹角,但管材弯曲半径不宜小于其外径的 6 倍。当两接线盒(箱)之间只有一个弯曲时,管材弯曲半径不宜小于其外径的 4 倍。当埋设于混凝土内时,管材弯曲半径不宜小于其外径的 10 倍,管路连接如图 3-13 所示。

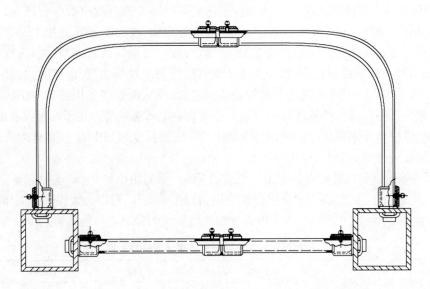

图 3-13 套接扣压式钢导管连接管路示意图

在敷设套接扣压式薄壁钢导管时,其管路应避开设备或建筑物、构筑物基础,当必须穿过时应加装保护管,管路经过建筑物伸缩缝处须装设补偿盒。当管路暗敷于墙体或混凝土内时,管路与墙体或混凝土表面净距应不小于 15mm。当管路进入落地式箱(柜)时,线管应居中排列整齐,管口高出配电箱(柜)基础面为 50~80mm。套接扣压式薄壁钢导管明敷明时,管路敷设应横平竖直,整齐美观,其偏差不得超过 1.5‰,全长偏差不得超过线管的 1/2。线管应选用专用的管卡安装固定,管卡应固定牢固,间距均匀,其间距应符合表 3-12 的规定,但管卡与终端,弯曲处中点,电气器具或接线盒(箱)边缘的距离应在 150~300mm 范围以内。

表 3-12 明配普利卡 KBG 钢导管管卡的最大间距(mm)

敷 设 方 式	钢导管种类	钢导管直径(mm)		
		16~20	25~32	≥40
吊架、支架或沿墙敷设	厚壁钢导管	1.5	2.0	2.5
	薄壁钢导管	1.0	1.5	2.0

四、线管穿线

所谓线管穿线,就是将绝缘导线由一个接线盒(箱),通过管路穿引到另一个接线盒(箱)即采取先分路后支线、先支线后干线的顺序配线方法。一般应在线管敷设时就预先将引线铅丝穿好,如果管路较短或弯头较少时,也可在线管穿线时再穿引线铅丝。

线管穿线一般在土建抹墙、地坪施工结束,最好在喷浆粉刷之后,配合室内装修工程进行。线管穿线步骤及方法如下:

1. 清管

在线管穿线前,应先用吹尘器向管内吹入压缩空气,也可在引线铅丝上绑扎布条来回拉动进行清管,将管内残留杂物和积水等清理干净。清管后再向管内吹入滑石粉,并在管口加装塑料护口,以保护导线绝缘不被线管端口的毛刺损伤。

2. 放线

用放线架顺着导线缠绕方向放线,在放线过程中,注意把导线拉直,以防打结扭绞,同时检查导线是否存在曲结、绝缘层破损等缺陷。

3. 穿线

线管穿线时,先将引线铅丝的一端与被穿引导线可靠结扎在一起,俗称"牵线结头",以确保在穿线过程中不使导线松脱。然后在牵线结头上涂抹一些滑石粉,就可以用引线铅丝将导线垂直管口截面缓缓拉入管内。注意线管两端的拉线人与送线人动作要协调,送入管内的导线应平行成束,不能相互缠绕。为保证线路安全运行,管内不允许有导线接头,接头应放入接线盒内。

在垂直敷设的管路中,为了减少由于导线自重而引起的内应力,当管路长度超过以下长度时,应装设固定导线用的拉线盒:1)导线截面≤50mm²,长度每超过 30m 时;2)导线截面 70～95mm²,长度超过 20m 时;3)导线截面 120～240mm²,长度每超过 18m 时,等等。导线在接线盒内的固定方法如图 3-14 所示。

4. 线头预留及校线

为了接线及以后检修方便,线管穿线后应根据实际需要预留线头。一般灯头盒、开关盒、接线盒等预留线头 15～250mm(或为线盒的周长),配电箱内预留线头 300～600mm(或为箱内配电盘的宽度与高度之和)。

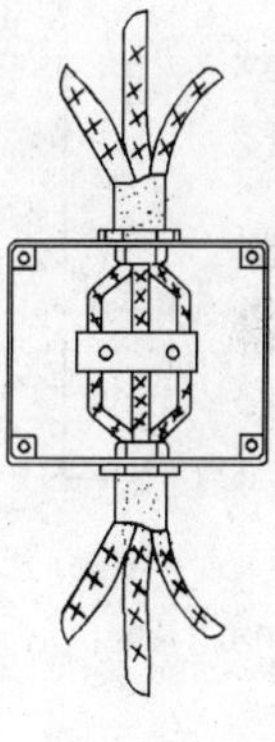

在电气设备安装调试工程中,应确保接线正确无误,有利于以后对系统线路的检查和维护,所以要求同一建筑、构筑物内的供配电系统导线颜色选择应统一。例如单相电源相线应选用红色绝缘导线,三相电源的各相导线应选用不同颜色的绝缘导线,以利于区分各相导线;中性线(即零线 N)应选用淡兰色绝缘导线;保护接地线(即 PN 线)应选用黄绿相间的绝缘导线。电源线经控制开关至用电负荷之间的控制线可选用白色或其他颜色的绝缘导线。为了安全用电,电源线必须经过开关才能与灯具或其他用电负荷连接。另外还需仔细校对导线,以检查导线是否存在线芯折断或绝缘损坏等故障,并在线端穿入号码管标注导线编号,或用电工刀在线端绝缘层刻上统一线痕标记(如电源线穿入 1♯ 号码管或刻一道线痕,灯具及其他用电设备总线穿入 2♯ 号码管或刻二道线痕,电源控制线、开关间的连接线穿入预定号码管或不刻线痕)。一般校线由两人分别在被校线首、尾两端利用电铃或灯光装置、再配以步话机等通讯工具进行校线。

图 3-14　垂直导线在接线盒内固定示意图

五、线槽配线

近年来我国建筑业飞速发展,有力地推动了建筑电气安装试调技术的发展,涌现出大量的设备、新材料、新技术和新工艺,如新型线槽配线就是其中之一。新型线槽具有阻燃性能好、安装维修方便和价格低廉等特点,而且散热条件较线管配线好,提高了导线的允许载流量。同时外形新颖美观、规格品种多,可选用与室内装饰相协调的线槽颜色和规格,使线槽的装饰性和实用性融为一体。由于线槽配线的推广使用,使室内配线安装技术和安装工艺发生了根本变革。

线槽主要有如下几种类型:1.吊装金属槽(SR),适用于对防火要求高的纺织、化工和电子等工业厂房的车间;2.阻燃塑制线槽(PR)适用于办公楼、教学楼、实验楼、邮电大楼、地铁及民用住宅、纺织化工等室内明敷配线以及各种控制柜(屏)、大型机械设备的线路布设;3、地面敷设线槽则适用于办公楼、写字楼、商场和电信大楼的室内地面配线。本节将主要介绍阻燃塑制线槽及其敷设方法。PVC阻燃塑制线槽配线就是将绝缘导线敷设在线槽底内,再用线槽盖将导线盖住。如图3-15为线槽明敷安装示意图,象积木一样拼装而成,其规格见表3-13。线槽底与线槽盖的结构及其锁紧装置如图3-16所示。

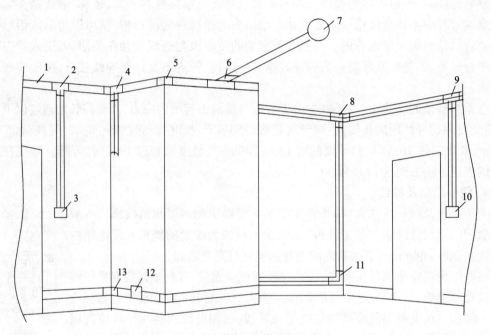

图 3-15　PVC塑料线槽安装示意图

1—直线槽;2、9—左右平三通;3、10—开关盒;4—右三通;5—阳角;
6—中小角三通;7—灯头盒;8—左三通;11—角弯;12—插座盒;13—阴角

表 3-13　PVC阻燃线槽规格表

规　格 (mm×mm)	线槽尺寸(mm)		
	宽(B)	高(H)	壁厚 δ
15×10	15	10	1.0
24×14	24	14	1.2
38×18	39	18	1.4
39×18(双坑)	39	18	1.4
39×18(三坑)	39	18	1.4
60×22	60	22	1.6
60×40	60	40	1.6
80×40	80	40	1.8
100×27	100	27	2.0
100×40	100	40	2.0

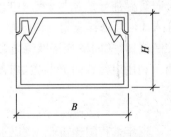

图 3-16　线槽底与线槽盖结构
及其锁紧装置示意图

PVC线槽安装通常在室内抹灰粉刷之后,再配合室内装饰安装工程进行,其施工一般按以下方法步骤进行:

1. 定位划线

为了使槽安装整齐美观,应使线槽尽量沿横梁中心线、墙角线或顶角线等平行敷设。在墙面上水平敷设时,一般距顶角线净距为 20～50mm,垂直敷时距门水平净距为 150～200mm。根据照明灯具、开关、插座的位置选定好线路敷设路径后,就可采用粉线袋进行划线(弹线法),再根据所采用的线槽型号及其线槽底的固定点间距尺寸,在所划线上确定槽底固定点位置。线槽底固定点间距一般为 500～1000mm,固定点与线槽端的距离一般为 25～50mm。

2. 线槽的固定

线槽固定,即将线槽底安装固定在墙、梁、柱、顶棚等表面或专用支架上,墙、梁、柱、顶棚表面安装一般多采用塑料膨胀螺栓固定,它是由塑料胀管及木螺丝构成的紧固件,具有安装速度快、质量好和省钢材的优点。塑料胀管的材质有聚乙烯、聚丙烯和尼龙等几种,有 φ6、φ8、φ10、φ12 等几种规格,见表 3-14。线槽的固定方法是:

表 3-14　塑料膨胀螺栓规格表

名称	规 格 (mm)		埋深(mm)	钻孔直径(mm)	配用螺丝规格(mm)
聚两烯胀管	甲型	φ6×31	35	φ5.5	φ3.5
	乙型	φ6×36	40		
	甲型	φ8×48	50	φ7.5	4
	乙型	φ8×42	45		
	甲型	φ10×57	60	φ9.5	φ5
	乙型	φ10×46	50		
	甲型	φ12×60	60	φ11.5	φ6
	乙型	φ12×64	65		

1)钻孔:钻孔孔径的大小对塑料胀管的紧固影响很大,因此必须根据胀管的外径选择合适的钻头。一般应盒使钻孔直径略大于胀管外径,且钻孔深度为胀管长度加 5mm 左右为宜。

2)清孔和放胀管:固定孔钻好后,应将孔内残留灰碴清理干净,再放入塑料胀管,以保证胀管与孔壁之间有良好接触。

3)安装固定线槽底及接线盒(箱):在将塑料胀管放入固定孔后,即可用木螺钉进行安装固定线槽底及接线盒(箱)。在安装施工中,一般采用先安装固定接线(箱)和线槽的三通、内角、外角和角弯等部分,再安装固定线槽底直线段。应保证线槽底的连接无间断,拼装接口应平直、严密,每节线槽底的固定点不应少于两个。在三通、角弯、内角、外角和端部均应有固定点,并应紧贴墙面固定。其水平或垂直敷设允许偏差不超过其长度的 2‰,且全长允许偏差不超过 20mm。线槽底并列安装时,槽盖应便于开启。另外安装固定后,线槽底与接线盒(箱)等连接处的内表面应为光滑连接,无毛刺。如图 3-13 所示,开关接线盒距门水平距离为 0.15～0.2m,它与插座均距地坪 1.3m。若成排安装时,高度应一致,高低差不得大于 2mm。此外,安装固定接线箱(盒)时,须在盒底部垫 2mm 厚的塑料扳,再用木螺丝穿过固定孔旋入胀管固定。

3. 导线敷设及线槽盖封装

在线槽内敷设导线时,应注意不能把不同系统、不同电压(电压为 50V 以下的线路除外)、不同电流类别的线路敷设在同一线槽内,且敷设于线槽内的绝缘导线(包括绝缘层内)总截面积应不大于线槽内截面积的 60%,PVC 线槽允设敷设导线根数考见表 3-15。为了减少故障隐患,在不易拆盖板的线槽内不允许有导线接头,如必须有导线接头时,则须加装接线盒。与线管配线相同,导线在接线盒处要预留 150～200mm 的接头,在配电箱处要预留 300～600mm 的接头,以备接线之用。

敷于线槽内的导线应平行成束,防止导线紊乱、相互缠绕或产生曲结小弯等。通常采用边敷导线,边封装线,槽盖板的方法,并注意使线槽盖板与线槽底的拼接缝相互错位搭接,其拼接缝错位搭接间距为线槽宽度。最后,在线槽盖板拼接缝上装设线槽卡,使线槽盖与线槽底封装牢靠,同时也保证了线槽的整体性和封闭性。

表 3-15　PVC 线槽允敷设导线根数参考表

塑料绝缘导线规格（mm²）	线槽规格(mm×mm)/塑料绝缘导线数量（根）									
	15×10	24×14	39×18	39×18（双槽）	39×18（三槽）	60×22	60×40	80×40	100×27	100×40
1	4	10	23	2×20	3×12	42	81	109	99	165
1.5	3	9	20	2×17	3×11	37	72	96	87	146
2.5	2	6	14	1×12	3×7	26	50	67	62	103
4	2	5	11	2×9	3×6	20	41	54	49	81
6		4	9	2×8	3×5	16	31	42	39	66
10		2	4	2×3	3×2	8	16	21	19	32
16			3	2×3	3×1	6	12	17	14	24
25			2	2×2	3×1	4	6	10	9	15
35			1	2×1		3	5	7	7	12
50						2	4	5	5	9

六、塑料护套线敷设

塑料套线是一种有塑料保护套的双芯、三芯或多芯绝缘导线。按线芯材料分有 BVV、BLVV 型等两大类,具有良好的防潮、耐酸和耐腐蚀性能。由于其施工方法简便,可采用钢精扎头或带水泥钉的硬塑料线卡将导线直接敷设在室内墙面、梁和楼板上。而且配线较美观、价格便宜,在室内电气照明工程中得到广泛采用。

在进行塑料护套线配线施工时,应注意以下规范要求:①塑料护套线不得直接埋入抹灰层、吊顶、护墙板、灰幔角落内,也不得在室外露天的场所内明敷;②塑料护套线明敷时,线卡的固定间距应均匀,应视导线截面大小而定,一般为 150～200mm。并且导线敷设应横平竖直,不应有松弛、扭绞和曲折等现象;③塑料护套线弯曲半径不应小于其外径的 3 倍,且弯曲处不应损伤护套层和线芯绝缘层。在线路拐弯、终端和进入接线盒(箱)、设备或电气器具处,均应装设压线卡固定。压线卡与导线端点、电气器具或接线盒边缘的距离一般为 50～100mm;④塑料护套线在进入电气器具或接线盒内时,应确保护套层也进入电气器具或接线盒内,并且明敷时在中间接头及分支线连接处应装设接线盒。接线盒、灯头盒和开关盒等应固定牢固,在多尘和潮湿的场所内应采用防火防潮性能好的密闭式盒盒;⑤塑料护套线暗敷于预制空心楼板的板孔内时,应符合如下要求:(a)、敷线板孔内应无积水杂物;(b)敷设导线时,不得损伤导线护套层,并能便于以后更换导线;(c)导线在板孔内不得有接头,导线接头应在接线盒(箱)内连接。

塑料护套线多用于室内明敷设,用带水泥钉的硬塑料压线卡或钢精扎头固定。由于带水泥钉硬塑料压线卡的颜色与护套线一致,而且施工方法简便,整齐美观,所以目前多采用带水泥钉的硬塑料压线卡安装固定塑料护套线。其施工方法步骤如下:

1. 定位划线

塑料护套线敷设的定位划线和前面所述的 PVC 线槽敷设的定位划线方法相同,一般水平配线距顶角线为 100~200mm。垂直配线距门框为 150~200mm。先确定灯头盒、开关盒、插座盒和接线盒等的位置和线路穿越楼面、墙体的部位,然后用粉线袋按线路走向弹出水平或垂直敷设基准线。根据护套线安装规范要求,在某一布线段内,先在距接线盒等边缘的 50mm处、距导线转弯园弧中点两边各 80mm 处、距线路所穿越楼板面、墙面的 50~100mm 处等分别划出设置压线卡的固定点,然后测量出该布线段的剩余长度,按 150~200mm 间隔划出设置压线卡的位置,固定点间距应均匀,误差不大于 5mm。

2. 压线卡固定

压线卡包括钢精扎头和硬塑料压线卡。对于钢精扎头,常采用如下方法固定:在砼结构或砖墙上,可采用冲击电钻在所确定的固定点上用 φ5 钻头钻孔,用塑料膨胀螺栓固定,或在孔中打入木榫用鞋钉固定;也可采用环氧树脂粘结剂把钢精扎头粘结在建筑物表面,如图 3-17所示。粘结时,应用钢丝刷将建筑物粘结面上的粉沫刷净,使钢精扎头与混凝土或砖面可靠粘结。粘结后需养护 1~2 天,使粘结剂充分硬化。

环氧树脂粘结剂可按表 3-16 配制,即先将 6010 环氧树脂与苯二甲酸二丁酯按配比调和,再按配比加入填料(石棉粉或水泥)搅拌均匀后,按配比加入固化剂(二乙烯三胺或乙二胺)充分搅拌成糊状即可使用。

由于这种粘结剂的凝结时间短,所以在调拌好后应在 1h 内用完为宜。也可用 PVC 粘结剂进行钢精扎头的粘结固定。在有抹灰层的墙面或木结构上,还可用强度很高的"水泥钉"直接固定钢精扎头。

表 3-16　环氧树脂粘接剂配比(重量比)

环 氧 树 脂 石棉粉粘结剂	6010 环氧树指		苯二甲二丁酯		二乙烯三胺		石棉粉
	100		20		6~8		10
环 氧 树 脂 水 泥 粘 剂	配比	6010 环氧树脂		苯二甲酸二丁脂		乙二胺	水泥
	1:2	100		30		13~15	200
	1:3	100		40		13~15	300
	1:4	100		50		13~15	400

对于硬塑料压线卡,其上带有"水泥钉",故可直接钉入砼结构、砖墙面或木结构上。一般采用边敷设护套线,边固定压线卡夹紧导线,因此使导线敷设更加简便,而且美观。

3. 导线敷设

在钢精扎头固定后(对于硬塑料压线卡,则不用先固定),即可敷设护套线。在水平方向敷设护套线时,如果线路较短,可按实际需要长度截取导线,然后用一只手扶持导线,另一只手将导线固定在钢精扎头上(或采用硬塑料压线卡直接钉入固定点来夹紧导线)。敷线时最好两个人配合,由一人拉紧导线,一人用钢精扎头(或硬塑料压线卡)夹线。如果线路较长,又有两根以上导线并排敷设时,则应先放线,再用绳子将护套吊挂起来,以使吊绳暂时承受一部分导线的重量。然后把导线逐根排平并用钢精扎头(或硬塑料压线卡)夹紧。最好分段依次敷线,每段长度 1m 左右,即从线路负荷开始敷线,先将该段的首端夹紧,再夹紧该段的尾端,并使之与所划出的基准线重合,然后把该段线中的钢精扎头(或硬塑料压线卡)逐个固定夹紧导线。如果所敷导线不直,可用螺丝刀木柄或橡胶锤轻轻敲直拍平,使护套线与墙面贴紧。在垂直方向敷护套线时,应自上而下进行,以便操作,也容易将护套

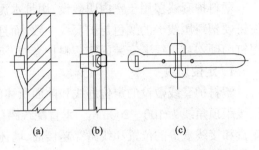

图 3-17　钢精扎头粘结固定示意图
(a)侧视　(b)正视　(c)钢精扎头及底座

线敷设平直。在转角处敷线时,护套线的弯半径应不小于导线宽度的 3 倍。弯曲圆弧要圆滑,可用手指捏住塑料护套线的扁平面,由中间向两边逐步整形。当导线穿过墙体或楼板时,均需要装设穿墙、穿楼板保护管(要求见本章第二节)。护套线的接头应置于接线盒、灯头盒、开关盒和插座盒之内,以保持线路敷设整齐美观和用电安全。

线路敷设好后,应进一步检查线路敷设是否横平竖直,通常用一根 1m 长的平直木板条作为基准标尺,即将标尺平面紧贴在被检查线路的一侧,当发现某处导线未与基准尺面平滑贴紧时,可用螺丝刀木柄或小木锤轻轻敲击导线校正。

七、导线的连接与封端

导线的连接方法很多,主要有绞接、焊接、压接和螺栓连接等四种,各种连接方法应根据导线的类型、截面及工作地点选择。导线连接一般可按以下四个步骤进行,即剥切绝缘层、导线芯线连接、接头焊接或压接、以及包缠绝缘等。在电气安装工程中,导线连接是一项非常重要的工序,因为线路故障多发生在导线接头处,所以线路能否安全可靠地运行,导线接头的连接质量起着决定性的作用。

1. 导线连接的基本要求

在《电气装置安装工程 1kV 及以下配线工程施工及验收规范》(GB50258—96 第 3.1.3 条)中,综合起来对导线连接提出如下主要要求:

1)在剖切导线绝缘层时,不应损伤芯线。芯线相互连接后,绝缘带应包缠均匀紧密,其强度应不低于导线原绝缘强度;在接线端子根部与导线绝缘层之间的空隙处,应采用绝缘带包缠紧密。

2)截面为 10mm² 及以下的单股铜、铝芯线可直接与电气器具、设备的接线端子连接。截面为 2.5mm² 及以下的多股铜芯线应先拧紧搪锡或焊、压接线端子,而多股铝芯线和截面为 2.5mm² 以上的多股铜芯线应压接或焊接端子后(用电设备、器具自带插接式端子除外),再与用电设备、器具的接线端子连接。

3)使用压接法连接铜(铝)芯导线时,连接管、接线端子、压模的规格应与线芯截面相符。压接深度、压口数量和压接长度应符合产品技术文件的有关规定要求。

4)使用气焊法或电弧焊接法进行铜(铝)芯导线时连接,焊缝应饱满、表面应光滑,即焊缝的周围应凸起呈半圆形的加强高度,凸起高度为线芯直径的 0.15～0.3 倍,并不应有裂缝、夹

渣、凹陷、断股及根部未焊合等缺陷,焊缝的外形尺寸应符合焊接工艺评定文件的有关规定要求。导线焊接后,接头处的残余焊药和焊渣应清除干净,焊剂应无腐蚀性。

5)在配线的分支接线处,应保证干线不受支线的横向拉力。

综上所述,为了保证所安装的配电线路安全可靠地运行,就必须按照上述规范要求进行导线连接,使导线连接点达到连接可靠(接头电阻值应不大于相同长度导线的电阻值)、机械强度高(接头的机械强度应不小于导线机械强度的80%)、耐腐蚀和绝缘性能好等基本要求。

2. 导线连接

1)绝缘层的剥切

在导线连接之前,须先将导线连接部分的绝缘切掉,剥切长度由导线连接方法和导线截面的大小而定。一般在导线连接后,应剩余10~15mm长的无绝缘段,导线与电气器具端子连接后,导线端应剩余1~3mm无绝缘段,导线的剥切方法有单层剥切法、分段剥切法和斜面剥切法等三种。单层剥切法适于单层绝缘导线,如BV、BLV型塑料线等;分段剥切法适用于多层绝缘导线,如BVV、BLVV等塑料护套线以及橡皮绝缘导线;斜面剥切法适用于绝缘层较厚或多层绝缘导线,将导线连接部分的绝缘层斜削成铅笔头状。在剥切导线绝缘层时,不能损伤芯线,以免降低导线的机械强度和增大导线接头的电阻值。

2)铜芯导线的连接

铜芯导线具有韧性好、强度高和导电性能优良的特点,在室内电气照明配线工程中,多采用铜芯导线绞接、缠卷以及压接等连接方法。其中铜导线压接法具有操作工艺简单,节省有色金属,特别适于用现场施工。在压接时,应选用与铜芯导线截面相应规格的铜压接管,其规格有QT-16、25、35、50、70、95、120、150、185、240、300等。如图3-18所示,将被连接导线的线芯端剪齐并整型后,分别插入铜压接管的1/2处,用压接钳和配套模具进行冷态压接。通常只需要在压接管的两端各压一个压坑,即可满足接触电阻和机械强度的要求。而对于拉力强度要求较高的场所,应适当增加压坑的个数,如可在铜压接管的两端各压两个压坑,压坑深度应控制在上、下压模接触为止。

3)铝芯导线的连接

我国铝金属资源丰富,其导电性能与铜很接近,而且可塑性好,导线易于敷设整型,价格便宜,所以在电气工程中得到广泛应用。在室内电气照明配线中,也广泛采

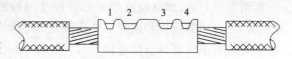

图3-18　铜压接套管外形结构及压接顺序

用铝芯导线。但是,铝芯导线的机械强度较铜线差、易氧化,因此连接工艺要求比较特殊,即规定铝芯导线间的连接不允许采用绞接和缠卷等方法,可采用压接法、电阻焊(俗称对焊)法、钎焊法和气焊法等。

其中铝芯导线压接法最为简便,即在压接之前,先将铝芯表面的氧化层清除干净,再涂以石英粉和中性凡士林油膏(石英粉有助于在压接时挤破芯线表面和铝压接套管壁的氧化膜,中性凡士林油膏可使铝芯线与空气隔离,防止铝芯线氧化),涂上导电膏,然后选用相应规格的铝压接套管和压模,将铝芯线插入铝压接套管内,用装有相应压模的压接钳进行冷态压接,使铝芯导线与铝压接套管成为一体,构成导电通路。

对于2.5~10mm²的单股铝芯导线,可采用小截面铝压接套管,这种套管有圆形和椭圆形两种,由含铝纯度为99.5%的压延铝制成,其规格尺寸见表3-17。对于16~240mm²的多股

铝导线,应根据导线截面选用表 3-18 所列相应规格的铝压接套管,其压接方法与铜压接套管的压接相同。

表 3-17　10mm² 以下铝导线的压接套管规格表

套管类型	导线截面 (mm²)	铝线外径 (mm)	套管尺寸 (mm)					压接尺寸 (mm)		
			D_1	D_2	D1	D	L	B	C	E
圆形	2.5	1.76	1.8	3.8					2	1.4
	4	2.24	2.3	4.7					2	2.1
	6	2.73	2.8	5.2	—	—	31	2	1.5	3.3
	10	3.55	3.6	6.2					1.5	4.1
椭圆形	2.5	1.76	1.8	3.8	3.6	5.6			6.8	3.0
	4	2.24	2.3	4.7	4.6	7.0			8.4	4.5
	6	2.73	2.8	5.2	5.6	8.0	31	2	8.4	4.8
	10	3.55	3.6	6.2	7.2	9.8			8.0	5.5

表 3-18　16～240mm² 铝导线的铝压接套管规格表

型号规格	线芯截面 (mm²)	长度 (mm)	内径 (mm)	外径 (mm)
QL-16	16	66	5.2	10
QL-25	25	68	6.8	12
QL-35	35	72	8.0	14
QL-50	50	78	9.6	16
QL-70	70	82	11.0	18
QL-95	95	86	13.6	21
QL-120	120	92	15.0	23
QL-150	150	95	16.0	25
QL-185	185	100	18.6	27
QL-240	240	110	21.0	31

3．导线封端

所谓导线封端,即导线出线端的装接及包缠绝缘带,以便于导线与电气器具的接线端子(或桩头)进行可靠连接和恢复导线连接处的绝缘。

1)导线与电气器具直接连接

在室内电气照明线路中,多采用 6mm² 及以下的单股导线,如导线与开关盒、灯头盒、插座盒内的接线桩头的连接,均可采用直接连接的方法。当采用螺钉、垫圈压紧连接时,只要在单股导线端部将芯线顺着螺钉拧紧的方向弯一圆环,对于多股铜导线需先将芯线绞紧搪锡后再弯圆环,即可直接连接到电气器具的接线端子上。对于铝芯导线,为了防止氧化,应在芯线表面涂一层中性凡士林再进行连接。采用螺钉挤压连接时,芯线截面应大于接线孔内截面的 50％,否则应将芯线头双折或加垫铜铝皮,以保证连接可靠。当铝芯导线与电气器具的铜接线端子连接时,为防止电化腐蚀而使接触电阻增大,可采用铝—锡—铜过渡方法进行连接,即在铝芯线头上包裹(或垫上)一层搪过锡的薄铜皮,也可涂一层中性凡士林,再与电气器具的接线端子连接。

2)导线与接线端子的连接

大楼的配电线路进户线、电缆井内配电干线等多为 10mm² 以上的多股铜芯或铝芯导线。由于导线的线径较粗,载流量较大,为了避免导线芯线与电气设备连接时接触面积过小而产生高热,有烧坏导线和引起火灾的可能,因此需要装设接线端子(俗称接线鼻子)。有铜接线端子和铝接线端子两种,铜接线端子应与铜芯导线装接,可采用锡焊法或压接法。如果铜导线需要与铝母线或电气设备的铝接线端子连接时,应选用铜铝过渡接线端子装接。采用铜接线端子压接时,铜导线端部绝缘层的剥切长度为接线端子孔深加 5mm,将铜芯线插入接线端子孔内用压接钳进行压接,压接顺序见图 3-19。而采用锡焊法时,则先将芯线绞紧,再搪上一层焊锡,并在接线端子孔内涂上无酸性焊锡膏,用喷灯加热,同时将焊锡熔化于接线端子孔内,再将搪过锡的芯线慢慢插入孔中,使焊锡完全渗透到芯线缝隙之中,移去喷灯进行冷却即可。

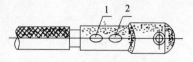

图 3-19　铜接线端子外形结构及压接顺序

铝接线端子通常采用压接法与导线装接,铝接线端子的压接方法与铝压接套管相似。在压接前先将接线端子孔内壁和铝芯线表面的氧化膜清除干净,并涂以石英粉—凡士林油膏后,再将芯线插入接线端子孔内,按顺序进行压接,压接后用细锉刀和砂布把端子打磨光滑。

3)恢复导线绝缘

在导线连接好后,还应包缠绝缘带以恢复其绝缘。一般采用黄蜡布和黑色绝缘胶带,以半叠包缠法进行包缠,即使绝缘胶带边与导线轴向呈 45°每圈叠压带宽的 1/2。在较干燥的环境中,先包缠一层黄蜡布,再用黑色绝缘胶带包缠即可;在较潮湿场所,则应采用绝缘强度较高的聚氯乙烯绝缘胶带或涤纶绝缘胶带包缠。在包缠绝缘带时应包缠紧密,以防脱落和潮气浸入,包缠厚度应使导线连接处达到导线原有绝缘强度等级。

4．用热缩管绝缘密封

电器通用热缩管与热缩电缆头附件相似,是由聚烯烃高分子材料配以各种添加剂,经 300 万伏特高能射线(γ 射线或电子束)辐照,使聚合物内的分子发生交联,线型分子结构转化为空间网状结构。当加热到结晶熔点以上时,便呈橡胶弹性状态,此时施加外力、扩张成型、并经 γ 射线辐照交联,使其产生弹性变形后,再进行降温冷却处理,使聚合物分子链"冻结",保持弹性变形后的形状。当再次加热时,聚合物分子链"解冻"而自动恢复到弹性变形前的形状。由此可见,这是一种新型智能高分子材料,即具有"热记忆"功能。如内径 6.5mm 的热缩管,加热后能凭记忆收缩至设计尺寸 2mm。

热缩管具有使用方便、机械强度高、耐老化、耐化学腐蚀及耐高温等性能,对导线连接处能够起到良好的紧固、密封、绝缘和防水防潮作用,弥补了一般绝缘胶带在高温高湿及有化学腐蚀性气体场所内易松脱、密封性和绝缘能力较差,以及包缠不够美观等缺陷。部分电器通用热收缩管产品标准在表 3-19 中列出,以供选用时参考。

如前所述,热收缩材料在高低压电力电缆终端头、中间接头的制作安装中,在室内动力、照明配电系统中,以及汽车、家电等电气连接中得到越来越广泛的应用。在导线连接点和接线端子处,应根据被绝缘密封导线截面选择合适规格的热缩管,一般应使被连接导线外径小于热缩管的内径,而大于收缩后的内径即可,也可按被连接线总截面的 2～3 倍选择热缩管的内截面。使用时将一段热缩管套在需保护密封的部位,用喷灯或热吹风等热源对其加热,热缩管即可自行收缩包紧被连接导线,从而大大提高了导线接头长期工作的可靠性。在对热缩管加热时,应不断移动热源,温度不宜过高,要控制在 110 ～130℃范围以内,将火焰调节柔和、颜色为淡黄色为宜。火焰应匀稳地沿螺旋状移动,并对热缩管从中间向两端缓慢加热,或从一端沿管轴向延伸加热,以利于热收缩管在受热收缩时排出管内空气。

表 3-19   热收缩管部分产品规格

规 格	产 品 内 径 (mm)	收缩后内径 (mm)
2.5/0.5	2.5	0.5
3.5/1.0	3.5	1.0
5.5/1.5	5.5	1.5
6.5/2.0	6.5	2.0
8.0/3.0	8.0	3.0
9.0/4.0	9.0	4.0
12.0/5.5	12.0	5.5
14.0/6.5	14.0	6.5
15.5/7.0	15.5	7.0

第五节   封闭式母线槽安装

近年来,在现代化高层建筑、体育场馆和工业厂房中,采用封闭式母线槽(简称母线槽)作为低压配电干线十分普遍,母线槽配电系统安装如图 3-20 所示,可作为连接电力变压器和低压配电屏的线路,也可作为低压配电屏引出的配电干线线路,并可通过在母线槽上的插接孔安装插接式开关箱,很方便地引出电源支路。由此可见,母线槽具有体积小、结构紧凑、传输电流大(额定工作电流为 250A～3150A 等 10 种规格)、绝缘强度高、防潮性能好,使用寿命长、配电安全、维护简便和外形美观等特点。

母线槽可分为交流三相三线制、三相四线制和三相五线等三种类型,额定电压 400V,额定电流为 250A～3150A,其产品型号表示格式及含义为:

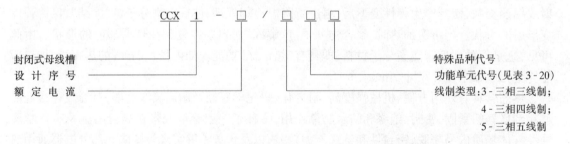

例如 CCX1-800/4A 则表示三相四线制,无插接孔直母线槽,额定电流为 800A。在安装母线槽之前,应先对母线槽进行外观检查,尤其是接头搭接面的质量应满足要求,以免由于接触电阻增大而使接头严重发热。

母线槽的安装,应在所安装部位的建筑装饰工程与地下室暖卫通风管道安装基本结束后进行。在熟悉图纸前提下,首先要选用合适的母线槽。在选择母线槽时,各种母线槽单元应尽量选用标准长度;穿墙孔洞母线槽的最小长度应为墙体厚度再加上 520mm;穿楼板孔洞的母线槽,为了便于安装弹簧支撑器,其最小长度应为地板厚度再加上 950mm;对于 2500A 及以上的母线槽,由于母线规格较大,为了便于安装,应选用长度 2m 及以下的为宜;选用带插接孔的母线槽应满足设计的插接孔高度或插接式开关箱的安装高度、位置的要求。另外为了减少母线槽热胀冷缩因素的影响,母线槽连续长度超过150m时,中间应增设一节膨胀节母线槽。另外,还要配合土建施工预埋螺栓、现场开洞、现场走向测量、支吊架制作安装、母线固定连接、产品保护、测试通电和检查验收交付使用。母线槽敷设一般是从地下室的高低压配电室到配电竖井的各层小配电间逐段依次安装。母线槽在配电室及配电竖井内小配电间的安装,由于受空间条件的限制,还要同其它工种交叉施工等,所以会给母线安装带来一定难度。由于安装环境、安装工艺方法、安装后的产品保护等,都对母线槽安装质量和安全运行有直接影响。因此,必须加强施工现场管理,切实根据图纸按母线槽安装的技术标准和工艺要求,在施工全过程中认真实施,以保证母线槽的安装质量和运行安全。

一、划线及预留孔洞

根据图纸设计要求及时配合土建结构进行穿墙、穿楼板孔洞的预留。认真核对预埋孔洞的坐标位置和尺寸。要保证在配电竖井内垂直方向各穿楼板的孔洞应在同一直线上,洞口大小一致。并且在母线槽安装之前还应放线检查穿墙和穿楼板的孔洞是否符合要求,否则就要及时采取补救修正措施。

表 3-20　封闭式母线槽功能单元代号含义表

代号	功能单元名称	代号	功能单元名称
A	无插孔直线母线槽	M	X 型垂直接头母线槽
B	无插孔终端母线槽	N	变向节母线槽(双大头)
C	进线箱	D	变向节母线槽(双小头)
D	终端盒	Q	Z 型水平接头母线槽
E	L 型水平接头母线槽	R	Z 型垂直接头母线槽
F	L 型垂直接头母线槽	S	一插孔直线母线槽
G	T 型水平接头母线槽	T	二插孔直线母线槽
H	T 型垂直接头母线槽	U	三插孔直线母线槽
J	膨胀节母线槽	W	一插孔终端母线槽
K	变容量(变截面)母线槽	X	插接式开关箱
L	X 型水平接头母线槽	Y	插接式接线箱

注:插接式开关箱型号为 CCX1-□/□X,正面操作,CCX1-□/□XA 侧面操作,箱内均有自动空气开关 DZ10 或 DZ20;CCX1-□/□XB 正面操作,箱内有限流型自动空气开关;CCX1-□/□XC、CCX1-□/□XD 均为多回路箱,分别装有多个自动空气开关和多个熔断器。

二、按施工现场母线槽走向绘制母线槽安装图,交付生产加工

土建结构封顶后,对母线槽安装走向和长度要进行实地测量,要求测量的精确度要高,保证母线安装连接及标高的要求。在测量走向时应注意母线槽不得在水管、气管的下方平行敷设,有交叉时应在管道的上方敷设;两段单元母线槽连接点不得设在穿墙和穿楼板处;测量时还应注意插接箱分支点插孔应设在安全及维护方便的地方;母线槽在狭小空间及配电柜内敷设要注意留有一定散热空间;母线槽敷设长度超过 40m 应增设伸缩节;要尽量减少线路的弯曲,以减少配件连接;画出走向图;最后将测量的每段母线槽长度和配件进行顺序编号,交生产制造厂家生产加工。

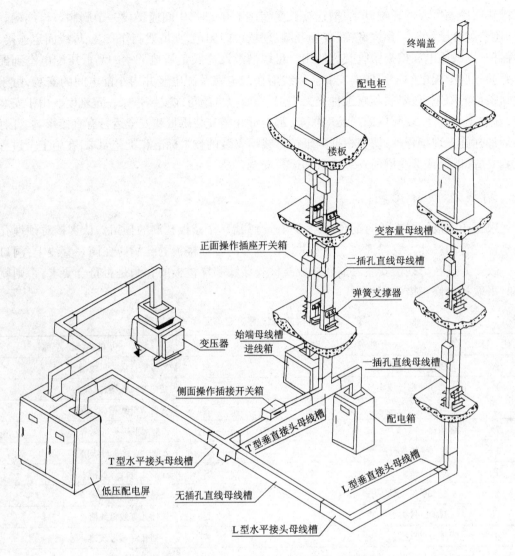

图 3-20　封闭式母线槽配电系统安装示意图

三、埋设母线槽安装支架

支架或吊架制作、安装应按设计和产品技术文件的规定进行,根据施工现场结构型式,采用角钢或槽钢制作。如有"－"、"L"、"X"、"Z"等多种类型,应按母线槽的载流量及外壳尺寸来选定。支架或吊架及其配件应采用镀锌材料,并做好防腐处理。水平方向敷设的母线支架间距不宜大于 2m;垂直方向敷设在通过楼板处应采用专用弹簧支撑器固定;母线槽末端悬空、拐弯处及与接线盒和配电箱(柜)连接处均应安装支架固定,并禁止母线直接靠墙安装。

四、母线槽固定安装

母线槽固定连接非常关键,它关系到所安装的母线槽能否正常通电运行。母线槽固定连接前,首先根据施工图纸、母线槽及其附件清单、现场测量走向图等记录,核对母线槽及附件规格、数量、品种、长度尺寸、顺序编号等是否符合设计和施工现场要求。母线槽分段标志应清晰齐全,内外均无损坏。母线槽固定连接时,为了达到产品保护目的,除将母线槽首尾端包装拆除外,其余母线槽外壳包装暂不拆除。将要安装的首段母线槽在支架上固定牢,在首端或尾端连接处放入绝缘板,把需连接的母线槽首端或尾端平整放入,穿入连接绝缘螺栓,调直母线槽后缓缓旋紧螺栓。紧固后要求用 0.01mm 塞尺检查,保证连接可靠,盖上盖板。再将接地线连接板固定于两段母线槽首尾连接处,并用万用表 1Ω 档检测,测得电阻值不得大于 0.1Ω,以保证接地连接板与母线槽外壳接触良好。然后在母线槽系统的始端和终端分别接上接地保护线(PE 线)。在各层配电小间的母线槽上安装插接箱后,按设计要求从配电竖井内接地干线接出规格符合 IEC 标准的 PE 线与插接箱 PE 端子连接,插接箱的外壳与母线槽外壳应有良好的电气连接。为了达到母线槽外壳良好接地保护目的,母线槽系统始、终两端的 PE 线可采用不小于 16mm^2 的 BV 铜芯线从接地干线接至。接地线不得用其它材料与母线槽外壳焊接,以免破坏母线槽外壳。有接地保护的母线槽外壳,不得用来作为其它设备的接地保护线。

五、母线槽检测验收

母线槽安装要确保绝缘强度达到规定要求。由于母线槽在运输、储存、施工过程中容易受潮,在与其它工种交叉施工中,水泥砂浆、粉尘等杂物也容易侵入,从而降低了母线槽内部的绝缘强度,严重时会造成相间短路,使其无法通电运行。因此,母线槽在安装前应逐个单元进行绝缘测试,安装连接后,再进行系统总绝缘测试,其绝缘电阻值不得小于 0.5MΩ。若不符合要求,应及时采取相应措施,直到符合要求后方可通电试验。母线槽一般空载通电运行 24h 后,再接上负载检查,如果无异常现象发生,方可验收交付使用。

此外,产品保护也是母线槽安装的关键环节。因此在母线槽安装前就应先检查施工现场,如屋顶、楼板是否有积水和渗漏现象;配电竖井口土建是否有防水措施。母线槽及配件运至现场后,应储存在室内仓库妥善保管,防止水、腐蚀性气体的侵蚀和机械损伤。母线槽安装后,应对其外壳、插接箱、终端母线槽采取保护措施。母线槽在穿过楼板和墙洞时,不得用水泥砂浆封堵,应采用防火阻燃材料将母线槽四周填实。

母线槽安装除上述应采取的技术措施外,选择母线槽产品也至关重要。产品要质量可靠,各项技术质量性能指标应符合国家标准,其生产厂家售后服务好,技术力量雄厚,这是母线槽长期安全运行的重要保证。

第六节　室内照明器具与控制装置的安装

室内照明器具与控制装置主要包括各式照明灯具、开关、插座和照明配电箱(盘)等,本节将主要介绍它们的安装施工要求和一般安装方法。

一、室内照明灯具的安装

按配线方式、房屋结构、功能以及对照度的不同要求,室内照明灯具一般可分为吸顶式、壁式和悬吊式等三种安装方式。

1. 照明灯具的一般安装要求

根据《电气装置安装工程电气照明装置施工及验收规范》(GB50259—96),在进行室内照明灯具的安装施工时,应满足以下要求。

1)灯具应安装牢固可靠

在进行灯具安装时,应首先保证安全,使灯具安装牢固可靠。如固定灯具用的螺钉、螺栓一般不得少于两个,木台直径在75mm及以下时,也可用一个螺丝或木螺栓固定。灯具重量超过29.4N时,应预埋吊钩或螺栓。固定花灯的吊钩,其圆钢直径应不小于灯具吊挂销轴的直径,且不小于6mm,对于大型吸顶花灯、吊装花灯的固定及悬吊装置,应按灯具重量的1.25倍做过载试验。采用钢管制作灯具吊杆时,钢管壁厚不应小于1.5mm,管内径应不小于10mm。对于软线吊灯,其灯线两端在灯头盒内均需打"结扣",以不使盒内接线螺钉承受灯具重量,防止灯具坠落。此外,还限制软线吊灯重量在9.8N以内,超过者应加装吊链,并将软灯线与吊链编叉在一起,且吊链安装的灯具其灯线不应承受拉力。另外,在重要场所安装灯具的玻璃罩,应按设计要求采取防止破裂后向下溅落的措施。

2)灯具安装应整齐美观,具有装饰性

在同一室内成排安装灯具时,如吊灯、吸顶灯、嵌装在顶棚上的装饰灯具、壁灯或其他灯具等,其纵横中心轴线应在同一直线上,中心偏差不得大于5mm。嵌装在顶棚上的灯具应分别固装在专设框架上,灯罩边框边缘应紧贴在顶棚安装面上。隔栅荧光灯具以及其他灯具的边缘应与顶棚的拼装直线平行,隔栅荧光灯具的灯管应排列整齐,其金属隔栅不得有弯曲和扭斜等缺陷,以使灯具在室内起到照明和装饰两种作用。

3)灯具的安装应符合安全用电要求

规范规定,各种灯具金属外壳应妥善接地,或使用12～36V安全电压。荧光灯、荧光高压汞灯、碘钨灯等及其附件应配套使用,且安装位置应便于检修。在装有白炽灯泡的吸顶灯内,白炽灯泡与木台间须设置隔热层。电源线在引入灯具处不应受到应力和磨损,也不应贴近灯具外壳,在灯架或线管内导线不应有接头,以确保照明用电的安全。

2. 悬吊式灯具安装

灯具的悬吊方式有线吊式、管吊式和链吊式等三种安装方式。灯具重9.8N及以内,如一般居室内白炽灯多为软线吊灯,对于9.8N以上的灯具,如荧光灯、各式花灯则多为管吊式或链吊式灯具。

1)小型悬吊灯具的安装

小型悬吊灯具主要包括一般软线吊灯、瓜子链吊荧光灯、以及29.4N以内的链吊式、管吊式灯具。在安装小型悬吊灯具时,一般需要先安装木台和吊线盒,且在土建内装修或室内吊顶基本完成后,在暗(明)配线施工的同时进行安装。安装时,先在木台上钻好出线孔,对于明配线,还要在木台上锯好进、出线槽,然后将导线套上塑料保护管从木台出线孔中穿出,再将木台固定在安装面上(直径ϕ75mm以内的木台用1个木螺钉固定,ϕ75mm以上的木台须用2个木螺钉固定)。木台的固定应视安装面结构而定,对于木梁、木结构楼板,可用木螺钉直接固定。对于砼楼板,如为现场浇注砼楼板,可在预埋线管的同时埋设接线盒,明配线则埋设木砖;如为预制多孔楼板,则可用冲击钻钻孔,选用合适的聚丙烯膨胀螺栓固定木台。注意在砖石结构中安装电气照明装置时应采用预埋吊钩、膨胀螺栓、尼龙或塑料胀管等固定,严禁使用木楔。对于轻钢龙骨吊顶,则应与室内装修施工配合,用螺钉或螺栓将木台固定在龙骨架上,使木台与吊顶面板贴紧。在木台、吊线盒座等安装固定好后,即可安装小型悬吊灯具了。

灯具的悬挂高度首先应考虑照明安全用电和室内活动、工作范围(6～12m)的要求,还须考虑对灯具眩光的限制,即使灯具的最低悬挂高度在视角的中等眩光区和微弱眩光区(27°～

45°)之内。如图 3-21 所示,灯具的悬吊垂度 h_c＝0.3～1.5m;一般灯具安装高度 h_s＝2.4～4.0m;配照型灯具 h_s＝3.0～6.0m;搪瓷深照型灯具 h_s＝5.0～10m;镜面深照型灯具 h_s＝8.0～20.0m。

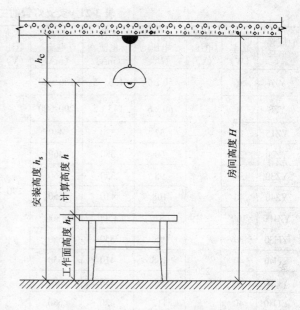

图 3-21 灯具悬挂示意图

小型悬吊式灯具种类繁多,本节主要介绍常见的一般软线吊灯、瓜子链吊荧光灯和管吊组合式荧光灯的吊装方法。

(1)软线吊灯

软线吊灯安装最为简便,安装时先将吊线盒座装在木台中心,并与明(暗)配线连接,再根据灯具设计悬吊高度剪割适当长度的双股棉织绝缘软线或塑料软线(潮湿的场所宜选用塑料绝缘软导线),用剥线钳将导线端的绝缘层剥除 2～3cm,并将芯线按原绞捻方向绞紧,搪锡后再与吊线盒座、灯头盒内的接线端子连接,连接之前须在盒内打好结扣"。在进行接线时,应注意将相线与零线严格分开,一般规定红色或有花色的导线与相线连接,淡蓝色或无花色的导线与零线连接。相线应经过开关再与灯具吊线盒连接,而零线可直接与吊线盒连接。对于螺口灯泡,应使经过开关的相线(一般称为控制线)连接于灯头盒内的中心舌型弹片上,零线接在螺口上,以避免在装卸灯泡时发生触电事故。

(2)瓜子链吊荧光灯

这种灯具光效高,因此在图书馆阅览室、办公楼、教学楼、居民楼等场所中应用十分普遍。在安装时应先在地面进行组装试亮合格后再进行吊装。组装时应特别注意镇流器、启辉器与灯管相匹配,可参照表 3-21、表 3-22 选用。荧光灯电路如图 3-22 所示,在接线时应按荧光灯电路图和镇流器接线图接线,尤其是带有副线圈的镇流器更不能接错,否则会损坏灯管。另外,由于镇流器是感性元件,功率因数较低,为了提高功率因数,应在荧光灯电路两端并联适当规格的电容器,以进行分散式无功补偿。荧光灯配用的电容器规格见表 3-23,也可以在变电所(室)进行集中式无功补偿。

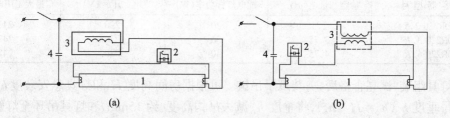

图 3-22 荧光灯线路图

(a)一般荧光灯线路 (b)带副线圈镇流器的荧光灯线路

1—灯管;2—启辉器;3—镇流器;4—补偿电容

表 3-21　荧光灯管的主要技术数据

灯管型号	额定功率(W)	电源电压(V)	工作电压(V)	工作电流(mA)	启动电流(mA)	启动电压(V)	光通量(lm)	平均寿命(h)	管径	全长	管长	灯头型号
YZ6	6	220	50±6	135±5	180±20	190	150	2000	15.5±0.8	226±1	210±1	2RC-14
YZ8	8		60±6	145±5	200±20		250			301±1	285±1	
YZ15	15		52	320	440		580	3000	38	451	436	2RC-35
YZ20	20		60	350	460		970			604	589	
YZ30	30		95	350	560		1550			909	894	
YZ40	40		108	410	650		2400			1215	1200	
YZ100	100		87	1500	1800		5500	2000				
YH30	30	220	95	350	560		1550	1000				
YH40	40		108	410	650		2200					
YU30	30		90	370	570		1550					
YU40	40		112	420	680		2200					

表 3-22　镇流器、启辉器的主要技术数据

| 配用灯管功率(W) | 镇流器技术参数 | | | | | | | | 启辉器技术参数 | | | | | |
	型号	工作电压(V)	工作电流(mA)	启动电压(V)	启动电流(mA)	最大功耗(W)	cosψ	tgψ	型号	正常启动 电压(V)	正常启动 时间(S)	欠压启动 电压(V)	欠压启动 时间(S)	启辉电压(V)
6	YZ1-220/6	203	140-5		180-10	4	0.34	2.76	PYJ 4-8	220	1～4	180	<15	>135
8	YZ1-220/8	200	150-10		190-10		0.38	2.43						
15	YZ1-220/15	202	330-30		440-30	8	0.33	2.86	PYJ 15-20					
20	YZ1-220/20	196	350-30	215	460-30		0.36	2.59						
30	YZ2-220/30	180	360-30		560-30		0.5	1.73	PYJ 30-40					
40	YZ2-220/40	165	410-30		650-30		0.53	1.6						
100	YZ1-220/100	185	1500-100		1800-100	20	0.37	2.52	PYJ 100	200	2～5			

表 3-23　荧光灯配用电容器的主要技术参数

电容器型号	容量(μf)	配电灯管功率(W)	电压(V)	最大工用电压(V)
YDR220-2.5	2.5	20	220	242
YDR220-3.75	3.75	30	220	242
YDR220-4.75	4.75	40	220	242

在灯具组装、试亮合格后,剪装瓜子吊链。可根据房间高度 H 和灯具悬安装度 h_s 确定灯具的悬吊垂度 h_c($h_c = H - h_s$),将垂度 h_c 减去吊钩高度(约 15mm)和灯具吊环至灯管的高度(约 50mm),即为所需瓜子链的长度。再根据灯具吊环的实际间距,在顶棚的安装线上确定吊钩位置,并埋设吊钩,以保证在灯具吊装后,灯具悬吊牢固、等高、纵横平齐、吊链铅垂、整齐美观。

(3)管吊组合式荧光灯

管吊组合式荧光灯是我国近年开发的新型高效节能荧光灯具,配置有电子镇流器,具有功率因数高(可达 0.9 以上)、高频快速起动(工作频率 $f=18\pm2$kHz,起动时间 $t_{qd}=1\sim2$s)、工作稳定、适用电压变化范围大(180~240V,50Hz 均可正常工作)和节电、寿命长等特点。它是以铝型材为灯体、美观大方、照度高,配以不同的连接件(有二通、三通、四通、六通等灯管插接头),巧妙而方便地组合成多种几何形状,特别适合于现代办公楼、写字间、教学楼、阅览厅、计算机房和商场等场所的大面积工作照明,能使室内显得宽敞明亮,增加了舒适感。安装时应当与室内装修工程紧密配合,结合天棚结构、形式、以及不同型号灯具的装配图进行安装。以轻钢龙骨吊顶为例,其安装方法为:①根据灯具型号、吊管间距和组合的几何形状,在顶棚上确定吊管盒装设位置,与吊顶装修施工配合,设置安装盒座的龙骨架,并预留吊管盒座安装孔。②用电钻在龙骨架上打孔,直接用木螺丝或螺栓把吊管盒固定在龙骨上。③如前所述,应按照明设计平面布置图和吊管盒座的安装位置,在顶棚内将 PVC 塑料阻燃刚性线管或金属线管敷设至相应灯具的上方,并设一接线盒,然后通过塑料波纹管或金属软管与灯头盒相互连接,再按要求穿线,使导线从灯头盒进线孔穿入,接在灯头盒座的接线端子上。④根据吊管所在组合式灯具的部位,选用相应的灯管连接头与吊管组装,并将与灯管插接头相连接的导线从吊管引出(吊管内不允许有导线接头)。⑤安装吊管组件,先将从吊管引出的导线接在吊管盒座的接线端子上,再把吊管盒装饰护罩(金属法兰)扣装在吊管盒座上,找正装配孔,用装配螺钉连接固定。与此同时,调整好灯管插接头方向,将铝型材灯体装于灯管插接头上,这样吊管组合式荧光灯就安装好了。

2)大、中型悬吊灯具安装

在室内电气照明灯具安装中,经常会遇到如水晶花灯、艺术花灯等一些大型或中型悬吊灯具的安装,其安装有链吊和管吊两种吊装方式。如前所述,当灯具重量超过 29.4N 时,需要在顶棚上装设吊钩,吊钩可选用 $\phi8\sim\phi12$mm 的圆钢制作,即将圆钢煨制"T"字形。在现浇制砼楼板或梁的埋设点处,应将"T"字形吊杆的横边绑扎在钢筋上,竖直吊杆则与暗敷线管的出线管贴紧并齐,待浇注混凝土、拆除模板后,再用气焊加热将吊杆煨成吊钩。在预制楼板的埋设点处,可用冲击钻打孔(如为楼板拼接缝隙,则不用打孔),将"T"字形吊杆从孔洞中穿下,待铺抹水泥砂浆地坪时埋住,最后仍采用气焊加热将吊杆煨制成灯具吊钩。对于轻钢龙骨吊顶,则应与室内吊顶装修施工紧密配合,可在龙骨架上装设吊钩,但应对龙骨架采取加固措施,或者采用上述方法在楼板上埋设吊钩。

在吊钩装设好后,即可吊装花灯及接线。但在吊装花灯之前,应先进行组装,即将花灯的各组灯泡按控制要求试亮,吊装并经试亮合格后,再安装各式装饰灯罩、灯具的水晶吊链等灯饰配件。

3. 吸顶式灯具安装

吸顶式灯具式样繁多,有适用于展览厅、厨窗等场所照明的小射灯、轨道灯,可起到装饰展厅、厨窗和宣传美化展品的效果;有适用于大型商场、贸易大厦等场所照明的光带(指发光表面与顶棚表面在同一平面上的狭长灯具)和光梁(指发光表面突出顶棚表面的狭长灯具),再配以嵌入式筒灯、牛眼灯及其他灯具,可使大厅照度均匀,视觉条件和显色性好,给人以室内空间高大、明亮和富丽堂皇之感;有适用于歌舞厅、宴会厅、卡拉 OK 厅等场所照明的吸顶花灯,再配以嵌入式筒灯、暗槽灯、艺术壁灯以及合适式样的舞厅灯等,从而达到美化环境、光彩夺目和生动活泼的观感效果;还有适用于图书馆、科研楼、教学楼等场所照明的吸顶式荧光灯、大面积的发光顶棚等,具有光效高、寿命长和光色较好的特点。由于荧光灯管安装于专用灯具之内,所以较好的消除了弦光,很适宜在学习环境中装设。为了减弱荧光的频闪效应,在同一大厅或室内应采用三相四线制供电的照明线路。

下面仅对最流行的光带灯具和吸顶花灯的安装加以介绍。

1)光带(光梁)灯具的安装

光带(光梁)的透光面罩有磨砂玻璃、PS折光板、满天星格栅、乳白有机玻璃、有机格栅、铝网、铝格栅(有方格、直条)等,具有照度高、美观大方和豪华气派,因此在现代化商场、贸易大厦等场所的电气照明中获得了广泛应用。TY547$_c^a$型光带安装尺寸见表3-24,图3-23为光带在轻钢龙骨吊顶上的安装示意图,现以 TY547C 型光带为例,其安装方法为:(1)在安装光带时,应与室内吊顶装修工程紧密配合,根据光带型号、安装尺寸和安装位置,在顶棚上预留宽度 B,长度为 1280×n 的孔洞,并按照线路平面布置图,先进行配管配线,把电源线敷设到相应的光带旁;(2)根据光带盒 3 和装饰托罩架 8 的安装尺寸,在预留孔两侧的槽形龙骨 4 上加工安装孔,并对龙骨采取相应的加固措施;(3)把光带先分组进行组装并试亮正常后,再用安装螺钉 5 把光带盒和装饰托罩架固定在槽形龙骨上。在安装固定时,应使各组光带盒相互连接紧密,接口应无错位和缝隙;装饰托罩架应与石膏板 6 的表面贴紧,托罩架间相互连接光滑平齐,两侧托罩架间相互平行;(4)最后连接光带电源线、安装灯管和透光面罩等,这样,就完成了光带在轻钢龙骨吊顶上的安装。

表 3-24　TY547 系列光带安装尺寸(mm)

型　　　号	透光面罩宽度	土建顶棚预留孔洞
TY547 □-1-1	240	270×1280×n 组
TY547 □-1-2	320	350×1280×n 组
TY547 □-1-3A	350	380×1280×n 组
TY547 □-1-3B	490	520×1280×n 组

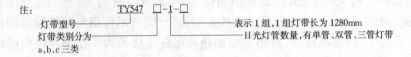

注:　　　　　TY547　□-1-□

灯带型号 ──────────┘　　　└────── 表示 1 组,1 组灯带长为 1280mm
灯带类别分为 ────────────────── 日光灯管数量,有单管、双管、三管灯带
a、b、c 三类

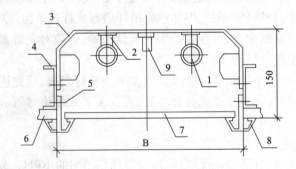

图 3-23　光带安装示意图

1—荧光灯管;2—灯带座;3—灯带盒;4—槽型龙骨;5—安装螺钉;6—吊顶面板;
7—透光面罩;8—装饰托罩架;9—电子镇流器及起辉器

2)装饰吸顶花灯的安装

装饰吸顶花灯组合性强,其外形美观豪华,对建筑物室内起着特殊的装饰效果,在宾馆、餐厅、歌舞厅等建筑中得到最为广泛地应用。如在宴会大厅的吊顶上对称安装吸顶花灯,并配以数盏嵌入式筒灯和其他装饰灯具,将使整个大厅富丽堂皇,充满了欢快气氛。

一般吸顶花灯的重量都在 29.4N 以上,所以根据规范要求应采用螺栓安装。其安装工序为:(1)埋设螺栓。螺栓一般用 φ8 及以上圆钢制成,对于砼楼板顶棚,可根据花灯底座板的安装尺寸,配合土建施工,在砼楼板上预埋相应数量的 M8 螺栓。对于轻钢龙骨吊顶,则应与室内吊顶装修工程紧密配合,在吊顶上预留装设花灯的龙骨架,在龙骨上按照花灯底座板的安装尺寸装设 M8 螺栓,但应注意对龙骨采取相应的加固措施,以防龙骨吊顶变形损坏。(2)固定花灯底座板。螺栓埋设好后,把灯具配线从顶棚线管中引出,并从花灯底座板引线孔穿出,然后将底座板装在预埋螺栓上,并使底座面与顶棚装饰面贴紧固定,再将灯具配线连接到底座板的接线盒上。(3)安装吸顶花灯底座板装饰罩。安装前先将花灯在地面组装试亮,再把灯线按要求连接到底座板接线盒上,即如前所述,对于螺口灯泡,应保证使相线连接于灯头盒内的中心舌型弹片上。最后用专用螺钉将底座板装饰罩固定安装在底座板之上,应使装饰罩与吊顶装饰面紧贴住,把底座板全部遮盖,以不影响室内装修美观。(4)安装灯泡及各式装饰灯罩、灯饰配件等。

4.特种装饰灯具的安装

随着室内装饰标准的提高,彩色喷泉灯、广告招牌灯、花园灯、小带灯、软式流星灯等各种装饰性灯具得到广泛采用,而且装饰灯具种类越来越多,越来越新颖华丽。下面将主要介绍应用最广,安装简便的软式流星灯的安装方法。

软式流星灯主要由软管灯组、控制器,以及电源接头、轨道、固定夹、紧固带、中间接头、双面胶带、吸盘和尾塞等配件组成。软式灯组有透明、红色、蓝色、黄色、桔色、粉红色、绿色、紫色、黄绿色等九种颜色。将颜色相互搭配,用于建筑装饰及外型显示,按设计要求可组成各式文字符号和图案等,因而是宾馆饭店、花园厅台、商店橱窗展台、晚会布景、夜总会酒吧、影剧院招牌等场所的理想装饰灯具。

软式流星灯是在其软管上的银点标记之间,每条发光支路由若干个小灯泡相互串联组成。如在银点标记之间每条发光支路分别有 2 个、4 个、18 个、36 个灯泡串联,相对应的额定电压分别为 12、24、110、220V 等四种。如图 3-24 所示,软式流星灯为每条发光支路由 18 个灯泡组成,并按要求将各串联发光支路并联在软管内"干线"上,可见银点之间串联的灯泡数量越多,其额定电压也越高。软式流星灯及其配件如图 3-25 所示,其基本安装方法如下:

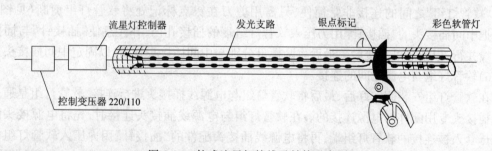

图 3-24 软式流星灯接线及结构示意图

1)先在装饰面上画出设计文字图案,再在图案线上装设管卡支架配件,其间距一般为 200~300mm。然后将软管灯组按设计图案整形,并依次压入固定夹内。

2)如果悬空安装,可用粗铁线弯制成所要求的文字或几何图形,再用紧固带将软管灯组固定在粗铁线架上。

3)对于商店、影剧院等场所,有时需要将软管灯组固定在橱窗、门面招牌等处的玻璃表面上,则应先将玻璃表面擦净,然后按照要求的文字图案采用吸盘、紧固带安装固定软管灯组即可。

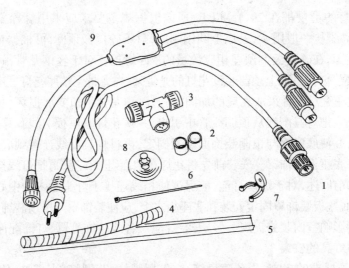

图 3-25　软式流星灯管及其配件

1—电源线插接头;2—终端塞盖;3—三端插接头;4—软式流星灯管;
5—灯槽;6—包扎线条;7—管卡支架;8—环形吸盘;9—Y形插接线

4)直线段的安装

当软管灯组在直线段上安装时,应使用与之配套的专用灯槽配件。在安装前,应先在安装面上按装饰图案要求划安装线,同时在灯槽底板的中心线上钻孔,然后用梅花螺钉将灯槽沿安装线固定。若需安装在玻璃表面上,则采用双面胶带配件将灯槽粘固在玻璃上,在灯槽全部固定好后,将软管灯组压入灯槽内即可。

5)软管灯组的连接

在软式流星灯的安装过程中,为了装饰的需要,要求将不同颜色的软管灯组进行组合,或需要增加软管灯组的长度,因此要进行软管灯组之间的连接。如上所述,在银点标记之间有多条发光支路,每条发光支路是由若干只小灯泡相互串联构成,所以只能在银点标记处进行剪切连接,否则会破坏该银点标记间的灯泡串联支路,造成被剪段灯泡不亮。

"软管灯组"之间的连接非常简便,只需用剪刀在银点标记处将软管灯组剪断(见图 30-24),把中间插接头的"插接针"用力压入软管灯组端的插接孔内,并注意使"插接针"与插接孔内干线并行,以使之可靠接触。最后将两螺母分别与中间插接头拧紧,以固定中间插接头。

6)软管灯组与电源之间的连接

在软管灯组安装固定好后,最后将软管灯组与电源线插接头进行连接,软管灯组是通过电源线插接头专用配件与电源连接的。在软管灯组与电源线插接头连接时,先将电源插接头配件的螺母套入被连接的软管灯组端,再将电源线插接头配件的"插接针"用力压入软管灯组端的插接孔内,仍须注意使"插接针"与插接孔内的干线并行,并拧紧固定螺母,以保证可靠连接。这样,就完成了软式流星灯的安装,可以将电源线插接头插入电源插座了。

软式流星灯的接线及电源电压的配备应参考有关产品说明书,应注意选用配套的控制器,有 12/24V 控制器、110/220V 控制器,可产生一组具有一定时序要求的脉冲电源电压。使用控制器后,即可产生跳动,追逐和闪烁的效果,从而使被装饰场所更加变化纷呈、绚丽多彩。

7)软式流星灯(属于霓虹灯的一种)的专用变压器应装设在便于检修的隐蔽位置(但不得安装在吊顶内)。明装时,安装度不宜小于 3m,否则应采取防护措施。在室外安装时,应采取防雨防潮措施。变压器所供灯管长度不应超过允许灯管长度,其二次导线距建筑物、构筑物表面应不小于 20mm。

此外,还有壁灯安装。壁灯在室内通常安装在墙壁上或柱子上,安装高度一般为 1.8~2m 之间,是一种集观赏性、实用性和装饰性为一体的艺术灯具。丰富多彩的艺术壁灯会给室内增添不同的情调和气氛,在室内装饰中起着十分重要的点缀和衬托作用。因此,在现代居室中,艺术壁灯已成为不可缺少的电器装置了。壁灯的种类繁多,如有床头灯、镜前灯、楼道装饰壁灯和室内各式艺术壁灯等。床头灯有单节单摇或双摇床头壁灯、双节单摇或双摇床头壁灯,用于装饰床头壁面,并具有与室内主照明相互呼应功能,再配以落地灯和台灯,可提高房间的和谐情调和梦幻气息,照亮墙上所挂各种饰物、增添壁面美妙,造就出完美温馨的生活空间。单摇床头壁灯一般安装于床头两侧的墙上,双摇床头壁灯则安装于床头正中,安装高度为 1.2m。装设双节单摇或双摇床头壁灯,可根据需要改变灯具位置,便于睡前阅报、看书等。镜前灯是横装于镜子或壁画上方作局部照明的灯具,它可以改变光照方向。楼道装饰壁灯有玉兰花型、笙型、扇型、仿古木饰灯和风景画透光面罩装饰壁灯。室内则有各式艺术造型及铁艺装饰壁灯,以使室内空间环境的光效配置、气氛调节等与室内装修效果更加和谐统一。

壁灯的线路也有明、暗配线方式,暗配线时应根据壁灯的安装部位,配合土建施工,在砌墙(或浇注混凝土)时及时埋设线管和灯头盒,在土建室内粉刷等装修基本完成时,再进行线管穿线和安装室内灯具。壁灯安装多采用膨胀螺栓固定,即应根据壁灯的安装高度和底座安装尺寸,先在墙面上确定固定点,用冲击钻在固定点上打孔,再放入合适规格的塑料胀管,在接线盒内按要求将电源线连接好,最后用螺钉固定壁灯底座、底座法兰装饰面罩和灯罩等。

二、室内照明配电箱安装

照明配电箱一般都是由箱体、配电盘和开关(胶木负荷开关 HK2 系列或自动空气开关 DZ10、DZ20、DZ47 和 ME、C45 等系列)、熔断器(瓷插式 RC1A 系列、螺旋式 RL1、RL2、RL6、RL7 等系列)和电度表等组成的。箱体有木制和铁制两种,一般不宜采用可燃材料制作,如在干燥无尘的场所内采用木制配电箱(板),应刷防火漆进行阻燃处理。铁制箱体用薄钢板冲压而成,造型新颖、美观轻巧,喷涂烤漆后具有良好的装饰效果,故在现代建筑中得到普遍采用。盘面的制作则要求设备布置紧凑、整齐美观、安全和便于维修。配电箱的盘面上一般根据需要装有单极、双极、三极或四极自动空气开关或胶木负荷开关,有的还配有漏电保护器,单相、三相三线或三相四线制电度表等。电度表接线如图 3-26 所示,以供接线时参考。盘内电器之间的连接导线一般在盘后布置固定,所以导线从盘后引出盘面时,其面板线孔应光滑无毛刺,金属盘面应在其面板线孔上装设绝缘保护套管。

在安装电度表时应满足以下要求:①一般要求电度表与配电装置(如配电箱、配电柜等)装在一处。装电度表的盘面如是木板,其正面及四周边缘应涂漆或包铁皮防潮。木板应为实板、坚实干燥,拼接处要紧密平整,无裂缝;②电度表要装在干燥、无震动、无腐蚀性气体和无外磁场影响的场所。表板的下沿距地坪一般不低于是 1.8mm;③为了使线路的走向整齐美观,电度表应安装在配电装置左侧或左下方。为了抄表方便,电度表的中心应装在距地坪 1.7~1.8m 处。如需多只电度表并列安装,则两表间的中心距离不应小于 200mm;④不同电价的用电线路应分别装表,同一电价的用电线路可合并装表;⑤在安装电度表时,表面必须与地面垂直,否则会影响电度表的准确度。

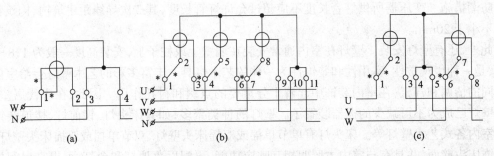

图 3-26　电度表接线图

(a)单相电度表　(b)三相四线电度表　(c)三相三线电度表

接线时,应将电度表的电流线圈和电压线圈带"＊"的一端接到电源的同一线端(或同一极性端)上,或者根椐说明书要求和接线图,把进线和出线依次对号接在电度表的接线端子上。另外,还应注意电源的相序,尤其是无功电度表更要注意所接电源相序的正确性。

电度表的选择主要是根椐负载的最大工作电流和额定电压,以及所要求测量值的准确度来选择电度表的型号。应使电度表的额定电压与负载电压相符;电度表的额定电流应大于或等于负载的最大电流。

如照明配电箱(板)内装设螺旋式熔断器,其电源线应接在熔座中间弹性舌片的端子上,负荷线则接在螺口的端子上。照明配箱(板)内应设置零线(N 线)和保护接地线(PE 线)汇流排,二者应严格分开,并设有编号名称。零线和保护接地线应分别接于相应的汇流排上,不得不经过汇流排而绞接。

照明配电箱有明装、暗装两种安装方式,在宾馆饭店、办公大楼、居民住宅等民用建筑中,多采用嵌墙暗装。配电箱一般安装在电源进口处,并尽量接近负荷中心。其安装高度即配电箱底边距地面高度宜为 1.5m;配电板底边距地面高不宜小于 1.8m。照明配电箱(板)应安装牢固,其垂直偏差不应大于 3mm。明装配电箱安装在墙上时,可根据配电箱安装尺寸和安装高度在墙上预埋燕尾螺栓或打膨胀螺栓,螺栓长度为预埋深度(75～150mm)、箱体后板厚度和垫圈、螺帽厚度之和,再加 5mm 左右的余量,然后把箱体固定在螺栓上,再把配电盘面推入箱内固定。暗装配电箱应按设计位置,在土建砌墙时预留孔洞,其高、宽、深均应与配电箱尺寸相符。如果箱体较宽时,还须在预留孔洞上方浇注混凝土梁或放置预制砼板,以防止上部砖块下沉而使箱体受压。另外,在土建砌墙时应同时把引入、引出配电箱的线管埋设好,线管应成排并行敷设,且与配电箱的进、出线管敲落孔径大小相吻合。在土建内粉施工时把箱体埋设到预留孔洞内,应使照明配电箱四周无空隙,其面板四周边缘紧贴墙面,箱面稍稍凸出墙面,即面板四周边缘紧贴墙面。箱体与建筑物接触部分应涂防腐漆,在箱体与预留孔洞之间如有缝隙,应填入水泥,砂浆以固定箱体。然后,再进行线管穿线、盘面推入箱体内固定、连接导线和安装箱门等。金属箱体、金属线管均应可靠接地。

三、开关和插座安装

开关和插座的安装方式有明装、暗装两种,在现代建筑中,随着室内装修标准的提高,多采用暗装方式。

1. 开关的安装

开关类型很多,有拉线开关、跷板式开关和扳把式开关等。按用途分有一般照明开关、调光开光、调速开关、声光控延时开关、带门铃("请勿打扰"显示)开关,电子(或机械)式插匙取电开关、电铃开关等。

在宾馆饭店中,为了防止旅客在离开客房时忘记关灯和空调等电器设备,采用节电插匙取电开关控制,旅客进入房间,只有将节电钥匙插入节电开关盒,房间内才有电源;只有将节电钥匙从节电开关盒内取出,房间门才可能锁住,从而达到节电目的。而对于楼梯、走廊、公厕等场所的照明,常出现"常明灯",浪费了大量电能,因此最好选用短时接通式按钮开关或声光控延时开关节电。

安装在同一建筑物、构筑物内的开关应尽可能选用同一系列产品,开关的通断位置应一致,且操作灵活,接触可靠。开关安装位置应便于操作,各种开关距门框的距离宜为 150～200mm。同室内安装的同类开关安装高度差不应大于 5mm,成排安装时,开关的高低差不应大于 1mm。跷板式、板把式及按钮式开关距地面高度为 1.3m,拉线开关距地面高度为 2～3m,且拉线出口应垂直向下,其相邻间距应不小于 20mm。在现代高层建筑、民用建筑中,普遍采用暗管配线,为此对暗管配线时开关的明、暗安装方法作简单介绍:

在安装时,均应与土建施工配合,按设计要求,在土建砌墙时将线管、开关盒预埋在墙体内(应使线管伸进开关盒内 5mm,并在连接处加装锁母和密封护圈,管端加装塑料线管护口。以保证线管与开关盒可靠连接,防止在穿线时损伤导线绝缘层),做到位置准确到位,并使开关盒面伸出砖墙面约 15mm,盒体埋没平整,不偏斜,盒的四周不应有空隙,在粉刷后即可使盒口面与墙体的粉刷层面相平齐。在墙面喷白或装修后,即可安装明、暗开关。

如为明装开关,则先进行管内穿线,并将导线从圆木台出线孔中引出,再将圆木台用螺钉安装在开关盒上,再在圆木台上安装开关,其安装工艺如图 3-27(a)所示。如为暗装开关,则在线管内穿线后,将导线与开关面板上的接线端子连接,再将开关面板固定在开关盒上,如图 3-27(b)所示。对于跷板式、板把式开关,无论是明装还是暗装,在安装接线时,均应实现开关控制火线,并将开关扳把往上扳时,电路接通,电灯点亮;往下扳时,电路切断,电灯熄灭。

2. 插座的安装

插座的种类很多,有普通插座、组合插座、防爆插座、带开关及指示灯插座,带熔断器插座、地面插座和组合插座箱等。

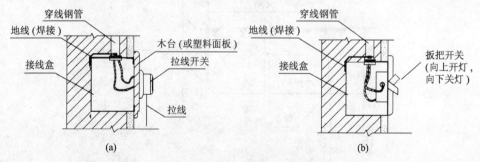

图 3-27 暗配线时开关的安装方法
(a)明装开关 (b)暗装开关

插座的安装高度应符合工程设计规范要求,一般室内插座距地面不宜小于 1.3m;托儿所、幼儿园及小学校不宜小于 1.8m;在实验室、车间、宾馆客房等场所内,插座的安装高度可适当降低,但距地面不得低于 0.3m;特殊场所内暗装插座安装高度不应小于 0.15m。单相双孔插座的插座孔水平排列时,右孔接相线,左孔接中线;垂直排列时,上孔接相线,下孔接中线。单相三孔插座的上孔接地(或接零)保护线,右孔接相线,左孔接中线。在插座内接地(或接零)保护端子与中线(零线)端子不得相互跨接,其连接线必须严格分开。三相四孔插座的上孔接地(或接零)保护线,其他三孔的接线应保证在同一场所内,其接线的相序必须一致,一般是右孔接 U 相,左孔接 W 相,下孔接 V 相。在同一场所安装的插座,安装高度应一致,高低差不大于 5mm;成排安装的插座,高低差不大于 2mm,并列安装的相同型号插座,高低差不宜大于 1mm。在地面安装的地面插座应装设保护盖。明、暗插座的安装方法与开关的安装方法相同,故不赘述。

第七节　进户线及重复接地装置安装

低压架空进户线及重复接地装置由引下线、进户线、进户线支架、绝缘子、进户线保护管、接地线和接地极等组成,如图 3-28 所示。本节将介绍进户线及重复接地装置的安装及调试方法。

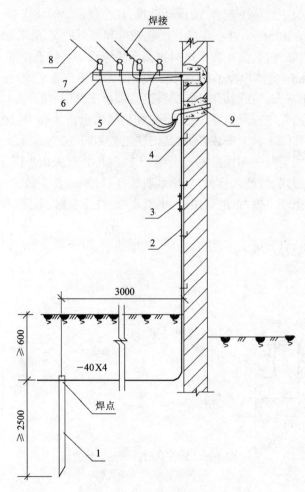

图 3-28　低压架空进户线及重复接地装置结构图

1—接地极;2—接地线;3—断接卡子;4—卡板;5—进户线;
6—进户线支架;7—绝缘子;8—引下线;9—进户线保护管

一、进户线(接户线)装置的安装

一幢大楼一般只允许设置一个进户线装置,其进户点应尽量选择在接近供电线路和用电负荷中心,而且应使之维修方便、不影响大楼外貌美观和符合供电安全要求。所以,应根据工程设计和工程实际来确定架空线进户点的最佳位置。其进户线装置的安装高度应保证进户线滴水弯距地不小于 2.7m;另外,从电杆直接引下的低压架空引下线不得从高压引线间穿过,也不应跨越铁路;其在最大摆动时也不应接触树木和其他建筑物。另外,引下线档距不得超过25m,档距内不应有导线接头,否则应加装砼接户杆。同时还应注意由两个不同电源引入的架空引下线不宜同杆架设。在进行导线连接时,如有铜、铝导线相互连接,必须选用合适规格的铜铝过渡连接套管或连接线卡。

表 3-25　横担规格尺寸表

导 线 根 数	2	3	4	5	6
L(mm)	600	800	1100	1400	1700
L_1(mm)	400	300			
角钢(mm)	$50 \times 50 \times 5$			$63 \times 63 \times 6$	

注:L——横担上绝缘子安装段长度,$L = nL_1 + 100 \times 2$(其中 n 为绝缘子间距数,100×2 为两侧绝缘子以外各留出 100mm 距离),mm;
L_1——绝缘子之间的距离,mm。

进户线装置的安装主要是进户线支架和进户管的预埋。在预埋前,先加工好进户线支架和进户管。进户线支架可根据表 3-25 给定的横担规格尺寸进行弯制,进户线支架有单端埋入式和双端埋入式之分,其下料总长度为 $L + (200 + 150)m$(其中 m 为埋入端数,进户线支架埋入墙内为 150mm,出墙长度为 200mm)。支架插入端加工成燕尾状,进户管一般选用水煤气管,水煤气管出墙端弯制成倒置的弯把雨伞柄形状,一般称作防水弯头,暗敷墙内的另一端应插入总配电箱内约 20mm 左右。可配合土建在砌墙时预埋进户线支架和进户管,进户线支架可用水泥砂浆埋设,在埋设进户管时应使其防水弯头和墙内部分线管有一定坡度,即内高外低,以免雨水流入管内。进户线支架应安装牢固,能承受引下线的全部拉力。

最后安装绝缘子、引下线和进户线等。当引下线截面为 $16mm^2$ 及以下时,可选用针式绝缘子,超过 $16mm^2$ 时则选用蝴蝶式绝缘子。另外注意引下线不允许使用裸导线,而应采用橡皮绝缘铜(铝)导线,在引下线与进户线连接之处也应采用绝缘胶布包扎(或用的热缩管密封绝缘)。引下线截面可按允许载流量选择,但不得小于表 3-26 所规定的数值,线间最小距离不小于表 3-27 的规定值。采用电力电缆引入电源时,应在进户处按规定埋设电缆保护管,具体埋设要求参见第一章第三节的有关内容。

表 3-26　引下线的最小截面

电压级别	引 下 线架设方式	档距(m)	最小截面(mm^2)	
			绝缘铜导线	绝缘铝导线
低压($\leq$1kV)	从电杆上引下	<10	2.5	4
		$10\sim25$	4	6
	沿墙敷设	≤6	2.5	4
			4	

表 3-27　引下线的线间最中距离

电压级别	引 下 线架设方式	档距(m)	线间距离(mm)
低压($\leq$kV)	从电杆上引下	≤25	150
	沿墙敷设	≤6	100
		>6	150

二、重复接地装置的安装

将电气设备的可导电外露部分与大地之间作良好的电气连接,称为接地。接地装置是接地极(或称接地体)与接地线的总称。与大地直接接触的金属物体称作接地体(有人工接地体和自然接地体),将接地体相互焊接连接成"网"的导线称为接地母线,而连接接地体及电气设备金属壳体等可导电外露部分的导线,称为接地线。

1. 接地保护类型

1)过电压保护接地

对雷电产生的过电压或电力供配电系统发生谐振而产生的过电压通过采用适当的防雷装置,并对防雷设备进行接地,用以泄散雷电流或线路谐振过电压而产生的电流,从而防止大气雷击过电压或供配电系统发生谐振过电压造成设备的损坏,故称作过电压保护接地。如避雷针,避雷带和避雷器等防雷设备的接地。

2)工作接地

为了保证电气设备正常运行和安全的需要,须在电路中的某一点接地,称为工作接地。如电力变压器,发电机和静电电容器等电气设备的中性点接地。

3)保护接地与保护接零

将电气设备的金属外壳或构架等外露可导电部分用在正常情况下不载流的导体与接地体可靠地连接起来,称作保护接地。而将电气设备的金属外壳或构架等外露可导电部分用导线与变压器直接接地的中性线可靠地连接起来,称作保护接零。例如将照明配电箱、灯具、冰箱、洗衣机、空调及风机盘管等电气设备的金属外壳可采取保护接地或保护接零,以防在电气绝缘损坏时,使金属外壳带电而危及人身安全。

根椐国际电工委员会(IEC)标准《建筑物电气装置》TC64(364-3)的有关规定,我国低压供配电系统中多采用 TN 接地系统。TN 接地系统又分为三种型式,即 TN-C 系统、TN-S 系统和 TN-C-S 系统,如图 3-29 所示。

TN-C 系统中的 PE 线与 N 线共用,即称为 PEN 线,所有设备的外露可导电部分均与 PEN 线相连接。在该系统中,如果某相绝缘损坏,则该相经设备外壳,PEN 线而形成闭合回路,只要导线截面和保护装置选择合适,可保证故障设备脱离电源,保护了人身及设备安全。但这种系统也有十分明显的缺点,我们知道,照明供电系统中的三相负荷经常处于不平衡状态,因而中性线上就会有不平衡电流通过,从而产生电压降;尤其是当中线发生断线,在接通用电设备时,就有可能使负载侧的中性线上电压很高(在380/220V供电系统中,将达220V)。这样,当触及设备金属外壳时,将会造成触电危险。此外,如果用电设备误接线,如相线与中性线接反时,也会造成严重后果。所以为了克服上述不安全因素,应提倡采用TN-S系统。

TN-S 系统俗称三相五线制,其 PE 线与 N 线严格分开,所有设备的外露可导电部分均与PE 线相连接。显然,在正常情况下 PE 线中无电流流过,从而确保与 PE 线连接的各种设备金属外壳、金属构架等和大地等电位,也不会对其他设备产生电磁干扰。另外,在 N 线发生断线时,设备金属外壳、金属构架等也不会产生高电位,从而保证了人身及设备的安全,因此,这种系统适用于对安全及电磁干扰要求较高的场所。

TN-C-S 系统中,有一部分 N 线与 PE 线严格分开,而另一部分则 PE 线与 N 线共用,即形成 PEN 线。如这种保护系统在进入建筑物之前为 TN-C 系统,进入建筑物后为 TN-S 系统。显然,这种系统兼有了 TN-C 和 TN-S 等的特点。

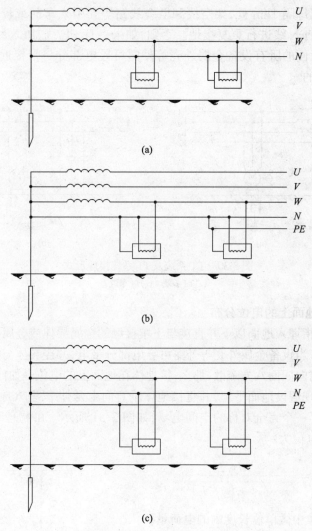

图 3-29　TN 接地系统形式
(a)TN-C 系统　(b)TN-C-S 系统　(c)TN-S 系统

此外,还有采用 TT 系统和 IT 系统如图 3-30 所示。TT 系统是由电力变压器(或发电机)的中性点直接接地,并三相四线制供电,而电气设备金属外壳等外露可导电部分则另设接地装置直接接地,即与系统接地点(指接地的中性点)无关。由于各电气设备金属外壳等外露可导电部分的 PE 线分别直接接地,相互之间无电磁联系。所以适用于数据处理和精密检测装置等供电系统,但对接地装置要求较高(即接地电阻要求很低),故应考虑选用低压漏电断路器。IT 系统是由电力变压器(或发电机)的中性点不接地或经电抗器接地,三相三线制供电,而电气设备金属外壳等外露可导电部分另设接地装置直接接地。该系统多用于冶金、矿山和农田水泵等场所,在建筑供电中不宜采用。

4)重复接地

在 TN 系统中,将保护接零线(PEN 线)或接地保护线(PE 线)在线路上进行一点或多点接地,称为重复接地,以确保 PE 线或 PEN 线安全可靠。规范规定在低压架空线路的干线、分支线等的终端及沿线每隔 1km 处,架空线和电缆线路等在引入车间或较大型建筑物的进户处,均应将 PE 线或 PEN 线进行重复接地。否则,如果一旦 PE 线、PEN 线发生断线故障时,有可能会造成断线后面的所有设备金属外壳等外露可导电部分将带接近于相电压的对地电压,这将是十分危险的。

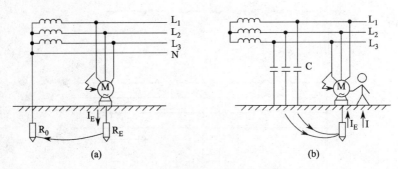

图 3-30　TT 系统及 IT 系统接地形式

(a)TT 系统　(b)IT 系统

2. 直立接地体地面上的电位分布

所谓接地体,是指埋入地面以下并直接与土壤接触的金属导体或金属导体组,用以与大地作金属性电气连接。当设备金属外壳等外露可导电部分带电,并经导体与接地体连接时,电流便经接地体流入地内向四面八方疏散,那么,接地体在地面上的电位是如何分布的呢?

为了分析方便,现假设地面平坦,并将接地体垂直向上延伸 l、埋入地面以下直立接地体为 $-l$,由此就形成了一个完全对称的空间电场,如图 3-31 所示。由物理学可知,在接地体周围任意一点 A 处的电位为:

$$dV_A = \frac{dq}{4\pi\varepsilon a} = \frac{\tau dy}{4\pi\varepsilon \sqrt{r^2+(y-h)^2}}$$

式中　dq——接地体中微单位长度内的电荷量;

τ——接地体中的单位长度电荷密度;

ε——介电常数。

则　　　$$V_A = \frac{\tau}{4\pi\varepsilon}\int_{-l}^{l}\frac{dy}{\sqrt{r^2+(y-h)^2}}$$

上式中 y 的变化范围是 $-l \leqslant y \leqslant l$ 或 $(-l-h) \leqslant (y-h) \leqslant (l-h)$,令 $y-h=t$,则 $dy=dt$,故有

$$V_A = \frac{\tau}{4\pi\varepsilon}\int_{-(l+h)}^{l-h}\frac{dt}{\sqrt{r^2+t^2}}$$

$$= \frac{\tau}{4\pi\varepsilon}\ln\frac{\sqrt{r^2+(l-h)^2}+(l-h)}{\sqrt{r^2+(l+h)^2}-(l+h)}$$

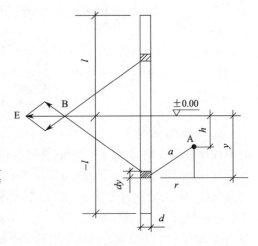

图 3-31　直立接地体周围电位的分析

在地面上(即 $h = 0$)某点的电位为:

$$V_r = \frac{\tau}{4\pi\varepsilon}\ln\frac{\sqrt{r^2+l^2}+l}{\sqrt{r^2+l^2}-l} = \frac{\tau}{4\pi\varepsilon}\ln\frac{r^2+2l(l+\sqrt{r^2+l^2})}{r^2} \tag{3-3}$$

如若 $l \gg d$(d 为接地极直径),在接地体园周边缘上的地面电位为:

$$V_0\Big|_{r=d/2} = \frac{2\tau}{4\pi\varepsilon}\ln\frac{4l}{d} = \frac{Q}{4\pi\varepsilon l}\ln\frac{4l}{d} \tag{3-4}$$

式中　Q——接地体($-l \sim l$)内的全电荷,即 $Q = 2l\tau$。

由电流场静电类比法可知,$\varepsilon = 1/\rho$,$I \propto Q$,并考虑实际接地体只有埋入地面以下的部分,即实际只有下部半个空间电场,则代入式(3-4)可得:

$$\left.\begin{aligned} V_0\Big|_{r=d/2} &= \frac{I\rho}{2\pi l}\ln\frac{4l}{d} \\ R_{jd} &= \frac{\rho}{2\pi l}\ln\frac{4l}{d} \end{aligned}\right\} \tag{3-5}$$

式中　R_{jd}——单根镀锌圆钢(或钢管)垂直接地体的接地电阻,Ω;

　　　ρ——接地体周围土壤的电阻率,$\Omega \cdot m$;

　　　l——直立接地体长度,一般要求 $l \geqslant 2.5m$;

　　　d——圆钢或钢管接地体直径,m。

由式(3-3)知道,接地体周围地面上的电位为正值,当 l 为某给定值,$r \to \infty$ 时,$V_r \to 0$。但实际上我们如果假设接地体为一根 SC50,$l = 2.5m$ 的镀锌钢管,则地面上接地体边缘处的电位由式(3-3)得:

$$V_0\Big|_{r=0.025m} = 11.98\frac{\tau}{4\pi\varepsilon}$$

在离开接地体 20m 远处的地面电位为:

$$V_{20}\Big|_{r=20m} = 0.25\frac{\tau}{4\pi\varepsilon}$$

由此可见,在离接地体 20m 远处的地面电位已经很小,为接地体地面边缘处电位的 2%。即在地面上距接地体越近,电位越高,距接地体越远,则电位越低,在距接地体 20m 以外,地面上的电位已接近为零,这就是电气上所谓的"地",接地体周围地面上的电位分布如图 3-32 所示。

在接地回路中,任何一点对"地"的电位差称为对地的电压。而地面上,在距接地体 20m 范围内,两点相距 $0.75 \sim 0.8m$(即人的步行跨距)的电位差称为跨步电压。由图 3-32 可见,在接地体附近时的跨步电压较高,危险性较大,而距接地体较远处的跨步电压较低,危险性小,这也正是为什么接地体应埋设在人员很少通过,离建筑物 3m 以外的原因。

同理,接地体采用等边镀锌角钢,垂直埋设时的接地电阻为:

$$R_{jd} = \frac{\rho}{2\pi l}\ln\frac{4l}{0.84b} \tag{3-6}$$

式中　b——等边镀锌角钢的边长,m。

如采用镀锌圆钢或钢管、镀锌扁钢水平埋设时,其接地电阻分别为:

圆钢(或钢管)

$$R_{jd} = \frac{\rho}{2\pi l} \ln \frac{4L}{d}$$ 　　　　(3-7)

扁钢

$$R_{jd} = \frac{\rho}{2\pi l} \ln \frac{l^2}{bh}$$ 　　　　(3-8)

式中 　h——接地体埋设深度，m；

　　　　d——镀锌圆钢(或钢管)直径，m；

　　　　b——镀锌扁钢宽度，m。

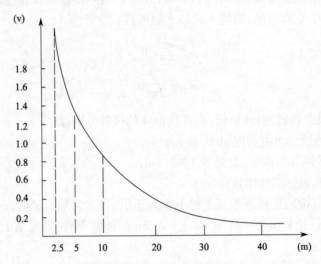

图 3-32　接地体周围地面上的电位分布图($l=2.5$m)

电阻率 ρ 的取值一般由埋设接地点的土质类型确定，见表 3-28。也可以现场实测电阻率值作为计算数据，由于土壤电阻率在一年中各个季节是不完全相同的，所以在土壤性质一定的情况下，应将实测电阻率 ρ_0 按实测季节条件加以适当修正，即，$\rho = \psi\rho_0$，ψ 为季节修正系数，见表 3-29。

3. 按设计要求确定接地网的垂直接地体数量

根据规程 SDJ8-76 规定，对于 1kV 以下中性点直接接地和不接地系统，与总容量在 100kVA 以上的发电机或变压器中性点相连接的接地装置及重复接地装置，其接地电阻分别不超过 4Ω 和 10Ω；与总容量 100kVA 及以下的发电机或变压器中性点连接的接地装置及重复接地装置，其接地电阻分别不超过 10Ω 和 30Ω。对于无避雷线的架空线路，小接地短路电流系统中或低压线路的水泥杆、金属杆、低压进户线绝缘子的铁脚等，其接地装置的接地电阻不应超过 30Ω，零件重复接地装置的接地电阻不应超过 10Ω；对于第一、二类防雷建筑物的避雷针(防直接雷击)接地电阻不应超过 10Ω；避雷带(主要预防感应雷害和直接雷击)接地电阻不应超过 5Ω。对于第三类防雷建筑物及烟囱等防雷接地电阻不应超过 30Ω。

按上述对接地装置的接地电阻规范设计要求和单根接地极的接地电阻值，即可计算出垂直接地体的根数，即：

$$n = R_{jd(1)} / \eta R_{jd}$$ 　　　　(3-9)

式中　$R_{jd(1)}$——单根接地极的接地电阻值，Ω；

$\quad\quad R_{jd}$——设计要求的接地电阻值，Ω；

$\quad\quad n$——接地极数量，根；

$\quad\quad \eta$——接地体利用系数。

引入接地体利用系数 η，主要考虑消除多根接地体之间屏蔽作用的影响。垂直接地体和水平接地体利用系数可由图 3-33 中查取。

表 3-28　土壤的电阻率参考值(Ω·m)

土质类别	名　称	电阻率近似值	电 阻 率 的 变 化 范 围		
			较湿时(一般地区，多雨区)	较干时(少雨区、沙漠区)	地下水含盐碱时
泥 土	陶粘土	10	5～20	10～100	3～10
	泥炭、泥灰岩、沼泽地	20	10～30	50～300	3～30
	捣碎的木炭	40	—	—	—
	黑土、园田土、陶土、白垩土	50	}30～100	50～300	10～30
	粘　土	60			
	砂质粘土	100	30～300	80～1000	10～30
	黄　土	200	100～200	250	30
	含砂粘土、砂土	300	100～1000	>1000	30～100
	河滩中的砂	—	300	—	—
	煤	—	350	—	—
	多石土壤	400	—	—	—
	上层红色风化粘土、下层红色页岩	500 (30%湿度)	—	—	—
	表层土夹石、下层砾石	600 (15%湿度)	—	—	—
砂	砂、砂砾	1000	250～1000	1000～2500	—
	砂层深度>10m，地下水较深的草原；地面粘土深度≤1.5m底层多岩石。	}1000	—	—	—

表 3-29　测定土壤电阻率时的季节修正系数

土 质 类 型	接地体埋深(m)	ϕ_1	ϕ_2	ϕ_3
粘　土	0.5～0.8	3.00	2.00	1.50
	0.8～3	2.00	1.50	1.40
陶　土	0～2	2.40	1.40	1.20
砂砾盖于陶土	0～2	1.80	1.20	1.10
田园土	0～3	—	1.30	1.20
黄沙土	0～2	2.40	1.60	1.20
杂以黄砂的砂砾	0～2	1.50	1.30	1.20
泥炭土	0～2	1.40	1.10	1.00
石灰石	0～2	2.50	1.50	1.20

注：ϕ_1——测量前数天下过较长时间雨时的季节修正系数；

　　ϕ_2——测量时土壤中具有中等水量时的季节修正系数；

　　ϕ_3——测量土壤干燥或测量前降雨量不大时的季节修正系数。

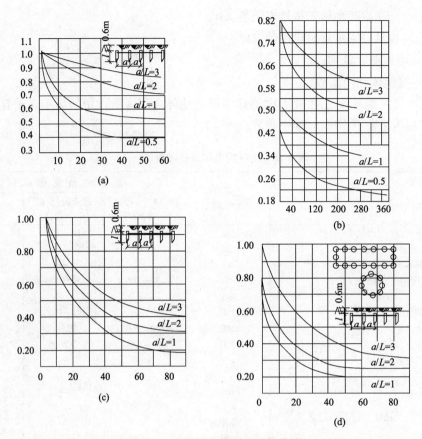

图 3-33　多根接地体利用系数曲线

(a)成行布置垂直接地体利用系数 η_1　(b)环形布置垂直接地体利用系数 η_2

(c)成行布置水平接地体利用系数 η_3　(d)环形布置水平接地体利用系数 η_4

例题 3　某教学大楼拟采用 TN-C-S 保护系统,在进户处装设重复接地装置。已知装设地点的土质为黄土,试确定重复接地装置应埋设镀锌钢管($d=50\text{mm}$, $l=2.5\text{m}$)几根?

解:根据规程 SDJ8-76 规定,在进户处设置零线重复接地装置的接地电阻 $R_{\text{jd}} \leqslant 10\Omega$,现选用镀锌钢管 SC50,长 $l=2.5\text{m}$ 作为接地极,在距建筑物 3m 以外,接地极按间隔 $a=5\text{m}$ 垂直埋设,且环形均匀布置,接地极之间用 -40×4 镀锌扁钢焊接连接成接地网。

由表 3-28 查得黄土的电阻率 $\rho=200\Omega\cdot\text{m}$,则由式(3-5)可计算单根接地极的接地电阻为:

$$R_{\text{jd}(1)}=\frac{\rho}{2\pi l}\ln\frac{4l}{d}=\frac{200}{2\pi\times2.5}\ln\frac{4\times2.5}{0.05}\approx67.5\Omega$$

先按 $R_{\text{jd}(1)}/R_{\text{jd}}=67.5/10\approx7$ 根,初选 8 根 SC50, $l=2.5\text{m}$ 镀锌钢管。以 $n=8$ 根, $a/l=5/2.5=2$,由图 3-33(b)查得环形布置垂直接地体的利用系数 $\eta_2=0.78$,则由式(3-9)可求得应装设镀锌钢管数量为:

$$n=R_{\text{jd}(1)}/\eta_2 R_{\text{jd}}=67.5/0.78\times10\approx9 \text{ 根}$$

考虑到环形均匀对称布置,最好取偶数,故选用 10 根 SC50、 $l=2.5\text{m}$ 的镀锌钢管作为接地体垂直埋设,即可以满足重复接地装置的接地电阻要求。

4．重复接地的装置的安装施工

如前所述,重复接地装置由接地体(或称接地极)和接地线(包括接地母线和接地引下线)组成,所以重复接地装置的安装施工可分为接地体的埋设和接地母线、接地引下线的敷设固定两部分。在安装时,应根据重复接地装置的设计和有关安装规范要求组织施工。

1)接地体的埋设

根据《电气装置安装工程接地装置施工及验收规范》(GB50169—92)有关规定,接地体距建筑物一般不小于3m,距人行道一般不小于是2.5m。其埋设方式有水平埋设和垂直埋设两种。接地体水平埋设时,接地体和"联接条"一般采用镀锌扁钢或圆钢制作,其规格尺寸应不小于下列数值:地下埋设时,扁钢截面为100mm² 及以上,厚度为4mm(如用－25×4、－40×4 扁钢);地上埋设时,扁钢截面为:室内 60mm²,室外为 100mm²,厚度分别为 3mm、4mm。地下埋设的圆钢直径应为 $\phi 10$mm 及以上;地上埋设时,圆钢直径为:室内 $\phi 6$mm,室外 $\phi 8$mm。水平接地体间的距离为5m,埋设深度应不小于0.6m,且在冻土层以下。垂直接地体则多采用镀锌钢管或角钢制作,其规格尺寸应不小于下列数值:钢管 $\phi 50$mm,壁厚3.5mm 及以上,长2.5m;角钢 L50×50×5,长2.5m。垂直接地体间的距离也为5m,顶端距地面应不小于0.6m,且在冻土层以下,接地体用联接条均采用搭接焊接,并且在焊点处涂以防锈漆或沥青防腐。以垂直埋设接地体为例,在埋设前,先将接地体通过锯斜口或锻造加工的方法制成扁尖形或锥形。然后按设计规定在埋设接地体地点划出接地网线路,在此线路上挖掘深 0.8～1m、宽 0.5m 的沟;再按设计位置沿沟底中心线将接地体垂直打入地下,露出沟底面的长度为 150～200mm。最后沿沟敷设"联接条","联接条"按上述规范规定选择,多采用镀锌扁钢。扁钢敷设前应检查调直,并将其侧向放置与接地体依次搭接焊接。镀锌扁钢联接条与钢管或角钢接地体搭接焊接时,应将扁钢按钢管或角钢形状弯成园弧或直角形,将其接触面至少三侧焊接,其搭接长度为其宽度的2倍。如采用镀锌圆钢作为联接条,则搭接长度为其直径的6倍。扁钢与接地体连接位置距接地体顶端约100mm,如图3-34所示。

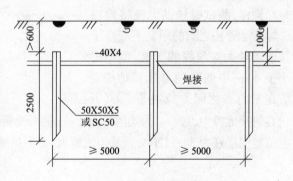

图3-34 垂直接地体的埋设

在扁钢与接地体焊接好后,须用接地电阻测量仪(俗称接地电阻摇表)测试接地网的接地电阻,以检查重复接地装置的接地电阻值是否满足设计要求。

目前我国生产的接地电阻测量仪有 ZC-8 型、ZC20-1 型、ZC34-1 型等,ZC-8 型接地电阻测量仪外型及测量接线图如图 3-35 所示。其测量方法为:①将辅助电位接地极、辅助电流接地极与被测接地极按直线要求打入地下,与被测接地极的距离分别为20m、40m,即要求辅助电流接地极与接地网之间的距离不得小于接地网最大对角线的 5 倍,但最小不低于是 40m。再用导线将被测接地极、辅助电位接地极、电流接地极分别连接到接地电阻测量仪的对应端钮 E、P、C;②将仪表水平放置,调节零位调整器,使检流计的指针指在零位上;③将"倍率标度"转换开关的指针置于合适的倍率档上,缓慢转动发电机的手柄,同时转动"测量标度盘",使检流计的指针接近平衡点的位置;④当检流计接近平衡时,转动手柄使转速达到 120r/min 以上,再转动"测量标度盘",以使检流计的指针处于平衡点位置;⑤如果"测量标度盘"的读数小于 1Ω

时,应将"倍率标度"置于较小的倍率档上,并重新转动"测量标度盘",以得到正确的读数。⑥以被测接地极为园心,以与辅助电流接地极、辅助电位接地极三者构成的直线为半径,旋转 ±30°左右,按同样方法再测量 2 次接地电阻值,取 3 次测量接地电阻的平均值。在测量重度接地装置的接地电阻时,应注意先将"断接卡子"从接地线上卸掉。

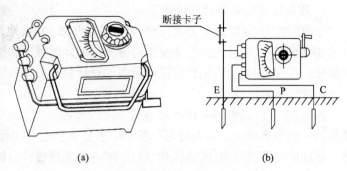

图 3-35　ZC-8 型接地电阻测量仪

(a)外型图　　(b)测量接线图

测量接地电阻也可采用伏—安法进行测量,即用电压表和电流表进行接地电阻的测量,如图 3-36 所示。其试验设备要求:电源为不接地的独立交流电源,可由隔离变压器 TM(或称为变流器)获得;电流表宜选用 0.5级以上的交流电流表,电压表选用准确度较高的晶体管电压表,或选用内阻较高的万用表。

同样,测试时辅助电流接地极 C 与接地网 E 之间的距离不应小于接地网最大对角线的 5 倍,但不得小于 40m;中间辅助电压接地极 P 应在 E 与 C 之间的"零电位"上(可

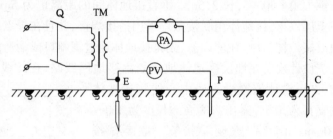

图 3-36　用伏安法测量接地电阻

设在两接地极中点处)。为消除外界干扰,提高测量的准确度,一般测量电流不小于 4～5A,测量电流范围最好为 30～120A,测量电流越大,结果越准确。所测接地电阻值由下式算出:

$$R_{jd} = \frac{V}{I} \tag{3-10}$$

如所测接地电阻过大,不能满足设计要求时,应增加接地极的根数。如果埋设接地极处的土壤电阻率过高($\rho \geqslant 500\Omega \cdot m$)时,则应采取降低接地电阻措施。例如可更换埋设接地体的土壤,选用电阻率较低的黑土、粘土,增加土壤的湿度,定期注水;或采用长效降阻剂(如 GJ-F 固体长效复合接地阻剂),它是由多"剂"配制而成的化学降阻剂。如适用于铜接地体的长效降阻剂,其中 a剂:氯化钾 14.7N,氯化镁 14.7N;b 剂:水硫酸氢钠 3.9N;c 剂:尿醛树脂 39.2N;d 剂:尿素 7.8N,聚乙烯醇 4.9N,水 26.5N,以上四剂经混合后即可使用。这种降阻剂具有导电性能良好的强电解质和水份,并被网状胶体所包围。由于网状胶体的空格被部分水解的胶体填满,故不会随地下水和雨水而流失,因此具有长期保持良好的导电作用。在安装施工时,先用钻孔机钻出直径为0.15m 左右、深 3m 的圆柱形洞,将长约 2.2m,$\phi 14\sim 18$ 的铜接地体置于孔洞中央,然后将搅拌均匀的降阻剂倒于接地体的四周,经过一定时间后,长效降阻剂便可硬化。

在经过检查接地体埋设深度、焊接质量、接地电阻值等均符合设计要求后,再将焊接点处涂以沥青防腐,再分层回填细土夯实,使土壤与接地体紧密接触。值得注意的是,在埋设接地网时,应使接地体与"联接条"避开其他地下管道、电缆等。当与管道、电缆等相互交叉时,相距

不应小于100mm;相互平行时,相距应不小于300～350mm。

2)接地引下线的敷设固定

在进户线入口处设置重复接地装置,而形成TN-C-S系统(户外三相四线制,入户后为三相五线制)。其接地引下线是指从接地网至进户管及进户支架之间的线路,由埋地部分和沿建筑物外墙明敷部分(也可沿建筑物外墙、柱等暗敷,但截面应加大一级)组成,如图3-28所示。接地引下线一般采用镀锌圆或扁钢,其尺寸应不小于下列数值:圆钢直径 $\phi8$mm;扁钢截面48mm²,厚度为4mm。另外,还应按设计要求设置便于分断接地引下线的断接卡子,以方便测量各接地装置的接地电阻,在自然接地体与人工接地体的连接处也应设置便于分断的断接卡子。

在埋设接地引下线的埋地部分时,应先按设计要求的位置与走向挖沟。沟的深度0.6～0.8m,宽约0.4～0.5m,然后将镀锌扁钢或圆钢埋入,并使其一端与接地网搭接焊接,而另一端则沿建筑物外墙面引出地面。接地线引出点应与进户点在同一条垂线上。

在敷设固定接地引下线的明敷部分时,需要先从进户点至地坪在墙面上划一条垂线,再在垂线上布置埋设卡板(或称支持件),也可配合土建砌墙时埋设。卡板间距为:水平直线部分宜为0.5～1.5m,垂直部分宜为1.5～3m,拐弯处不大于0.3～0.5m,应埋设横平竖直、整齐一致。将埋设好的卡板经整形调整一致后,即可将圆钢或扁钢接地引下线自上而下地与中性线、进户线支架、进户管和卡板等进行焊接固定,卡板的埋设及与接地引下线的焊接方法如图3-37所示。焊接固定时,注意将接地线引下拉直;接地引下线间的连接应采用焊接法连接,搭接焊缝长度:扁钢为其宽度的2倍,圆钢为其直径的6倍。在搭接处也须最少要三面焊接,焊接应平整无间断。明敷接地线表面还应涂以黄绿相间的条纹标志,条纹宽度为15～100mm;在接地线引向建筑物的入口处,应刷白色底漆并标以黑色接地符号"⊥";中性线则涂以淡蓝色的标志。

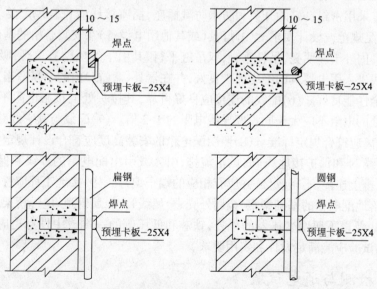

图3-37 明敷接地引下线的固定

如上所述,接地引下线应采用镀锌圆钢或扁钢。这是由于锌属于易溶于酸和碱的两性金属,在常温干燥空气中,锌比较稳定;在潮湿空气中,锌较易与氧、二氧化碳起反应,生成白色的碱式碳酸锌薄膜,可防止对锌的继续腐蚀。另外,锌的标准电位较负(-0.763V),故镀锌层对铁构件为阳极性镀层。当发生电化学腐蚀时,处于阳极性镀层不断损耗,而对铁构件则起到保护作用,所以接地引下线必须选用镀锌材料。

此外,在接地引下线易受机械损伤的场所,还应在地面以上约 2m 至地面以下 0.3m 这一段加装保护钢管,至此就完成了进户线及重复接地装置的安装。如果我们将进户管及中性线作为保护接零线引至总配电箱,再从总配电箱引出保护接地线 PE,并使之与中性线 N 严格分开,就形成了 TN-C-S 三相五线制配电系统。

第八节　室内照明工程检查验收

室内照明工程安装完成后,为了确保工程安装质量和人身设备安全,应严格按照《电气装置安装工程电气照明装置施工及验收规范》(GB50259—96),《电气装置安装工程 1kV 及以下配线工程施工及验收规范》(GB50528—96)以及其他有关规范进行全面检查试验。

一、检查内容

1. 检查室内照明工程的施工情况是否符合设计要求;

2. 检查所安装的电气设备、器件是否与设计要求一致,有无不同之处;

3. 检查施工内容和施工方法是否符合电气安装规范要求,主要包括:(1)照明分项工程的保证项目:大(重)型灯具及吊扇等安装用吊钩,预埋件必须埋设牢固,应符合有关规范规定的要求。例如吊扇挂钩的直径应小于吊扇悬挂销钉的直径,且不得小于 8mm,吊扇扇叶距地不宜小于 2.5m。(2)照明基本项目要求螺口灯头相线接在中心弹片的端子上;器具及其支架应位置正确、牢固端正。有木台的安装在木台中心,相线必须经过控制开关与用电设备连接。在潮湿场所内,应采用密封良好的开关和防水防溅插座,插座接线应符合规定要求,插座及开关安装高度应满足规范或设计要求。(3)灯具(或其他用电设备)在安装合格的基础上,应使灯具表面清洁,灯具内外干净明亮,吊杆垂直,双吊链平行,其引下线应整齐美观,吸顶灯与安装面贴紧。(4)导线进入用电器具的绝缘保护良好,并在器具、盒(箱)内的余量适当。(5)照明器具应无破损,安全性能良好。(6)配线的连接应良好可靠,其接头处的接触电阻不应超过规定要求,即接头等处的电阻不应大于同长度导线电阻的 1.2 倍。(7)配线与其它线路、管路、设备和建筑构件的距离应符合规定标准。(8)照明配电箱的安装高度应符合设计规定要求,配电箱内应分别设置零线 N 和保护接地线 PE 的汇流排,引入或引出配电箱的零线和保护接地线均应在相应的汇流排上连接,不得绞接,并应有相应的端子编号。(9)接地工程应符合规范要求,如配电箱(包括落地配电箱的基础型钢)金属外壳、金属线管、金属管道、电缆桥架及支架等,均应可靠接地,36V 及以下照明变压器的外壳,铁芯和低压侧的一端或中性点也应可靠接地或接零。(10)通电试验应能满足设计和实用要求。

二、线路的检测与通电试验

1. 绝缘电阻试验

在线路通电试验之前,应先用兆欧表检测线路的绝缘电阻,其中包括线对线、线对地、用电器具金属外壳等对地的绝缘电阻。在测量绝缘电阻时应先切断进线电源,卸下保护接零(或保护接地)线,拉开各个用电器具(如灯具、风扇、空调器及其它家用电器等)的控制开关,或者卸下用电器具。然后选用500V兆欧表,在合上各分路的开关后进行测试。对于380/220V供电线路来说,绝缘电阻应不小于0.5MΩ。如果绝缘电阻过低,可逐个拉开分路的开关,当拉开某一分路的开关后绝缘电阻增大到规定值时,则表明该分路中存在故障,可能是线路中某处绝缘损坏或受潮,则应集中对该故障线路进行检查或更换某段线路、器件等。

如果有条件的话,最好在绝缘电阻检查合格后再进行一次耐压试验。可选用JGS-2型晶体管高压试验器对室内供电线路及设备进行直流耐压试验,试验电压1kV,持续时间为3min,以进一步检查考核线路的绝缘性能。

2.测量重复接地装置的接地电阻

接地工程可能是由多个接地装置构成的,所以在测量接地装置的接地电阻时应先将所测接地装置的断接卡子卸掉,再按图3-35或图3-36所介绍的方法测量该接地装置的接地电阻。如果所测接地电阻未达到设计要求,则应增加接地极,土壤电阻率过大(如$\rho \geqslant 500\Omega \cdot m$)时,则应采取降低接地电阻措施。

3.对电度表进行接线检查

电度表的接线比较复杂,易于接错,应根据附在电表上的说明书和接线图,认真校对其进线、出线是否连接正确。应将电流、电压线圈"＊"端连接到电源的同一极性端上,对于三相电度表,接线时还应注意电源的相序。经反复检查校对接线无误后,才能合闸通电运行。

4.线路通电检查

在上述检查合格后,即可进行线路通电检查。其操作顺序是:

1)安装好所有用电器具,并拉开所有用电器具的控制开关,分路开关,总开关;2)合上总开关,检查电源相序及电源电压是否正常;3)逐路合上分路开关,并用验电笔检查各用电器具及金属外壳是否带电,以TN-C系统为例,如果用电器具的金属外壳带电,则说明其控制开关接错,即相线未经过控制开关而直接接入用电负荷,或开关漏电。在排除故障以后,再逐个合上各用电器具的控制开关,检查用电器具及其线路是否存在故障,用电器具的工作状态是否正常。4)检查室内照明灯具的照度是否符合设计要求,弦光是否在允许范围以内;5)检查各灯具的装饰作用,是否与室内环境相协调;6)在检查插座接线正确的基础上,接通电源,再用测电笔逐个检查插座接线是否符合规定要求。

三、报请验收和交付使用

上述项目检查完毕后,即可请有关质检部门和建设单位、监理公司等进行质量检查验收。如果在安装过程中修改了原设计方案,尤其是暗敷设工程,应向质检部门提供隐蔽工程施工的自检和监理工程人员验收签字的原始报告材料,还应向使用单位(甲方)递交实际安装施工线路走向图(即竣工图),以便对工程进行质量评估和以后检修维护。此外,还应提供室内照明工程检查调试的有关数据报告。

第九节　照明灯具的选择布置及照度计算

照明灯具是由一定几何形状的灯罩、灯头座、光源以及附件和连接导线等组成,常用照明电光源可分为两类,即热辐射光源和气体放电光源。热辐射光源有白炽灯、卤钨灯等;气体放电光源有荧光灯、高压汞灯、高压钠灯、金属卤化物灯和管形氙灯等,其光源类型及型号见表3-1。

一、照明灯具的选择布置

1.照明灯具的选择

选择照明灯具是照明设计与安装的基本内容之一,应根据建筑物功能和工作、生活或娱乐等实际环境的需要,选择合适的照明灯具与光源。例如在 4m 以下的生产车间、阅览室、商店等处,由于灯具悬挂较低,但要求视看条件较好,对光源的显色性要求高、照度均匀、限制弦光,因此不宜采用较大功率的光源,通常多选用光效较高,显色性好的荧光灯。在高大生产厂房、露天工作场所、广场、体育场、建筑工地和道路照明等,由于灯具悬挂较高,也要求有较好的视看条件和显色性,宜采用功率较大、光效较高的电光源,可选用卤钨灯、管形氙灯、高压钠灯和高压汞灯等。

在住宅楼、办公楼、教学楼、商场和营业厅等一般室内照明,多选用白炽灯和荧光灯。另外在变配电室、发电机房、消防控制室、大型商场、营业厅等场所的事故照明,应选用瞬时点燃的光源,如白炽灯和卤钨灯等。

另外,为了满足生产、生活和实际照明环境的需要,生产出各种类型的适用灯具,其配光曲线如图 3-38 所示。灯具按配光曲线分为:

1)均匀配光:光线在各方向的发光强度基本相等,这种灯具光线柔和、无弦光,灯具本身无反射器,如乳白色玻璃球形灯,也称为漫射型灯具。

2)深照配光:光线的最大发光强度在 0°～40°范围内,而最小则在 50°～90°范围内,如镜面深照型灯具,其特点是光线集中,光效高,但由于灯具顶部无光线,顶棚黑暗,易产生对比弦光,这种灯具适用于高大厂房、球场等场所。

3)广照配光:光线的最大发光强度在 50°～90°范围内,而最小则在 0°～40°范围内。这种灯具适用于靠墙的操作场所、车间、街道和公路等处。

4)配照配光:光线在空间各点的发光强度符合 $I_\theta = I\cos\theta$ 规律,故也称为余弦配光。如搪瓷配照型灯和珐琅质万能型灯,适用于一般厂房和仓库等处。

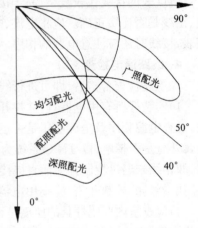

图 3-38　直射型灯具的配光曲线

这样,了解灯具的配光类型后,就可以根据实际需要选择合适的灯具了。如一般厂房车间内,可选用深照型和配照型灯具(悬挂高度 6m 以上,选深照型,悬挂高度 4～6m 选配照型);在高层建筑内,由于建筑装饰标准较高,灯具的装饰性也要求较高。如宾馆内底部的前厅、歌舞厅、宴会大厅等处设置大型水晶吊灯或其它豪华型吊灯,往往会达到富丽堂皇的视觉效果,而其它部位层高较低,多采用吸顶灯,深筒嵌入灯具,光带式嵌入灯具,荧光嵌入式灯具以及各式艺术壁灯,台灯和脚灯等,会给人以室内空间高大的感观视觉效果。在某些相对湿度大于85%的场所,则应采用带防水灯头的开启型灯具或防潮型灯具;在电瓶间等有腐蚀性气体的场所,应采用密闭型灯具;在有可能受机械损伤的场所应选用带保护网灯具;在有较大震动的场所,应采用吊链式或线吊式灯具等等。

2.照明灯具的布置

灯具布置对照明质量有极其重要的影响,灯具布置应保证最低的照度条件要求,使工作面上照度均匀,无弦光阴影,整齐美观,与建筑空间相协调,并且使进行灯具维护检修方便。灯具布置一般分为均匀布置和选择布置两种。

1)均匀布置:即每一行的灯具之间距离,以及各行灯具之间的距离均保持一定,其目的是使室内获得均匀的照度,这种布置方案不考虑设备的分布。

2)选择布置:即按工作面对称布置,力求使工作面上能获得最佳光通方向和消除工作面上的阴影。灯具布置后,室内照度是否均匀,通常用照度均匀度指标来衡量。照度均匀度是指室内给定工作面最低照度 E_{min} 与平均照度 E_{pj} 的比值。CIE 推荐一般照明工作区域内的最低照度与平均照度之比不应小于 0.8,室内整个区域的平均照度一般不应低于工作区域平均照度的 1/3。我国《民用建筑照明设计标准》规定,工作区域内的最低照度与平均照度之比不应小于 0.7,室内交通区域的平均照度一般不低于工作区域平均照度的 1/5,室内照度均匀度

(E_{min}/E_{pj}) 与灯具安装布置距离比 (L_a/h) 的关系曲线如图 3-39 所示。由图可见,要使照度均匀度达到较大值,在安装布置灯具时必须考虑选择合适的距高比。所谓距高比,是指灯具之间的相对距离 L 与灯具至工作面的计算高度 h 之比值。显然,室内灯具的布置是否合理,将主要取决于距高比。因为在灯具高度一定的情况下,灯具之间的距离越大,被照工作面上的照度越不均匀;而在灯具间距一定的情况下,计算高度 h 越小,被照工作面上的照度也越不均匀。在表 3-29 和表 3-30 中列出了各种灯具布置较合适的距高比值。通常灯具按正方形、矩形或菱形布置,如图 3-40 所示。当正方形布置时,灯具相对间距 $L = L_a = L_b$;矩形布置时,取 $L = L_a$;菱形布置时,取 $L = L_a$,可取 $L_b = \sqrt{3} L_a$,即灯

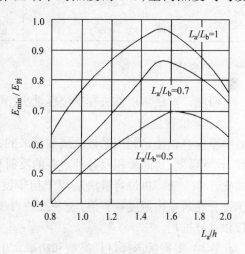

图 3-39　室内照度均匀度与灯具布置距高比的关系典线

具按等边三角形布置时照度最均匀。对于点光源布置,如靠墙处无工作面时,灯具距墙面距离为 $(0.4 \sim 0.5)L$;靠墙处有工作面时,灯具距墙面距离为 $(0.25 \sim 0.3)L$,对于线型光源布置,一般灯具距墙面距离为 $0.3 \sim 0.5m$,同时还可适当调整灯具的布局或增设壁灯来提高工作面的照度值。另外在图书馆阅览室、教室、实验室和办公室、写字间等场所进行灯具布置时,应使灯具光线从座位的左侧方向射来,灯具稍偏向窗户一侧布置为宜。

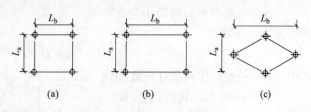

图 3-40　几种常用的灯具布置形式
(a)正方形　(b)矩形　(c)菱形

表 3-29　各种常用灯具布置的距高比值

灯 具 类 型	L/h 比 值		单行布置的房间最大宽度 (m)
	单 行 布 置	多 行 布 置	
深照型灯具	1.5~1.8	1.6~1.8	1.0h
配照型灯具	1.8~2.0	1.8~2.5	1.2h
广照型灯具	1.9~2.5	2.3~3.2	1.3h
漫照型灯具	1.9~2.5	2.3~3.2	1.3h

表 3-30　荧光灯具布置的距高比值

灯 具 名 称		灯具型号	灯管数量及功率	灯具效率(%)	最大允许距高比(L/h)		光 量(1m)	灯具示意图
					a-a	b-b		
简式荧光灯		$1\times40W$ $1\times40W$ $2\times40W$	YG_{1-1} YG_{2-1} YG_{2-2}	81 88 97	1.62 1.46 1.33	1.22 1.28 1.28	2400 2400 2×2400	
密闭型荧光灯		$1\times40W$ $2\times40W$	YG_{4-1} YG_{4-2}	84 80	1.52 1.41	1.27 1.26	2400 2×2400	
吸顶式荧光灯		$2\times40W$ $3\times40W$	YG_{6-2} YG_{6-3}	86 86	1.48 1.5	1.22 1.26	2×2400 3×2400	
嵌入式格栅荧光灯	塑料格栅	$3\times40W$	YG_{15-3}	45	1.07	1.05	3×2400	
	铝格栅	$2\times40W$	YG_{15-2}	63	1.25	1.20	2×2400	

二、照度计算

照度计算最常用方法有单位容量法,利用系数法和逐点法。

1．单位容量法

单位容量法是利用系数法演变面来的,考虑了灯具的类型、光源的效率,工作面所需的照度,计算高度、房间面积及各种材料的反射和减光系数等因素编制而成的,是一种较为实用的简化计算方法。单位容量法适用于初步设计的近似计算或普通的照明计算。在表 3-31 中列出部分建筑室内照度推荐值,表 3-32～表 3-34 中列出部分常用灯具的单位面积安装功率值,以供计算选用。

这样,根据所选择灯具类型和功率大小、计算高度、房面被照面积以及房间照度标准推荐值等条件,确定单位面积所需要灯具的安装功率值。则房间灯具总安装功率可按下式计算:

$$P_{\Sigma} = \omega S \tag{3-11}$$

式中　P_{Σ}——房间灯具总安装功率,W;

ω——单位面积安装功率,W/m²;

S——室内被照面积,m²

则所需灯具盏数为:

$$n = P_{\Sigma}/P_1 \tag{3-12}$$

式中　n——被照房间总灯具数,盏;

P_1——每盏灯具的容量,W。

表 3-31　部分建筑不同功能房间照度标准推荐值

建筑类型	房 间 名 称	推荐照度(lx)
旅游宾馆饭店照明	贮藏室、楼梯间、公共卫生间	10～20
	衣帽间、库房、冷库、客房走道	15～30
	客厅、电梯前室、台球房、健身房、桑那浴房	30～75
	洗衣间、客房、邮电厅	75～150
	酒吧间、咖啡厅、茶室、游艺厅、旅游室、电影院、小舞厅、餐厅、休息厅、小卖部	50～100
	会议室、银行、美容室、收银台	100～200
	高大门厅、厨房、大型宴会厅	150～300
	服务台、多功能大厅、展厅	300～750

建筑类型	房　间　名　称	推荐照度(lx)
科教办公建筑照明	厕所、盥洗室、楼梯间、走廊	5～15
	食堂、传达室、电梯机房、校办工厂(一般加工车间)	30～75
	厨房、录相编辑室	50～100
	库房、一般门厅	10～20
	中频机室、空调机房、调压室	20～50
	医务室、报告厅、办公室、接待室、会议室、实验室、阅览室、书库、教室、科技资料室、档案室	75～150
	设计室、绘图室、打字室	100～200
	计算机房、室内体育馆	150～300
商业建筑照明	厕所、更衣室、热水间	5～15
	楼梯间、冷库、库房	10～20
	一般旅馆客房、浴室	20～50
	大型门厅、收银台、小餐厅	30～75
	餐厅、菜市场、照相馆、粮店、钟表眼镜店、银行储蓄所、邮电营业厅	50～100
	理发馆、书店、服装店	70～150
	百货商场、大型超市、家俱市场、字画商店	100～200
住宅建筑照明	厕所、盥洗室	5～15
	餐厅、厨房、起居室	15～30
	卧室、婴儿哺乳室	20～50
	单身宿舍、活动室	30～50
	书房、计算机工作室	75～150

表 3-32　配照型、广照型灯具单位面积安装功率(W/m²)

灯具类型	计算高度	房间面积(m²)	白炽灯照度(lx)						
			5	10	15	20	30	50	75
配照型灯具	2～3	10～15	3.3	6.2	8.4	11	15	22	30
		15～25	2.7	5	6.8	9	12	18	25
		25～50	2.3	4.3	5.9	7.5	10	15	21
		50～150	2	3.8	5.3	6.7	9	13	18
		150～300	1.8	3.4	4.7	6	8	12	17
		>300	1.7	3.2	4.5	5.8	7.5	11	16
广照型灯具	2～3	10～15	3.3	6.2	9.2	11	15	22.5	30
		15～25	2.7	6	7.5	9	12	18	25
		25～50	2.3	4.3	5.9	7.5	10	15	21
		50～150	2	3.8	5.3	6.7	9	13	18
		150～300	1.8	3.4	5	6	8	12	17
		>300	1.7	3.2	4.5	5.3	7.5	11.5	16

表 3-33　乳白玻璃罩灯具单位面积安装功率(W/m²)

灯具类型	计算高度	房间面积(m²)	白炽灯照度(lx)					
			10	15	20	25	30	40
乳白玻璃罩球形灯和吸顶棚灯具	2～3	10～15	6.3	8.4	11.2	13	15.4	20.5
		15～25	5.3	7.4	9.8	11.2	13.3	17.7
		25～50	4.4	6	8.3	9.6	11.2	14.9
		50～150	3.6	5	6.7	7.7	9.1	12.1
		150～300	3	4.1	5.6	6.5	7.7	10.2
		>300	2.6	3.6	4.9	5.7	7	9.3

灯具类型	计算高度	房间面积(m²)	白炽灯照度(lx)					
			10	15	20	25	30	40
乳白玻璃罩球形灯和吸顶棚灯具	3~4	10~15	7.2	9.9	12.6	14.6	18.2	24.2
		15~25	6.1	8.5	10.5	12.2	15.4	20.6
		25~30	5.2	7.2	9.5	11	13.3	17.8
		30~50	4.4	6.1	8.1	9.4	11.2	15
		50~150	3.6	5	6.7	7.7	9.1	12.1
		120~300	2.9	4	5.6	6.5	7.6	10.1
		>300	2.4	3.2	4.6	5.3	6.3	8.4

表 3-34　荧光灯单位面积安装功率(W/m²)

灯具类型	计算高度	房间面积(m²)	荧光灯照度(lx)					
			30	50	75	100	150	200
带反射罩荧光灯	2~3	10~15	3.2	5.2	7.8	10.4	15.6	21
		15~25	2.7	4.5	6.7	8.9	13.4	18
		25~50	2.4	3.9	5.8	7.7	11.6	15.4
		50~150	2.1	3.4	5.1	6.8	10.2	13.6
		150~300	1.9	3.2	4.7	6.3	9.4	12.5
		>300	1.8	3	4.5	5.9	8.9	11.8
	3~4	10~15	4.5	7.5	11.3	15	23	30
		15~20	3.8	6.2	9.3	12.4	19	25
		20~30	3.2	5.3	8	10.6	15.9	21.2
		30~50	2.7	4.5	6.8	9	13.6	18.1
		50~120	2.4	3.9	5.8	7.7	11.6	15.4
		120~300	2.1	3.4	5.1	6.8	10.2	13.5
		>300	1.9	3.2	4.8	6.3	9.5	12.6
不带反射罩荧光灯	2~3	10~15	3.9	6.5	9.8	13	19.5	26
		15~25	3.4	5.6	8.4	11.1	16.7	22.2
		25~50	3	4.9	7.3	9.7	14.6	19.4
		50~150	2.6	4.2	6.3	8.4	12.6	16.8
		150~300	2.3	3.7	5.6	7.4	11.1	14.8
		>300	2	3.4	5.1	6.7	10.1	13.4
	3~4	10~15	5.9	9.8	14.7	19.6	29.4	39.2
		15~20	4.7	7.8	11.7	15.6	23.4	31
		20~30	4	6.7	11	13.3	20	26.6
		30~50	3.4	5.7	8.5	11.3	17	22.6
		50~120	3	4.9	7.3	9.7	14.6	19.4
		120~300	2.6	4.2	6.3	8.4	12.6	16.8
		>300	2.3	3.8	5.7	7.5	11.2	14

例题 3-2　学校某教室长 9.7m,宽 7.2m,高 3.6m,试用单位容量法进行照明计算,并合理布置室内灯具。

解:教室一般宜选用简易带反射罩荧光灯,查表 3-31,教室的推荐照度为 75~150lx,故按 $E = 100$lx 计算。

灯具初步选用 YG_{2-1},1×40W,查表 3-30,其最大距高比 L/h 为:a-a 方向中 $L_a/h = 1.46$,b-b 向 $L_b/h = 1.28$。如参考图 3-21 取被照工作面高度 $h_f = 0.8$m,灯具悬吊垂度 $h_c = 0.8$m,即采用链吊安装,所以计算高度为:

$$h = H - h_f - h_c = 3.6 - 0.8 - 0.8 = 2\text{m}$$

从而计算得 a-a 方向灯距为:

$$L_a = 1.46h = 1.46 \times 2 = 2.92\text{m}$$

b-b 方向灯距为：

$$L_b = 1.28h = 1.28 \times 2 = 2.56m$$

由于教室内靠墙处也有工作面,荧光灯属于线型灯具,灯距与墙壁之间的距离一般为$(0.3 \sim 0.5)L$。所以有

$$L_{a1} = (0.3 \sim 0.5)L_a = (0.3 \sim 0.5) \times 2.92 = 0.9 \sim 1.5m$$

$$L_{b1} = (0.3 \sim 0.5)L_b = (0.3 \sim 0.5) \times 2.56 = 0.8 \sim 1.3m$$

由计算结果并结合房间尺寸,取 $L_a = 2.6m$, $L_b = 2.5m$, $L_{a1} = 1m$, $L_{b1} = 1.1m$,初步选用 $n = 12$ 盏,$YG_{2-1}1 \times 40W$荧光灯,灯具布置如图 3-41 所示。

校验:设计要求 $E = 100lx$,计算高度 $h = 2m$,室内面积 $S = 9.7 \times 7.2 \approx 70m^2$。查表 3-34,带反射罩荧光灯单位面积安装功率 $\omega = 6.8W/m^2$,所以该教室灯具总安装功率为:

$$P_{\Sigma} = \omega S = 6.8 \times 70 = 476W$$

故选用 12 盏 $YG_{2-1}1 \times 40W$ 链吊式带反射罩荧光灯,可满足设计要求。

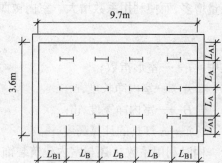

图 3-41　某教室荧光灯布置平面图

2. 利用系数法

所谓利用系数,是表征对照明光源光通量利用程度的一个参数,即

$$\eta = \phi_s / \phi \tag{3-13}$$

式中　ϕ_s——投射到工作面上的光通量(包括直射和反射到工作面上的所有光通量),lm;

　　　ϕ——灯具光源发出的总光通量,lm;

　　　η——利用系数。

用利用系数法进行照度计算公式为:

$$E = \frac{\phi n \eta}{kS} \tag{3-14}$$

式中　E——工作面上的平均照度,lx;

　　　S——被照工作面的面积,m^2;

　　　ϕ——每盏灯具光源发出的总光通是,lm;

　　　k——减光补偿系数;

　　　n——灯具盏数。

我们知道,灯具使用一段时间后积尘而使灯光效率降低,会引起工作面的照度减小,故引入减光补偿系数 k,见表 3-35。

表 3-35　减光补偿系数 k 参考值

照明场所及环境特点	在电力消耗上允许值			在电力消耗上最佳值		
	灯具清扫次数（次/每月）	白炽灯	荧光灯	灯具清扫次数（次/每月）	白炽灯	荧光灯
稍有粉尘、烟、灰的生产车间	1	1.4	1.5	2	1.3	1.4
粉尘、烟、灰较多的生产车间	2	1.5	1.6	4	1.3	1.4
有大量粉尘、烟、灰的生产车间	4	1.5	1.5	6	1.4	1.5
办公室、休息室及其他类似场所	2	1.3	1.4	—	—	—

照明场所及环境特点		在电力消耗上允许值			在电力消耗上最佳值		
		灯具清扫次数（次/每月）	白炽灯	荧光灯	灯具清扫次数（次/每月）	白炽灯	荧光灯
室　外	普通照明灯具	2	1.3	—	—	—	—
	投　光　灯	2	1.3	—	—	—	—

利用系数 η 与室内被照面积及空间尺寸有关，室内面积越大，越接近正方形，由于直射光通量增多，而使利用系数增大。室内被照面积及空间尺寸可用室形指数来描述，即

$$i = \frac{AB}{h(A+B)} \tag{3-15}$$

式中　i——室形指数；

　　　A——室内净长度，m；

　　　B——室内净宽度，m；

　　　h——灯具的计算高度，m。

同时利用系数 η 还与室内建筑装饰材料的反射系数有关，这是由于室内工作面上的照度有来自灯具的直射光，也有来自天棚、墙壁和地面的反射光。部分建筑装饰材料表面反射系数在表 3-36 中列出，以供选用参考。

这样，综合考虑灯具类型及其配光曲线，室内建筑材料的反射系数和室形指数等诸多因素的影响，而得到某灯具在特定场所内安装的利用系数。在表 3-37～3-39 中列出了几种常用灯具的利用系数，花灯本身的利用系数 η_0 参见表 3-40，其他类型的灯具利用系数可查阅有关气照明设计手册。考虑了灯具本身的利用系数 η_0 后，将式(3-14)修正为：

$$E = \frac{\phi n \eta_0}{kS} \tag{3-16}$$

表 3-36　常用建筑材料表面反射系数表

名　　　称		反　射　系　数　（%）
抹灰并用大白粉刷		70～80
砖墙或混凝土屋面板喷白(白灰、大白)		50～60
瓷釉面砖	白　色	75～80
	粉　色	60～70
	乳　黄	83
	浅　黄	80
	中黄色	72
	天蓝色	55
水磨石	白　色	69
	白间黑	65
	白间绿	50～57
	白间赭	38
淡黄色乳胶涂料		35～67
大理石	艾叶青	32～35
	墨　玉	8
	雪　花	60～62
	桃　红	31～33

名 称		反 射 系 数 （%）
调 和 漆	白色或米黄色	70
	乳黄色	71
	中黄色	57
	深绿色或红色	8
	中灰色	20
塑料壁纸	黄白色	0.72
	蓝白色	0.61
	浅粉色	0.65
普通玻璃		0.09
广漆地板		0.10
马赛克地砖	白 色	0.59
	浅蓝色	0.42
	浅咖啡色	0.31
	绿 色	0.25
	深咖啡色	0.20

表 3-37　乳白玻璃球形灯的利用系数表

容 量（W）	尺 寸（mm）	
	D	H
60	180	
100	200	
150	250	
200	300	

灯具本身的效率 $\eta_0 = 67\%$

ρ_t（%）	50				70			
ρ_q（%）	30		50		30		70	
ρ_d（%）	10	30	10	30	10	30	10	30
i	利 用 系 数 （%）							
0.6	12	13	16	17	15	16	19	20
0.7	16	17	20	21	19	20	23	24
0.8	18	19	22	23	22	22	26	27
0.9	20	21	24	25	24	25	28	30
1.0	22	23	26	27	26	27	30	32
1.1	23	24	27	28	27	29	32	34
1.25	24	26	29	30	29	31	34	36
1.5	26	28	31	33	33	35	36	40
1.75	28	30	33	35	34	37	38	42
2.0	30	32	35	37	36	39	40	44

2.25	31	34	36	38	38	41	42	46
2.5	33	35	38	40	39	43	43	48
3.0	36	38	40	42	42	46	45	51
3.5	38	40	41	44	44	49	48	53
4.0	40	43	43	46	46	51	49	55
5.0	43	46	46	49	50	55	52	59

注:表中 ρ_q-墙壁反射系数;ρ_d-地面反射系数;ρ_t-天棚反射系数。

表 3-38　嵌入式扇形(平板)乳白玻璃光盒荧光灯的利用系数表

容　　量　　(W)	
1×40	
2×40	
3×40	

$\rho_t(\%)$	30		50			70		
$\rho_q(\%)$	10	30	30	50	70	30	50	70
i	利　用　系　数　(%)							
0.5	12	14	14	17	22	14	16	22
0.6	16	18	19	21	25	19	22	26
0.7	19	21	22	25	29	22	25	29
0.8	22	24	24	26	30	24	27	31
0.9	24	25	25	28	31	26	28	31
1.0	25	26	27	29	32	27	29	32
1.25	27	28	29	31	34	29	31	35
1.5	29	30	30	32	35	31	33	36
1.75	31	32	32	34	37	33	35	38
2.0	32	33	34	36	38	34	36	39
2.5	35	36	36	38	40	37	39	41
3.0	36	37	37	39	41	38	40	42
3.5	37	38	38	40	42	39	41	43
4.0	38	39	39	41	43	40	42	44
5.0	39	40	40	42	43	41	43	44

表 3-39　花灯照明灯具的光通利用系数 η

ρt	0.7			0.7			0.7			0.7			0.5			0.5			0.5			0.5		
ρq	0.5			0.5			0.3			0.3			0.5			0.5			0.3			0.3		
ρd	0.3			0.1			0.1			0.3			0.3			0.1			0.3			0.1		
灯具特性 \ 室形指数 i	反射配光	半反射配光	漫射配光	反射配光	半反射配光	漫射配光	反射配光	半反射配光	漫射配光	反射配光	半反射配光	漫射配光	反射配光	半反射配光	漫射配光	反射配光	半反射配光	漫射配光	反射配光	半反射配光	漫射配光	反射配光	半反射配光	漫射配光
0.3	0.13	0.14	0.15	0.12	0.13	0.14	0.06	0.07	0.09	0.07	0.08	0.10	0.12	0.12	0.14	0.12	0.12	0.14	0.06	0.08	0.09	0.06	0.07	0.09
0.4	0.17	0.19	0.21	0.16	0.17	0.19	0.10	0.12	0.12	0.11	0.13	0.14	0.14	0.16	0.19	0.14	0.15	0.18	0.09	0.10	0.12	0.08	0.09	0.12
0.5	0.22	0.24	0.26	0.20	0.22	0.24	0.13	0.15	0.17	0.14	0.16	0.18	0.18	0.20	0.22	0.17	0.19	0.21	0.11	0.13	0.15	0.10	0.12	0.14
0.6	0.26	0.29	0.31	0.23	0.25	0.28	0.15	0.18	0.21	0.16	0.19	0.21	0.20	0.23	0.26	0.19	0.21	0.24	0.13	0.15	0.18	0.12	0.16	0.18
0.7	0.29	0.31	0.35	0.27	0.29	0.31	0.18	0.22	0.24	0.19	0.23	0.24	0.23	0.26	0.29	0.22	0.23	0.28	0.15	0.19	0.22	0.14	0.18	0.22
0.8	0.32	0.34	0.37	0.30	0.32	0.35	0.21	0.24	0.27	0.22	0.25	0.27	0.25	0.29	0.32	0.24	0.27	0.30	0.17	0.21	0.24	0.16	0.20	0.23
0.9	0.35	0.38	0.41	0.32	0.36	0.39	0.23	0.27	0.29	0.25	0.28	0.30	0.27	0.32	0.35	0.26	0.30	0.33	0.19	0.23	0.27	0.18	0.22	0.23
1	0.37	0.41	0.44	0.35	0.39	0.42	0.25	0.29	0.31	0.27	0.30	0.33	0.29	0.34	0.38	0.28	0.33	0.37	0.21	0.26	0.29	0.20	0.25	0.28
1.25	0.43	0.47	0.51	0.40	0.44	0.47	0.30	0.35	0.37	0.33	0.37	0.40	0.34	0.39	0.44	0.33	0.38	0.42	0.26	0.31	0.35	0.24	0.29	0.33
1.5	0.47	0.53	0.57	0.45	0.49	0.52	0.36	0.40	0.43	0.38	0.42	0.46	0.37	0.43	0.49	0.36	0.41	0.46	0.29	0.36	0.40	0.27	0.34	0.38
1.75	0.52	0.58	0.62	0.49	0.53	0.57	0.41	0.46	0.48	0.42	0.47	0.52	0.40	0.47	0.53	0.38	0.44	0.50	0.32	0.39	0.45	0.30	0.37	0.43
2	0.56	0.63	0.66	0.52	0.57	0.60	0.44	0.49	0.52	0.47	0.52	0.57	0.42	0.50	0.56	0.39	0.47	0.53	0.35	0.43	0.49	0.33	0.40	0.46
3	0.65	0.74	0.77	0.60	0.66	0.70	0.55	0.61	0.65	0.58	0.63	0.70	0.46	0.58	0.65	0.44	0.53	0.60	0.41	0.52	0.60	0.38	0.49	0.55
4	0.71	0.81	0.85	0.63	0.71	0.74	0.60	0.67	0.71	0.64	0.74	0.78	0.51	0.63	0.69	0.47	0.58	0.64	0.45	0.57	0.64	0.43	0.54	0.61
5	0.74	0.85	0.88	0.65	0.74	0.78	0.63	0.69	0.73	0.68	0.80	0.82	0.53	0.65	0.73	0.49	0.60	0.67	0.49	0.61	0.70	0.46	0.57	0.64

注:表中 ρt—天棚反射系数;ρd—地面反射系数;ρq—墙壁反射系数。

表 3-40　花灯灯具本身的利用系数 η_0

灯具配光特性	灯具组装结构简单,组装数量在 3 个以下时	灯具组装结构一般,组装数量在 4~9 个时	灯具组装结构复杂,组装数量在 10 个以上时	吸顶组装灯具	
				组装数量在 9 个以下时	组装数量在 10 个以上时
漫射配光灯具	0.95	0.85	0.65	—	—
半反射配光灯具	0.9	0.8	0.5	—	—
反射配光灯具	0.8	0.7	0.4	0.8	0.7

注:1. 漫射配光灯具——用乳白玻璃制成的包合式灯具。
　　2. 半反射配光灯具——用乳白或磨砂玻璃制成的向上开口的灯具。
　　3. 反射配光灯具——用不透光材料制成的向上开口的灯具。

例 3-3　有一小餐厅,室内净长 8m、宽 5.5m、高 4.2m,拟采用六盏小花灯做照明,每盏花灯装有 220V 的 4 个 25W 和 1 个 40W 的白炽灯泡,其安装高度为 3.3m,天棚采用白色调和漆刷白、墙壁采用淡黄色乳胶涂料粉刷、地板为墨玉色大理石铺地,试计算其可达到的照度。如果该房间改作阅览室,并采用 6 盏嵌入式平板乳白玻璃光盒荧光灯,每套灯内装有 2×40W 荧光灯管,重新计算其可达到的照度。

解:已知室内面积 $S = AB = 8 \times 5.5 = 44\text{m}^2$,灯具布置图如图 3-42 所示。依题给出的天棚、墙壁与地板的颜色,查表 3-36 得 $\rho_t = 0.7$, $\rho_q = 0.5$, $\rho_d \approx 0.1$,查表 3-35 取减光补偿系数 $k = 1.3$,设工作面高度为 0.8m,计算高度 $h = 3.3 - 0.8 = 2.5\text{m}$,则室形指数为:

$$i = \frac{S}{h(A+B)} = \frac{44}{2.5(8+5.5)} = \frac{44}{33.72} \approx 1.3$$

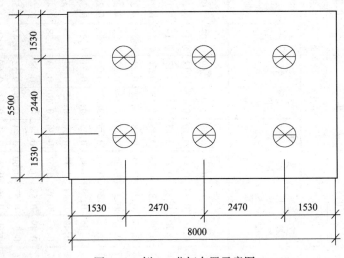

图 3-42　例 3-3 花灯布置示意图

查表 3-40,设本花灯为漫射配光灯具,其本身的利用系数 $\eta_0 = 0.85$,由表 3-39 查得:$i_1 = 1.25$ 时,$\eta_1 = 0.47$;$i_h = 1.5$ 时,$\eta_h = 0.52$,用内插法计算出在 $i = 1.3$ 时,η 为:

$$\eta = \eta_h - \frac{i_h - i}{i_h - i_1}(\eta_h - \eta_1) = 0.52 - \frac{1.5 - 1.3}{1.5 - 1.25} \times (0.52 - 0.47) = 0.48$$

从有关照明设计手册查得 25W 白炽灯泡光通量 220lm,40W 白炽灯泡光通量 350lm,故每盏灯具的总光通量为 $\phi = 220 \times 4 + 350 \times 1 = 1230\text{lm}$。由式(3-16)得:

$$E = \frac{\phi n \eta \eta_0}{kS} = \frac{1230 \times 6 \times 0.48 \times 0.85}{1.3 \times 44} = 52.6\text{lx}$$

如改用 6 盏嵌入式平板乳白玻璃光盒荧光灯,不考虑地面反射系数影响,则由表 3-38 查得:$i_l = 1.25$ 时,$\eta_l = 0.31$;$i_h = 1.5$ 时,$\eta_h = 0.33$,同样,用内插法计算出 $i = 1.3$ 时,$\eta = 0.314$。从照明设计手册查得 40W 荧光灯管光通量为 2200lm,故每盏灯具的总光通量为 $\phi = 2200 \times 2 = 4400$lm,由式 3-35 查得减光补偿系数为 1.4。故由式 3-14 计算室内工作面平均照度为:

$$E = \frac{\phi n \eta}{kS} = \frac{4400 \times 6 \times 0.314}{1.4 \times 44} = 134.6\text{lx}$$

第十节 智能化住宅小区管理系统

随着建筑业的迅速发展,建筑智能化技术应用越来越受到人们的关注。智能化住宅小区及其家庭智能化是一项很有发展潜力的产业。在我国,新建住宅小区在每年动工兴建的建筑中占有相当可观的比例,全国各地均有成片的住宅小区在建设。而且建设部有关部门也正在抓小区智能化的试点。随着经济的发展和技术的进步,在不远的将来,家庭智能化的系统产品将为家庭提供全方位的服务。

智能化住宅小区自动化管理控制系统网络结构如图 3-43 所示,其特点是①控制层总线采用 RS485 标准,控制功能强,监控点多,传输效率高,它采取并行联网的方式,互相独立,点对点通信,系统简单,组网灵活,联结方便,有益于长距离传输及系统的发展扩充,该方式是集散型控制网络的基本形式。②在现场控制层中运用 LonWorks 技术的测控合一的双向通信控制总线,采用该方式的现场受控装置能直接纳入控制总线的层面。目前已有越来越多的国

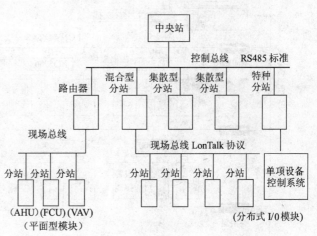

图 3-43　智能化住宅小区自动化控制系统网络结构

家以此作为产品生产的通信标准,因此,凡有 LonWorks 标记的产品,均能在系统中互操互换,现代网络技术也为 LonWorks 产品创造了无限良好的空间,由此看来,它的开放性方面在未来应用的发展上,显然具有很大的吸引力。业内专家预测,建筑自动化控制系统的集散型控制网络,将会以现场总线控制网络为发展趋势。③单项设备系统纳入建筑自动化控制系统控制网络层,从建筑物宏观的角度来看,能使该类控制系统更合理更安全地工作,由于单项系统的基本控制功能已由自身独立完成,中央站仅为有序地进行管理,因此,它不占用中央数据库的容量,简化了系统网络的信息传输与交换,使系统自动化管理的整体效果和单项控制功能更优化了。该系统在单项系统工作环境复杂、自控要求高时,更能显示其优势。

目前国内对住宅小区智能化的做法,一种是每户采用一个机顶盒(或控制器)或利用可视(或不可视)对讲机接收用户的火灾感烟探测器、感温探测器、可燃气体泄漏探测器、门磁开关、

紧急求救按钮等信号。从管线敷设来看,基本呈星形结构,有的是利用综合布线的方式。这些做法,管线距离均较长。另外,还有的系统采用无线传输的方式,将上述各器件的无线信号接收到家庭控制器上。

利用 LonWorks 技术的家庭智能化系统具有一定的代表性,它重点强调的是家庭网络,通过 Internet 网为家庭服务,创造一个安全、舒适的家居环境,并达到方便、节能的效果。例如 Echelon 公司的产品是基于受控装置和控测器内均设置了 LonWorks 技术的神经元芯片,每个装置均独立成为一个控制器。因此,每个家庭中所有带有 LonWorks 技术的产品,均可简单地采用双绞线将其串接起来,从管线长度来看也节省了许多。

一、智能化住宅小区管理系统的构成

典型的智能化小区管理系统如图 3-44 所示,系统主要由控制中心计算机、现场控制模块、路由器、现场水表、电表、燃气表、暖气表、感烟探测器、感温探测器、可燃气体探测器、报警求助按钮等组成。

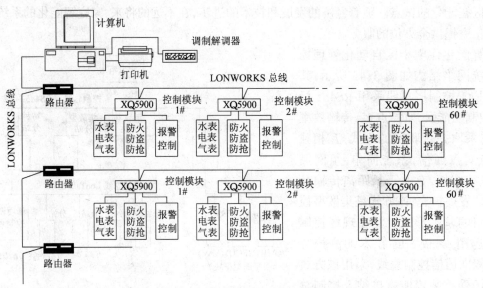

图 3-44 典型的智能化住宅小区管理系统图

该系统采用 LonWorks 现场总线技术,全分布式网络结构,所以组网比较灵活。其中路由器(Router)是能够提供过滤、桥接和复杂的路径控制管理功能的端口设备,通过路由器可以建立大型复杂的符合 X.25 标准的互联网。并能在网段的冗余路径中作出选择,用完全不同的数据分组和介质访问的方法连接各子网。另外每户采用一个控制模块的设计思路,所以安装调试和管理都较为方便,也方便以后系统功能的扩充和升级。

XQ5900 型控制模块硬件可分为两部分,其中一部分为与 Echelon 公司的 control MOD-ULE 兼容的标准神经元控制模块,即是以带固件的神经元芯片 Neuron3150 为核心设计的智能化网络节点控制器,具有 8 路脉冲信号输入和 8 路数字信号输入,因此,可以同时管理多达 8 个脉冲测量仪表,可燃气体和烟、温探测器;二档紧急求助信号输入等。另一部分为系统的 AC/DC 隔离转换电源,I/O 接口和双绞线收发器。该模块可完成对各种脉冲式远传表、各种数字输入、模拟输入等的信号采集工作。由此可见,这种控制模块具有较强大的功能,其原理如图 3-45 所示方框图。

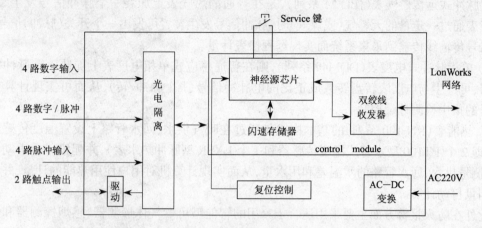

图 3-45　XQ5900 型家庭智能化控制模块原理方框图

XQ5900 型控制模块的软件也分为两部分,一部分为 I/O 口驱动程序,另一部分为控制程序和控制算法软件包。驱动程序负责将各种现场技术数据准确的采集进来,控制程序和算法实现诸如故障识别、报警和对现场设备控制、费率计算和复费率计费、系统运行记录和分析等一系列工作。这样系统软硬件配合更灵活,有利于系统软硬件的升级和维护,有利于实现产品系列化。

一般将 XQ5900 型控制模块安装于专用控制箱内,所以在控制箱内先安装控制模块底座,底座可安装于专用标准导轨上,也可用螺钉安装固定在 86H60 标准接线盒上,经确认接线无误后,再插入模块板。这种控制模块板为插接式结构,也为调试和维修带来了方便。

在控制模块侧面有 LonWorks 网络(收发器)NETIN/NETOUT 插座引脚,即左起编号为 1~4,相应名称分别为 Z1~Z4,均为 LonWorks 网络接线,且不分极性。

另外,在控制模块上还有 24 个插接引脚线,其中左下脚线为编号 1,按逆时针递增,各引线脚功能分别为:

1~4——脉冲输入端(1PI~4PI);

5~8——脉冲/数字输入端(5PI/1DI~8PI/4DI);

9——直流电源(+DC24V)输出端;

10~24——电源地端(GND);

11、12——总电源(PW)输入端;

13、14——LON 总线端(BUS);

15、21——直流电源(+DC5V)输出端;

16~19——数字输入端(5DI~8DI)

20——直流电源(+DC12V)输出端;

22、23——数字输出端(1DO,2DO)。

在图 3-44 中,接入 XQ5900 控制模块的仪表应具有一定的脉冲生成功能,例如:

①脉冲式远传热、冷水表(LXSR/LXSG 系列),冷、热水表的使用温度分别为 0~40℃、0~90℃,并能产生与用水量成比例关系的脉冲,例如公称口径 φ15~40 的水表,10 个脉冲/m³,公称

口径φ50的水表,1个脉冲/m³,这样经信号线传输到采集系统,从而实现对用户冷、热水用量的远程计量。

②脉冲式远传燃气表(JBD-M系列),是在普通的燃气表上加装一个脉冲信号发生装置。当燃气表通过一定量的天燃气(或煤气)时,脉冲信号发生装置可发出一个开关(脉冲)信号,同样经信号传输线传输到采集系统而实现远程抄表计量。

③单相脉冲式电度表(DDM49系列),则在普通感应式单相电度表上加装一个脉冲智能传感器,可产生与电度表转盘转数成正比的电脉冲信号(1个脉冲/转),从而可实现计算机对用电量的集中检测计量控制。

④热能表(RN-100系列)的基本构成是通过在暖气供水、回水管路上设置温度传感器和水表(即2个PT100型水管式温度传感器和1个LXSR型脉冲热水表),并配置一个手动温控阀,以测量供水、回水管路的水温差和用水量,从而实现计算机对用户使用热能的计量,并根据热能用量自动计费。

此外在防火报警方面主要采用适合于家用的智能型可燃气体探测器、感烟探测器和感温探测器,内置单片机,固化高可靠、高灵敏性的火灾判断程序,并设有相应的编码底座。

二、智能化住宅小区管理系统的基本功能及其工程图

如上所述,智能化住宅小区管理系统采用了先进的LonWorks现场总线技术和每户一个控制模块的工程设计方法,从而使系统结构简单,其工程系统图、平面布置图如图3-46和图3-47所示。在中央控制室中一般要配置计算机一台(CPU为PC1.7G,内存128M以上,并且配备15~17′彩显),打印机一台,UPS一台(1000VA),网络界面卡(PCLTA/PCNSI)一块,组态和管理软件一套。系统管理软件的主要功能为:

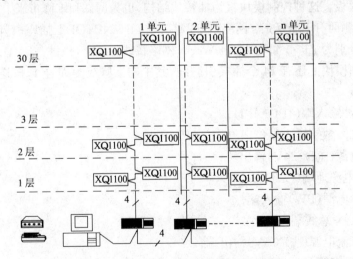

图3-46 智能化住宅小区管理控制系统图

注:1. 每段总线最多连结60个控制单元(XQ1100),超出60个控制单元时应增设一个路由器;

2. 单元之间应采用电源总线和通讯总线连接,电源总线可采用软屏蔽护套绝缘导线RVVP-2×1.5,通讯总线采用2对四芯五类双绞线;

3. 电源总线和通讯总线应分别穿入焊接钢管SC15敷设。

1. 网络管理

网络管理主要包括对系统内各节点、路由器、终端等三项功能的安装、维护和监控,从而实现对整个网络的维护和控制。

2. 节点管理

节点管理即对节点住处实时查询。既可查询主要信息,包括节点的状态(节点出错,CNF-GONLIN)、节点名、通道号、子网号,又可查询节点的详细信息。节点安装是指采用手动 SER-VICEPIN 方式安装。在安装过程中,安装成功或安装失败,均可给出提示信息。节点替换是指对失效节点进行替换,并给出相应提示信息,操作过程与节点安装相同。节点删除是用于删除不需要的节点,对错误操作给出提示信息。

3. 端口配置

对智能控制模块的各个 I/O 端口进行配置,设置各仪表的种类、型号和信号传输方式,开关量输入、输出端口的用途,如:烟雾过量输入、易燃气体泄漏输入、紧急呼救输入、本地声音输出等,并应将暂时未用的端口进行屏蔽。

4. 参数设置

参数设置主要包括校验仪表和仪表初始读数设置两项功能。采用手工输入的方式校正仪表的数据,并将每块仪表的初始读数写入数据库。

5. 抄表统计

经对系统安装调试后,应能实现自动抄表和计算统计两项功能。所谓自动抄表,是指完成对冷水表、热水表、电表、燃气表的自动抄读,并将结果填入数据库。计算统计则是对抄读的各种数据进行统计,计算出每户的用量及应付金额,将相应结果填入数据库,并把上次的统计结果生成历史记录,完成以上操作后自动退出。

6. 报警求助

智能化住宅小区管理控制系统一般都提供紧急报警和紧急呼救两级报警信号,紧急报警信号一般用于防盗或防抢报警求助;紧急呼救信号则一般用于急病等意外情况。

7. 财务管理

财务管理主要包括财务设置和收费管理两项功能。例如,财务设置一般应考虑设置冷水单价(元/t),热水单价(元/t),耗电单价(元/度),燃气单价(元/m³),服务费,服务费付款方式,服务费比例等。而收费管理方面应考虑住户付费状况查询,以房间号为索引对该住户截止到上次统计后的付费状况进行查询,包括户主姓名、电话、统计起止日期;该住户的预缴款余额、本次新预缴款、上次统计累计欠款、本次统计新增欠款、应付服务费、各种仪表的计量用量总金额、本次应缴金额、完成本次付费后的预缴剩余金额、本次付费日期、当前付费状态(已缴,未缴,预缴,欠款);冷、热水单价、耗电单价、煤气单价;各仪表截止上次统计时的读数,截止本次统计时的读数,两次统计期间的用量及用量金额。并按上述要求打印收费单据或预缴费单据。

8. 住户管理和信息查询

住户管理可实现浏览住户信息和更改住户信息两项功能。实现对住户信息的查询和更改操作。信息查询主要包括实时小区查询和住户查询,历史信息查询、未缴户和预缴户查询、欠款户查询等。

通过上述对智能化住宅小区管理系统的简要介绍,充分说明建筑智能化系统工程是基于应用环境条件下的各种设备系统的组合,将系统间信息集成互联而使系统功能应用层面提升到新的水平。

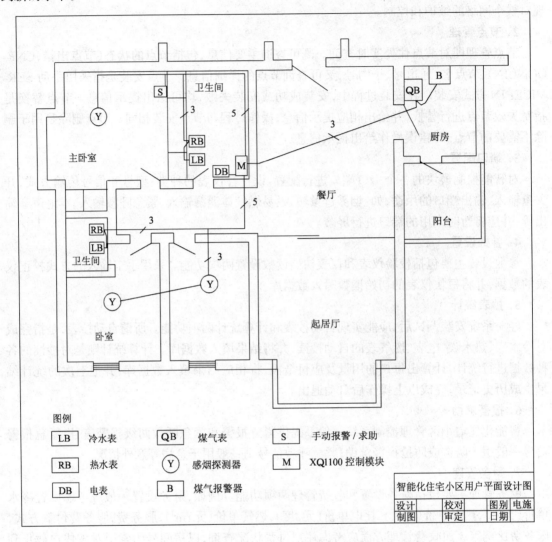

图 3-47 智能化住宅小区管理控制系统典型用户平面布置图

练习思考题 3

1. 室内配线的一般技术要求和工序是什么?如何在室内配线施工中与土建及水暖专业施工相配合?

2. 在工程设计安装时,如何根据实际环境条件选择线管?

3. 某录像室内宽 6m,长 12m,房间高 3m,工作面高度 0.8m。已知天棚抹灰并用大白粉刷,墙壁用石灰抹墙喷白,地面用艾叶青大理石铺设地面,现拟采用乳白玻璃球形灯吸顶安装,试计算所需灯具数目,并在室内合理布置灯具。

4. 高层建筑的电缆竖井结构及电缆敷设基本要求是什么?

5．建筑照明有几种配电方式？试述其优缺点。

6．什么是保护接地、保护接零、重复接地？各有何基本安装要求？

7．了解照明工程竣工后的检查验收的工程交接项目。

8．普通灯具安装方式有几种，如何用文字代号加以标注？

9．进户装置和重复接地装置分别由什么组成？重复接地装置的一般计算和安装施工方法如何？

10．接地体的周围(地面上)的电位分布规律如何，在进行接地装置安装时应注意什么主要问题？

11．如何进行接地装置的接地电阻测试？试述测量接地电阻的操作方法。

12．如果用伏-安法测量接地网的接地电阻，如已测得接地电流为40A，电压为42V，求R_{jd}和土壤电阻率ρ(接地极选用SC50，长度为2.5m)。

13．智能化住宅小区管理系统是如何构成的？其主要基本功能有哪些？在配管配线时电源总线和通讯总线的敷设有何基本要求？

第四章 电梯的安装试调

　　我国电梯的制造和安装工业是在解放以后逐步发展起来的,随着我国经济建设的发展,高层建筑越来越多,高级宾馆、饭店、商场超市、教学科研大楼、机关和高层住宅等均采用电梯作为载人载货的交通工具,所以电梯是高层建筑中极为重要的机电设备。由于电梯的大量运用,大大推动了我国电梯工业的迅速发展,如中国迅达公司、天津奥迪斯公司、上海三菱公司、广州电梯公司、西安电梯厂等生产厂家生产的电梯品种、规格、产量和质量等方面都有了很大提高,基本满足了国内需要,而且还行销于国外,中国电梯在亚洲市场上占有重要的位置。

　　电梯交通工程系统的设计是否合理,安装调试手段是否先进,电梯产品及其安装工程质量是否优良,将直接影响到建筑物的使用安全和服务质量的优劣,所以对电梯的生产制造、工程设计选择和安装调试等工作都必须给以足够的重视。

第一节　电梯的分类

　　电梯属于垂直升降机的一种类型,多采用电力拖动,是高层建筑中的重要建筑电气设备之一,电梯类型见表 4-1。

表 4-1　电梯分类表

类　别	品　种	特　征	备　注
乘客电梯	普通交流梯 交流调速梯 直流调速梯 高速梯 超高速梯 住宅电梯	用于一般建筑 用于一般高层建筑 较高级装饰 高级装饰 高级装饰 一般高层建筑	一般交流 一般交流快速 快速、高速 2m/s 以上 5m/s 以上 1m/s 以下
病床电梯	交流病床梯 直流病床梯	大型医院高层建筑 大型医院高层建筑	长型轿厢 长型轿厢
观光电梯	直流调速	透明轿厢	附墙式
船用电梯	直流电梯	防震动防倾斜性好	
特殊电梯(消防电梯)	防爆梯 耐热梯 防腐梯	封闭型 封闭型 封闭型	特殊装饰 特殊装饰 特殊装饰
矿用电梯	矿井梯(防爆、防腐)		长型或圆柱型,附墙式
建筑施工用电梯	单笼 双笼	齿轮齿条传动 齿轮齿条传动	附墙式 附墙式
自动扶梯	透明无支撑 透明有支撑 室外用	分为重、轻型 分为重、轻型 分为重、轻型	0.5m/s 以下 0.5m/s 以下 0.5m/s 以下

一、按电梯用途分类

按电梯用途分有客梯、货梯、客货两用梯和医用病床电梯等。客货两用梯属于既可以运载乘客,又可以运载货物的电梯,其中又分为以载运乘客为主和以载运货物为主两种电梯,二者轿厢的结构形式不同。

二、按控制电梯的运行方式分类

按控制电梯运行方式,电梯可分为半自动电梯、集选控制电梯两大类。半自动电梯是指在轿厢内选按钮或厅站外召按钮操作轿厢起动运行,至目的地后自动平层,在运行过程中不再接受其他召唤。在轿厢平层后自动开门延时数秒时间后再自动关门或人为控制关门。

集选控制电梯则是指在厅站上有表示升降两个方向的外召按钮,并能同时记下各召唤信号,并顺向依次停入召唤层出入乘客。如在运行前方不再有召唤信号时,则停在最后的那一层上等待呼召电梯,或执行反向召唤电梯信号运行,最后回到基站。这种集选控制电梯的自动操作方式可根据实际用途随意设计确定。例如可将两台或三台电梯组成一组联动运行,集选控制。在客流量较大时,由电梯司机来操作运行和调度,平时则采用集选控制运行。在现代化高层建筑中则多采用群控方式,即将多台电梯编为一组来控制,按客流量的大小自动变换运行组合方式。如客流量较小时,自动减少电梯运行台数,而在客流量较大时,则自动增加电梯运行台数。

三、按电梯速度分类

按电梯速度分为高速电梯、中速电梯和低速电梯,如表 4-2 所示。速度在 1m/s 及以下的电梯为低速电梯,多采用交流电动机曳引;速度在 1.5~2.5m/s 的电梯为中速电梯;速度在 3m/s 及以上的电梯为高速电梯。高速电梯多采用直流电动机曳引。国外电梯是将电梯速度分为四类:低速电梯,速度 $v \leqslant 1.5$m/s;中速电梯,1.5m/s$< v \leqslant 2.5$m/s;高速电梯,2.5m/s$< v \leqslant 5$m/s;超高速电梯,$v \geqslant 5$m/s。

表 4-2　我国电梯速度分类表(m/s)

低　速　电　梯	中　速　电　梯	高　速　电　梯
$\leqslant 1$	1.5~2.5	3

四、按电梯驱动方式分类

电梯按曳引电动机的类型分为交流电梯和直流电梯两种。对于层站不多的一般客、货电梯多采用双速鼠笼式异步电动机,其高速用于正常运行,低速用于检修或准备停车制动。交流电梯控制方法简便,除了可以采用变极调速外,还可以采用变压调速和变频调速,交流电梯的理想调速方法是变压变频调速(Variable Voltage Variable Frequency,缩写为 VVVF),可获得最佳的乘梯舒适感,并且起动电流明显降低,运行效率高,节能可达 30%~50%。另外交流电梯造价较低,维护方便,但乘座舒适感较差。

直流电梯多用于中高速电梯,目前多采用晶闸管整流调速装置,可以实现无级调速,具有运行平稳、乘座舒适感好的特点。但这种电梯的工程造价较高,维护量较大。

第二节　电梯对曳引电动机的要求

如前所述,电梯在高层建筑物内是解决垂直运输必不可少的电气设备。目前大量使用的是交流电梯,因为交流电梯比直流电梯造价低廉,使用维护方便,而且操作控制方法简单。我们知道,交流异步电动机的转速表达式为:

$$n = (1-s)n_0 = (1-s)\frac{60f}{p} \tag{4-1}$$

式中　n——电动机转速,r/min;

　　　　s——电动机的转差率;

　　　　n_0——旋转磁场的转速,也称作同步转速,r/min;

　　　　p——定子磁极对数;

　　　　f——电源的频率,Hz。

由此可见,改变电动机定子的极对数,或改变电源的频率均可实现调速。一般低速和中速电梯都用交流异步电动机拖动,其调速方法就是变极调速或变极变频变压调速,例如速度为1m/s的交流电梯,采用极数比为6/24的双速异步电动机进行变极调速,调速范围4:1。6级起动运行,24级减速停车或设备检修。由于使用这种电动机受到调速范围的限制,电梯速度不能超过1m/s,如果高速提高,低速也会相应提高,尤其是在制动过程中,制动力矩是一定的,将会引起制动时间过长,且在制动过程中有明显的不舒适感,停层准确度也将变差,目前我国已研制出了15kW的4/8/24级和22kW的4/8/36极的三速电动机,分别可与1.5m/s和1.75m/s的交流快速电梯配套使用。

直流电梯多采用复励式(即并励和串励组合)直流电动机驱动,电源多为SCR整流装置。可以通过调节电枢电流I_a,励磁电流I_f和电源电压V等方法实现调速。电梯对曳引电动机的要求主要有以下几方面:

1)噪声低:为了降低曳引电动机的噪声,采用滑动轴承,以降低机械噪声。另外适当加大定子铁芯的有效外径尺寸,对定子铁芯线槽形状进行合理的设计处理,以减小磁通密度,降低电磁噪声。

2)允许频繁起动和制动:电梯曳引电动机应允许频繁起动和制动,即工作方式为断续周期性工作制,在运行高峰期每小时起制动次数可高达100~240次。

3)堵转电流小:以交流电梯为例,电梯曳引电动机的鼠笼式转子导条采用铜或铝导体制成而转子两端的短路环采用高阻系数的材料制成,从而使转子绕组电阻提高,这样一般可使堵转电流降低到其额定电流的2.5~3.5倍左右,堵转转矩为额定转矩的2.5倍左右。另一方面,与普通交流异步电动机相比,其机械特性变软,转差率提高到0.1~0.2,使调速范围增大。电梯对曳引电动机的转矩——转速($T-n$)特性曲线有一定要求,即要求电动机的起动转矩(即堵转转矩)大,乘座舒适感好,而且运行速度受负荷变化的影响也较小。图4-1(a)的电动机$T-n$特性曲线软,用于电梯可提供良好的乘坐舒适感,但电梯加速的后半期却延长了速度追随时间。同时由于电梯负荷是不断变化的,使电梯运行速度波动较大,故对电梯乘坐的舒适感有一定影响。图4-1(b)的电动机$T-n$特性曲线称之为"平坦"机械特性曲线,克服了4-1(a)特性曲线太软的缺点,是提供电梯的理想特性曲线。图4-1(c)是一般异步电动机的$T-n$特性曲线,是升调式的。这种机械特性曲线使电梯舒适感极差,并且还会使电梯轿厢震动增大,特别是当轿厢空载上行或满载下行时振动更为严重。从以上分析可知,电梯对配套电动机的性能及其机械特性曲线有十分高的要求。

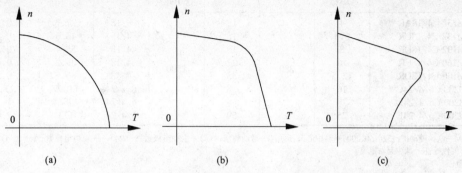

图 4-1 一般异步电动机 $T-n$ 机械特性曲线

在图 4-2 中绘出双速、三速电梯曳引电动机的 $T-n$ 机械特性曲线。双速电动机的 $T-n$ 特性曲线为曲线①和曲线②,4/24 极,速度比为 6:1,在电梯从正常运行到停层时,其切换过程为:a→b→c。如果采用三速电动机,即在图 4-2 中增加曲线③,为 4/8/24 极,其速度比为 6:3:1,这样可使电梯最低速度达到 0.24m/s 以下,最高速度达到 1.5m/s 以上。电梯在停层时,先由 4 极特性曲线①切换到 8 极特性曲线③,再切换到 24 极特性曲线②,在低速工况时制动停车,其切换过程为 a→d→e→f→c。另外采用 8 极起动,在电梯速度较高时再切换到 4 极正常运行,也较好克服了用 4 极高速起动而引起舒适感较差的弊病。

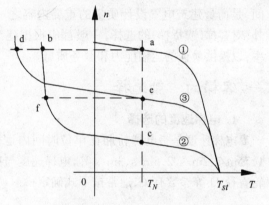

图 4-2 多速电动机 $T-n$ 机械性曲线切换示意图

此外,电梯曳引电动机还有两个轴伸端,其中一端与曳引机的减速器通过联轴器相连接,另一端则装有惯性轮,以改善起动过程的舒适感,并兼作盘车手轮。在表 4-3、表 4-4 中列出 YTD 系列和 AM 电动机主要参数,以供选用参考。

表 4-3 YTD 系列 6/24 极开启自冷式电梯曳引电动机主要参数

型 号	功 率		电流(A)	转速(r/min)	$Cos\phi$
	6 极	24 极			
YTD200M$_1$	4	0.67	9	910	0.85
YTD200M$_2$	5.5	1.0	12	910	0.86
YTD225M$_1$	7.5	1.5	17	910	0.82
YTD225M$_2$	11	2.3	25	920	0.82
YTD250L$_1$	15	3.4	33	930	0.85
YTD250L$_2$	22	5.0	46	935	0.86

注:Y—异步电动机;T—电梯;D—电动机;200(225、250)—轴中心高,mm;M$_1$、M$_2$、L$_1$、L$_2$—分别为机座长度代号和机座长度序号。

表 4-4 AM 系列电梯曳引电动机主要参数

型号	功率 (kW)	额定电压 (V)	额定电流 (A)	同步转速 (r/min)	极数	转矩 (N·m)	飞转矩 GD^2 (N·m²)
AM132-C4/18AR	4		12		4/18	27.7	0.14g
AM132-C4/18CR	6.3		18		4/18	43.6	0.20g
AM132-C4/18DR	8		18		4/18	55.4	0.25g
AM160-C4/18CR	10	380	27	1500	4/18	69.2	0.44g
AM160-C4/18DR	12.5		33		4/18	86.5	0.56g
AM200-C6/4/24C	16		38		6/4/24	110.7	1.4g
AM200-C6/4/24D	20		48		6/4/24	138.4	1.72g
AM200-C6/4/24E	25		59		6/4/24	173	2.08g

注：AM—电梯曳动机；132(160、200)—轴中心高，mm；C—滑动轴承；4(6)—主绕组极数；18(24)—平层绕组极数；A(B、C、D、E)—铁芯长度代号；R—减少起动电流。

第三节　一般客梯的选择与供电

合理地选择电梯的类型、台数、速度和额定载重量，充分利用电梯的运送能力，缩短候梯时间，是衡量建筑电气设计质量的重要内容之一。在选择电梯时，除专用或特殊要求的电梯以外，对客梯(或货梯)的选择，一般都应根据建筑物内的客流量(货流量)的情况来分析其生产率，以提供最佳的运输能力和服务质量。

一、客梯的一般选择

1. 电梯速度的选择

电梯速度是指电梯轿厢在单位时间内运行的最大距离。速度有 0.5m/s、1m/s、1.5m/s、1.75m/s、2m/s、2.5m/s、3m/s 等，电梯速度与曳引机减速比 i_1、电动机转速 n、曳引比 i_2、主绳轮直径 D 等参数有关，通常按下式确定：

$$v = \frac{\pi D n}{60 i_1 i_2} \tag{4-2}$$

式中　v——电梯轿厢运行速度，m/s；

　　　D——主绳轮节径，m；

　　　n——电动机转速，r/min；

　　　i_1——曳引机减速比；

　　　i_2——曳引比，即指在同一时间内轿厢运行距离与其主钢绳运行长度之比（一般为1∶1）。

例 4-1　某部电梯的曳引机主绳轮直径为 0.627m，电动机转速 960r/min，减速为 63∶2，曳引比为 1∶1，试计算电梯运行速度。

解：电梯的运行速度由式(4-2)求得

$$v = \frac{\pi D n}{60 i_1 i_2} = \frac{3.14 \times 0.627 \times 960}{60 \times 1 \times 63/2} = 1\text{m/s}$$

电梯的运行速度 v 是根据建筑基层以上的服务层数 n，客梯轿厢的额定载人数 Q_e 和可能停靠层站数 E_n 综合考虑来确定的。

可能停靠层站数 E_n 是指轿厢可能停靠的站数。例如，当一部电梯轿厢从第一层出发到第八层去时,不一定每站都要停,它只有乘客下梯的那一层和有厅站外召的那一层停靠,除此以外,在其它各站电梯轿厢通过时均不停靠,可用概率计算方法求出可能停站数 E_n,当概率 $p = 95\%$ 时为:

$$E_n = n\left[1 - \left(\frac{n-1}{n}\right)^q\right] \tag{4-3}$$

式中　E_n——电梯单程运行可能停靠站数;

　　　n——轿厢上行运行区间内的服务层数;

　　　q——电梯的搭乘人数。在没有各层之间的客流时,取完成最高顺向外召截梯后反向运行时轿内的人数(可取额定搭载人数 Q_e)。

电梯的额定载人容量是根据电梯的载重能力除以平均人重(包括体重和携带物品重量)而得出的。由于各国对平均人重的规定不同,因而额定载人容量也不相同。美国及西欧各国生产的电梯按每人 75kg 计算,东欧各国生产的电梯按每人 80kg 计算,而我国生产的电梯则按每人 70kg 计算。电梯额定载人容量与运行速度的关系参见表 4-5。电梯的运行速度与可能停站数 E_n 的关系参见表 4-6。综合考虑两表的结果,就可以选择合适速度的电梯。

表 4-5　额定搭载人数与电梯运行速度关系表

运行速度 v (m/s)	0.5~1.5	1.5~2	2.5~3	4~5.5	6.5
额定载人容量 Q_e	5、7、9、10、11	12、14、15、17	20、21、23	26、28、32	20、55
载重量 G (kg)	500~1000	1000~1500	1500~2000	2000~2500	3000~4500

表 4-6　电梯可能停站数与运行速度关系表

电梯的可能停站数 E_n	电梯速度 v(m/s)
$E_n \leqslant 6$ 站的客梯	0.5~0.8
$E_n = 7~9$ 站的客梯	1~1.5
$E_n = 10~15$ 站的客梯	2~2.5
$E_n = 16~25$ 站的客梯	2.5~3.5
$E_n > 25$ 或第一个停靠站超过 80m,而再向上又很少停靠的客梯	4~6.5

例题 4-2　已知某电梯额定搭载人数为 10 人,大楼共 14 层,试选择合适速度的电梯。

解:由式(4-3)计算电梯可能停站数为:

$$E_n = n\left[1 - \left(\frac{n-1}{n}\right)^{Q_e}\right] = 14 \times \left[1 - \left(\frac{14-1}{14}\right)^{10}\right] = 7.33 \text{ 站}。$$

取 $E_n = 7$ 站,查表 4-6,初选电梯运行速度 $v = 1~1.5$m/s。查表 4-5,电梯额定载人数 $Q_e = 10$ 人,电梯运行速度为 $v = 0.5~1.5$m/s。所以综合以上结果,确定选择速度为 1m/s 的电梯。

2. 电梯部数的确定

根据我国当前建筑物的电梯设置情况以及设计、安装试调的经验,通常四层及以下选用低速电梯,5~15 层选用中速电梯,16 层及以上选用高速电梯。在确定电梯速度之后,便可估算同一用途电梯的部数。对于正常垂直交通所需电梯部数可按下式估算:

$$C = \frac{75m_5f}{3600Q_e} \tag{4-4}$$

式中　C——电梯部数；

　　　m_5——高峰时，同型号规格的一部电梯在 5min 内应搭乘的人数；

　　　f——综合系数。

在高峰时，规定每台电梯每小时搭人数为 m_{60}，显然 $m_5 = m_{60}/12$。对于旅游性建筑物，m_{60} 按旅客总人数的 $(0.7 \sim 0.8)/C$ 估算；对于办公大楼，m_{60} 按工作人员总人数的 $(0.85 \sim 0.95)/C$ 估算；住宅性建筑物，m_{60} 按住宅内总人数的 $(0.3 \sim 0.35)/C$ 估算。而综合系数 f 可按下式计算：

$$f = \frac{2H}{v} + \frac{2Q_e}{75} + (E_n + 1)(0.11v^2 + 2.1v + 2.9) \tag{4-5}$$

式中　H——电梯服务区间总行程，m；

　　　v——电梯运行速度，m/s；

　　　Q_e——电梯额定搭载人数；

　　　E_n——电梯可能停靠站数。

3. 电梯服务质量标准

电梯选择确定和实现优质服务的两个重要指标是缩短候梯时间 t_d，并具有充足的运送能力。

1)标准环行时间 t_R

设楼层高度为 h，在 n 层建筑物内电梯从基层满载上行，经过 E_n 停靠站后到达最高层 n，然后空载从第 n 层直返基层。这样环行一周所需的时间称作标准环行时间 t_R，也称为运行周期。每次往返全程运行中，其中以额定速度运行的时间为：

$$t_1 = \frac{2H - (H_A + H_B)E}{v} = \frac{2H}{v} - \frac{H_A + H_B}{v}E \tag{4-6}$$

式中　E——环行一周停靠站数，$E = E_n + 1$；

　　　H_A、H_B——分别为电梯在各停靠站起动和减速停车的路程，m；

　　　H——电梯单程运行的路程，$H = (n-1)h$；

　　　v——电梯的额定速度，m/s。

设电梯起动、减速停车(平层)的加速度分别为 a_q 和 a_t，且加速度均为常数，则由变速运动方程得：

$$H_A = \frac{v^2}{2a_q} \qquad H_B = \frac{v^2}{2a_t}$$

将上式代入式(4-6)得

$$t_1 = \frac{2H}{v} - \frac{v}{2}\left(\frac{1}{a_q} + \frac{1}{a_t}\right)E \tag{4-7}$$

电梯起动、减速停车加速度可按表 4-7 选取，显然电梯环行一周的总起、停时间为：

$$t_2 = \left(\frac{1}{a_q} + \frac{1}{a_t}\right)vE \tag{4-8}$$

则环行一周运行时间为：

$$t_{12} = t_1 + t_2 = \frac{2H}{v} + \frac{v}{2}\left(\frac{1}{a_q} + \frac{1}{a_t}\right)E \qquad (4\text{-}9)$$

如果 $a_q = a_t = a$ 时,则有

$$t_{12} = \frac{2H}{v} + \frac{v}{a}E \qquad (4\text{-}10)$$

表 4-7　电梯起动、减速停车加速度选择范围

电梯额定速度 v(m/s)	$a_q = a_t = a$　(m/s^2)
1<1	0.4~0.6
$1 \leqslant v < 2$	0.5~0.7
$2 \leqslant v < 3$	0.6~0.8
$3 \leqslant v < 4$	0.7~0.9

如电梯为自动门,其开、关门所需时间 t_3 为:

$$t_3 = (4 \sim 6)E_n$$

如果电梯为手动门,则应取开、关门所需时间 $t_3 = (5 \sim 8)E_n$。乘客出入轿厢时间 t_4 为:

$$t_4 = 2 \times (0.8 \sim 1.5)q$$

式中　q——在基层时可能进入轿厢的乘客人数,满负荷时 $q = Q_e$。

轿厢往返一次调度时间一般取 $t_5 = 10s$。轿厢往返一次,计划以外占用(浪费)时间 t_6 可按下式近似计算:

$$t_6 = 0.1(t_{12} + t_3 + t_4 + t_5)$$

则轿厢往返一次运行的标准环行时间 t_R 为:

$$t_R = t_{12} + t_3 + t_4 + t_5 + t_6 \qquad (4\text{-}11)$$

这样,底层乘客最短等候时间为:

$$t_{dmin} = 0.5 t_R$$

而最长等候时间为:

$$t_{dmax} = 2\left[t_R - \frac{(n-1)h}{v}\right] \qquad (4\text{-}12)$$

显然,缩短等候时间的关键在于设法缩短标准环行时间 t_R。一般的措施是增加电梯台数(可以减少乘客上下及停靠时间)和提高电梯速度。但这两种方法除增加设备投资外,还会造成建筑结构设计布置上的困难,占用建筑使用面积和空间增大,对于建筑电气工程及其自动化专业设计人员来说也难以单独作出这种决策。所以应更多地考虑应用先进技术,如采取电梯分组优化运行的方法,以达到缩短 t_d 的目的。

对电梯分组优化运行,需经过专门的优化设计,编制优化程序软件,由微机对电梯进行自动控制和调度。其优化运行原理如图 4-3 所示,图中楼层数 $n = 30$,电梯 $C = 3$ 部,其中图 4-3(a)是采用分隔停靠方案;图 4-3(b)采用分段停靠方案,即将 30 层分三个交通段,第Ⅰ交通段为 $n_1 \sim n_{11}$,第Ⅱ交通段为 $n_{11} \sim n_{21}$,第Ⅲ交通段为 $n_{21} \sim n_{30}$。在第Ⅱ、Ⅲ交通段的起点站均设立高层电梯前室,其作用与基层电梯前室相同,人们可根据自己的去向要求在这三部电梯前室中选择和过渡,从而大大减少了候梯时间。

在高层或超高层建筑中,t_R 值一般分别为 80s、100s、120s 和 160s 左右。t_R 过大将会增加候梯时间 t_d,以致会降低电梯的服务质量。

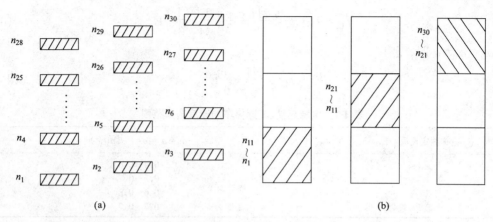

图 4-3　电梯分组优化运行参考方案

2)电梯的运送能力

(1)电梯满载运送能力

所谓电梯运送能力 W 是指 5min 内一部电梯连续运送的实际人数 m_5 与高峰时每小时搭乘该部电梯的总人数 m_{60} 之比的百分数,也称为满载运送能力。可用下式表示:

$$W = \frac{m_5}{m_{60}} \times 100\% = \frac{300 Q_e}{t_R m_{60}} \times 100\% \tag{4-13}$$

式中　$300/t_R$——5min 内电梯环行的次数。

(2)电梯基准运送能力

为了衡量各种电梯运送能力的高低,提出基准运送能力概念。即假设一部电梯在 1h 内运送完楼内所有搭乘人员为 M_{60},则规定 5min 内连续运送人数为 M_5,从而基准运送能力定义为:

$$W_j = \frac{M_5}{M_{60}} \times 100\% = \frac{1}{12} \times 100\% = 8.33\% \tag{4-14}$$

(3)电梯相对运送能力

电梯相对运送能力是指电梯满载运送能力 W 与基准运送能力 W_j 之比的百分数,即

$$W_{xd} = \frac{W}{W_j} \times 100\% = \frac{3600 Q_e}{t_R m_{60}} \times 100\% \tag{4-15}$$

相对运送能力 W_{xd} 一般应大于 1,小于 2.5。当 $W_{xd} \leqslant 1$ 时,说明电梯的运送能力较差,应当增加电梯部数;而当 $W_{xd} \geqslant 2.5$ 时,则表明电梯的运载能力过剩,应减少电梯部数。

例 4-3　已知两幢大楼的观光人数为 90000 人,观光时间为 9～19 点,每幢楼中设置超高速电梯 6 部,其速度 $v = 6.5\mathrm{m/s}$,额定载人数 $Q_e = 55$ 人,标准环行时间 $t_R = 172\mathrm{s}$,校验其运算能力是否合理。

解:每幢楼每小时观光人数为:

$$M_{60} = \frac{90000}{2 \times (19-9)} = 4500 \text{ 人}$$

每部超高速电梯每小时搭乘人数为:

$$m_{60} = \frac{M_{60}}{6} = \frac{4500}{6} = 750 \text{ 人}$$

故满载运送能力为:

$$W = \frac{300Q_e}{t_R m_{60}} \times 100\% = \frac{300 \times 55}{172 \times 750} \times 100\% = 12.79\%$$

相对运送能力为：

$$W = \frac{W}{W_j} = \frac{12.79\%}{8.33\%} = 1.53$$

所求得的相对运送能力大于1,小于2.5,交通状况良好,但如果减少一部电梯,则每部超高速电梯每小时搭乘人数 $m_{60} = \frac{4500}{5} = 900$ 人,相对运送能力为：

$$W_{xd} = \frac{3600Q_e}{t_R m_{60}} = \frac{3600 \times 55}{172 \times 900} = 1.28$$

可见仍可满足要求。虽然交通状况稍差一点,但减少了设备投资和年耗电量,使经济效益提高,所以在设计中确定 $C=5$ 部电梯较为合理。

此外,电梯的布置应能最大限度地便利乘客使用,使乘客在电梯前室内步行较短的距离乘座电梯。例如将6部或8台电梯划分为一组,两组采用相对布置的方案,从而有利于对电梯的组合配置或群控调度,缩短等候时间和提高运送能力。通常电梯数量在五部以下时,可将电梯按一排布置,五部以上时应将电梯相对排列布置,电梯前室的通道宽度为3.5~4.5m,以方便乘客乘座电梯。

二、国外对电梯的选择方法

在当今世界,随着经济和科学技术的飞速发展,尤其是在一些发达的工业化国家,电梯的使用已相当普遍。由于经济和科学技术的发展不平衡,各国都根据本国的科学技术及经济发展实力、现代化程度和实际经验等情况,制定出适合本国国情的电梯选择的基本方法和规定。以日本为例,日本对高层建筑中电梯的选择作了某些经验性的规定:例如①每60~80户考虑设置一部电梯;②电梯的速度和额定搭载人数 Q_e 由大楼的层数确定。村上宏等编著的《建筑设备方案设计数据》一书中,在"电梯及其它"一节中提供了这方面的资料。当层数 $n \leqslant 5$ 层时,采用 $Q_e \leqslant 6$ 人,$v=0.5\sim0.75$m/s 的电梯;当 $n=6\sim11$ 层时,采用 $Q_e=9$ 人,$v=1\sim1.5$m/s 的电梯;当 $n=12\sim17$ 层时,采用 $Q_e=15$ 人,$v=2\sim2.5$m/s 的电梯;当 $n=18\sim24$ 层,采用 $Q_e=17$ 人,$v=3\sim4$m/s 的电梯。对于 $n \leqslant 30$ 层的高层建筑,电梯速度也可按每层 $\frac{1}{6}$ m/s 来估算,即电梯速度选择估算经验公式为:

$$v = n/6 \quad \text{(m/s)} \tag{4-16}$$

再从表4-8中查出相应的电梯额定载人数即可。

表 4-8　日本高层建筑中电梯速度推荐值

建筑物层数 n	$\leqslant 10$	$\leqslant 20$	$\leqslant 30$	$40\sim50$
速度 v(m/s)	$\leqslant 2.5$	$\leqslant 3.5$	4	$\geqslant 5$
额定搭载人数 Q_e	17	20	23	26

另外,交通高峰期若干台电梯5min内搭乘人数 M_5 可用大楼容纳总人数乘以集中率 $G\%$ 来求出。而大楼容纳总人数可按每人占用 10m^2 有效面积估算,大楼有效面积则由总建筑面积 s 乘以小于1的系数 k(取 $k=0.6\sim0.7$)求得。则有:

$$M_5 = \frac{ks}{10} \times G\% \tag{4-17}$$

式中 $G\%$——为乘客集中率,高层宾馆、饭店取 10%;高层办公楼取 11~15%;政府机关大厦取 14~18%,多功能高层建筑取 16~20%。

例题 4-4 某 19 层信息大厦,每层建筑面积 1300m²,层高 3.2m,18~19 层为观景层。现选用 5 部速度为 4m/s、额定载重量 2500kg 的客梯,试校验是否满足使用要求。

解:先对电梯速度进行校验,电梯服务段共 19 层,电梯额定载重量 $G=2500$kg,查表 4-5,暂选额定搭乘人数 $Q_e=28$ 人,$v=4\sim5.5$m/s 的电梯。

电梯可能停站数为:

$$E_n = n\left[1-\left(\frac{n-1}{n}\right)^{Q_e}\right] = 19\times\left[1-\left(\frac{19-1}{19}\right)^{28}\right] = 14.82(站)$$

据此查表 4-6,选取 $v=2\sim2.5$m/s;又按表 4-8,因为 $Q_e=28$ 人,超过 26 人,应选取 $v\geqslant5$m/s,$n\leqslant20$ 层,故选取 $v\leqslant3.5$m/s,据此选取 $v=3.5\sim5$m/s 的电梯为宜。综合以上各种条件因素的速度选择范围,确定选择 $v=4$m/s 的电梯符合要求。

然后校验电梯的相对运送能力。本楼为信息大厦,可按高层办公楼乘客集中率 $G\%=11\sim15\%$,取 $G\%=11\%$。由式(4-17)计算在高峰时每部电梯 5min 内搭乘人数为:

$$m_5 = \frac{1}{C}\left(\frac{kns_j}{10}G\%\right) = \frac{1}{5}\times\frac{0.7\times19\times1300}{10}\times11\% = 38 \text{ 人}$$

则每小时每部电梯搭乘人数为:

$$m_{60} = 12m_5 = 12\times38 = 457 \text{ 人}$$

电梯标准环行时间可按下式近似估算:

$$t_R = t_{12} + t_3 + t_4 \tag{4-18}$$

式中 t_{12}——电梯往返运行时间,可近似按 $t_{12}=\frac{2hn}{v}$ 计算 s;

$\quad\quad t_3$——电梯开、关门时间,近似取 $t_3=2\times6=12$s;

$\quad\quad t_4$——乘客进出轿厢时间,近似取 $t_4=2\times(0.5m_5)$,s。

所以由式(4-18)可求出电梯标准环行时间为:

$$t_R = \frac{2hn}{v} + t_3 + t_4 = \frac{2\times3.2\times19}{4} + 12 + 38 = 80.4\text{s}$$

由式(4-15)计算电梯相对运送能力为:

$$W_{xd} = \frac{3600Q_e}{t_R m_{60}} = \frac{3600\times28}{80.4\times457} = 2.74$$

可见电梯运送能力略有过剩,但考虑到 18~19 层为观景层,为了提高服务质量,选择 5 部高速电梯合理。

如果该 5 部高速电梯兼作消防电梯,可只考虑在发生事故时及时将停留在 18~19 层上的观光客顺利疏散到基层。现 5 部电梯同时运行,每次可疏散人数为 $Q_\Sigma=28\times5=140$ 人,在发生火灾事故时,乘客的集中率 $G\%=100\%$,则 5min 内每台电梯疏散人数为:

$$m_5 = \frac{1}{C}\left(\frac{kns_j}{10}\right)G\% = \frac{1}{5}\times\frac{0.7\times2\times1300}{10}\times100\% = 36 \text{ 人}$$

可见 5min 内搭乘人数略超过其额定载人数 Q_e,属于安全范围之内(安全范围是指要求事故下行在 5min 之内搭乘人数最多不超过其额定载人数的 80%)。

按防灾疏散要求,50 层以内电梯环行时间 $t_R\leqslant90$s,100 层以内电梯环行时间 $t_R\leqslant180$s,

据此条件可进一步校验电梯的速度是否符合安全疏散的要求。

电梯上、下行平均时间可取 $t_p = t_{12}/2$，由式(4-18)可得：

$$t_{12} + 12 + m_5 = 90$$

$$t_p = \frac{90 - 12 - 36}{2} = 21s$$

由于 $hn = vt_p$，则电梯运行速度为：

$$v = \frac{hn}{t_p} = \frac{3.2 \times 19}{21} \approx 3m/s$$

故确定选用 $v = 4m/s$ 的高速电梯可满足防灾疏散要求。

三、电梯容量的计量

电梯对供电要求较高，应由专用供电回路供电，如高校教学楼，高层普通旅馆、住宅等建筑物内的客梯均属于二级负荷，省、市级办公楼、一、二级旅游宾馆等建筑物内的客梯和消防电梯等属于一级负荷。由于电梯的起动控制和信号装置都是成套由厂家提供的，所以只需设计敷设线管、线槽和供电电源电缆或电线，以及在机房内设置双路电源自动切换装置等。每台电梯均应装设独立的电源开关和保护装置，开关应装设在便于操作和维修的地方（一般装设在机房门旁的墙上）。

1. 单台电梯容量计算

正确选择曳引电动机的型号和精确计算功率是较为复杂的问题。因为电梯运行频繁，多处于重复短时启动和制作运行状态，而且负荷是随时改变的，一般用如下经验公式计算电动机的功率：

$$P_N = \frac{(1 - k_{jh})Gv}{102\eta} \tag{4-19}$$

式中　　P_N——曳引电动机功率，kW；

k_{jh}——平衡系数，一般取 $k_{jh} = 0.4 \sim 0.5$；

v——电梯额定速度，m/s；

G——电梯额定载重量，kg；

η——电梯传动系统总效率，直流梯取 0.75，交流梯取 0.55。

例题 4-5　一部载重量为 1t，速度为 1m/s 的交流双速电梯，其曳引机为蜗轮蜗杆型，需选配 YTD 型号的双速电动机，其额定转速为 920r/min，需选配多大功率的电动机？

解：由式(4-19)得：

$$P_N = \frac{(1 - k_{jh})Gv}{102\eta} = \frac{(1 - 0.45) \times 1000 \times 1}{102 \times 0.55} = 9.8kW$$

查表 4-3，可选用 YTD225M$_2$ 型、6/24 极开启自冷式曳引电动机，额定功率 11kW，额定转速 920r/min。

2. 按单位面积功率指标法和统计法进行电梯容量计算

单位面积功率指标法：

$$P_{N\Sigma 1} = \sum Sw \tag{4-20}$$

式中　　w——单位面积功率，一般可按 8W/m^2 估算；

$\sum S$——大楼总建筑面积，m^2。

功率统计法：

$$P_{N\Sigma2} = \sum P_N C \tag{4-21}$$

式中 P_N——电动机功率(kW)；

C——台数。

在实际工程设计计算中，以上两种计算方法结果基本相近，一般误差不超过±5%，多用于工程初步设计和方案比较确定等。

3．电梯供电容量的确定

1)两台以下电梯，连续运行和使用频繁的客梯，可按长期工作制考虑。电梯的供电容量应等于电梯的容量，即

$$P_s = P_N + P_f \tag{4-22}$$

式中 P_s——供电容量，kW；

P_N——交流电梯的电动机额定功率，kW；

P_f——电梯附属设备容量，kW。

对于直流电梯来说，电梯的额定功率是指 F-D 调速系统交流原动机功率，或硅整流电源装置的功率。当电梯附属设备为单相负荷时，应换算成等效三相负荷。如附属设备均为相负荷(220V)时，其等效三相负荷取其中最大相负荷的 3 倍，即 $P_f = 3P_{\varphi max}$；如为线负荷(380V)时，则单台附属设备，其等效三相负荷为线负荷的$\sqrt{3}$倍，即 $P_f = \sqrt{3}P_L$；多台附属设备，须先将各同名线间负荷分别相加，再计算等效三相负荷，应取最大线负荷的 3 倍，即 $P_f = 3P_{L max}$。

2)台数较多的客梯，如果使用频繁，按反复短时工作制考虑，负载持续率 $FC = 60\%$，对于医用梯及其他杂物梯，以取 $FC = 40\%$ 为宜。仍可按《建筑供配电》讲述的二项式法和需要系数法计算。但应统一换算到负荷持续率为 25% 时的有功功率，即

$$P_s = P_N \sqrt{\frac{FC}{0.25}} + P_f = 2P_N \sqrt{FC} + P_f \quad (kW) \tag{4-23}$$

4．电梯的计算电流

1)长期工作制电梯

$$I_{js} = I_N + I_f \tag{4-24}$$

2)反复短时工作制电梯

$$I_{js} = 1.15 I_N \sqrt{FC} + I_f \tag{4-25}$$

式中 I_{js}——电梯的计算电流，A；

I_N——交流电梯的电动机额定电流，直流电梯为交流原动机或硅整流电源装置的额定电流，A；

I_f——附属设备工作电流，A。

电梯尖峰电流(即冲击电流)为：

$$I_{jf} = I_{js} + I_{st} + I_N \tag{4-26}$$

式中 I_{jf}——电梯尖峰电流，A；

I_{st}——电梯起动电流，A。

计算出电梯的供电容量、计算电流和尖峰电流之后，就可以参考《建筑供配电》的有关方法要求选择电梯的电源开关和配电导线了。

第四节　电梯的结构

一部交流电梯或直流电梯,都是由机械系统和电气控制系统两大部分组成的,此外还需要电梯专用井道、机房等建筑结构,其机械系统一般由以下几部分组成,如图4-4所示。

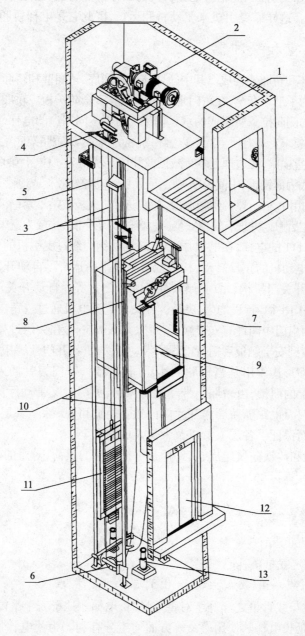

图 4-4　电梯结构图

1—控制屏;2—曳引机;3—曳引钢绳;4—限速器;5—限速钢绳;6—限速器张紧装置;
7—轿厢;8—安全钳;9—轿门安全触板;10—导轨;11—对重;12—厅门;13—缓冲器

一、主拖动机构——曳引机

曳引机组是装在电梯机房内的主要传动设备,它由曳引电动机、电磁制动器、减速器、曳引轮等机件组成。其中减速器一般采用蜗轮蜗杆传动,具有传动比大、运行平稳、噪声低和体积小等优点。但传动效率较低,一般小于 0.5。还有采用圆柱斜齿轮传动的,使传动效率有了较大提高。曳引轮安装在曳引机主轴上,是曳引机的工作部分,曳引轮是靠钢丝绳与绳槽之间的摩擦力来传递动力的。这样靠曳引机来驱动轿厢运行,因此它是电梯轿厢升降的起重机械。

二、电梯轿厢、对重和缓冲器

轿厢主要由轿厢体和轿厢架构成。其中轿厢体由轿厢底、轿厢壁和轿厢顶构成。在门处轿底前沿设有轿门地坎。为了出入安全,在轿门地坎下面设有安全防护板。轿厢架是由底梁、立柱、上梁以及立柱与轿厢底的侧向拉条所组成的承重构架。对于不同用途的电梯,虽然轿厢基本结构是相同的,但在具体结构要求上却有所不同。以客梯轿厢为例,客梯轿厢架底梁是用钢板焊接成的框架式结构,中间有一承重横梁,在边框上装有减振橡胶块。轿厢架立柱、上梁用角钢和槽钢制成,上下用螺栓连接。轿厢底为薄钢板,中间为厚夹层,表面铺设花纹塑胶板或地毯等材料,使人步入时,无金属碰撞声。轿厢壁则用 1.5mm 厚的钢板制成,并贴花纹防火板或贴不锈钢板。轿厢顶与轿厢壁一样,也用 1.5mm 厚的钢板制成,并设有轿顶安全窗。客梯轿厢内部装饰较为豪华,以使人增加舒适感。

一般吊索方式为 1:1 的电梯,在电梯井道中,轿厢用钢绳绕过曳引机的主绳轮和导向轮与对重连接;通过曳引机、电动机的正反转动,构成双方上下平衡运行。自动开、关门的电梯,还要在轿厢上方安装电机和开关门机构、吊门导轨,杠杆和开门刀等。自动开关门由直流电机(100~200W)驱动,以使开关门平稳,行程均匀、灵活。开关门直流电机通过三角皮带驱动开关门机构,形成两级变速传动;两扇门中间设有安全触板,碰撞力小于 5N。在关门过程中,如果有人或物体夹入门缝之内时,碰撞到安全触板后门就能很快自动返回,重新开门,以保障搭乘人员安全。

门上还装有开门刀,其作用是当轿厢到达厅门位置时,开门刀就插入厅门锁的橡胶滚轮中,开门刀拨开厅门上的门锁,由轿厢门带动厅门开启,关门时又带动厅门关闭,并挂好门锁,轿厢上下运行时,开门刀也跟随轿厢离开厅门门锁。由此可见,除了基层厅门以外,各层厅只能在井道内开启,从而保证了各层人员以及乘梯人员的安全。

对重是由对重架和铸铁砣块组成,其作用是平衡轿厢的载荷,对重的砣块数与轿厢的载重量有关,通常用下式计算:

$$G_d = G_0 + G k_{jh} \tag{4-27}$$

式中 G_d——对重重量,kg;

      G_0——轿厢自重,kg;

      G——轿厢额定载重量,kg;

      k_{jh}——平衡系数,一般取 $k_{jh} = 0.4 \sim 0.5$。

只有当轿厢自重与载重量之和等于对重重量时,电梯才处于完全平衡状态,此时对电梯运行的平稳性,节能和延长电梯的使用寿命等方面均十分有利。为使电梯始终在接近平衡状态下运行,应合理选取平衡系数 k_{jh}。如经常处于轻载运行的客梯,一般取 $k_{jh} < 0.5$;经常处于重载运行的货梯,则取 $k_{jh} = 0.5$。

缓冲器是防止电梯发生蹲底或冲撞层顶而设置的缓冲装置。在电梯井道底坑中,通常分别设置轿厢缓冲器和对重缓冲器。缓冲器有弹簧作用和油压作用两种类型，电梯速度为 1m/s 以下时，多采用弹簧缓冲器，大于 1m/s 者需要采用油压缓冲器。

三、电梯导向系统

电梯导向系统由导轨、导靴和导轨架等组成。电梯导轨包括轿厢导轨和对重导轨，导轨采用具有足够的强度和韧性的型钢制成，对轿厢和对重的运行起着导向和防止摆动的作用。轿厢导轨俗称"大道"，安装在轿厢两侧的梯井导轨架上；对重导轨俗称"小道"，安装在对重两侧的导轨架上。导轨架是用角钢或扁钢制成的，多采用在钢筋混凝土梯井中预埋钢板焊接道轨架的方法，导轨架的间距一般为 1.5～2m，但上端导轨架与机房楼板的距离应不大于 0.5m。然后按照设计图纸规定的位置和安装尺寸将导轨固定在导轨架上。导轨架距导轨接头应在 0.2m 以上，且两列导轨接头不得在同一平面上，应相互错开一定距离。

导轨和导轨架的连接用压道板固定，导轨下端则与底坑槽钢连接。因为轿厢是在导轨上滑动，导轨的安装质量对电梯的运行性能有着直接的影响。所以对导轨的光洁度要求较高，而且组立垂直，要求每 5m 误差不超过 0.7mm。两导轨连接处应加工成凹凸形状的榫槽和榫头插接连接，并将导轨的接头处的工作面要加工修光，同一侧工作面位于同一铅垂面的偏差应不超过 1mm，导轨端面之间的距离偏差一般不应超过 1mm，重型导轨不超过 ±2mm，以减小轿厢运行时的晃动和噪声。

导靴安装在轿厢架和对重架两侧的上梁和底部位置，各装 4 个，与导轨面接触。导靴可以沿导轨上下滑动或滚动，轿厢和对重依靠导靴在导轨上平稳的运行。固定在轿厢和对重的上、下钢梁上的导靴应尽量将横向两个导靴安装在同一水平面上，纵向两个导靴安装在同一条垂直线上。

导靴有滚轮导靴、弹性导靴和刚性滑动导靴三种。滚轮导靴与导轮的磨擦阻力小，节省动能，广泛适用于高速电梯上（2m/s 以上），弹性导靴多用于速度在 1.75m/s 以下的电梯上；而钢性滑动导靴构造最简单，由铸钢制成，经刨削加工成光滑接触面，并在其接触面上涂以钙基润滑油膏（GB491—65），以增加导靴与导轨间的润滑能力。刚性滑动导靴一般用于低速电梯上，其结构见图 4-5。

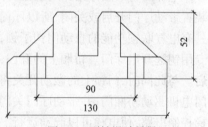

图 4-5 刚性滑动导靴

四、限速装置

限速装置由安全钳和限速器组成，其主要作用是限制电梯轿厢的运行速度。

限速器是安装在电梯机房楼板上，其位置在曳引机的一侧。限速器由限速器轮、离心装置、限速钢绳和夹绳机构等部分构成。限速器的绳轮垂直于井道中轿厢的侧面，绳轮上的钢丝绳引下井道与轿厢连接后再通过井道底坑的涨绳轮返回到限速器的绳轮上，这样限速器的绳轮就随轿厢的运行而转动。限速器有甩球式和甩块式两种，甩球式限速器的球轴突出到限速器的顶部；甩块式限速器的甩块装于心轴的转盘上，二者均与拉杆弹簧连接，利用离心力作用甩起球体或楔块而控制限速器动作，如图 4-6 所示。

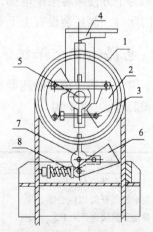

图 4-6 弹性夹持方式的甩块限速器
1—限速器绳轮 2—甩块；3—甩块弹簧；
4—电气微动开关；5—心轴；6—夹绳钳；
7—绳钳钩；8—夹绳钳压簧

安全钳是安装在轿厢架的底梁上,且底梁两端各装一副。安全钳和导靴相似随轿厢沿导轨运行。安全钳由楔块、拉杆、弹簧传动机构等组成,并与轿厢上的限速器钢丝绳连接,组成限速装置。如果轿厢向下超速行驶,且达到额定速度的115%以上时,限速器的甩球或甩块的离心力增大,通过拉杆和弹簧装置构成的夹持器卡住钢绳,从而限制了钢绳移动。夹持器的夹持方式分为刚性夹持型和弹性夹持型两种。低速电梯多采用刚性夹持方式,而中、高速电梯则多采用弹性夹持方式。由于轿厢惯性作用,仍会继续向下移动,这时钢绳就会经传动装置将轿厢两侧的安全钳拉杆提起,由其斜形楔块抱(卡)住导轨,制止轿厢继续向下滑动。限速器动作速度与轿厢额定运行速度的配合可参考表4-9。

表 4-9   电梯额定速度与限速器动作速度对应表

轿厢额定速度(m/s)	限速器动作速度(m/s)
0.50	0.85
0.75	1.05
1.00	1.40
1.50	1.98
1.75	2.26
2.00	2.55
2.25	3.13
3.00	3.70

五、厅门

电梯的每一层停站口均装设封闭厅门,以封闭井道出入口。厅门只能由轿厢门通过传动装置带动厅门开启或关闭,所以厅门属于被动门。为了保证安全,各厅门在井道内都分别装设具有电气联锁功能的自动门钩子锁,这样在井道内可手动打解脱锁后开启厅门,也可在厅外用专用钥匙开启厅门。轿厢上的开门刀可以打开门锁,由开关门电机驱动轿厢门并带动厅门开启。与此同时,门锁上的微动开关将切断电梯控制电路,使电梯不能起动运行。只有通过开关门电机驱动轿厢门,并带动厅门关门后,门锁将厅门锁住,同时通过门锁上的微动开关接通电梯控制电路,使电梯可以起动运行。从而保证了建筑内人员和乘梯人员的安全。

为了方便乘客乘座电梯,在厅门口上方装设轿厢运行方向(上、下)和轿厢停站位置显示;在门厅口一侧还装设有上下召唤电梯按钮。

六、电梯的安全保护装置

除了上述介绍的限速器和安全钳超速保护装置外,还有限位开关装置,轿厢门安全触板等保护装置,见表4-10。

表 4-10   电梯保护装置的种类

名 称	保 护 方 式
△终端极限开关 Q_{JX}	电梯失控到达极限位置时,切断总电源开关,以防撞顶和蹾底
△终端限位开关 $2Q_{SX}$、$2Q_{XX}$	装于基站和顶站适当位置,以限制电梯越位
△终端强迫缓速开关 $1Q_{SX}$、$1Q_{XX}$	装于终端限位开关之前,电梯运行到终端站的强迫换速位置时,迫使电梯减速
△超速保护 Q_{AQ}	当轿厢运行超过规定速度时,由限速器带动其微动联锁开关,即安全钳开关,切断控制线路
轿厢超载保护	压磁式称重于轿底,当轿厢超重时,可带动保护开关,切断控制线路而不能开车运行

名　　称	保　护　方　式
△轿顶安全窗保护 Q_{AC}	打开轿顶安全窗时,切断控制回路,不能开车
△厅门轿门安全保护	打开厅门、轿门时,切断控制回路,不能开车
△轿厢门安全触板开关 $1\sim2Q_{AB}$	轿门侧面装有安全触板开关 Q_{AB},在关门时如触及安全触板,轿门自动开启
轿顶底坑安全作业保护	当工作人员在轿顶或底坑工作时,通过底坑或轿顶检修急停开关控制,可保证电梯不能开车
△涨绳(或断绳)保护 Q_{DS}	限速器钢绳随轿厢运行,在底坑内装有涨绳轮。当钢绳发生断裂或松脱故障时,涨绳或断绳开关立即切断控制回路,电梯轿厢停止运行
△急停按钮 SB_{TD}、SB_{TN}	在轿厢操纵盘上和轿顶均装有急停按钮,在事故情况下按动急停按钮,可立即停车
△直流电机弱磁保护	当直流电机弱磁时,欠磁继电器动作,保护电机以防飞车
相序及断相保护	当电源相位不符合系统规定要求或断相,相序继电器动作
△过载短路保护	当电动机过载或短路故障时,热继电器动作或熔断器断开,切断控制电源或总电源,使电梯停止运行

注:表中注有"△"者,均为电梯的基本安全保护装置。

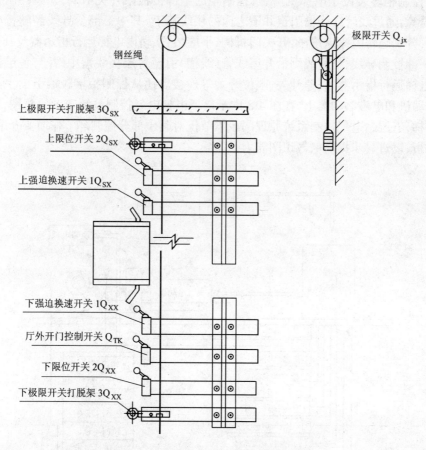

图 4-7　电梯终端限位保护装置示意图

限位开关装置包括强迫缓速开关、终端限位开关和终端极限开关(及其极限开关越位打脱架),用以控制电梯轿厢在运行时不得越过限定位置。如图 4-7 所示,限位开关越位打脱架一般安装在井道顶站的上方和基站下方的底坑中。在强迫缓速开关、限位开关和极限开关越位打脱架上均装有橡胶滚轮,轿厢外梁架上装有随轿厢上下运行的撞弓。轿厢正常运行时,不会碰及上下缓速开关和限位开关,只有在发生轿厢越位事故的情况下,才能碰撞到终端限位开关和强迫缓速开关。强迫缓速开关安装在限位开关的前面,当轿厢运行到上(或下)端站,撞弓碰触到强迫缓速开关时,将强迫轿厢减速,以防轿厢越位。如果轿厢继续运行碰触到上、下终端限位开关时,将切断控制线路电源而迫使轿厢制动停车。如果强迫缓速开关、终端限位开关失灵或控制回路存在故障,而导致电梯轿厢继续上行(或下行),轿厢撞弓将碰触极限开关越位打脱架的拉绳滚轮。极限开关越位打脱架有两个,简称打脱架,分别装设在要梯井的顶端和底坑末端,其滚轮和连接杆与来自电梯机房的极限开关钢绳相连接,可通过拉闸钢绳使极限开关 Q_{jx} 动作,将主电源切断,并通过电磁制动器使电梯制动停车,此时电梯将不能再起动。

第五节　典型电梯控制线路的分析

电梯的电气控制系统是由主回路、控制装置、操作装置和电梯轿厢位置显示装置等部分组成。电梯控制柜多装设于电梯机房中,控制柜的电源由极限开关引入,并经控制柜引出控制线、信号线等,通过线管或线槽引至井道之内的接线箱上,其中一部分导线经随行电缆引至轿内控制盘,分别与轿内操纵按钮、开关门机构、平层装置、轿内电梯运行指示器及其他电气接点连接;另一部控制导线、信号线则沿井道线管(线槽)引至各层接线盒中,并与各层站的外召按钮,厅门电梯运行指示器、缓速开关、限位开关等连接。还从控制柜触器引出主回路管线送至曳引电动机和电磁制动器上,在图 4-8 中示出了电梯电气控制系统布置示意图,图 4-9 为一般交流客梯,五层站电气控制系统原理图。本节仅对其中部分控制环节作简要介绍,其余由读者自行分析,以进一步提高电气识图能力。

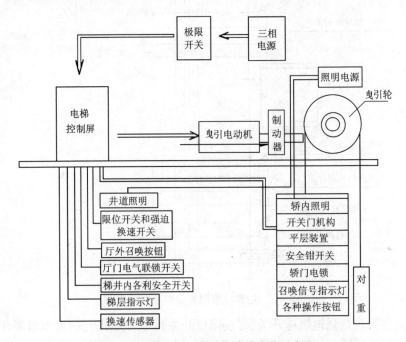

图 4-8　电梯电气控制系统管线安装示意图

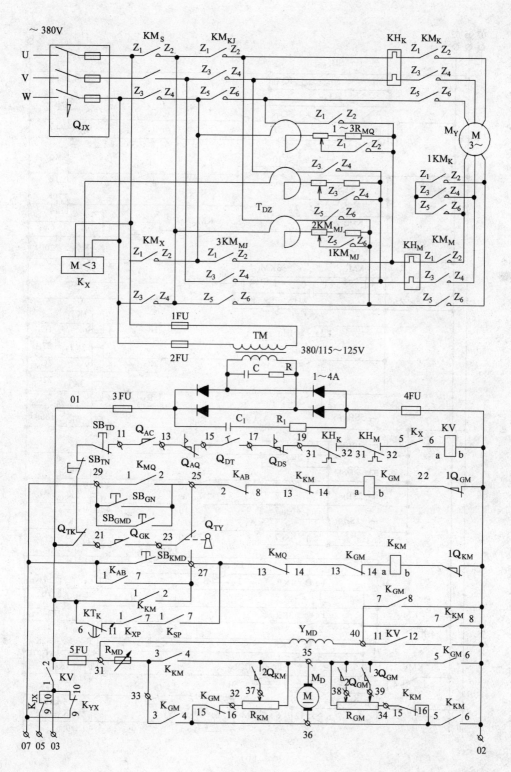

(a)

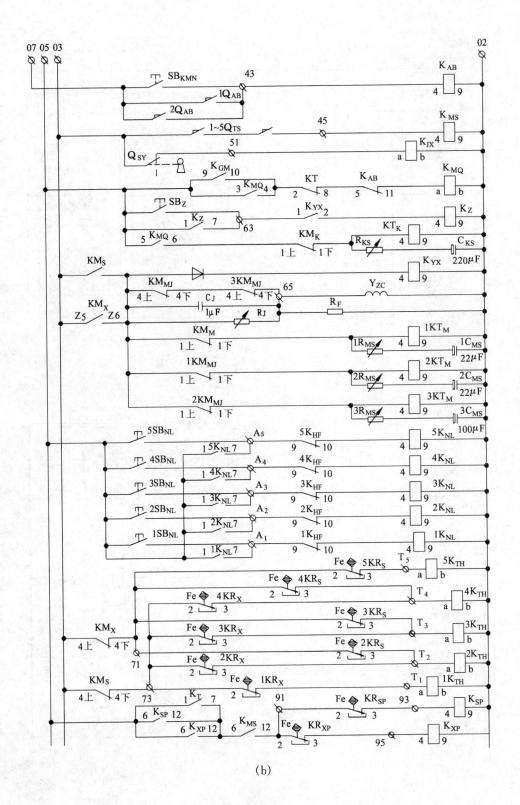

(b)

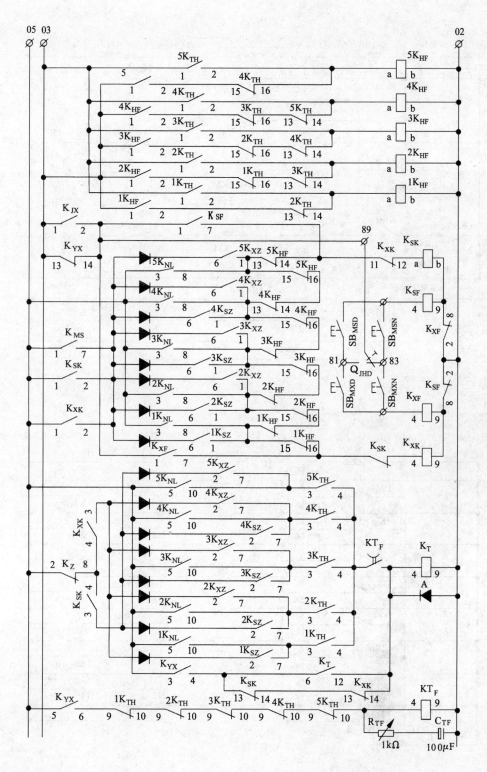

(c)

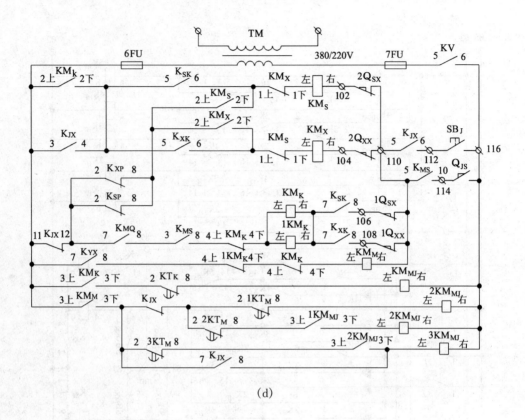

(d)

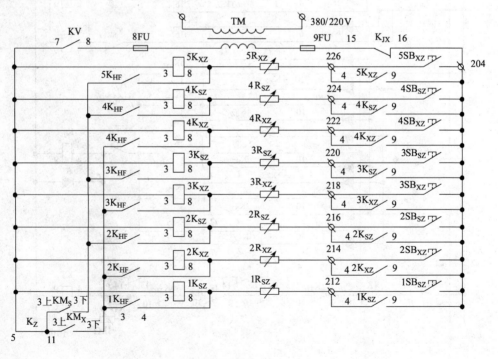

(e)

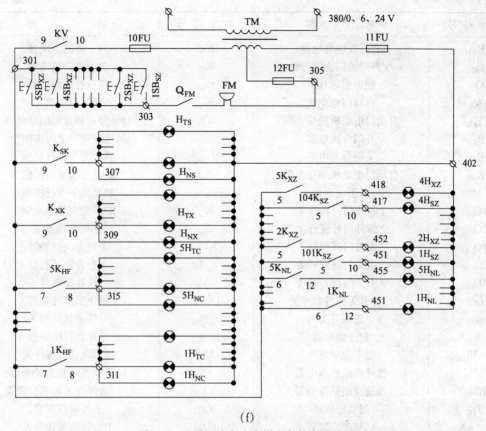

(f)

图 4-9　五层五站交流客梯电气控制系统图

(a)主拖动、直流电源和开关门控制电路　(b)内选、换速直流控制电路　(c)停车、截梯直流控制电路
(d)交流控制电路　(e)外召控制电路　(f)信号显示控制电路

　　五层站交流客梯电气控制系统主要由主拖动、直流电源和开关门控制电路,内选、换速直流控制电路,停车、截梯直流控制电路,交流控制电路,外召控制电路和信号显示控制电路等子系统组成,各个子系统既相互独立又相互联系。图 4-9 中的电器元器件文字符号含义在表 4-11 中列出。在进行电气线路分析时,接触器、继电器得电动作时用"↑"符号表示,一个元器件动作引起另一个元器件动作时用"→"符号表示。

表 4-11　电器元件文字符号含义

文字符号	名　　称	文字符号	名　　称
SB_{TD}	轿顶检修急停按钮	$2\sim5KR_S$	向上换速干簧管传感器
SB_{TN}	轿内急停按钮	$1\sim4KR_X$	向下换速干簧管传感器
SB_{GMN}	轿内关门按钮	KR_{SP}	上平层干簧管传感器
SB_{GMD}	轿顶关门按钮	KR_{XP}	下平层干簧管传感器
SB_{KMD}	轿顶开门按钮	$1\sim5SB_{NL}$	1~5 站轿内指令按钮
SB_{KMN}	轿内开门按钮	$1\sim3R_{MS}$	1~3KTM 延时调整电阻
Q_{AC}	安全窗开关	$1\sim3C_{MS}$	1~3KTM 延时调整电容
Q_{AQ}	安全钳开关	R_{KS}	KTK 延时调整电阻
Q_{DT}	底坑检修急停开关	C_{KS}	KTK 延时调整电容
Q_{DS}	限速器断绳保护开关	R_F	制动器放电电阻
KV	电压继电器	R_J	制动器经济电阻
K_{GM}	关门控制继电器	C_J	制动器经济电容

文字符号	名　　称	文字符号	名　　称
K_{KM}	开门控制继电器	K_{SF}	向上方向继电器
Q_{TY}	厅外开关门钥匙开关	K_{XF}	向下方向继电器
Q_{TK}	锁梯钥匙开关	K_{XK}	下行控制继电器
M_D	自动门电动机	K_T	停站继电器 V
Y_{MD}	自动门电动机励磁线圈	KT_F	自动停站辅助时间继电器
R_{KM}	开门分流电阻	SB_{MSN}	轿内慢车上行按钮
R_{GM}	关门分流电阻	SB_{MXN}	轿内慢车下行按钮
R_{MD}	自动门电动机串接电阻	SB_{MSD}	轿顶慢车上行按钮
M_Y	曳引电动机	SB_{MXD}	轿顶慢车下行按钮
$1Q_{KM}$	1 级开门行程开关	R_{TF}	KTF 延时调整电阻
$2Q_{KM}$	2 级开门行程开关	C_{TF}	KTF 延时调整电容
$1Q_{GM}$	1 级关门行程开关	KM_S	上行方向接触器
$2Q_{GM}$	2 级关门行程开关	KM_X	下行方向接触器
$3Q_{GM}$	3 级关门行程开关	KM_K	快速接触器
Q_{GK}	厅外开关门控制开关	$1KM_K$	快速星接接触器
Q_{JX}	极限开关	KM_M	慢速接触器
K_X	相序继电器	KM_{KJ}	快速运行接触器
$1\sim3R_{MQ}$	慢车起动电阻	Q_{JS}	轿门联锁行程开关
KH_K	快速绕组热继电器	$1\sim3KM_{MJ}$	1~3 次慢速加速接触器
KH_M	慢速绕组热继电器	$3Q_{SX}$	上行极限开关越程打脱架
T_{DZ}	起动电抗器	$2Q_{SX}$	上行限位开关
$1\sim4A$	硒整流二级管	$1Q_{SX}$	上行强迫换速开关
TM	控制电源变压器	$3Q_{XX}$	下行极限开关越程打脱架
K_{AB}	安全触板继电器	$2Q_{XX}$	下行限位开关
R_{MS}	门联锁继电器	$1Q_{XX}$	下行强迫换速开关
K_{JX}	检修继电器	$1\sim4K_{SZ}$	1~4 站向上召唤继电器
K_{MQ}	关门起动继电器	$2\sim5K_{XZ}$	2~5 站向下召唤继电器
K_Z	直驶专用继电器	$1\sim4R_{SZ}$	1~4 站上召唤消号电阻
KT_K	快速加速时间继电器	$2\sim5R_{XZ}$	2~5 站下召唤消号电阻
K_{YX}	运行继电器	$1\sim4SB_{SZ}$	1~4 站上行召唤按钮
Y_{ZC}	制动器电磁线圈	$2\sim5SB_{XZ}$	2~5 站下行召唤按钮
$1\sim3KT_M$	1~3 次慢速加速时间继电器	QF_M	蜂鸣器控制开关
$1\sim5K_{NL}$	1~5 站轿内指令继电器	FM	蜂鸣器
$1\sim5K_{TH}$	1~5 站停车换速继电器	$1\sim5H_{NC}$	1~5 站轿内楼层指示灯
K_{SP}	向上平层继电器	$1\sim5H_{TC}$	1~5 站厅外楼层指示灯
K_{XP}	向下平层继电器	H_{NX}	轿内下行方向灯
Q_{FT}	机房急停按钮	H_{TX}	厅外下行方向灯
Q_{SY}	司机转换钥匙开关	H_{NS}	轿内上行方向灯
SB_Z	直驶按钮	H_{TS}	厅外上行方向灯
Q_{ZD}	轿顶运行转换开关		
$1\sim2Q_{AB}$	安全触板开关	$1\sim5H_{NL}$	轿内指令信号灯
$1\sim5Q_{TS}$	1~5 站厅门锁联动开	$1\sim4H_{SZ}$	1~4 站上行召唤信号灯
$1\sim5K_{HF}$	1~5 站换速辅助继电器	$2\sim5H_{XZ}$	2~5 站下行召唤信号灯
K_{SK}	上行控制继电器	$1\sim nFU$	熔断器

一、主拖动、直流控制电源和开关门控制电路

1. 主拖动电路和直流控制电源

电梯主拖动电路也称作主回路,如图 4-9(a)所示,主要由极限开关 Q_{JX}(也称总电源开关)、双速交流曳引电动机 M_Y、慢速起动电阻 $1\sim3R_{MQ}$、电抗器 T_{DZ}、上行接触器 KM_S、下行接触器 KM_X、快速接触器 KM_K、快速星接接触器 $1KM_K$、快速运行接触器 KM_{KJ} 和慢速接触器 KM_M、慢速加速接触器 $1\sim3KM_{MJ}$ 等组成。当合上极限开关 Q_{JX},接通总电源,为控制电源变压器 TM 供电,经变压分别为交流控制电路、外召控电路和信号显示控制电路提供 220V、110V、6V 和 24V 的交流电源,同时经晒整流二极管 $1\sim4A$ 和电阻、电容构成的桥式整流滤波电路而获得 110V 直流控制电源,分别为开关门控制电路,内选换速直流控制电路和停车、截梯直流控制电路等供电,显然,接通控制电源变压器 TM 的电源,即可对电梯电气控制系统中的各个子系统提供所需要的控制电源。

2. 开关门控制电路

我们知道,直流电动机具有起动转矩大,调速性能优良等特点,其速度公式为:

$$n = \frac{V - I_a R_a}{C_e \phi} \tag{4-28}$$

式中　n——直流电动机转速,r/min;

　　　V——电枢电压,V;

　　　I_a——电枢电流,A;

　　　R_a——电枢绕组的电阻,Ω;

　　　C_e——直流电机常数;

　　　ϕ——每极磁通,对于他励或并励电动机,与 I_a 大小无关,Wb。

显然,改变电枢电流 I_a 或电枢电压 V,均可实现直流电动机调速。如图 4-9(a)所示,通过改变开门分流电阻 R_{KM} 和关门分流电阻 R_{GM} 的分流作用来改变电枢电压和电枢电流,从而实现开关门的调速控制。

一般下班后,要求电梯停靠在基站,此时厅外开关门控制开关(行程开关)$Q_{GK21-23}$ 和锁梯钥匙开关 $Q_{TK01-21}$ 均处于接通状态。上班时司机在基站厅外用钥匙接通厅外开关门钥匙开关 $Q_{TY23-27}$,可使开门控制继电器 $K_{KM}\uparrow$,如图 4-9(a)所示。此时 $K_{KM13-14}$ 分断,切断关门控制继电器 K_{GM} 回路;K_{KM5-6}、K_{KM3-4} 闭合,自动门电动机 M_D 电枢绕组得电,由于开门分流电阻 R_{KM} 的分流作用较小,所以电动机高速运转,快速开门。当门开到 85% 左右时,二级开门行程开关 $2Q_{KM}\uparrow$,使 R_{KM} 的分流作用增大,电枢电流减小,电动机以较低的速度关门。当一级开门行程开关 $1Q_{KM}\uparrow\rightarrow K_{KM}\downarrow\rightarrow M_D$ 失电,从而实现基层厅外开门。

进入轿厢后,扳动操作箱锁梯钥匙开关 Q_{TK},使 01 与电压继电器 KV 接通,其接点 KV_{1-2} $\uparrow$,使 03、05、07 等均与 01 接通,内选、换速和停车、截梯直流控制电路得电;$KV_{5-6}\uparrow$、KV_{7-8} $\uparrow$、KV_{9-10} 则分别使交流控制电路、外召控制电路和信号显示控制电路得电,即使各子控制系统得到控制电源。同时 $KV_{11-12}\uparrow$,也将自动门电动机励磁线圈 Y_{MD} 回路接通。

由图 4-9(b)、(c)、(f)可知,此时停车换速继电器 $1K_{TH}\uparrow\rightarrow 1K_{THI-2}\uparrow\rightarrow 1K_{HF}\uparrow\rightarrow 1K_{HF7-8}\uparrow$,使轿内、厅外楼层指示灯 H_{NC}、H_{TC} 点亮,控制系统处于运行前的正常工作状态。

按下轿内关门按钮 SB_{GN},使关门继电器 K_{GM} 得电吸合,其接点:

$K_{GM13-14}$↑,切断开门控制继电器回路;

K_{GM3-4}↑、K_{GM5-6}↑→M_D 电枢绕组得电。由于关门分流电阻 R_{GM} 的分流作用较小,故 M_D 快速运转关门。在关门过程中,二、三级关门行程开关 $2Q_{GM}$、$3Q_{GM}$ 先后被压合,使 R_{GM} 的分流作用增大,电枢电流 I_a 减小,使 M_D 逐渐减速。当一级关门行程开关 $1Q_{GM}$ 被压断时,K_{GM} 失电复位而切断 M_D 回路,从而实现轿内关门。与此同时,K_{GM9-10}↑,关门起动继电器 K_{MQ} 得电吸合,其接点:

K_{MQ1-2}↑,保证实现可靠关门;

K_{MQ7-8}↑,在门关好后,门联锁继电器 K_{MS} 得电吸合,故 K_{MS3-8}↑、K_{MS5-10}↑,由于此时轿门联锁行程开关 Q_{JS} 已闭合,所以为接通快速接触器 KM_K 和快速量接接触器 KM_Y 做好准备。

K_{MQ5-6}↑,快速加速时间继电器 KT_K 得电,其触点 KT_{K2-8} 瞬时断开,切断快速运行接触器 KM_{KJ} 回路,并为 KT_{K5-8} 断电延时闭合,接通 KM_{KJ} 做好准备。另外,门联锁继电器 K_{MS} 得电吸合后,K_{MS1-7}↑,准备接通方向继电器。

二、内选换速和平层制动直流控制电路

1. 内选换速直流控制电路

以电梯从一层运行到二层为例,按下操纵箱的轿内指令按钮 $2SB_{NL}$,轿内指令继电器 $2K_{NL}$ 得电吸合,其接点:

$2K_{NL1-7}$↑,实现 $2K_{NL}$ 自保持;

$2K_{NL5-10}$↑,为接通停站继电器 K_T 做好准备;

$2K_{NL6-12}$↑,轿内指令信号灯 $2H_{NL}$ 点亮,表示选层指令信号已被登记。

$2K_{NL3-8}$↑,接通上行控制继电器 K_{SK},K_{sk} 通电吸合,其接点:

K_{SK5-6}↑,为接通上行方向接触器 KM_S 做准备;

K_{SK1-2}↑,实现上行控制继电器 K_{SK} 自保持;

K_{SK3-4}↑,也为接通停站继电器 K_T 做准备;

K_{SK9-10}↑,轿内、厅外上行方向灯 H_{NS}、H_{TS} 均点亮;

K_{SK7-8}↑,由于在轿厅门关闭后,KM_{S3-8}、KM_{S5-10}、KM_{S7-8} 和 Q_{JS} 等接点均已闭合,故快速接触器 KM_K 和快速星接接触器 $1KM_K$ 均得电吸合,其触点:

$1KM_{KZ-Z}$↑,曳引电动机 M_Y 定子绕组星形连接;

KM_{KZ-Z}↑,为接通 M_Y 快速绕组电源做准备;

在图 4-9(b)中,KM_{K1-1}↑,使快速加速时间继电器 KT_K 失电,其接点 KT_{K2-8} 将断电延时复位闭合。与此同时 KM_{K3-3}↑,而使快速运行接触器 KM_{KJ} 得电吸合。

KM_{K2-2}↑,由于 K_{SK5-6} 已经动作闭合,所以上行方向接触点 KM_S 得电吸合,其触点:

KM_{SZ-Z}↑,使 M_Y 经起动电抗器 T_{DZ} 得电,与此同时,KM_{S5-6}↑,使运行继电器 K_{YX} 得电吸合;使制动器电磁线圈 Y_{ZC} 得电而松闸,故 M_Y 为降压起动运行,电梯轿箱上行。

如上所述,经过一定的延时,KM_{KJZ-Z}↑,将起动电抗器 T_{DZ} 从曳引电动机定子绕组回路中切除,使 M_Y 以额定电压全速运行,电梯轿厢快速上行。

当电梯轿厢到达二层时,位于轿顶的隔磁板插入向上换速干簧管传感器 $2KR_S$,使其接点 $2KR_{S2-3}$ 复位闭合,第 2 站停车换速继电器 $2K_{TH}$ 得电吸合,其接点:

如图 4-9(c)、(f)所示,$2K_{TH1-2}$,使第 2 站换速辅助继电器 $2K_{HF}$ 得电吸合。$2K_{HF7-8}$↑使轿内楼层指示灯 $2H_{NC}$ 和厅外楼层指示灯 $2H_{TC}$ 点亮,表示电梯轿厢已到二层。$2K_{TH13-14}$↑,保证第 1 站换速辅助继电器 $1K_{HF}$ 断电不动作。

$2K_{TH3-4}$↑,为接通停站继电器 K_T 做准备;

$2K_{TH9-10}$↑,切断自动停站辅助时间继电器 KT_F 回路,其常闭触点 KT_{F1-7}↓,即断电复位延时闭合,使停站继电器 K_T 得电吸合。如图 4-9(b)所示,其接点:

K_{T1-7}↑,为接通向上平层继电器 K_{SP} 做准备;

K_{T2-8}↑,切断关门起动继电器 K_{MQ} 回路。如图 4-9(d),K_{MQ7-8}↓,即复位分断,将切断 KM_K 和 $1KM_K$ 回路,其触点为:

KM_{KZ-Z}↓,切断 M_Y 快速绕组电源;$1KM_{KZ-Z}$↓,解除 M_Y 定子绕组星形连接;

KM_{K3-3}↓,使快速运行接触器 KM_{KJ} 断电,其触点 KM_{KJZ-Z}↓;

$1KM_{K4-4}$↓及 KM_{K4-4}↓,由于运行继电器的接点 K_{YX7-8} 已闭合,故慢速接触器 TM_M 得电吸合,其触点:

KM_{MZ-Z}↑,接通主拖动回路 M_Y 的慢速绕组的电源,由图 4-9(a)可见,起动电抗器 T_{DZ} 和慢速起动电阻 $1\sim3R_{MQ}$ 串入曳引电动机慢车绕组回路中,故为低速降压运行。

KM_{M-4}↑,同样切断 KM_K 和 $1KM_K$ 回路,起互锁作用。

KM_{M-3}↑,为接通慢加速接触器 $1\sim3KM_{MJ}$,进行慢车起动电阻 $1\sim3R_{MQ}$ 的切换做好准备。

KM_{M1-1}↑,切断慢加速时间继电器 $1KT_m$ 回路,断电后经过一定的延时时间,其常闭触点 $1KT_{M2-8}$ 复位闭合,使 $1KM_{MJ}$ 得电吸合,其主触点 $1KM_{MJZ-Z}$↑,短接一部分慢车起动电阻 R_{MQ}。

同样,进行以下对慢车起动电阻 R_{MQ} 的切除过程:

$1KM_{KJ1-1}$↑→$2KT_M$↓→$2KT_{M2-8}$↓→$2KM_{MJ}$↑→

$\begin{cases} 2KM_{MJZ-Z}↑→短接全部 R_{MQ} 和一部分起动电抗器的线圈 \\ 2KM_{MJ1-1}↑→3KT_M↓→3KT_{M2-8}↓→3KM_{MJ}↑→3KM_{MJZ-Z}↑→短路全部阻抗。 \end{cases}$

从而使电机按额定电压低速运行。

2. 平层制动直流控制电路

当电梯轿厢由一层到达二层,即进入平层区,轿厢地板与二层厅门地坎在同一平面时,位于轿顶的上、下平层下簧管传感器 KR_{SP}、KR_{XP} 复位,如图 4-9(b)所示,将使向上、向下平层继电器 K_{SP}、K_{XP} 均先后得电吸合,其接点为:

K_{SP2-8}↑及 K_{XP2-8}↑,由于在换速过程中快速接触器已复位,即 KM_{K2-2}↓,故上行方向接触器 KM_S 失电,KM_{SZ-Z}↓,切断曳引电动机 M_Y 电源。与此同时,KM_{S5-6}↓,由图 4-9(b)可见,使制动器电磁线圈 Y_{ZC} 失电,制动抱闸;使运行继电器 K_{YX} 失电,K_{YX7-8}↓→KM_M↓→KM_{MZ-Z}↓,进一步保证 M_Y 失电。

K_{SP1-7}↑及 K_{XP1-7}↑,如图 4-9(a)所示,将使开门控制继电器 K_{KM} 得电吸合,从而实现电梯在二层平层停靠和停靠后的自动开门控制。

对于厅外截梯、检修等控制过程本节不作——分析,请读者按上述方法自行分析。

目前,多数电梯都采用可编程逻辑控制器(Programble logic controller,简称为PLC)进行控制,取代了大量的继电器,具有可靠性高、抗干扰能力强和工作寿命长等优点。如图4-10所示为五层站交流电梯PLC控制系统图,由于学时有限,本课不作介绍,可参阅《电梯控制技术》等有关教材。

第六节　电梯的安全保护装置

如图4-9所示,电梯属于垂直运输机械,所以安全保护装置很多,也是对电梯进行安装调试的重要内容之一。

1．极限开关 Q_{jx}

如图4-7所示,极限开关又称越程开关,主要包括经特殊设计的铁壳开关 Q_{JX},上、下端站极限开关越程打脱架 $3Q_{SX}$、$3Q_{XX}$(或称极限开关碰轮),其中 Q_{JX} 一般安装在电梯机房内的门旁,安装高度 $1.3\sim1.5$m,其位置与梯井轨道不对应,安装时要把直径为4mm左右的拉闸钢丝绳用滑轮引至梯井中的上、下极限开关越程打脱架处。越程打脱架本身不带电气接点,是电梯越程保护的最后一道防线,所以应安装在上、下限位开关的后面,其安装位置应满足:如果上、下限位开关失灵,为防止轿厢蹲底或冲顶,在轿厢超过极限工作行程 $50\sim200$mm 时,装设在轿厢上的越程撞弓应与极限开关越程打脱架的碰轮相碰撞,使打脱架动作并拉动拉闸钢丝绳,迫使极限开关 Q_{JX} 动作,切断电梯的总电源,并通过电磁制动器使电梯停止运行,此时电梯将不能再起动。

2．限位开关和强迫换速开关

上、下限位开关 $2Q_{SX}$、$2Q_{XX}$ 和上、下强迫换速开关 $1Q_{SX}$、$1Q_{XX}$ 与上、下端站极限开关越程打脱架 $3Q_{SX}$、$3Q_{XX}$,应按图4-7所示安装示意图的布置要求安装在井道内上、下端站轿厢导轨的同一方位上。即在梯井的顶站和底坑的限制轿厢越位处,分别将三根角钢固装在轿厢导轨的背面,然后将上、下极限开关越程打脱架、限位开关和强迫换速开关用螺钉稳装在角钢上。经安装调整后,它们的碰轮外缘应在同一垂线上,使之垂直对准固定在轿厢架上的限位开关碰铁,并模拟试验轿厢运行到上、下端站,且发生越程事故时,应能可靠动作。要求碰铁(撞弓)碰触到限位开关和强迫换速开关时,其电气接点可靠分断或闭合,碰铁离开后,接点不能自动复位。

强迫换速开关 $1Q_{SX}$、$1Q_{XX}$ 应分别装设在梯井的顶部和底坑的强迫换速点处,并安装在限位开关的前面。当电梯发生失控故障而冲向顶部或底坑时,装于轿厢上的限位开关碰铁将碰撞到强迫换速开关,通过控制电路强迫电梯减速,即提前一定距离自动将快速运行切换到慢速运行并停车。

而在强迫换速开关的后面的适当地方,还需要装设相应的上、下限位开关 $2Q_{SX}$ 和 $2Q_{XX}$。例如,当强迫换速开关失灵而不起作用时,碰铁将碰撞到上、下限位开关,迫使电梯停止运行。但此时如果上、下某层站有召唤信号时,电梯仍可上行或下行。

另外,在底坑内还设有厅外开关门控制开关 Q_{GK},当下班电梯运行到基站时,固定在轿厢架上的限位开关碰铁将碰压到 Q_{GK},使 $Q_{GK21-23}$↑,扳动锁梯钥匙开关 Q_{TK},使 01 与 21 接通,电压继电器 KV 失电,切断控制电路电源。这时离开轿厢,扭动厅外钥匙开关 Q_{TY},切断开门

控制继电器 K_{KM} 回路,而接通关门控制继电器 K_{GM} 电源,即:$Q_{TY}\downarrow \rightarrow K_{GM}\uparrow \rightarrow M_D\uparrow$。门关好后,$1Q_{GM}\uparrow \rightarrow K_{GM}\downarrow \rightarrow M_D\downarrow$,从而实现下班关闭电梯并关门。

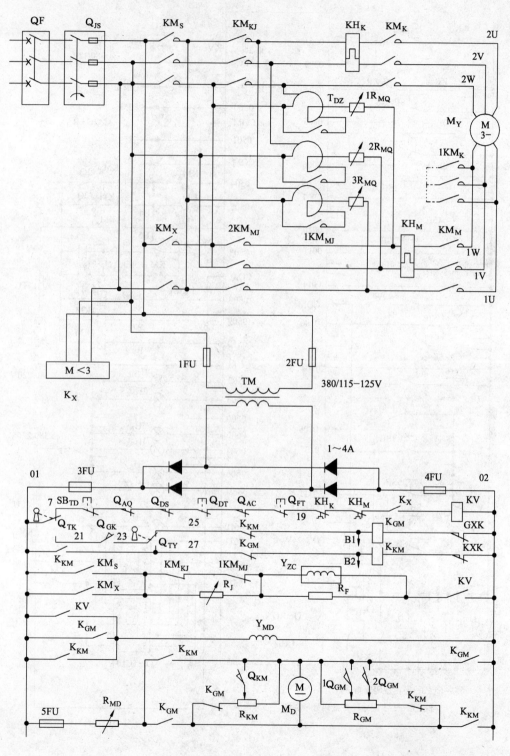

(a)

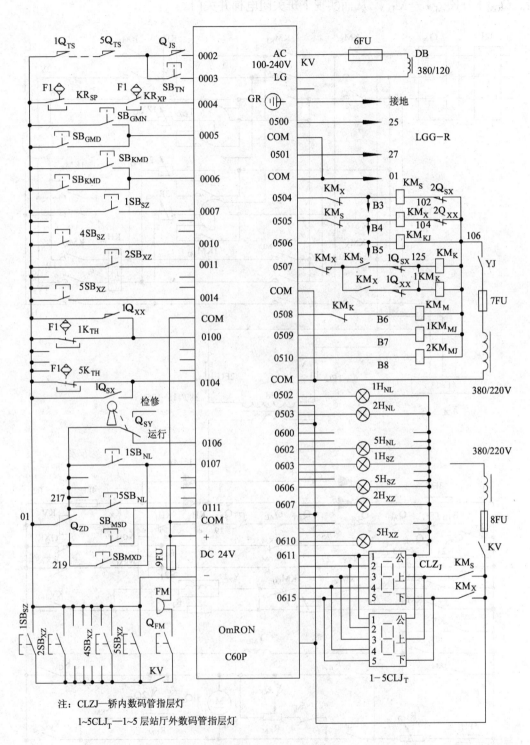

注：CLZJ—轿内数码管指层灯
1~5CLJ$_T$—1~5 层站厅外数码管指层灯

（b）

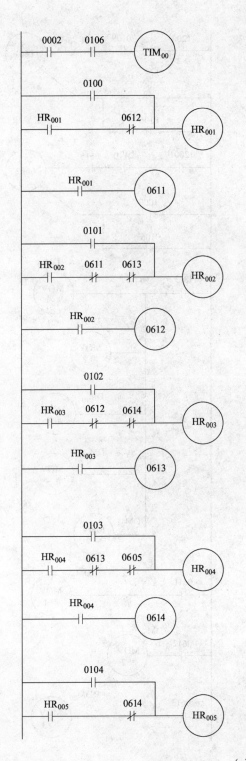
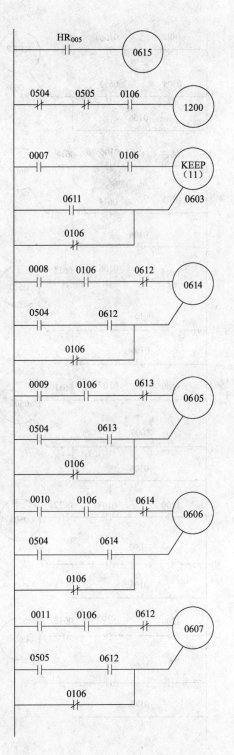

(c)

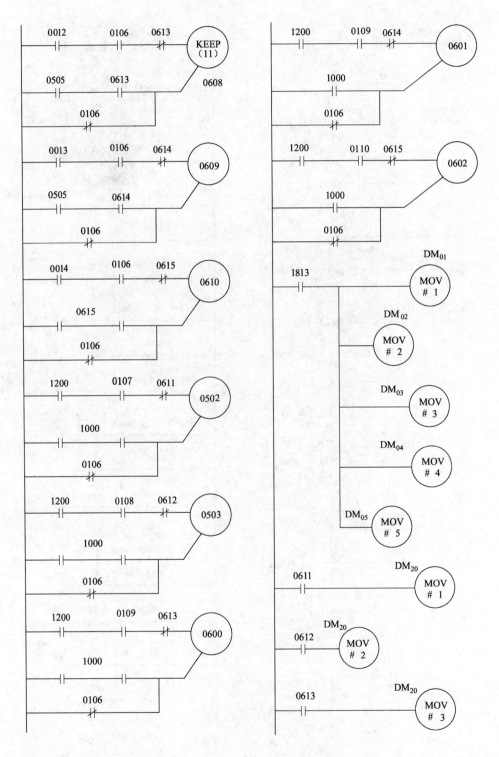

(d)

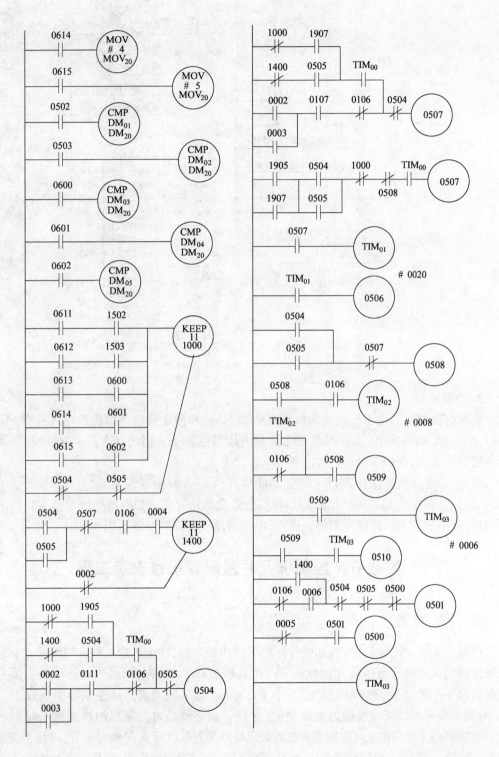

(e)

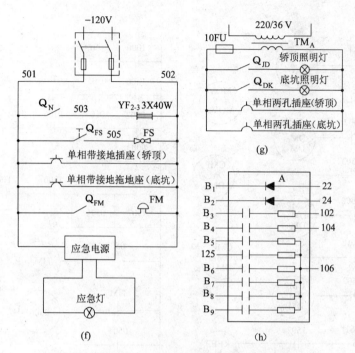

图 4-10　五层五站交流电梯 PLC 电气控制系统图

(a)主拖动、直流控制电源和开关门控制电路(b)PLC 控制电路(c)～e)系统 PC 梯形图
(f)照明控制电路(g)安全照明及安全电源电路(h)灭弧电路

3. 热继电器

热继电器有曳引电动机快速绕组热继电器 KH_K 和慢速绕组热继电器 KH_M,当 M_Y 过负荷时,KH_K 或 KH_M 动作,其接点断开而切断电压继电器 KV 回路,KV_{1-2}↓,故控制回路断电而不能继续工作,保护了电动机 M_Y。

此外,还有底坑检修开关 Q_{DT}、限速器断绳开关 Q_{DS}、安全钳开关 Q_{AQ}、安全窗开关 Q_{AC} 和轿内、轿顶急停按钮 SB_{TN} 和 SB_{TD} 等,当各安全装置动作时均可切断电压继电器 KV 的电磁线圈回路,使电梯控制回路断电而停止运行,电梯常用安全保护装置见表 4-10。

第七节　控制屏及井道配管配线安装工程

一、控制屏安装

控制屏安装于电梯机房内,其位置应便于操作和维修,便于进出控制屏的线管、线槽敷设。双面维护的控制屏背面距墙宜在 600mm 以上,柜前有 1.5～2m 的操作通道。当成排安装且宽度超过 5m 时,两端均应留有宽度不小于 600mm 的出入通道。从控制屏引出或引入的电线、电缆均应穿入线管或线槽内加以保护,并且导线必须经过控制屏的接线端子排引入或引出。在接线端子处应按电气控制原理图的规定编号为各导线穿入 V 型号码管,以便于调试查线和检查维修。引入、引出控制屏的线管、线槽出口在柜底应排列整齐,线管口超出地面不得小于200mm。管口应光滑、无毛刺,并配戴合适规格线管护口,以免在穿引导线时划伤导线绝缘层。

控制屏一般用螺栓稳装在[10♯基础槽钢或混凝土基础上,其垂直偏差不应大于1‰,安装基础应高出地面50~100mm。

二、井道配管配线

如图 4-8 所示,由控制屏至极限开关,曳引电动机、制动器电磁线圈、限位开关和强迫换速开关,井道内总接线箱,各层站分线箱以及各层站分线箱至外呼按钮接线盒、厅门电气联锁开关、层站信号灯箱等配线均需要采用线管和线槽保护,沿地面敷设的金属线槽壁厚不得小于 1.5mm。

1. 井道线槽或线管敷设

井道线槽或线管一般沿井道内壁的厅门左侧垂直向下敷设,其固定间隔均为 2~2.5m,可采用预埋螺栓固定。线槽或线管进入梯井内应设总接线箱,并在每层站处还需设层站分线箱,以便于该层外呼按钮和信号灯箱等装置的配管配线。线槽或线管与总接线箱、层站分线箱的接口处应连接紧密无毛刺,以保护导线绝缘层。从层站分线箱引出的分支线一般采用金属软管保护,但长度不应超过2m,金属软管的支架间隔应不超过1m,每根线管应不少于2个支架。另外线槽、线管及接线箱等安装应注意不影响电梯轿厢的正常运行,要求与轿厢、钢绳、随行电缆等的距离应在 20mm 以上。

线槽、线管敷设应横平竖直,整齐美观,固定牢靠,并涂刷防火漆。在机房内安装线槽、线管的水平或垂直偏差均不应大于是 2‰,在井道内不应大于 5‰,全长偏差不应超过 50mm。并且所有金属线管、线槽以及电气设备金属外壳、支架等均应可靠接地或接零,但线管、线槽均不能兼作为保护接地线或保护接零线使用。保护线必须设专用导线,应选用 4mm² 以上黄绿相间的铜绝缘导线,接地电阻宜在 4Ω 以下。电梯轿厢可利用随行电缆的钢芯或芯线作为保护线,当采用缆芯作为保护线时,电缆芯线不得少于 2 根。

2. 导线敷设

配线是电梯电气系统安装调试的重要工作内容,应根据电气系统原理图认真核对各段管路中的导线型号、规格、根数,并串穿入 V 型号码管编号。

1)电梯配线一般应选用铜芯绝缘导线,绝缘强度应在 1kΩ/V 以上。按规定要求,在线管中穿入的导线总截面(包括绝缘层)不得超过线管内截面的 40%,在线槽中敷设则不超过线槽内截面的 60%。而且不同电压、电流等级的导线不应共管、共槽敷设。在线管内敷设导线不允许有导线接头,在线槽内敷设导线应尽量减少导线接头,如必须有导线接头时,应采用冷压端子连接,并做良好的绝缘处理。

2)在电梯井内,除了设置总接线箱外,由于还要通过线槽(或线管)将导线敷设到各层站外召按钮盒、信号灯箱等电气装置处,所以在各层站还需装设层站分线箱,在总接线箱和层站分线箱内均装有接线端子板。为了保证导线接头接触良好,芯线应挂焊锡,对于截面积较大(≥10mm²)的导线,还需要焊接或压接接线端子,以使线路可靠连接,减少故障率。

3)轿厢随线安装敷设

轿厢随线也称作随行电缆,在梯井内应设中间接线箱和随行电缆支架,其安装敷设如图4-11所示。如果楼层数不多,中间接线箱及其随行电缆支架可装设在井道的顶部。这样由机房控制屏送入轿厢的电线(或电缆)经线槽(或线管)先引至梯井顶部的中间接线箱;将随行电缆绑扎在电缆支架上,并在中间接线箱内按要求接线。然后由电缆支架上引下随行电缆自由悬垂至底坑,充分消除扭曲应力后,再返回到轿厢底部的电缆支架上引入轿厢内操纵盘。

如果楼层数较多，为了减少电缆长度，以免电缆自重过大，可将中间接线箱及其电缆支架装设在井道中部，即随行电缆支架安装在电梯梯井高度H(即轿厢正常提升高度)的1/2再加1.5m处的井道壁上。这样就需要将由机房控制屏引至轿厢的电线或电缆经线槽(或线管)先引至梯井中部的中间接线箱，同样将随行电缆返回到轿厢底部的电缆支架上引入轿厢内操纵盘。

应注意随行电缆敷设不应拖地，在轿厢缓冲器被完全压缩的情况下，使随行电缆略有余量即可。圆型随行电缆的芯数不宜超过40芯，如采用多根圆型随行电缆并列时，其长度应一致。扁平型随行电缆可重叠安装，但重叠根数不宜超过3根，并且电缆之间应保持30～50mm的活动间距。如果扁平型电缆沿井道壁敷设时，应使用专用楔型卡子固定。

在机房控制屏、各电气设备器件连接线路的配管配线和随行电缆等敷设完毕，就要进行导线的校对、编号和压接线头工作。因为电梯的控制线路较为复杂，为了避免接线错误，必须严格认真地进行校对导线。

如图4-12所示的单人校线器由多只二极管背靠背串联而成。设某钢线槽内共敷设导线36根，可另布设一根辅助线或利用钢线槽作为辅助线。在线路的一端将导线上分别套入$0^\#$～$37^\#$V型号码管，其中$0^\#$为辅助线，然后将套有V型号码管的线芯与校线器上的接线柱一一对应连接。在线路的另一端用万用表$R \times 100$欧姆档位，并将$0^\#$号码管套入已知的辅助线上，然后将万用表的黑表笔接在辅助线$0^\#$上，红表笔测寻$1^\#$线。若红表笔接触的不是$1^\#$线，由于校线器内有二极管承受反向电压而截止，表针指示电阻值很大，只有红表笔接触到期$1^\#$线时，二极管才承受正向电压而导通，表针指示电阻值很小，经确认为$1^\#$线后，即可套入$1^\#$V型号码管。这时红表笔仍与确认的$1^\#$线连接，用黑表笔再测寻$2^\#$线，方法同上，如此反复进行，直至将全部导线校对完毕，并串入相应的V型号码管，同时将导线压入接线端子。这种校对导线的方法简便快捷，准确实用，而且也节省人力。

此外，在梯井内应考虑检修工作照明，照明灯具安装在不影响电梯轿厢运行的井道壁上，其间距在7m以内，并在井道的最高和最低点0.5m以内各装设一盏灯具。其照明电源须由机房照明配电箱引来，并由照明配电箱内具有短路保护功能的开关控制。电梯机房内照明电源应与电梯电源分开，机房内地面照度应不低于200lx。

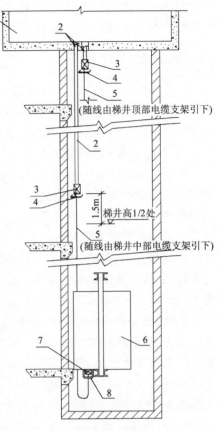

图4-11　在梯井中电缆支架和随行电缆安装示意图
1—机房；2—电缆线槽(或线管)；
3—井道中间接线箱；4—电缆支架；
5—随线；6—轿厢；7—轿底电缆支架；
8—轿底接线箱

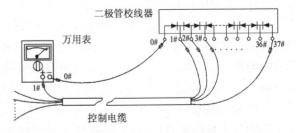

图4-12　单人校线器接线图

第八节　电梯的检查调整和运行试验

一、电梯检查调整的基本内容

电梯全部项目安装完毕后,要进行严格的系统检查和调整,按设计要求和技术参数调整各个环节,进行设备元器件的单体检查和调整试验,以确保电梯安全正常地运行。主要检查测量的项目有:

1. 检查调整曳引机纵横方向水平度,使其误差不超过 1‰,校正曳引机的位置偏差。调整曳引轮与导向轮的不平行度;检查曳引机轴承、限速器等各种转动摩擦部位以及导轨与导靴之间的滑动摩擦面等的润滑情况,应确保处于良好的润滑工作状态。

2. 检查制动器闸瓦与制动轮之间的间隙,可以采用通电模拟调整。如其电磁线圈通电后应能可靠分闸,断电后又能实现可靠抱闸制动。

3. 认真检查曳引轮钢丝绳绳头组合浇注巴氏合金情况,调整绳头的组合螺母,使每条钢丝绳受力均匀,并插好销钉。另外还需要对曳引轮和曳引钢丝绳的油污进行清洗。

4. 全面检查极限开关 Q_{JX} 及其上、下极限开关越程打脱架的碰轮,要求牵引钢丝绳横平竖直,但钢绳导向轮不得超过 2 个,上、下极限开关越程打脱架的碰轮应与牵引绳轮可靠固定,各绳轮的轮槽彼此相互对正,使之在同一条直线上,并且牵引钢绳应沿极限开关 Q_{JX} 的分断方向在闸轮上复绕 2 圈以上,但不得重叠,应转动灵活。安装极限开关装置后应连续试验 5 次,均应动作灵活可靠为安装合格。检查控制屏的电源进线相序是否符合设计要求,即电动机转向是否与工程要求相符。用兆欧表检测电动机、主拖动线路、控制线路和信号显示线路的绝缘电阻是否满足有关工程规范规定要求。检查接地保护情况,所有设备的金属外壳、金属构架、金属线管、线槽基础型钢等均应可靠接地。

5. 进一步检查配管配线是否与设计要求相符,各接线端子是否压接可靠;认真检测进线电源电压、校对直流电路的极性、测量交直流控制电路、信号显示电路的工作电压是否符合要求。

6. 检查导轨与其两侧导靴的吻合情况,并按产品说明书的安装要求进行间隙校正;检查限速器及其安全钳楔块与导轨侧面之间的间隙,检查安全钳拉杆和传动机构是否灵活可靠。可在轿厢顶上拉动安全钳的钢绳拉手进行模拟检查试验。一般要求在电梯轿厢向下运行速度达到额定速度的 1.15 倍时,限速器应动作。即安全钳开关 Q_{AQ} 分断,通过控制线路而切断主拖动回路电源使曳引机停止运转,与此同时限速器拉动安全钳动作,通过安全钳楔型块将轿厢卡固在导轨上。限速器在出厂时已按电梯的额定速度进行了严格的检查与调整,安装时不得随意调整。

7. 检查调整井道内各层站向上、向下换速干簧管传感器(KP_{SP}、KR_{XP}),轿箱上的上、下平层干簧管传感器和各相应隔磁板(或称感应桥)的安装位置。隔磁板与传感器盒凹口底面的间隙一般为 5~8mm,与传感器凹口侧面的间隙也应满足随机技术文件要求。

8. 检查调整轿厢门、厅门的垂直度,使之开闭自如,无显著撞击声,在 3N 力的作用下应能拉动厅门。检查开门刀和厅门钩子锁滚轮的相互吻合情况,厅门钩子锁应牢固可靠,其钩子锁最小啮合长度不应小于 7mm。并保证在层门钩子锁电气接点闭合时,厅门必须可靠关门锁紧。

9. 检查轿厢内操纵盘上的钥匙开关和急停按钮的接点接触及自动弹回情况,检查轿厢门的安全触板开关动作的灵敏性,其动作碰撞力应不大于5N。仔细检查上、下限位开关,强迫换速开关和极限开关越程打脱架等的碰轮与轿厢上碰铁的安装位置及其相互吻合情况,其位置应配合良好,电气接点应动作可靠。

10. 检查各层站召唤按钮、层站信号显示灯箱及其他安全开关的安装情况。各层站召唤按钮应装设在厅门外的右侧,距地面1.2~1.4m,且按钮盒边缘与厅门边缘的距离为0.2~0.3m。层站信号显示灯箱应装设在厅门口以上0.15~0.25m的厅门中心处,其中心线与厅门中心线偏差应不超过5mm。层站信号显示装置也可与召唤按钮组装在一起,并列安装电梯的层站信号显示箱安装高度偏差不应超过5mm,召唤按钮安装高度偏差不应大于2mm。

二、电梯试运行试验

经过对以上各基本项目内容进行逐项检查调整后,即可进行电梯试运行试验了。

1. 模拟试运行

在对电梯进行模拟试运行时,应将电动机和制动器电磁线圈的电源线拆掉,即在曳引电动机和制动器断电的情况下进行模拟试验。

1)在轿厢内分别按动选层按钮(即轿内指令按钮)SB_{NL}和急停按钮SB_{TN},并由专人在机房内观察控制屏内相应继电器、接触器的动作情况是否符合定向、换速、急停车抱闸制动等控制要求。可在曳引动机、制动器的电源线端接入电压表,如果电压表指示电压大小符合要求,表明电气控制系统工作正常,否则该电路环节内将有故障存在。

2)逐个检查厅门上的门钩子锁联动开关$1\sim nQ_{TS}$,检查限位开关$2Q_{SX}$、$2Q_{XX}$、强迫换速开关$1Q_{SX}$、$1Q_{XX}$、极限开关Q_{JX}及其上、下极限开关越程打脱架$3Q_{SX}$、$3Q_{XX}$、轿顶安全窗开关Q_{AC}、安全钳开关Q_{AQ}、限速器钢绳保护开关Q_{DS}、轿顶检修急停按钮SB_{TD}等保护开关,以观察各个安全保护开关的动作灵敏性和可靠性。各个安全保护开关均可手动进行模拟动作,观察其是否在系统中可起到应有的保护作用。在试验中如有的厅门未关闭,相应的厅门钩子锁联动开关应不闭合,门联锁继电器K_{MS}将不能得电吸合,电梯则不能起动运行。

3)在各层站厅门外按动外召按钮,观察有关继电器的动作和相应的信号灯显示是否符合要求。

4)在上述检查合格的基础上,然后松开制动器电磁抱闸,将盘车轮套在曳引电动机的尾轴上,进行正反方向转动,以观察曳引机各传动部件有无卡涩现象,转动是否灵活,并检查轴承等转动部件的注油情况。经确认可以通电试车时,先将曳引机主钢丝绳轮上的钢绳摘掉,接通曳引电动机和制动器电磁线圈的电源线路,即可在慢速、快速运行状态下做空转运行试验。

如图4-9(a)、(b)所示,先转动"司机转换钥匙开关Q_{SY}",使03与51接通,检修继电器K_{JX}得电吸合,使控制小母线05、07均断电,控制系统处于慢速检修工作状态。这时,可在轿厢内、轿厢顶分别按动慢车上行按钮(SB_{MSN}、SB_{MSD})、慢车下行按钮(SB_{MXN}、SB_{MXD}),分别控制曳引电动机空载正反转5~10min。然后再转动"司机转换钥匙开关Q_{SY}",使03与51断开,检修继电器K_{JX}断电复位,控制系统处于正常运行工作状态,在轿厢内按动选层按钮等,使曳引电动机再快速空转30min。在上述各项电梯模拟试运行检查中,对发现的问题应及时进行调整校正,即重点检查和调整校正以下问题:

(1)检查、校正电梯轿厢,对重的导靴与导轨之间的相互吻合情况,有无卡涩和松旷之处;

(2)检查电梯轿厢地板与各层站厅门地坎之间的距离,有无相互碰撞之处;

(3)检查各层站的向上、向下换速干簧管传感器与轿厢上的隔磁板之间,以及轿厢上的上、下层干簧管传感器与各层站相应的隔磁板之间的相互吻合情况,如有碰撞应加以调整安装位置;

(4)检查轿厢上的开门刀与各层厅门钩子锁橡胶滚轴的相互吻合情况,其厅门锁联动开关的动作是否灵活可靠;

(5)检查极限开关及其上、下极限开关越位打脱架,上、下限位开关,强迫换速开关等安全设施的动作可靠性,及时调整校正轿厢架上的碰铁与各保护开关的滚轮的碰撞压合位置;

(6)观察在轿厢上、下运行过程中,随行电缆有无扭转现象,轿厢及其随行电缆与井道中的接线箱、电缆支架、线槽、线管、线盒等的距离是否符合规定要求;

(7)通过电动机空载运行,观察制动器的松闸和抱抢闸制动情况,测量校对电磁铁的行程、压力、闸瓦与制动轮之间的间隙。测量曳引机的变速箱油温、轴承温度、曳引电动机温升和制动器电磁线圈温升,测量空载运行时的线路电压和电流,标定电源相序和曳引电动机的转向等,并做好记录。

2.慢车试运行

经过模拟试运行检查校正均符合要求后,即可将轿厢和对重的牵引钢绳吊挂到曳引机的曳引绳轮上,进行慢车试运行试验。

同样按上述方法将"司机转换钥匙开关 Q_{SY}"转换到检修位置,使控制系统处于慢速检修工作状态,用检修速度($\leqslant 0.63$m/s)试运行。轿内一人负责开车,轿顶一人负责重复检查"模拟试运行"的有关检查内容,发现问题及时停车检查校正。另外,还需逐层站进行开门、关门、起动、停梯平层检查,自动门应运行平稳,无撞击,各厅站的厅门地坎(厅门地坎应高出该层地坪2~5mm)与轿厢地板之间的平层误差应不超过表4-13的规定值。如果发生电梯轿厢上行平层高、下行平层低(或上行平层低,下行平层高)故障时,可能是制动器的闸瓦与制动轮之间的间隙过大,也可能是抱闸弹簧过松(或制动器的闸瓦与制动轮之间的间隙过小,抱闸弹簧过紧)所致,可适当调整制动器与制动轮之间的间隙,或调整抱闸弹簧的压力。在松闸时,制动器闸瓦与制动轮之间的平均间隙不应大于0.7mm。如果发生电梯轿厢上行或下行平层均较高或均较低时,则可能是对重的平衡砧块重量放置不合适所致,可按式(4-27)计算对重的重量大小,适当对对重的平衡砧块重量加以调整。在慢车运行试验的同时,观察信号灯光显示是否正确无误。

表 4-13 电梯桥厢平层的误差允许值

电　梯　类　别	额　定　速　度　(m/s)	平　层　误　差　允　许　值　(mm)
交　流　双　速	$\leqslant 0.63$	±15
	$\leqslant 1.00$	±30
交直流调速	< 2.00	±15
	$\leqslant 2.50$	±10

在进行限速器动作试验时,可将电样轿厢由二层以慢速向下运行,在运行过程中,在轿顶上人为拉动安全钳的绳头拉手,安全钳的动作应灵活可靠,同时安全钳开关 Q_{AQ}动作,切断电压继电器 KV 回路,从而使控制线路失去电源,实现电梯停车制动。

3.快车试运行

经慢车试运行检查合格后,即可进行快车试运行,以进一步检查发现电梯存在的故障和隐患问题。主要检查以下项目：

1)电梯额定速度检测,按式(4-2)计算电梯的额定速度。在对电梯额定速度检测时,可取电梯升降速度的平均值,而电梯升降速度的平均值可按下式计算：

$$v_\mathrm{p} = \frac{\pi D(n_上 + n_下)}{2 \times 60 i_1 i_2}$$ (4-29)

式中　v_p——电梯升降速度的平均值,m/s;

$n_上$、$n_下$——电梯在额定载重量时,曳引电动机的正、反转速,r/min;

D——曳引轮直径,m;

i_1——曳引机减速比;

i_2——电梯的曳引比。

在电梯快车运行中测试电梯的实际速度,对于交流双速电梯来说,实际升降速度的平均值v_p与额定速度的差值应不超过±3%;直流电梯的速度差应不超过±2%。

2)试验信号系统和内选层、外截梯等控制环节的准确性,厅外、轿内的指示灯是否正确无误,电梯轿厢是否能按预选层和截梯层可靠停车平层。

3)试验各种安全装置是否动作灵敏、可靠。

4)电梯在快速运行时振动、噪声检查,对于客梯、病床电梯而言,规定在运行中机房噪声不应大于80dB,轿厢内噪声不应大于55dB,开关门噪声不应大于65dB。

4. 负荷运行试验

电梯运行试验分为三种形式,即空载试验、半载试验和满载试验。在通电持续率为40%的情况下,每一种运行试验时间应不少于2h。并观察电梯在起动、运行和停车时有无剧烈振动,制动器是否动作可靠,电梯信号及各种程序控制是否良好。要求制动器吸合线圈温升不应超过60℃,曳引机减速器油的温升也不应超过60℃,且油温最高不超过85℃。

1)静载试验

所谓静载试验是将轿厢置于基站,切断电源,施加规定载荷的试验。客梯、医用电梯和2t以上的货梯可施加额定负荷的200%,其他类型的电梯可施加到其额定负荷的150%。静载试验持续时间10min,观察各承载构件有无损坏现象,曳引绳有无滑移溜车现象,制动器刹车制动是否可靠。

2)超负荷运行试验

使轿厢承载额定重量的110%,在通电持续率40%的情况下,往返运行0.5h,观察电梯起动、制动是否安全可靠,曳引机是否工作正常。平层误差是否在允许范围之内。

对高级电梯还应进行加速度和振动加速度的测试。例如《电气装置安装工程电梯电气装置施工及验收规范》(GB50182—93)中规定：电梯额定速度在1m/s以上,2m/s以下时,平均加速度(及平均减速度)应不小于0.5m/s²;电梯额定速度2m/s以上时,其平均加速度(及平均减速度)应不小于0.7m/s²,但最大值应不超过0.15m/s²,垂直方向的振动加速度应不超过0.25m/s².

第九节　电梯一般安装验收规范标准及文件资料整理

电梯安装及试运行完毕,应严格按有关规范标准要求组织验收,合格后才允许电梯投入使用。电梯安装验收规范及标准主要有:《电梯安装验收规范》(GB10060—93)、《电气装置安装工程电梯电气装置施工及验收规范》(GB50182—93)、《电梯安装工程质量检验评定标准》(GBJ310—88)、《电梯技术条件》(GB/T10058—97)、《电梯试验方法》(GB/T10059—97)、《液压电梯》(JG5071—1996)、《自动扶梯和自动人行道的制造与安装安全规范》(GB16899—1997)等等,应在电梯安装调试和检查验收工作中严格执行。

竣工资料是反映工程实际情况的文件,是安装企业进行工程结算和工程验收的主要依据。竣工资料整理的好坏,不仅体现安装工程技术人员和工人的素质,也反映安装企业的管理水平,所以整理和完善竣工资料是一项十分重要的工作。

1. 随机文件的收集整理

电梯随机文件是用户维护、保养电梯的主要技术文件,随机文件的收集整理应从进入施工现场和设备开箱时开始,按照《电梯安装验收规范》(GB10060—92)中的要求,建立文件清单应一式两份。文件清单以及有关工程设计技术资料制定清理完毕后,甲、乙双方人员签字认可,各保留一份,以便竣工验收时出示。

2. 施工资料的整理

1)自检记录:由安装作业班组对所进行的每一项作业进行检查记录。自检记录整理要准确、真实、可信,并有互检内容的有关记录。应做到上一道工序不合格,绝不进行下一道工序,以保证工程质量和施工的连续性。

2)电梯安装验收报告及其工程竣工验收工作是检查工程设计和施工质量的重要环节,也是质检部门进行质量验收及双方经济结算的重要依据。

3)电梯安装工程质量检验评定表:电梯安装工程是建筑工程的一个分部工程,它参与建筑物的整体工程质量评定。因此,应按《电梯安装工程质量检验评定标准》(GBJ310—88)对各分项工程进行评定等级,分"优良"、"合格"、"不合格"三级,在填写各分项工程等级评定表时应按该标准的有关要求严格进行。

4)在电梯安装过程中,有一些隐蔽项目在竣工验收和质检时无法进行检查,因此,隐蔽工程验收记录将做为验收评定隐蔽项目工程质量是否达到标准的重要依据。在进行隐蔽工程施工时,应请建设单位或监理单位与现场施工单位根据工程设计图纸和有关规范规定要求共同进行检查验收,并填写隐蔽工程验收记录,经双方签字后,方可进行隐蔽工程的施工。

5)在电梯安装工程结束后,应根据《电梯安装工程质量检验评定标准》(GBJ310—88)编制填写质量保证资料。电梯安装工程质量保证资料不同于自检记录和验收报告,它是建设单位或其代理的工程监理单位)和施工单位对电梯安装工程质量认可后,并经工程质量监督部门审查而作出的电梯安装工程质量文件,是整个建筑工程进行质量等级评估核定工作中不可缺少的文件。

最后邀请质检部门、甲、乙双方工程技术人员、单位领导等,按电梯安装验收项目逐项对电梯质量进行审查验收。

练习思考题 4

1. 电梯是如何分类的? 了解电梯的主要结构和基本功能。

2. 交流客梯为什么不能使用普遍交流异步电动机? 试述交流电梯专用多速电动机的调

速原理和调速过程。

3. 已知交流电梯额定载重量 1500kg,电动机功率 30kW,曳引比 1∶1,减速比 67/3,主绳轮直径 780mm,试计算电梯的速度和电动机的转速。

4. 某宾馆 20 层,高 3.3m,标准层面积 $S_p = 1200m^2$,试问需要几台速度为 1m/s 的电梯?如果电梯标准环行时间为 120s,试校验电梯运送能力是否符合要求。

5. 电梯有哪些基本保护装置,其基本功能是什么?

6. 阅读电梯电气原理图,试分析外召截梯的工作过程。

7. 井道配管配线的安装施工有哪些基本要求?了解敷设方法和施工工序。

8. 掌握极限开关及其极限开关越程打脱架、限位开关和强迫换速开关的安装要求和作用。

9. 了解限速器和安全钳的主要作用及其调试方法。

10. 熟悉电梯一般安装验收规范标准及文件资料的整理要求。

11. 在工程中,如何按单位面积功率指标法和统计法来估算电梯用电容量?

12. 电梯试运行试验主要包括哪些调试步骤,各调试步骤主要检查校正内容是什么?

第五章　电机的一般安装调试

在建筑电气设备中,如水泵、风机、电梯、起重机械以及各类机床等,广泛应用电动机来拖动。电动机具有噪声小、无污染、易于实现远距离自动控制、效率高、工作寿命长和占地面积小等优点。电动机分为交流电动机和直流电动机,本章重点介绍交流电动机的一般安装工艺和检测调试方法。

第一节　三相异步电动机的名牌及其主要技术数据

要正确使用电动机,必须先看懂名牌,了解电动机的主要技术数据,现以图 5-1 为例来说明电动机名牌以及有关技术数据指标的含义。

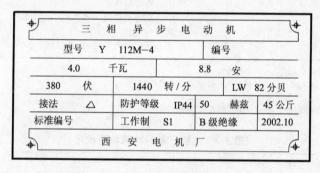

三 相 异 步 电 动 机				
型号 Y 112M—4			编号	
4.0　千瓦			8.8　安	
380　伏	1440　转/分			LW 82 分贝
接法 △	防护等级 IP44	50　赫兹		45 公斤
标准编号	工作制 S1	B 级绝缘		2002.10
西 安 电 机 厂				

图 5-1　三相异步电动机名牌实例

一、三相异步电动机名牌

1. 型号

电机产品型号是为了便于各部门设计制造、选型安装和简化技术文件对产品名称、规格、型式的叙述等,而引入的一种代号,国家标准(JB2288—78)规定,我国电机产品型号由汉语拼音字母、国际通用符号和阿拉伯数字等几部分组成。其产品型号组成及排列顺序如下:

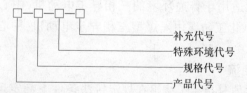

补充代号
特殊环境代号
规格代号
产品代号

其中部分产品代号及代号的含义在表 5-1 中列出。而规格代号用中心高、铁芯外径、机座号、机座长度代号、功率、转速或极数等来表示,中小型电机产品代号表示形式见表 5-2。特殊环境代号规定见表 5-3,如同时适用于一个以上的特殊环境时,则按表 5-3 的特殊环境代号的顺序排列,对于无特殊环境代号者表明该型号电机只适用于普通环境。补充代号仅适用于有此要求的电机,一般采用汉语拼音字母(不与表 5-3 中的特殊环境代号重复)或阿拉伯数字表示,所代表的内容在产品标准中均有具体规定。

表 5-1　异步电动机部分产品名称代号

产　品　名　称	产 品 代 号	代 号 含 义
三相异步电动机	Y	异
绕线式三相异步电动机	YR	异 绕
隔爆型三相异步电动机	YB	异 爆
起重冶金用三相异步电动机	YZ	异 重
起重冶金用绕线式三相异步电动机	YZR	异重绕
高起动转矩三相异步电动机	YQ	异 起
多速三相异步电动机	YD	异 多

表 5-2　中小型电动机规格代号表示法

系 列 产 品	规 格 代 号
中小型异步电动机	中心高—机座长—铁芯长—极数
中小型同步电动机	中心高—机座长—铁芯长—极数
中小型水轮发电机	功率—极数/定子铁芯外径
小型直流电机	中心高—机座长
中型直流电机	中心高或机座号—铁芯长—电流等级
测功机	功率—转速
分马力电动机	中心高或机壳外径/机座号铁芯长、电压、转速

注:①中心高、定子铁芯外径、机壳外径的单位均为 mm;
　　②机座常用国际通用符号表示:S—短机座、M—中机座、L—长机座;
　　③铁芯长、电流等级依次用数字代号 1、2、3……………表示;
　　④功率用 kW 表示,转速用数字表示(例如:"3"表示 3000r/min)。

表 5-3　电机产品的特殊环境代号

序　号	特 殊 环 境	代　　　　　号
1	"高"原用	G
2	"船"(海)用	H
3	户"外"用	W
4	化工防"腐"用	F
5	"热"带用	T
6	"湿热"带用	TH
7	"干热"带用	TA

例如 Y112M-4,表示适用于普通环境的三相异步电动机,中心高 112mm,中机座,4 极;YB132S1-4WF,表示户外、化工防腐用隔爆型三相异步电动机,中心高 132mm,短机座,1# 铁芯长度,4 极。

2. 额定电压和额定电流

在铭牌上标定的电压值是指定子绕组在规定接法条件下额定运行时应加的电源线电压,称作额定电压(V_N)。如图 5-1 中"接法 Δ"、"380V"则表示定子绕组三角形(D)联接,应加额定电压 380V。

额定电流(I_N)是指电动机在额定电压下满载运行时的定子绕组线电流。如图 5-1 中的"8.8A",即表示电动机定子绕组为三角形联接和加额定电压 380V 情况下,满载运行时的额定电流为 8.8A, 定子绕组的相电流为 $8.8/\sqrt{3}=5A$。

3. 功率和转速

在铭牌上所标定的功率是指电动机在额定运行条件下轴上输出的机械功率。该功率称为额定功率, 它与输入的电功率不同, 其差值等于电动机本身的损耗功率(包括铜损、铁损及机械损耗等)。

4. 绝缘等级

绝缘等级是按电动机所用绝缘材料的允许极限温度划分的, 有 Y、A、E、B、F、H、C 等几个等级, 各级的允许极限温度见表 5-4。所谓允许极限温度是指电机绝缘材料的允许最高工作温度, 它反应绝缘材料的耐热性能。

表 5-4　绝缘材料的绝缘等级和允许极限温度

绝缘等极	Y	A	E	B	F	H	C
允许极限温度(℃)	90	105	120-	130	155	180	>180
材料举例	未处理过有机材料、纸、棉纱等	浸渍处理过有机材料、纸、棉等	聚脂薄模、三醋酸纤维薄腊	云母带、云母纸、玻璃漆布	云母、石棉、玻璃纤维、环氧树脂粘合剂	云母、石棉、玻璃纤维、硅有机树脂粘合剂	天然云母、玻璃陶瓷、聚四氟乙烯

5. 工作制

工作制又称为工作方式, 按规定分为"连续"(代号为 S1), "短时"(代号为 S2)和"断续"(代号为 S3)。"连续"工作制表示该电动机按铭牌上规定的额定运行条件, 可以长时间连续运转而不会使温升超过允许值。"短时"工作制表示该电动机按铭牌上规定的额定运行条件, 只能按所规定的标准持续时间运转。标准持续时间分为 10、30、60 和 90min 等 4 个级别。当负载机械所要求的实际工作时间 t_ω 与标准持续时间 t_s 不同时, 应先将 t_ω 下的功率 P_ω 换算到 t_s 下的功率 P_s, 再根据 t_s 和 P_s 选取短时工作制电动机的额定功率。当 t_ω 与 t_s 相差不太大时, 可按下式近似换算:

$$P_s \approx P_\omega \frac{t_\omega}{t_s} \tag{5-1}$$

而"断续"工作制又称重复短时工作制, 是一种周期性工作制, 每个工作周期包括一个额定运转时间和一个停歇时间。标准的工作周期时间为 10min, 额定运转时间与工作周期时间之比称为负载持续率, 用百分数表示。标准负荷持续规定有 15%、25%、40% 和 60% 等 4 种。当负载机械所要求的负载持续率 ε_x 与标准负载持续率 ε_x 不同时, 应先将实际负载功率 P_x 换算成与标准负载持续率 ε_s 相对应的等效负载功率 P_s, 然后再根据 ε_s 和 P_s 选用相应的断续工作制电动机的额定功率。其换算公式为:

$$P_s = P_X \sqrt{\frac{\varepsilon_x}{\varepsilon_s}} \tag{5-2}$$

选用电机动除满足额定功率外, 还应校验起动转矩和最大转矩, 以满足生产机械的要求。

例题 5-1　某起重机的负载图如图 5-2 所示, 要求采用绕线式异步电动机, 转速为 700r/min, 试选用合适的电动机。

解: 由图 5-2 起重机负载图可求得负载持续率为

$$\varepsilon_x = \frac{120}{120 + 300} \times 100\% = 28.6\%$$

负载功率 $P_x = 20\text{kW}$，则由式(5-2)，换算成为标准负载持续率 $\varepsilon_s = 25\%$ 相对应的等效负载功率为

$$P_s = P_x \sqrt{\frac{\varepsilon_x}{\varepsilon_s}} = 20 \times \sqrt{\frac{28.6\%}{25\%}} = 21.4\text{kW}$$

由此可选用 YZR225M-8 型绕线式起重用三相异步电动机，其额定数据为 $\varepsilon_s = 25\%$ 时，$P_N = 26\text{kW}$，$n_N = 708\text{r/min}$。$I_N = 55\text{A}$。P_N 稍大于 P_s，n_N 略大于 700r/min，故可满足生产机械要求。

6.防护等级

铭牌上所标注的"防护等级"是指电机外壳防护型式的分级，图 5-1 中防护等级为 IP44，其中 IP 为电机外壳防护标志，表示国际防护（International Protection 的缩写）；第一位"4"代表能防护大于是 1mm 固体的电机；第二位"4"代表能防水淋电机。详见《电机和外壳防护分级》(GB4942,1-85)的有关规定。

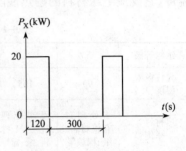

图 5-2 起重机负载图

二、三相异步电动机的主要技术数据

在使用和选用电动机时，除了要了解其铭牌数据外，还应进一步了解一些主要技术数据，三相异步电动机的主要技术数据可从产品目录或《实用中小电机手册》上查到，主要包括以下几项内容：

1.效率和功率因数

所谓效率 η_N 是指电动机满载运行时，轴上输出的额定功率 P_N 与输入的电功率 P_{IN} 的比值，即

$$\eta_N = P_N / P_{IN} \tag{5-3}$$

电动机的输入电功率

$$P_{IN} = \sqrt{3} V_N I_N \cos\varphi \tag{5-4}$$

式中　V_N——电动机的额定电压，V；

　　　I_N——电动机的额定电流，A；

　　　$\cos\varphi$——满载运行时定子绕组的功率因数。

三相异步电动机的功率因数，在额定运行时为 $0.7\sim0.9$，而在轻载或空载时却很低，约为 $0.2\sim0.3$。由此可见，必须正确地选用电动机容量，应尽量使电动机始终满载运行，防止"大马拉小车"，使电动机长期地处于轻载或空载状态下运行，应实现电动机始终在较高的功率因数下运行。

例题 5-2　如图 5-1 所示 Y112M-4 型三相异步电动机铭牌，如已知 $\cos\varphi = 0.82$，求该电动机的效率。

解：由式(5-4)求得输入功率 $P_{IN} = \sqrt{3} \times 380 \times 8.8 \times 0.82 = 4.75\text{kW}$

额定功率（轴上输出的机械功率）$P_N = 4\text{kW}$

则效率 $\eta_N = P_N / P_{IN} = 4/4.75 = 84.2\%$

一般鼠笼式三相异步电动机的额定运行时的效率约为 $75\sim92\%$。

2. 堵转电流、堵转转矩和最大转矩

电动机的定子回路在施加额定电压的瞬时,转子还未转动起来,即 $n=0,s=1$ 时,此时的定子绕组线电流称为堵转电流或起动电流 I_{st},在堵转状态下轴上的输出转矩称为堵转转矩或起动转矩 T_{st}。

在刚起动时,由于旋转磁场即刻建立起来,而转子仍处于静止状态,所以旋转磁场对静止转子有最大的相对转速,磁力线切割导体的速度最快,这时转子绕组中将产生很大的感应电势和感应电流。和变压器的工作原理相似,转子绕组电流增大,必然使定子绕组电流也随之增大。一般中小型鼠笼式三相异步电动机的定子堵转电流为其额定电流的 4~7 倍,也称作起动电流倍数。取 Y112M-4 型异步电动的起动电流倍数为 7,其 $I_N=8.8A$,所以这台电动机的堵转电流为:

$$I_{st} = 7 I_N = 7 \times 8.8 = 61.6A$$

我们知道,异步电动机的电磁转矩 T 除了与每极磁通 ϕ 和转子电流 I_2 有关外,还受转子功率因数 $\cos\varphi_2$ 的影响,即

$$T = K_M \phi I_2 \cos\phi_2 \tag{5-5}$$

由此可见,在刚起动时,虽然转子电流很大,但转子的功率因数 $\cos\phi_2$ 却很低,所以由式(5-5)可知,堵转转矩 T_{st} 并不大,它与额定转矩 T_N 之比约为 1.0~2.2,该比值 K_{st} 称作电动机的起动能力。

$$K_{st} = T_{st}/T_N = 1.4 \sim 2.2 \tag{5-6}$$

所谓额定转矩,是指在额定电压下,电动机以额定负载运行时的转矩,常用 T_N 表示。它可从电动机铭牌上标定的额定功率 P_N 和额定转速 n_N,按下式求出:

$$T_N = 9550 P_N/n_N \tag{5-7}$$

式中　P_N——额定功率(轴上输出的机械功率),kW;

　　　n_N——额定转速,r/min;

　　　T_N——电动机的额定转矩,N·m。

异步电动机从起动到稳定运行的过程中,其轴上输出转矩有一个最大值,称为最大转矩或临界转矩 T_m。将最大转矩 T_m 与额定转矩 T_N 的比值 λ_m 称作过载能力,即

$$\lambda_M = T_m/T_N = 2.0 \sim 2.2 \tag{5-8}$$

例题 5-3 已知异步电动机 Y160M1-2 型的部分技术数据为:$P_N=11kW$,频率 $f=50Hz$,额定电压 $V_N=380V$,转速 $n_N=2930r/min$,效率 $\eta_N=87.2\%$,功率因数 $\cos\varphi_N=0.88$,$K_{st}=2.0$,$\lambda_M=2.2$,$I_{st}/I_N=7$,

(1)三相电源线电压为 380V 时,电动机的定子绕组应如何联接?

(2)此电动机的额定转差率为多大?

(3)求此电动机的额定电流,堵转转矩和最大转矩。

解:(1)三相电源电压与电动机的额定电压 V_N 相同,又因为该电动机的额定功率为 11kW,按规定 Y 系列三相异步电动机的额定功率大于是 4kW 时,其定子绕组接法应为三角形联接。

(2)电源频率 $f=50Hz$,额定转速 $n_N=2930r/min$,从而可判断同步转速 $n_0=3000r/min$,则额定转差率为:

$$s_N = (n_0 - n_N)/n_0 = (3000 - 2930)/3000 = 2.33\%。$$

(3)由式(5-3)可求得电动机的输入电功率为:

$$P_{IN} = P_N / \eta_N = 11/87.2\% = 12.61kW$$

由式(5-4)求得额定电流

$$I_N = \frac{1000 P_{IN}}{\sqrt{3} V_N \cos\varphi_N} = \frac{1000 \times 12.61}{\sqrt{3} \times 380 \times 0.88} \approx 22A$$

故堵转电流为

$$I_{st} = 7 I_N = 7 \times 22 = 154A$$

按式(5-7)求得额定转矩:

$$T_N = 9550 \frac{P_{IN}}{n_N} = 9550 \times \frac{11}{2930} = 35.85N \cdot m$$

则堵转转矩为:

$$T_{st} = K_{st} T_N = 2.0 \times 35.85 = 71.7N \cdot m$$

最大转矩为:

$$T_{st} = \lambda_M T_N = 2.2 \times 35.85 = 78.87N \cdot m$$

在异步电动机的实际选择和使用中,常用由试验得来 $n = f(T)$ 机械特性曲线,即用机械特性曲线来描述电动机的运行特性,如图5-3所示。结合上述所介绍的堵转转矩和最大转矩的定义可知,在机械特性曲线上 $n = 0(s = 1)$ 所对应的转矩为堵转转矩 T_{st}。设电动机轴上加有恒定机械负载转矩 T_c,当 $T_{st} > T_c$ 时,才能起动起来。从机械特性曲线上可见,在 $n = 0 \sim n_m$ 区间内,电磁转矩 $T > T_c$,所以电动机处于加速过程。

当 $n = n_m$ 时,电磁转矩 T 达到最大值,即对应的最大转矩(或称作临界转矩)T_m,最大转矩 T_m 所对应的转速 n_m 称为临界转速,相应的转差率为临界转差率 s_m。当 $n > n_m$ 后,T 将随转速的升高而减小,直到 $T = T_c + T_f$(T_f 为风阻和轴摩擦等阻转矩)时,电动机便开始稳定运行,如机械特性曲线上的 P 点,所对应的转速为 n_p。如果机械负载转矩 T_c 大小为电动机的额定转矩 T_N,则相应的转速为额定转速 n_N。

在 $n = n_m \sim n_0$ 区间内机械特性曲线近似于直线,在该区间内,电动机能自动适应机械负载转矩的变化,所以叫做稳定运行段。在稳定运行段内,即使负载转矩变化较大,转速也变化得很小,把这种机械特性称为硬特性。而在 $n = 0 \sim n_m$ 区间内,则为非稳定运行段。

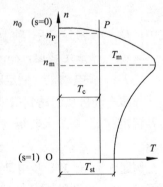

图5-3 异步电动机的机械特性曲线

第二节 异步电动机安装前的检查及干燥处理

一、电动机的一般检查

对于容量在40kW及以上电动机应进行解体抽芯检查,即将电机转子从定子内抽出进行检查。其检查主要内容如下：

1)检查定子槽楔有无断裂,定子绕组绝缘是否符合标准要求；

2)检查转子铁芯、轴颈、滑环、电刷等是否清洁,有无伤痕和锈蚀现象。绕线式转子绕组的绝缘是否符合绝缘标准,绑线是否牢靠,应无松弛现象。鼠笼式转子导条和短路端环有无断裂,是否连接良好等；

3)冷却风扇应紧固、无裂痕,与风扇壳罩应无撞击等；

4)对于同步电机和直流电机,还应检查磁极磁轭是否固定良好,励磁绕组在磁极上应不松动。

同时,用压力小于2个大气压的清洁、干燥和无油渍的压缩空气将电机内、外吹干净,再用干净砂布擦拭一遍。

在进行电机解体抽芯检查之前,还需做转动检查、轴承检查和气隙检查等。所谓转动检查就是在电动机转子尚未与所驱动的工作机械连接时,用手转动转子进行检查。用手可轻松自如地转动转子,应无卡阻现象,不应有机械摩擦碰击声和其他异常声响。

轴承检查就是将轴承内的润滑油先用煤油或其他清洁剂冲洗干净,轴承滚珠(柱)表面应光滑,无裂纹和锈蚀斑点。轴承内套不应在轴上滑动松脱,轴承外套应均匀地压住滚动轴承的外圈上,应无歪扭现象。轴承外套与滚动轴承应有不大于0.1mm的间隙。如果发现轴承锈蚀,磨损严重,则应采用专用拆卸轴承的工具进行更换。安装轴承多采用"热套法",即将轴承浸入80~90℃的变压器油内30min,再将轴承的钢印牌号朝外进行热套。轴承安装完毕,再用变压器油清洗干净后,在轴承内加入内空间约2/3的润滑油即可。

气隙检查即用塞尺检测电机定、转子间的气隙是否符合规定要求,定转子间上、下、左、右的气隙不均匀度 δ_{xd} 是否在允许范围之内。凸极电机应在各磁极下测定,隐极电机则为"四点"测定,即在电机定、转子一侧或两侧各测量四次,每次测量后转过90°再进行下次测量。对直流电机磁场极下的气隙不均匀度 δ_{xd} 的要求是,当气隙 $\delta < 3mm$ 时, $\delta_{xd} \leqslant 20\%$; $\delta \geqslant 30\%$ 时, $\delta \leqslant 10\%$ 。交流电机的气隙不均匀度则不能超过表5-5的规定值。

表5-5　异步电动机气隙不均匀度 δ_{xd} 的最大允许值

气隙公称值(mm)	不均匀度(%)	气隙公称值(mm)	不均匀度(%)
0.25	25.5	0.70	18.5
0.30	24.5	0.75	18.0
0.35	23.5	0.80	17.5
0.40	23.0	0.85	17.0
0.45	22.0	0.90	16.0
0.50	21.5	0.95	15.5
0.55	20.5	1.00	15.0
0.60	19.7	>1	10.0
0.65	19.0		

气隙不均匀度定义为

$$\delta_{xd} = \frac{\delta_{max} - \delta_{min}}{\delta_{pj}} \times 100\% \tag{5-9}$$

式中　δ_{max}——测量四点气隙中的最大值,mm；

δ_{min}——测量四点气隙中的最小值,mm；

δ_{pj}——测量四点气隙的平均值,mm。设四点所测气隙大小分别为 δ_1、δ_2、δ_3 和 δ_4 ,则

$\delta_{pj} = (\delta_1 + \delta_2 + \delta_3 + \delta_4)/4$

如果所测量的气隙不均匀度超过不均匀度最大允许值,则应在解体抽芯检查后的回装过程中加以调整。如所安装的电动机功率不超过 40kW,可不用抽出转子检查,而只需做一般检查即可,其主要检查内容为:

1)检查电动机外壳有无损伤,防锈漆是否有脱落之处,如防锈漆脱落应及时补漆;

2)风扇壳罩、风扇叶片是否完好,有无摩擦碰撞;转子的转动是否灵活自如,轴向窜动是否超过规定范围;

3)检查电动机的型号、功率、电压等是否与设计图纸相符;

4)测量电动机的绝缘电阻应大于或等于规范要求的最低电阻值。

二、电动机的干燥处理

电动机长期存放而不通电运行,很易受潮而使绝缘强度降低,因此,在安装电动机之前,应选用合适的兆欧表测量电动机的各相绕组之间以及各相绕组与机壳之间的绝缘电阻。

在实际测量中,应根据被测电机的额定电压和绝缘电阻的大致范围选用兆欧表。一般 1000V 以下电机,选用 500~1000V,量程为 0~250MΩ 的兆欧表,常温下所测得的绝缘电阻值均应在 0.5MΩ 以上为合格;而 1000V 及以上的电动机,其定子绕组选用 2500V,量程为 0~2500MΩ 的兆欧表测量绝缘电阻,在运行温度时所测得的绝缘电阻应不低于是 1MΩ/kV,转子绕组则选用 500~1000V,量程为 0~250MΩ 的兆欧表测量,转子绕组的绝缘电阻应不低于 0.5MΩ/kV。如果所测得的绝缘电阻低于上述数值时,应对电动机进行干燥处理。

电动机的干燥处理方法很多,下面介绍其中两种常用干燥处理方法。

1.铁损法

所谓铁损法,就是利用在电机定子铁芯或机壳上临时缠绕线圈,并通以交流电流,在铁芯机壳内产生交变磁通,并感生出涡流,从而使铁芯机壳温度升高,达到电机干燥的目的。对于小型电机,可把转子从定子内抽出,在定子上缠绕数匝线圈;对于大中型电机,可直接在机壳上缠绕数匝线圈进行干燥处理,如图 5-4 所示。

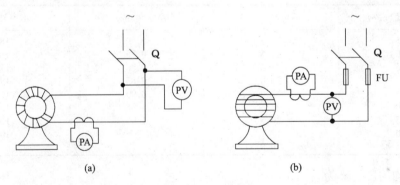

图 5-4　电机铁损法干燥处理线路图

(a)抽出转子　　(b)带转子

铁损干燥线圈匝数可按下式计算

$$W = \frac{45V}{SB} \times 10^{-5}(匝) \tag{5-10}$$

式中　W——铁损干燥线圈匝数,匝;

V——交流电源电压,一般可用220V或380V电压;

B——磁通密度,T(特斯拉)。一般可取 B=0.7~0.9T;

S——定子铁芯的有效截面积,m^2。$S=kL_1h_1$,其中 k 为铁芯填充系数,取 $k=0.9$ ~0.95;L_1 为定子的有效铁芯长度,m;h_1 为定子的有效铁芯厚度,m。

铁损干燥线圈中通过的励磁电流可按下式计算:

$$I=\frac{\pi D_1 A_w}{W} \tag{5-11}$$

式中 I_1——铁损线圈电流,A;

D——定子铁芯的平均直径,m;

A_w——电机铁损干燥时,铁芯单位长度所需安匝数,见表5-6。

表 5-6 电机干燥时 A_w 的选择范围

B(T)	0.5	0.6	0.7	0.8	0.9
A_W(安匝/m)	70~85	100~120	130~145	170~200	215~280

例题 5-4 一台 Y280M-4 型异步电动机,$P_N=90kW$,$n_N=1480r/min$,$\eta_N=93.9\%$,$\cos\varphi$=0.89。现要进行铁损干燥处理,试计算铁损线圈匝数,并选择合适的导线。

解: 由《实用中小电机手册》中查得 Y280M-4 型三相异步电动机的定子铁芯长度 325mm,定子外径 445mm,内径 300mm。如取铁芯填充系数 $k=0.9$,则定子铁芯的有效截面积为:

$$S=kL_1h_1=0.9\times0.325\times\frac{0.445-0.3}{2}=0.0212m^2$$

铁损干燥电源电压取 380V,铁芯磁通密度取 B=0.7T,由式(5-10)求得所需线圈匝数为:

$$W=\frac{45V}{SB}\times10^{-5}=\frac{45\times380}{0.0212\times0.7}\times10^{-5}=11.5 \text{ 匝}$$

取 $W=12$ 匝

当取 B=0.7T 时,由表5-6查得 $A_w=145$ 安匝/m,则由式(5-11)求得线圈通过的励磁电流为:

$$I=\frac{\pi D_1 A_w}{W}=\frac{314\times\frac{0.445+0.30}{2}\times145}{12}=14.13A$$

一般可采用 BX 或 BV 型导线,并按允许载流量的 60~70% 来选用导线截面。故选用 BV-500型,截面 2.5mm²,允许载流量为 29A,即 29×60%=17.4A,符合要求。

2.铜损法

铜损法是直接将交流电流或直流电流通入电机绕组,通过电机绕组本身发热达到电机干燥的目的。铜损法包括交流干燥法和直流干燥法两种。

1)交流干燥法。对于鼠笼式三相异步电动机,可在电动机定子绕组中通入较低的三相交流电流。例如,3~6kV 电动机可接入 380V 三相电源,使电动机空载缓慢旋转;也可将电动机堵转,即使电动机处于短路运行状态,但应使定子电流不超过(50~70)%的额定电流。每隔 2h 应暂时切断电源,并将转子旋转 180°,以防其轴长时间受热不均匀而弯曲。这样,干燥一段时间后再松开转子,使其空载缓慢旋转,以散热除潮。然后再将电动机堵转,如此反复干燥处理,使电机满足绝缘强度的要求。

对于绕线式异步电动机,应通过电刷将转子三相绕组的三端短接后,再采用上述方法对电机进行干燥处理。

2)直流干燥法。在电动机绕组中通入直流电流,这种方法适用于带有轴承和通风孔较大的交流电动机的干燥处理。可将是电动机的定子(绕线式电动机还应包括转子)三相绕组串联或并联后,再通入直流电,但应注意不应使电流超过其额定电流。

对于严重受潮的电动机不宜采用直流干燥法,因为直流电对于严重受潮的绕组有一定的电解作用。

第三节　电动机的机体安装

中小型电动机一般与工作机械配套整体安装,用螺栓安装在金属底板或导轨上,也有些电动机直接安装在混凝土基础上,用预埋的底脚螺栓固定电动机,其就位、找平、连接传动轮等工作均在混凝土基础上进行。

1.混凝土基础

钢筋混凝土基础的平面尺寸一般按金属底板或电动机的机座尺寸外加100mm左右,基础深度可按底脚螺栓长度的1.5~2倍选取,但应大于当地土壤的冻土层厚度。在易受振动的地方,基础还应做成锯齿状,以增加抗振性能。

2.底脚螺栓的埋设

应先将底脚螺栓的埋设端加工成弯钩状。在制作基础时,按金属底板或电动机的机座安装孔尺寸,在基础上预留埋设度脚螺栓的孔洞,孔洞应较底脚螺栓弯钩适当加大一些。待基础凝固拆模后,再将底脚螺栓按金属底板或电动机的机座安装孔尺寸安放在基础孔眼内,并用1:1水泥砂浆埋设。待彻底凝固后,即可安装机组或电动机。

3.机组或电动机的安装

用起重机械或人工将机组的金属底板或电动机在基础上安装就位,并用水准仪或水平尺进行纵向、横向水平校正,用0.5~5mm厚的钢垫片找平。然后再用水泥砂浆二次浇铸,将安装面缝隙填实,抹平基础平面,同时用底脚螺栓将底板及电动机紧固。

4.电动机传动装置的调整

在电动机与被驱动的生产机械通过传动装置连接之前,必须对传动装置进行精细的调整,才能保证电动机和被驱动生产机械的安全运行。常用的传动装置有皮带传动装置、联轴器传动装置和齿轮传动装置等三种,其调整方法分别介绍如下:

1)皮带传动装置的调整。在进行皮带传动装置调整时,应使电动机的皮带轮轴与被驱动机械的皮带轮轴相平行,其二者轮面中心线应在同一条直线上。在调整时,先在两轮面上用色笔画出中心圆周线,如图5-5所示的皮带轮中心园周线1、2和3、4,然后用一条细线绳校验。如果两轮面中心圆周线均与绳线重合,则表明两皮带轮轴平行,否则应进行调整,直到轴面中心园周线与绳线完全重合时为止。

2)联轴器传动装置的调整。联轴器俗称"靠背轮",当电动机与被驱动机械采用联轴器联接时,必须使两轴的轴线在同一条直线上,以保证电动机和被传动机械平稳安全运行。否则,将会产生很大振动和噪声,甚至会使传动装置及设备损坏。

在调整联轴器传动装置时,常用的方法是先在联轴器的主动轴轮上装设找中心卡子,如图5-6所示,并在主动轮和被动轮之间穿1~2个联轴螺栓(不用拧紧),以使两轮能同时转动,有相对固定的位置。然后将被动轮按园周划分为 4 等份,用色笔画上记号,用千分表或塞尺在轮面上的 4 个测试位置分别进行径向和轴向测量,两轮面园周间的安装高差,即径向测试点的间隙 a 一般在 1～2mm 以内为宜。两轮端面间的间隙,即轴向测试点的间隙 b 应与相应的径向测试点的间隙 a 基本相同,否则应作适当调整。

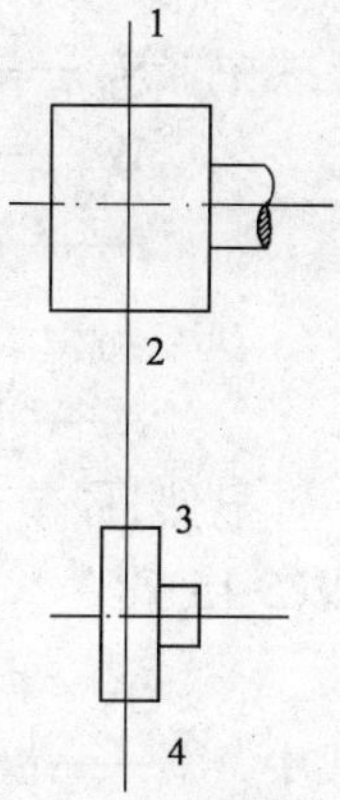

测试出各点间隙尺寸后,可用下式分别计算两轮上、下,左、右径向园周间隙偏差 a_{13} 和 a_{24},即

$$a_{ij} = \left[\sum_{k=1}^{4}(a_{ik} - a_{jk})\right]/4 \tag{5-12}$$

用下式分别计算两轮上、下、左、右轴向端面间隙偏差 b_{13} 和 b_{24},即

$$b_{ij} = \left[\sum_{k=1}^{4}(b_{ik} - b_{jk})\right]/4 \tag{5-13}$$

以上两式中 i——为联轴器轮的上方"1"、左方"2"测试位置点;

$\quad\quad\quad\quad j$——为联轴器轮的下方"3",右方"4"测试位置点;

$\quad\quad\quad\quad k$——某一测试位置点的间隙测量次数,$k = 1、2、3、4$,表示对于某一测试位置点的轮面径向间隙或两轮端面间隙要分别测量 4 次,每次均转过 90°。

图 5-5　皮带轮轴平行的调整校验

所计算联轴器两轮径向园周间隙偏差和轴向端面间隙偏差不应超过表 5-7 所规定的允许偏差值,如果超过应加以适当调整。例如左右偏差过大,可轻轻调整电动机座位置;上下偏差过大时,则可用垫铁片慢慢调整。当间隙偏差满足要求后,将联轴器上的全部联轴螺栓穿好并拧紧,把电动机及被驱动的生产机械的固定螺栓再紧固一遍。然后再重新用上述方法测试一次,经检查校验合格后即可交付使用。

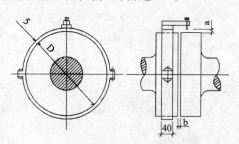

图 5-6　在联轴器主动轮上装设找中心线卡子示意图

表 5-7　联轴器两轮径向园周、轴向端面的间隙允许偏差值

轴 的 转 速 （r/min）	固 定 式 （mm）	非 固 定 式 （mm）
3000	≤0.04	≤0.06
＜1500	≤0.06	≤0.08
＜750	≤0.08	≤0.10
＜500	≤0.10	≤0.15

3）齿轮传动装置的调整

当电动机通过齿轮与被驱动的生产机械联接时,对于渐开线直齿园柱齿轮来说,与皮带传动装置的调整相似,也必须使主、从两齿轮轴相互平行,并按公差要求保证微量的齿侧间隙(即齿间距略大于齿厚)。两齿轮间的齿侧间隙的大小可通过塞尺进行检查,当各齿侧间隙适当,均匀时,则说明两齿轮轴已平行。通常还可用颜色印迹法来检查主、从齿轮是否啮合良好,其轮齿的接触部分一般应不小于齿厚的 2/3。

所谓齿轮的齿厚,见图 5-7,是指以直径为 d_0 的分度园弧所截取的齿厚,齿厚与齿距二者相等,可用下式表示:

$$S_0 = W_0 = t/2 \tag{5-14}$$

$$t = \pi d_0 / z \qquad (5\text{-}15)$$

上式中　S_0——齿轮的齿厚,mm;

　　　　W_0——齿轮的齿距,mm;

　　　　t——分度园上的周节,mm;

　　　　d_0——分度园直径,mm;

　　　　z——齿轮的齿数。

显然,周节 t 反应了齿轮的大小。由
式(5-15)得

$$m = t / \pi = d_o / z \qquad (5\text{-}16)$$

式中　m——齿轮模数,反应齿轮的大小。

则由式(5-16)可知,分度园直径与模数
的关系为 $d_0 = m_z$。如果所安装的主、从两

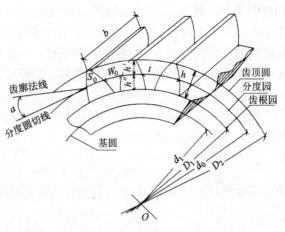

图 5-7　渐开线直齿园柱齿轮各部分名称、符号

齿轮分度园相切,即一齿轮的齿厚塞满另一齿轮的齿距,其两齿轮轴中心距为:

$$L = (d_{01} + d_{02}) / 2 = m(z_1 + z_2) / 2 \qquad (5\text{-}17)$$

式中　L——两齿轮轴中心距,mm;

　　　　d_{01}、d_{02}——分别为主、从齿轮的分度园直径,mm;

　　　　z_1、z_2——分别为主、从齿轮的齿数。

显而易见,为了避免由于温度升高等原因而发生轮齿卡滞现象,如上所述,在安装调整齿
轮传动装置时,应保证有合适的微量齿侧间隙。

对于模数 m 相等、压力角 α 相同的渐开线齿轮的传动比为:

$$i_{12} = \frac{\omega_1}{\omega_2} = \frac{d_{02}}{d_{01}} = \frac{z_2}{z_1} \qquad (5\text{-}18)$$

式中　i_{12}——齿轮传动比;

　　　　ω_1、ω_2——分别为主、从齿轮的角速度,rad/s。

渐开线齿轮的正确啮合条件是齿轮分度园上的模数及压力角都分别相等,这也是在安装
调整齿轮传动装置时进行互换齿轮的必要条件。

第四节　电动机的电气安装及试验

电动机的电气部分安装主要是定子三相绕组与电源的连接和机壳的保护接地等。三相异
步电动机定子绕组的接线有星形联接(Y)和三角形联接(D)两种接方法。在电动机接入电源
之前,应按照规范要求进行必要的交接试验,以保证电动机能安全投入运行。

一、绕组直流电阻的测量

打开电动机接线盒,先用万用表检查三相绕组是否短路,与盒内接线柱连接是否可靠。必
要时可用直流电桥法或伏安法来测量绕组的直流电阻,其目的是检查三相绕组的直流电阻是
否平衡,与原始测量数据或同类型电动机的数据是否相符,以判断电机是否存在匝间短路、接
头接触不良等故障。

1. 直流电桥法

与测量电力变压器绕组直流电阻的方法和要求相同,对于电机绕组电阻在 $10\Omega \sim 10^6\Omega$ 中值电阻范围内,可选用单臂电桥;对于绕组电阻小于是 10Ω 的低值电阻,必须选用双臂电桥,因为双臂电桥能够较好排除连接导线电阻及其与接线柱接触电阻的影响,从而提高了测试精度,如图 2-10,图 2-11 所示。此外还可以使用 YY2512 直流低阻分选仪和 ZS-51 型数字毫欧表测量。如前所述,在使用直流电桥时必须注意以下事项:1)在不测量时应通过锁扣旋钮将检流计 G 锁住,测量时再松开检流计。若检流计指针不在零位,应调节到零位;2)估计被测绕组电阻的大小,选择适当的桥臂比率。在选择桥臂比率时,应使比较臂可调电阻的各档能被充分利用,以提高测试结果的准确度;3)测量时应先按下电桥的电源按钮 k_4(或转换开关 S),待电桥中的电流稳定后,再按检流计按钮 G;4)适当调节桥臂比率旋钮和比较臂的各档旋钮,直到使检流计指针指零后,再读取电阻值;5)测量完毕先松开检流计 G 的按钮,再松开电桥电源按钮 K_4(或转换开关 S),然后拆线,以避免检流计受到电流冲击;6)对于双臂电桥,连接导线应有 4 根,其中从电位接点 3、4 引出的连接线应比电流接点 $3'$、$4'$ 所引出的连接线更靠近被测电阻,并且导线接头应接触良好,连接导引截面应适当选大一些。

2. 伏安法

所谓伏安法就是用直流电流表测量每相绕组所通过的直流电流,用直流电压表测量被测绕组两端的直流电压,然后根据欧姆定律 $R = V/I$,计算绕组的直流电阻值。用伏安法测量电阻值时应注意以下问题:1)测量电源应采用蓄电池或其他电压较稳定的直流电源;2)为了保护电压表,应在接通电源之后再接入电压表,在断开电源之前先将电压表测量棒(笔)离开测量端,并应注意同时读取电压表和电流表的读数;3)为了减小电表的内阻对测量精确度的影响,在测量具有较低直流电阻的绕组时应按图 5-8(a)接线,其绕组直流电阻大小为:

$$r_{WL} = V\big/\left(I - \frac{V}{r_v}\right) \tag{5-19}$$

式中　r_{WL}——绕组直流电阻,Ω;

　　　r_v——电压表内阻,Ω。

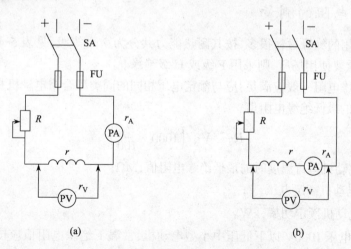

图 5-8　用伏安法测量绕组直流电阻接线图

(a)低电阻绕组测量线路　　　(b)高电阻绕组测量线路

在测量具有较高直流电阻的绕组时应按图 5-8(b)接线,其绕组直流电阻大小为:

$$r_{WH} = (V - Ir_A)/I \tag{5-20}$$

式中　r_{WH}——绕组直流电阻,Ω;

　　　r_A——电流表内阻。

绕组直流电阻的高、低界限,应根据实际选用仪表的内阻大小和绕组直流电阻的大小来确定,并采用使测量误差最小的接线方式;4)测量时的电流不应超过绕组额定电流的 20%,并应尽可能快地读取试验数据,以免因电机绕组发热而影响测量准确度;5)每一相绕组应在不同的电流数值下测量三次,取其算术平均值作为绕组直流电阻值,最后将所测得各相绕组直流电阻的相间差值和线间差值,分别与原始出厂数据相比较。《电气装置安装工程施工及验收规范》(GB50150—91)中规定,1000kV 以上或者 100kW 以上的电动机各相间直流电阻差值不应超过其最小值的 2%,线间直流电阻差值不应超过其最小值的 1%。

值得注意的是,绕组直流电阻的大小是随温度变化的,在测量绕组直流电阻时,要同时测量绕组的温度,以便换算,其换算公式为:

$$\frac{R_2}{R_1} = \frac{k + t_2}{k + t_1} \tag{5-21}$$

式中　R_1——绕组在温度 t_1℃时的电阻,Ω;

　　　R_2——绕组在 t_2℃时的电阻,Ω;

　　　k——为常数,铜导体 $k = 235$,铝导体 $k = 228$。

在测量电机绕组温度时,应将温度计球部紧贴在电机机壳表面,最好插入吊攀的螺孔之内,使其有良好的热传导,并在测量点以及温度计球部还应采用棉花、石棉、油灰等绝缘材料覆盖,以免受到外界热气流或热辐射的影响,减少温度测量的误差。另外,在有交变磁场存在的部位不能使用水银温度计,因为水银温度计在交变磁场中会产生涡流,使温度计本身发热而影响测量准确度,所以应采用酒精温度计。

二、绕组绝缘电阻的测量

制造电机所用的绝缘材料很多,按其耐热能力共分为 7 个等级,见表 5-4,但多采用 B 级和 E 级绝缘,在重要使用场所,则采用 F 级或 H 级绝缘。

电动机的绝缘电阻一般应满足:应与额定电压相同的同类型合格电动机相比较,或用下式计算电机应达到的最低绝缘电阻值:

$$R_T \geq V_N / \left(1000 + \frac{P_N}{100}\right) \tag{5-22}$$

式中　R_T——电动机运行温度时的最低绝缘电阻值,$M\Omega$;

　　　V_N——电动机额定电压,V;

　　　P_N——电动机额定功率,kW。

但对于额定电压 1000V 以下低压中小型电动机,常温下绝缘电阻值应按 0.5MΩ 以上计取。另外温度变化对电机绝缘电阻的影响,应按下式将绕组温度 t℃时测得的绝缘电阻 R_t 换算到运行温度 T'℃时(或称热态时)的电阻值,即

$$R'_T = e^{\left[\ln R_t - \frac{T'-t}{10}\ln 2\right]} \tag{5-23}$$

对于热塑性绝缘的运行温度为75℃，B级热固性绝缘的运行温度为100℃，所以要求换算到75℃或100℃时的绝缘电阻 R'_T 应不低于 R_T。对于1000V及以上大中型电机，还可利用吸收比来判断电动机的受潮程度，要求吸收比 $\alpha = R_{60}/R_{15} \geqslant 1.2$。吸收比概念在第二章第一节"三"中已作介绍，如图2-9所示。因为任何绝缘材料在施加一定直流电压时，都有极微弱的电流流过，此电流由充电电流、吸收电流和泄漏电流等三部分组成。其中充电电流和吸收电流随时间而迅速衰减，尤其是充电电流衰减最快，在15s内可衰减为零；而泄露电流的大小和吸收电流的衰减速度则与绝缘材料的干燥、洁净程度和耐压性能等因素有关。当绝缘材料干燥、清洁干净和耐压性能良好时，泄漏电流就很小，吸收电流衰减较慢，需几十秒到数分钟才达到稳定。由此可见，所测得的绝缘电阻值将随测量时间的增加而增大。当绝缘材料受潮或损坏时，泄漏电流较大，吸收电流的影响作用减小。因此，对于某种绝缘材料来说，不论是否受潮，用兆欧表测量其15s时的绝缘电阻 R_{15} 约为一常数，而60s时的绝缘电阻 R_{60} 随绝缘材料受潮程度的增加而明显降低。如果吸收比 $\alpha \geqslant 1.2$，即可认为电动机内部没有受潮和损坏，如果 $\alpha < 1.2$，则应进行干燥绝缘处理。

为了减化计算，也可按表5-8给出的换算系数 ζ，将所测得的电动机定子绕组绝缘电阻值换算到运行温度时的绝缘电阻。按上述所介绍的方法将绝缘电阻换算后，再与电动机绕组的绝缘电阻满足条件(或与电动机出厂原始数据或同类型电机)相比较，应无显著下降。

例题5-2 某台三相异步电动机，为热塑性绝缘材料。在定子绕组温度为10℃时，用兆欧表测得绝缘电阻为100MΩ，试计算运行温度时的绝缘电阻值。

解：对于热塑性绝缘材料，其运行温度取 $T = 75℃$，则由式(5-23)得：

$$R'_T = e^{\left[\ln R_t - \frac{T'-t}{10}\ln 2\right]} = e^{\left[\ln 100 - \frac{75-10}{10} \times \ln 2\right]} = 1.1 \text{M}\Omega$$

也可按表达式5-8给出的温度换算系数计算运行温度时的绝缘电阻值。对于热塑性绝缘材料，当 $t = 10℃$ 时，温度换算系数 $\zeta = 90.5$，则换算到 $T = 75℃$ 时的绝缘电阻为：

$$R'_T = R_t/\zeta = 100/90.5 = 1.1 \text{M}\Omega$$

表5-8　电动机定子绕组绝缘换算到运行温度 $T℃$ 时的绝缘电阻换算系数

定子绕组测试温度(℃)		5	10	20	30	40	50	60	70
换算系数 ζ	热塑性绝缘	128	90.5	45.3	22.6	11.3	5.7	2.8	1.4
	B级热固性绝缘	87	68.7	43	26.8	16.8	10.5	6.6	4.1

三、三相绕组首末端的确定

如图5-9所示，电动机定子组出线端在接线盒内按规定要求布置后，当三角形接法时，只需用连接片将 U_1 与 W_2、V_1 与 U_2、W_1 与 V_2 分别上下连接起来，并作为电源接线端；而星形接法时，则只需用连接片将下面三个出线端 W_2、U_2、V_2 连接起来作为中性点，上面三个出线端 U_1、V_1、W_1 作为电源接线端(也可用连接片将上面三个出线端连接起来作为中性点，而下面三个出线端作为电源接线端)。但在接线之前，应注意严格校验绕组的极性，即检查校验三相绕组的首末端。否则，如果首末端接错，会使电动机的感应电动势和阻抗发生严重不平衡，而引起电动机三相电流不平衡，会出现噪声、振动和过热现象，甚至会引起电动机烧毁事故。

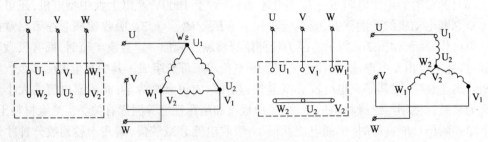

图 5-9 三相异步电动机定子绕组接线方法
(a)三角形接线   (b)星形接线

在测试时先用万用表确定出哪两个线端属于同一相绕组,然后将其中任意两相绕组串联,用蓄电池 E 通过开关 QA 与另两出线端连接,剩下的一相绕组出线端与毫伏表或毫安表连接,如图 5-10 所示。由于三相定子绕组各相在空间位置上互差 120°电角度,所以如果两相绕组为首末端连接时,见图 5-10(a),则与毫伏表相连接的绕组正好匝链其合成磁通,在 QA 闭合或断开瞬时,将出现毫伏表指针摆动辐度较大的现象;如果两相绕组为首端与首端(或末端与末端)连接时,见图 5-10(b),则与毫伏表相连接的绕组基本上不匝链其合成磁通,在 QA 闭合或断开瞬时,将出现毫伏表指针不摆动或摆动辐度很小的现象。这样就可以确定出串联的两相绕组的首末对应端,然后用同样的方法接线,再确定出第三相绕组的首末对应端。

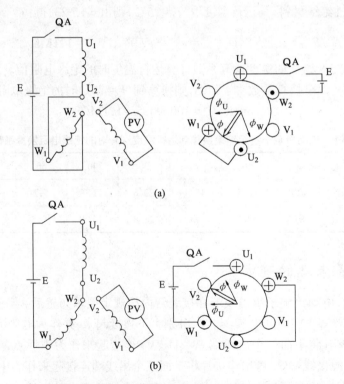

图 5-10 三相异步电动机绕组首末端判定试验线路图
(a)两相绕组的首末端连接   (b)两相绕组的首、首端(或末、末端)连接

四、电机交流耐压试验

电动机交流耐压试验与电力变压器的交流耐压试验方法基本相同,其目的是进一步检查电动机的绝缘性能,其定子绕组的交流耐压标准见表 5-9。绕线式异步电动机转子绕组的交流耐压值,对于转子工况为不可逆运行者,其试验电压标准为 $1.5(2V_{2N} + 0.5)$kV,但不应低于 1kV;对于转子工况为可逆运行者,其试验电压标准为 $1.5(2V_{2N} + 0.5)$kV,但不应低于 2kV。V_{2N} 为在定子绕组施加额定电压时,转子绕组开路所测得的转子电压,称为转子额定电压或转子开路电压。同步电动机转子绕组的交流耐压试验标准为其额定励磁电压的 7.5 倍,且不低于 1.2kV,但不得高于出厂试验电压值的 75%。

表 5-9 电动机定子绕组交流耐压试验标准

额定电压 V_N(kV)	0.45	0.5	2	3	6	10
试验电压(kV)	1	1.5	4	5	10	16

试验时需将各相绕组分别对机壳及地进行耐压试验。对于大中型电动机,还需采用球隙过电压保护装置,并在被试验绕组端并接入电压互感器和电压表,以监视试验电压的大小,其试验方法及试验线路可参考三相电力变压器工频交流耐压线路,见图 2-25。

五、电动机短路试验

电动机短路试验的目的是进一步检查电动机的绝缘是否存在缺陷,其试验线路及其等效线路如图 5-11 所示。

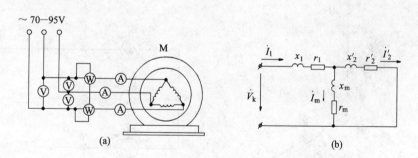

图 5-11 交流异步电动机短路试验线路

所谓异步电动机短路,是指等值电路中串联的附加电阻(即模拟机械功率的等效电阻) $(1-s)r'_2/s$ 的状态,其等值电路如图 5-11(b)所示。在电动机堵转($n = 0, s = 1$)情况下进行试验,故也称之为堵转试验。为了使堵转时的短路电流不致于过大,应在降低电源电压的条件下进行。一般应从额定电压 V_N 的 0.4 倍开始(但短路电流不得超过其额定电流 I_N 的 1.2 倍),从 $1.2I_N \sim 0.2I_N$ 之间均匀测取 5~7 点,每次记录端电压、短路电流和短路功率值,并测量定子绕组的直流电阻,试验线路见图 5-11(a)。

由图 5-11(b)电动机短路试验等效线路可见,由于 $Z'_z \ll Z_m$,故可认为 励磁支路开路,$\dot{I}_m$ 励磁电流,铁耗 P_{Fe}、机械损耗 P_Ω 和输出功率 P_2 均为零,全部输入功率 P_k 均转变成定子、转子铜耗,即

$$P_K = 3(I_1^2 r_1 + I_2'^2 r_2') \approx 3I_k^2(r_1 + r_2) = 3I_k^2 r_k \qquad (5\text{-}24)$$

式中　　P_k——电机短路损耗,即定子、转子短路铜耗,W;

　　　　I_k——短路电流,$I_1 \approx I'2 = I_k$,A;

　　　　r_k——短路电阻,$r_k = r_1 + r'_2$,Ω。

电机短路阻抗为:

$$Z_k = V_k / \sqrt{3}\, I_k \qquad (5\text{-}25)$$

则电机短路电抗为:

$$x_k = \sqrt{Z_k^2 - r_k^2} \qquad (5\text{-}26)$$

式中　　x_k——电机短路电抗,$x_k = x_1 + x'_2$,Ω。

　　对于大中型交流异步电动机,可以近似认为 $x_1 \approx x'_2$;100kV 以下电动机,极对数为 1、2、3 者取 $x'_2 = 0.97x_K$;极对数 4、5 者取 $x'_2 = 0.57x_K$。

六、电源相序的测定

　　我们知道,旋转磁场的旋转方向由通入定子绕组电流的相序决定,是从电流相序在前的绕组转向电流相序在后的绕组。所以,一些要求单向运转的设备,电动机只能向要求的转向转动,必须先对接入电动机的电源相序进行严格测定,以保证设备的安全运行。

　　三相电源相序的测定可用图 5-12 所示的相序指示器进行测定,可由一个电容器 C 和两个白炽灯泡连接成星形电路。设白炽灯泡电阻为 R,且使 $R = 1/\omega C$ 并接入三相交流电源,如图 5-13 所示。

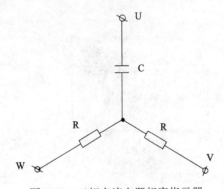
图 5-12　三相交流电源相序指示器

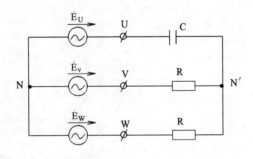
图 5-13　用相序指示器测试电源相序接线图

按节点电压法,则有

$$\dot{V}_{NN'} = \frac{\dot{E}_U j\omega C + \dot{E}_V \dfrac{1}{R} + \dot{E}_W \dfrac{1}{R}}{j\omega C + \dfrac{1}{R} + \dfrac{1}{R}}$$

$$= \frac{j\dot{E}\angle 0° + E\angle -120° + E\angle -240°}{j + 2} = (-0.2 + j0.6)E$$

V 相白炽灯泡端电压为:

$$\dot{V}_{VN'} = \dot{V}_{VN} - \dot{V}_{NN'} = E\angle -120° - (-0.2 + j0.6)E$$

$$= (-0.3 - j1.466)E$$

其有效值大小为: $V_{VN'} = 1.496E$

W 相白炽灯泡端电压为:

$$\dot{V}_{WN'} = \dot{V}_{WN} - \dot{V}_{NN'} = E\angle -120° - (-0.2 + j0.6)E$$
$$= (-0.3 - j0.266)E$$

其有效值大小为: $V_{VN'} = 0.401E$

由此可见,接通电源后,如图 5-13 所示,若设电容器 C 所接的那一相为 U 相,则白炽灯泡较亮的那一相为 V 相,而较暗的那一相为 W 相。

此外,绕线式电动机转子还需要做转子开路耐压试验;对大中型电动机,还应进行电动机空载试验和轴承绝缘检查等。

在完成上述电动机安装试调和接线的基础上,还应检查电机外壳接地或接零是否符合要求。一般电动机的电源线保护管采用水煤气管暗敷,且引出基础 200mm 以上,并将接地线与电动机的接地螺钉及焊接钢管连接起来。若有多台电动机外壳接地时,每台电机必须单独设接地线(支线),然后将这些接地支线分别与接地干线或等电位接地母线相连接,不能把几个接地支线相互串联后,再用一根接地线与接地干线或接地体相连接。接地线截面应按相线允许载流量确定,即接地干线的允许载流量应不小于供电网中最大的相线载流量的 1/2,接地支线的允许载流量应不小于该设备相线载流量的 1/3。但钢导线截面不大于 $100mm^2$,铝导线截面不大于 $35mm^2$,铜导线截面不大于 $25mm^2$。

然后,经检查三相电源电压正常后,即可通电试验。电动机在空载情况下运行时间宜为 2h,并且要监视电动机有无磨擦声或其他不正常声音,有无局部过热或焦臭气味,记录电动机空载电流,检查线路电流是否超过规定值等等。经过 2h 空载运转和数次起动,如未发现异常现象,即可投入正常运行、交付使用,电动机控制本章从略,可参阅本书第 4 章电梯安装调试和《建筑电气控制技术》课程的有关内容。

练习思考题 5

1. 我国交流电源工频为 50Hz,若异步电动机旋转磁场的极对数 P 分别为 1、2、3、4、5、6、8,其同步转速各为多少? 如果电动机的额定转速为 730r/min,该电动机的极数和转差率各是多少?

2. 把异步电动机三根电源线中的任意两根对调,是否可以改变其旋转磁场的转向,为什么? 如果将三根电源线依次调换,即 U 换 V、V 换 W、W 换 U,对旋转磁场的转向有无影响?

3. 在运行试验中,如用转速表测得两台鼠笼式三相异步电动机的转速分别为 975r/min 和 1450r/min,试问它们分别是几极电机,其同步转速各是多少?

4. 型号为 Y180L-6 三相异步电动机,其铭牌数据:50Hz、15kW、220/380V、54/31.3A、970r/min。又知其满载功率因数为 0.81,电源线电压为 380V,问:

(1)电动机定子绕组应采取何种接法?

(2)电动机满载运行时的输入电功率、效率和转差率各是多少?

(3)电动机的额定转矩是多少?

5. 已知一台 Y100L-2 型电动机的数据: $P_N = 3kW$, $n_N = 2870r/min$, $V_N = 220/380V$,

$I_N = 11/6.3A$, $\eta = 83\%$, $cos\varphi_N = 0.87$, $I_{st}/I_N = 7$, $T_{st}/T_N = 1.8$, $T_m/T_N = 2.2$。

(1)当三相电源线电压为 380V 或 220V 时,这台电动机的定子绕组应分别作何种连接?各种情况下电动机的额定功率和额定转速分别为多少?

(2)两种运行条件下,它的起动电流、起动转矩和最大转矩分别为多少?

(3)如果电源线电压为 220V,而把定子绕组接成星形,其起动电流和起动转矩应变为多大?

6.电动机安装检查的主要内容和要求是什么?

7.电动机常进行哪些交接调试内容?

8.某 Y315M2-6 型电动机需采用铁损法进行干燥处理,已知定子铁芯长度 400mm,定子铁芯外径 520mm,内径 375mm,如激磁绕组为 20 匝,试计算所需电源电压 V 和绕组内通过的电流值。

9.直径为 15cm 的球极,如果试验时空气中含水量为 12g/m³,大气压力为 0.99992 × 10⁵Pa,温度为 25℃,球极间隙为 3mm,求其放电电压值。

10.对电动机的金属机壳接地一般有何要求?

第六章　避雷装置的安装

雷电是一种自然现象,有时它会给人类带来极大的危害,例如雷击造成人畜死亡、火灾、房屋倒塌等。尤其是天空中带电的雷云在临近大地时,往往会对地面上的高大建筑物、树木或输配电线路等直接放电,并在放电时产生很高的雷击电压,而引起设备的绝缘击穿损坏。因此,加强防雷工作,对建筑物和电气设备采取必要的防雷措施,对保护国家财产和人们的生命安全是十分重要的。

那么雷电是如何形成的呢? 一般在天气闷热潮湿的时候,热湿气流上升,在高空中如遇到寒冷气流,将冷却而凝结成小水珠在天空飘浮。当水珠增大到一定程度后便下落,即形成所谓的"雨"。在水珠下落过程中,又碰到继续升腾的潮湿热气流时,与上升气流发生碰撞摩擦而形成带电荷水滴。由于水珠被吹散成大小不一的水珠,其中较大的水珠带正电荷继续下落,而较小的水珠则带负电荷上升。这样,就会使云层中的负电荷越聚越多,云层之间便会形成很强的电场。当电场强度达到一定程度时,便会出现云层与云层之间或云层与大地之间的击穿放电现象,并发出强烈的电弧和响声,这就是所谓的"闪电"和"雷声"。

第一节　雷击的类型及建筑防雷等级的划分

在进行防雷设计和安装施工时,应首先弄清雷击的类型,根据建筑物的重要程度、使用性质、发生雷击事故的可能性及其可能产生的后果,以及建筑物周围环境的实际情况,按有关建筑防雷的设计规范来确定建筑物的防雷等级。

一、雷击的类型

云层之间的放电现象,虽然有很大声响和闪电,但对地面上的万物危害并不大,只有云层对地面的放电现象或极强的电场感应作用才会产生破坏作用,其雷击的破坏作用可归纳以下三个方面:

1. 直接雷击

当雷云离地面较近时,由于静电感应作用,使离云层较近的地面上凸出物(如树木、山头、各类建筑物和构筑物等)感应出异种电荷,故在云层强电场作用下形成尖端放电现象,即发生云层直接对地面物体放电。因雷云上聚集的电荷量极大,在放电瞬时的冲击电压与放电电流均很大,可达几百万伏和 200kA 以上的数量极。所以往往会引起火灾、房屋倒塌和人身伤亡事故,灾害比较严重。

2. 感应雷害

当建筑物上空有聚集电荷量很大的云层时,由于极强的电场感应作用,将会在建筑物上感应出与雷云所带负电荷性质相反的正电荷。这样,在雷云之间放电或带电云层飘离后,虽然带电云层与建筑物之间的电场已经消失,但这时屋顶上的电荷还不能立即疏散掉,致使屋顶对地面还会有相当高的电位。所以,往往会造成对室内的金属管道、大型金属设备和电线等放电,引起火灾、电气线路短路和人身伤亡等事故。

3. 高电位引入

当架空线路上某处受到雷击或与被雷击设备连接时,便会将高电位通过输电线路而引入室内,或者雷云在线路的附近对建筑物等放电而感应产生高电位引入室内,均会造成室内用电设备或控制设备承受严重过电压而损坏,或引起火灾和人身伤害事故。

通过以上对雷电形成的原因和危害,以及雷击或雷害产生途径的分析,必须对建筑物和电气设备采取有效的防雷措施,以保护国家和人民的生命财产安全,将经济损失减少到最低程度。例如住宅楼处于建筑群体的边缘或高于其周围的建筑,并且高度超过20m(或超过6层)时,应考虑设置避雷装置,一般平顶屋面多采用避雷带防雷,屋顶上易受雷击的凸出部分(有高位水箱间、电梯机房、电视共用天线或其他金属结构等,应考虑装设避雷针,以预防直接雷击和感应雷害的伤害。而对于高压架空线路和电缆线路,则应在电源进户处及开关柜内考虑装设避雷器,以防止高电位引入或线路发生谐振而产生的高电位。

二、建筑物防雷等级的划分

对建筑物或构筑物采取相应的防雷措施,减少雷击的伤害是十分必要的。但并不是要求对所有建筑物或构筑物都采取相同的防雷措施,而是要根据实际情况分析发生雷击的可能性,以及建筑物、构筑物本身的重要程度和功能加以区别。从防雷要求上,根据《建筑物防雷设计规范》(GB50057—94)规定,一般把建筑物划分为三类:

Ⅰ类防雷建筑。当遭受雷击伤害后,可能会造成重大政治影响、经济损失和人身伤亡事故的场所。例如:①国家级的会堂、办公大楼、大型博物馆、展览馆、特等火车站、国际性航空港、通讯枢纽、国宾馆、大型旅游建筑等;②属于国家一级重点文物保护的建筑和构筑物,如故宫、秦始皇兵马俑博物馆、大雁塔等;③超高层建筑,如40层及以上的住宅建筑及一般工业建筑等。还有在建筑物内存放易燃易爆物品(如炸药、可燃性气体)或经常产生蒸气和尘埃的场所等。这些建筑都应属于Ⅰ类防雷建筑。Ⅰ类防雷建筑主要预防直接雷击和感应雷害,所安装的避雷带(网)的网孔应不大于5×5m或6×4m,即保证屋面上任何一点距避雷带(网)都不超过5m。突出屋面的建筑物或设备,应沿其顶部装设避雷针。所有避雷针可用避雷带相互连接,避雷针和避雷带(网)的引下线应不少于2根,且引下线间距离不超过12m。每根接地引下线的接地电阻不应超过10Ω。

Ⅱ类防雷建筑。当遭受雷击伤害后,可能会造成较大的政治影响、经济损失和人身伤亡事故的场所。例如:①省、部级办公大楼、省级大型会场、博物馆、展览馆、体育馆、车站、港口、广播电视台、电报电话大楼、大型商场超市、影剧院等重要的或人员密集的大型建筑;②省级重点文物保护建筑;③19层及以上的住宅建筑和高度超过50m的民用和工业建筑等都属于Ⅱ类防雷建筑。Ⅱ类防雷建筑主要预防直接雷击和感应雷害,一般采取在建筑物易遭受雷击的部位设置避雷带(网)兼作为接闪器,避雷带网孔不大于10×10m或12×8m,并保证屋面上任何一点相距避雷带不超过10m。在屋面上的突击部分可沿其外轮廓装设环状避雷带。避雷带的引下线也不应少于2根,且引下线间距不超过18m,每根接地引下线的接地电阻也不应超过10Ω。

Ⅲ类防雷建筑。凡不属于Ⅰ、Ⅱ类防雷建筑物者,均属于第Ⅲ类防雷建筑。这类建筑的年计算雷击次数为1%及以上。例如高度不超过50m的教学楼、普通旅馆、办公楼、科研楼、省级以下邮政大楼、电信大楼以及10～18层的普通住宅楼等,或高度超过15m的烟囱、水塔等孤立的构筑物;在建筑群中高于其他建筑物的建筑;处于边缘地带,高度在 20m 以上的民用及一般工业建筑物等均属于Ⅲ类防雷建筑。

对于Ⅲ类防雷建筑也应预防直接雷击和感应雷害,一般应在建筑的重点部位和建筑易受雷击的部位装设避雷带或避雷针。采用避雷带保护时,避雷带网孔不大于 20×20m 或 24×16m,屋面上任何一点距避雷带应不大于 10m;采用避雷针保护时,两针间距不宜大于 30m。避雷带或避雷针的引下线应不少于 2 根,且引下线间距最大不超过 25m。而对于周长不超过 25m,高度不超过 40m 的建筑物和高度不超过 40m 的烟囱等,其防雷引下线可用 1 根,接地电阻不应超过 30Ω。

为了防止雷电流沿低压架空线路侵入各类建筑物内,应在架空进户线装置处或进户杆上将绝缘子铁脚和进入建筑物的进户线保护管等均与接地装置可靠连接。

此外,自建筑物 30m 以上应装设"均压环",可利用 −30×4 扁钢沿建筑物外墙敷设或利用建筑物圈梁内钢筋体作为均压环,环间垂直距离不大于 6m,并把所有的均压环、建筑物 30m 以上的金属栏杆、金属门窗等金属构件连接到接地引下线上。为了节省材料费用,也可利用建筑物柱内钢筋体作为接地引下线,但应注意钢筋相互可靠焊接,并将焊点涂以防腐漆,使之形成良好的电气通路。另外,如利用圈梁内、柱内主筋敷设均压环和接地引下线时,均不得少于 2 根主筋。为了便于检测接地电阻和检查引下线,需要在各引下线距室外地坪 1.8m 以内设置断接卡子。对于暗敷引下线,一般在距室外地坪 0.5m 处,从作为接地引下线的柱内主筋中引出接地电阻测试端,常用 $\phi12$ 圆钢或钢板作为接地电阻测试端。

第二节　建筑物的防雷措施

建筑物防直接雷击和感应雷害的主要措施是采用避雷带和避雷针装置。

一、用避雷网防雷

避雷网装置主要是根据古典电学中的法拉第笼原理制成的。如前所述,对于建筑物可能遭受的直接雷击和感应雷害,常采用避雷带装置防雷,避雷带装置由避雷带(或称避雷网)、均压环、引下线和接地极(网)等组成。避雷带分沿折板敷设和沿屋面混凝土块敷设两种。如沿坡屋顶的屋脊、屋角、檐角、屋檐和沿平顶屋面四周的女儿墙等易受雷击部位敷设,就属于沿折板敷设避雷带。应选用 $\phi6$ 或 $\phi8$ 圆钢弯制避雷带支架,沿避雷带敷设路径,按间隔 1m 埋设,且高出安装面 150~200mm。选用 $\phi10$~$\phi12$ 镀锌圆钢或 −25×4 镀锌扁钢作为避雷带,经调直后焊接在预埋支架上,并将焊点涂以防腐漆。

而沿屋面混凝土块敷设则应根据建筑物的防雷等级标准来确定网孔大小。即先在屋面上划出避雷带网孔线,然后按间隔 1m 沿所划网孔线埋设混凝土块。混凝土块应埋设牢固,并在混凝土块中央安放扁钢或圆钢预埋件,预埋件应高出屋面 10~20mm 左右。同样,选用 $\phi10$~$\phi12$ 镀锌圆钢或 −25×4 镀锌扁钢作为避雷带,经调直后焊接在混凝土块的预埋件上,再将焊点涂以防腐漆。如屋面平时无人行走,避雷带多为明敷设;如屋面作为观景平台、直升飞机起落场地或其他休闲场时,平时有人在屋面上活动,在屋面上需要抹混凝土砂浆地坪或进行铺设地板砖处理。这样就需将避雷带暗敷,埋设深度以 3~5cm 为宜。这样屋面上的避雷带就敷设完成了,再按前述要求与接地引下线焊接连接。其安装敷设示意图如图 6-1 所示。

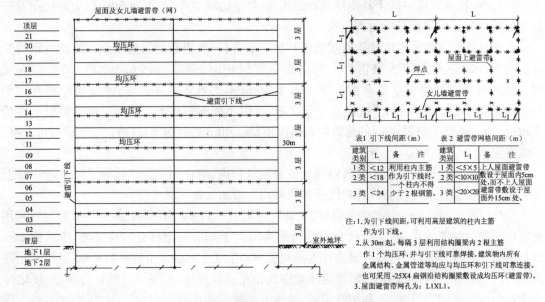

图6-1 避雷带装置敷设安装示意图

表1 引下线间距（m）			表2 避雷带网格间距（m）		
建筑类别	L	备注	建筑类别	L_1	备注
1类	<12	利用柱内主筋作为引下线时，一个柱内不得少于2根钢筋。	1类	<5×5	上人屋面避雷带敷设于屋面内5cm处，而不上人屋面避雷带敷设于屋面外15cm处。
2类	<18		2类	<10×10	
3类	<24		3类	<20×20	

注：1.为引下线间距，可利用高层建筑的柱内主筋作为引下线。
2.从30m起，每隔3层利用结构圈梁内2根主筋作1个均压环，并与引下线可靠焊接。建筑物内所有金属结构、金属管道等均应与均压环和引下线可靠连接。也可采用-25X4扁钢沿结构圈梁敷设成均压环（避雷带）。
3.屋面避雷带网孔为：L1XL1。

二、用避雷针防雷

1. 避雷针的结构及作用

避雷针起引雷作用，因为避雷针安装在建筑物的顶部，即在最高点安放一个接地装置，所以在雷云笼罩下，它的尖端部形成强大电场。根据尖端放电原理，它很容易将雷电流引向其尖端而泄入大地，从而避免雷云向被保护建筑物放电。

避雷针由三部分组成：其中顶部是耸立高空，接受雷电用的接闪器，一般用镀锌钢管或镀锌圆钢制成，长约2m，截面积不小于是$100mm^2$，钢管壁厚不小于3mm，并且上端部打尖。高度在20m以内的独立避雷针常用水泥杆架设，20m以上用钢结构支架架设。中部是引下线，是引导雷电流泄入大地的通道，常采作镀锌园钢或扁钢作引下线。园钢的直径不小于8mm，扁钢面积不小于$12×4mm^2$，并需将地面以上2m加以机械保护。下部为接地极，为了将雷电流迅速疏散到大地，可用镀锌管SC50或镀锌角钢L50×50×5，长度均为2.5m，按间隔5m，埋深0.6m以上垂直埋设。接地极之间再用镀锌扁钢－40×4(或－30×4)焊接成接地网，且应满足接地电阻的有关规定标准。对于通讯系统，建筑自动消防系统，以及计算机房等弱电系统的接地装置，常采用铜板或镀锌钢板作为接地极，并与防雷装置、供配电系统的接地装置等相互隔离。

2. 避雷针保护范围的计算

对于计算避雷针的保护范围，各国计算方法不完全相同。①折线法：单支避雷针的保护范围为一折线园锥体；②曲线法：单支避雷针的保护范

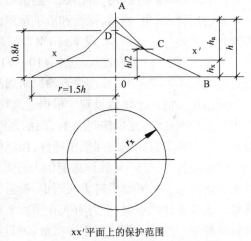

xx'平面上的保护范围

图6-2 单支避雷针的保护范围

围为一曲线园锥体,也称作滚球法。这种方法是假设滚球半径为 h_r,当其滚过防雷建筑物时,凡是球体能接触到建筑物的各个部分,均会遭受雷击,而球体不能接触到建筑物的各个部分,则不会遭受雷击,即已由建筑物其他部分给予了保护。③直线法:单支避雷针的保护范围按针顶端的俯角大小来确定,如对有爆炸危险物的建筑按 45°俯角确定,一般建筑则按 60°俯角来确定。折线法具有简便实用的特点,我国建筑防雷设计常采用折线法确定避雷针的保护范围。

在避雷针 $h/2$ 以上采用 45°俯角来确定保护范围。$h/2$ 以下则按 45°俯角直线与 $h/2$ 水平线交点到地坪 $r=1.5h$ 处引一直线,则得折线园锥体保护范围。

1)单支避雷针的保护范围

如图 6-2 所示,按规范规定,以避雷针为园心,在地面上的保护半径为:

$$r = 1.5h \qquad (6-1)$$

避雷针在 h_x 高度的 xx′平面的保护半径 r_x 按下式计算:

当 $h_x \geqslant h/2$ 时 $\qquad\qquad r_x = h_a = h - h_x \qquad (6-2)$

当 $h_x < h/2$ 时,如图 6-2 所示,延长 BC 到 D,DO≈0.8h,由相似三角形的性质推得:

$$r_x = 1.5h - 2h_x \qquad (6-3)$$

式中 h——避雷针的总高度,m;

h_x、r_x——分别为受避雷针保护的建筑物高度和避雷针保护半径,m;

h_a——避雷针的有效高度($h_a = h - h_x$),m。

当避雷针总高度在 30m 以下时,可按上述各式计算;而避雷针总高度在 30~120m 范围时,应对式(6-2)、式(6-3)加以修正,即将求得的避雷针保护半径结果乘以高度影响系数 P。高度影响系数为:

$$P = 5.5/\sqrt{h} \qquad (6-4)$$

例题 6-1 如图 6-3 所示,要在楼顶架设一支避雷针,使 A_1、A_2、B、C、D_1、D_2 等各点均在保护范围之内。已知 $h_1 = 32m$。$h_2 = 28m$、$h_3 = 24.5m$、$h_4 = 17.5m$、$r_1 = 4m$、$r_2 = 8m$、$r_3 = 10m$、$r_4 = 20m$。求 h。

解:需要分别计算 A_1、A_2、B、C、D_1、D_2 等各点所需避雷针的架设高度,然后取其中最大值即为避雷针的设计高度。

先计算 D_1、D_2 点所需要避雷针的架设高度:已知 $h_1 = 32m$,估计 $h_1 > h/2$,且 $h > 30m$,这样就需要考虑高度影响系数 P,由式(6-2)、(6-4)得:

$r_1 = (h - h_1)P = (h - h_1)5.5/\sqrt{h}$

把 r_1、h_1 的值代入上式,经整理得:

$30.25h^2 - 1952h + 30976 = 0$

解方程得:$h' = 36.4$,$h'' = 28.13$,显然 h'' 不合题意,故取 $h = h' = 36.4m$。

用同样方法求得 A_1、A_2、B、C 各

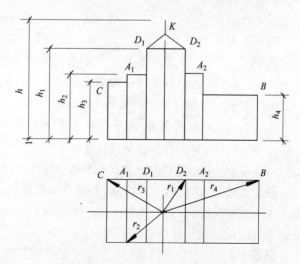

图 6-3 题 6-1 大楼上架设单支避雷针示意图

点所需避雷针的架设高度分别为：36.9m，38.4m，35.4m。经比较，最后确定所需避雷针高度为 $h=38.4$m。

2）双支等高避雷针的保护范围

当要求保护范围较大时，如设置单支避雷针保护，其架设高度往往较高，而采用两支或多支避雷针时，由于它们之间具有良好的屏蔽作用，所以采用两支较低的避雷针就能获得比较高的单支避雷针更好的保护效果，而且施工也相应简便。双支等高避雷针的保护范围如图 6-4 所示。

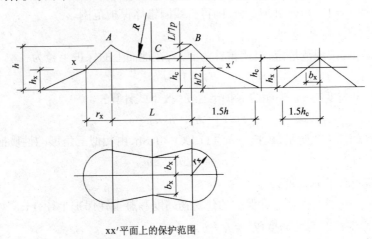

xx'平面上的保护范围

图 6-4　双支等高避雷针的保护范围

两根避雷针外侧的保护范围图仍按单支避雷针确定。两避雷针之间的保护范围则应通过其顶点 A、B 及其最低保护高度 C 点的园弧确定，园弧的半径为 R。最大保护高度 h_x 为：

当 $h \leqslant 30$ 时，　　　　　　　　　　$h_c = h - L/7$　　　　　　　　　　(6-5)

当 $h > 30$ 时，　　　　　　　　　　　　$h_c = h - L/7P$　　　　　　　　　(6-6)

两根避雷针间被保护建筑物的高度为 h_x，在高度 h_x 的 XX' 平面上中心线两侧的水平最小保护宽度 b_x 为：

当 $h \geqslant 30$ 时，　　　　　　　　　　$b_x = 1.5(h_c - h_x)$　　　　　　　　(6-7)

当 $h > 30$ 时，　　　　　　　　　　　　$b_x = 1.5(h_c - h_x)P$　　　　　　　(6-8)

以上式中　　h_c——两针保护范围中间的最大保护高度，m；

　　　　　　　L——两针间的水平距离，m；

　　　　　　　h_x——被保护建筑物的高度，m；

　　　　　　　b_x——在高度 h_x 的平面中，两针连接线中间处的两侧保护宽度，m；

　　　　　　　h——避雷针的总架设高度，m；

　　　　　　　P——避雷针的高度影响系数，$P = 5.5/\sqrt{h}$

使用上述公式时，若 $L < 2.5h$，按设计规范允许近似计算，即取 $b_x = r_x$。另外，对于保护第Ⅰ类防雷建筑时，针间距离与针高之比应小于 4，即 $L/h < 4$，其他一般防雷建筑，则要求两支避雷针间的距离与针高之比 $L/h \leqslant 5$。

例题 6-2　如图 6-5 所示，某山村建设一幢带有坡顶的二层教学楼，长 60m、宽 15m、高 9.5m、屋檐高 7m，如采用双支避雷针保护，且装在楼顶屋脊上，试计算避雷针的总架设高度及其最大保护高度值。

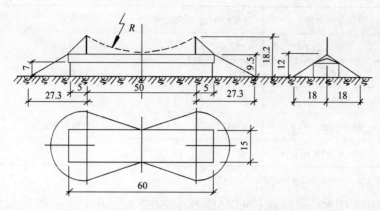

图 6-5 双支避雷针的保护、架设示意图

解:假设避雷针装在屋脊线两端,$L = 60m$,屋檐到屋脊的水平保护宽度 $b_x = 7.5m$,屋檐高度 $h_x = 7m$,估计 $h < 30m$,则由式(6-5)、(6-7)求得:

$$h_c = h_x + b_x/1.5 = 7 + 7.5/1.5 = 12m$$

$$h = h_c + L/7 = 12 + 60/7 = 20.6m$$

在屋脊线两端需要安装的避雷针高度 $\Delta h = h - 9.5 = 20.6 - 9.5 = 11.1m$。如果将两支避雷针分别向楼顶屋脊线内移 5m,则 $L = 50m$,由式(6-5)求得 $h = 18.2m$,避雷针在屋脊线上的安装高度为 $\Delta h = 8.7m$,经校验仍满足保护要求。由此可见,适当改变避雷针的安装位置,也可以降低避雷针的高度。

由于用折线法(或称保护角法)忽略了雷击距离对避雷针保护范围的影响,所以存在着一定的误差,常采用适当增加避雷针的架设高度或增加避雷针的支数的方法加以解决。而采用滚球法计算避雷针的保护范围,可较好地解决存在的这一问题,但计算方法较为复杂,因此在实际工程设计中多采用折线法计算避雷针的保护范围。另外,通过上述例题计算还发现,在建筑物上架设这种普通避雷针安装过高,消耗钢材量增加,使工程投资加大,另外也不够美观。目前研制生产的一种防雷效果更好、更安全美观的半导体少长针消雷装置,在高层建筑和建筑群体的防雷保安系统中得到日益广泛的应用。

3. 半导体少长针消雷装置

半导体少长针消雷装置是在避雷针的基础上发展起来的新技术,主要由导体针组、半导体材料和接地装置组成。导体针长为 5m,针的顶部有 4 根金属分叉尖端,适合安装于高度 $h \geqslant 40m$ 的建筑物和构筑物上,其外形如图 6-6 所示。利用其半导体少长针的独特结构,在雷云电场下发生强烈的电晕放电,即对布满在空中的空间电荷产生良好的屏蔽效应,并中和雷云电荷。同时利用半导体材料的非线性来改变雷电发展过程,延长雷电放电时间,以减小雷电流的峰值和陡度,从而达到有效保护建筑物及其内部各种强弱电设备的目的。当消雷装置安装高度 $h > 60m$ 时,还需要增加水平消雷针,半导体少长针消雷装置系列产品及其适用范围见表 6-1。

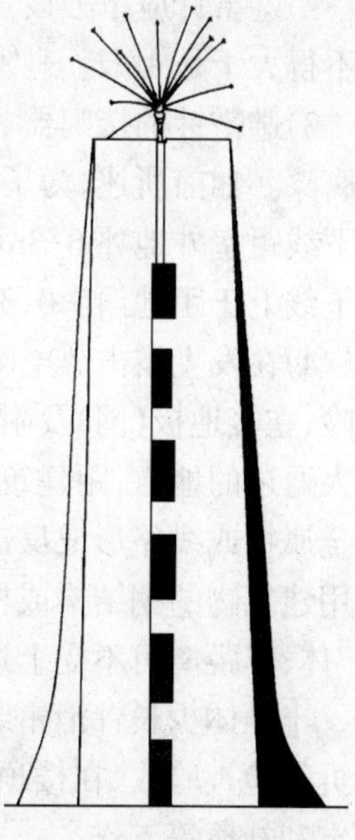

图 6-6 半导体少长针消雷装置

表 6-1　半导体少长针消雷装置系列产品及适用范围

产品型号	规　　格	重量(N)	长毛针数	适用范围	保护范围(h/R)
SLE—52E	5000×13×4	980.4	13×4	中层民用建筑	1/5
SLE—78E	5000×7×4	686.3	7×4	高压输电线路	1/10
SLE—76E	5000×19×4	1372.5	19×4	重要保护设施	1/5
SLE—76/8E	5000×(19+8)×4	1764.7	27×4	微波、广播电视铁塔等	1/5λ
SLE—76/16E	5000×(19+16)×4	2205.9	35×4	同上	1/5λ

注:h—消雷器安装高度;R—保护半径;1/λ—安全度($λ≤1$)

此外还有法国杜尔——梅森(DUVAL—MESSIEN)公司生产的提前放电式避雷针SATEIT,与半导体少长针消雷装置相比,具有体积小、重量轻和耐风能力强等特点,在同等高度下较普通避雷针的保护范围大。

3.避雷针的制作安装

避雷针装置安装应区分为普通避雷针和独立避雷针,普通避雷针是架设在建筑物或构筑物之上,独立避雷针则需要先埋设安装专用的杆塔(如水泥电杆、铁塔等),再架设避雷针。避雷针应安装稳定牢固,如果避雷针支架、杆塔较高,应考虑装设拉线(3 根),以增加避雷针的稳定性。

1)避雷针一般由 $\phi25$ 镀锌圆钢制成,也可用直径 $\phi40$、管壁厚 3mm 及以上的镀锌钢管制成,针长一般取 2m,上端部加工成尖状。避雷针的引下线,采用明敷明用 $\phi8$ 镀锌园钢、或用镀锌扁钢,其截面积应不小于 $48mm^2$,厚度 4mm;暗装或烟囱上的引下线,应采用 $\phi12$ 镀锌圆钢,注意在引下线弯曲处应加工成圆弧状,不得有直角弯。装设在烟囱、水塔上的避雷针引下线,如果采用镀锌扁钢,其截面应小于 $100mm^2$,厚度 4mm。

2)避雷针应单独设置接地极,不能与设备的接地保护及工作接地装置等相连接,且接地电阻不得大于是 10Ω。避雷针与被保护设备、建筑的空间距离应在 5m 以上。

3)避雷针的接闪器、引下线和接地极(网)的相互连接处应采取焊接工艺,并在焊接处涂以防腐漆。如前所述,为了检测接地电阻和检查引下线的连接情况,或供等电位连接用,应在各引下线距室外地坪 0.3m～1.8m 之间设置断接卡子。当利用柱内钢筋作引下线时,应在每根引下线上于距地面 ≥0.3m 处设接地连接板。

4)在发生雷击放电瞬时,接闪器、引下线和接地极(网)上瞬时的电位很高,对人身有很大危险,在接地极(网)及附近区域内还会形成较大的跨步电压。因此,接地极(网)应埋设在很少有人通过的地方,距建筑物应在 3m 以外。为了防止雷电流流经引下线时,产生高电压会对附近金属物或线路形成反击,还要求引下线与金属物或线路等之间具有一定的安全距离。但当利用建筑物的钢结构或柱内钢筋体作为接地引下线时,由于整个建筑物已构成一个等电位"网笼"体,其距离可不受上述要求限制。

半导体少长针消雷装置一般都是由生产厂家提供的成套产品,所以需要在施工现场先进行拆箱检查验收,在楼顶安装位置制作安装基础,预埋安装螺栓,然后再进行组装、吊装、找正固定和补漆等工作。

此外,还应注意不应在 35kV 以下电压等级的电气设备构架上安装架设避雷针,因为这一电压等级电气设备的绝缘强度较低,以免在雷击高压放电时的高电压造成设备损坏。

三、用避雷器防雷

如前所述,当天空中带电的雷云层临近大地时,由于强大能量电场的静电感应作用,会引起对输配电线路、电气设备以及输配电线路附近的大地放电。在放电瞬时,会产生很高的雷电过电压。并且将可能沿着线路进入变电所、电气设备内,即所谓发生"高电位引入"的灾害,如不加以防范,将会造成电气设备击穿损坏,甚至会发生火灾和造成人身伤亡。我们知道,由避雷针、避雷带(网)下线和接地极(网)等所构成的避雷装置是属于建筑物外部防雷系统,可保护建筑物免受直接雷击和感应雷害的伤害。而建筑物内部防雷系统则是防止雷电或其他形式的过电压侵入而造成设备损坏和人身伤亡事故,这是外部防雷系统所无法保护的。为此,常采用避雷器作为预防"高电位引入"灾害的设备。

由于避雷器与被保护设备相并联,并且所选用避雷器的过电压低于被保护电气设备的绝缘耐压强度,所以,一旦出现大气过电压"高电位引入"时,便经过避雷器自动把雷电流导入大地,在线路引入的大气过电压过后,避雷器又很快自动恢复对地不导通状态,使电力线路的电流不致于通过避雷器泄漏到大地。这样,就有效地避免了高电位引入对电气设备和人身的伤害。由此可见,避雷器是用来保护电气设备免受雷电所引起的过电压危害、限制续流的幅值和持续时间的一种保护装置。

避雷器主要有额定电压 500kV 及以下的普通阀式、磁吹阀式避雷器、金属氧化物避雷器和管型排气式避雷器等。一般变配电所和室内电气设备的过电压保护多采用阀型避雷器,室外多采用阀型避雷器或管型避雷器,而 1kV 以下交直流电力系统、低压电气设备的保护多采用金属氧化物避雷器(也称压敏电阻避雷器)。

1. 阀型避雷器

阀型避雷器结构如图 6-7 所示,它由火花间隙组、阀型电阻、瓷裙、高压接线端子和接地端子等组成。每个火花间隙都是由两个园盘形的黄铜电极和一片厚度为 0.5～1mm 的云母垫片组成,由数个同样的火花间隙串联而构成火花间隙组。阀型电阻一般可分为两种:①用二氧化铅(PbO_2)做成丸状,并在丸外表面涂上一层一氧化铅(PbO),并由多个这种二氧化铅丸组成"工作电阻",故这种避雷器也称为丸阀式(或丸电阻阀式)避雷器;②用二氧化硅(SiO_2)制成阀型电阻片,由多个阀型电阻片组装成"工作电阻"。

阀型电阻为非线性元件,其伏安特性曲线可用下式表示:

$$V = CI^\alpha \tag{6-9}$$

$$R = \frac{V}{I} = CI^{\alpha-1} \tag{6-10}$$

上式中 V——阀型电阻片端电压,kV;

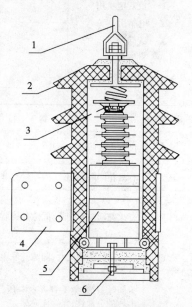

图 6-7 阀型避雷结构示意图

1—高压接线端子;2—瓷裙;
3—火花间隙组;4—固定铁板;
5—阀型电阻;6—接地端子

I——阀型电阻片电流,μA;

C——阀型电阻片材料系数,与阀片截面和高度有关;

α——阀型电阻片的非线性系数,$0<\alpha<1$,其值越小,非线性程度越高,一般在 0.2 左右。

R——阀型电阻片电阻值,$M\Omega$。

当阀型避雷器两端出现雷击过电压时,火花间隙组 3 被击穿,这样雷击过电压就加到非线性阀型电阻 5 上,其特性是电阻值减小,使雷电流迅速导入大地;当雷击过电压消失后,即其端电压低于其击穿电压时,阀型电阻 5 的电阻值又迅速增大,使雷电流迅速衰减。同时,由于火花间隙组的作用,又使雷击放电电弧很快熄灭,电流因此迅速中断,即火花间隙组恢复绝缘,为下次出现雷击过电压时放电作准备。

避雷器的用途和分类在表 6-2 中列出,在变电所或高压配电装置中,阀型避雷器主要用于保护电力变压器、高压电器等变配电设备的绝缘免受雷击过电压伤害。常用避雷器的型号含义如下:

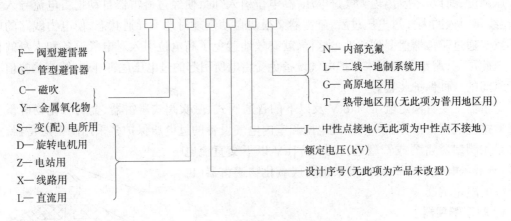

表 6-2　避雷器的结构特点及用途

型号	结　构　特　点	主　要　用　途
FS	仅有火花间隙和阀片	用于 3、6、10kV 配电变压器、电缆头、柱上开关等电气设备防雷
FZ	有火花间隙和阀片,间隙带有非线性并联电阻	用于是 3~220kV 交流系统电站中的电气设备防雷
FCZ	有火花间隙和阀片,间隙加磁吹灭弧元件	用于重要的或低绝缘的变配电设备、补偿电容器组的防雷;用于配电开关柜在切换操作时产生的过电压而加以保护
FCD	有火化间隙和阀片,间隙并联电容器	用于旋转电机的防雷
FY—10	无间隙,可避免工频放电电压、不稳定和冲击放电电压的分散性,无续流效果	同 FZ 用途,对大气过电压和内部过电压均起保护作用,对多重雷击、多重内部过电压,其动作负载特性好,优于 FZ 型

2. 管型避雷器

管型避雷器结构如图 6-8 所示,其放电间隙由棒形电极 3 和环形电极 4 构成,即为内间隙 S_1。产气管 1 由纤维、塑料或橡胶等产气材料制成。当雷击过电压沿架空电力线引入加至管型避雷器上时,内间隙 S_1 被击穿放电,产生电弧。电弧高温使产气管 1 内的产气材料变成气体,在管内形成很大压力,使气体从环形电极 4 的开口处喷出,对电弧产生很强的纵吹作用,从而使电弧拉长变细而迅速熄灭。这样就保护了电气设备不受雷击过电压破坏,同时也防止了在放电间隙被雷击过电压击穿后,电网的工频电流也经放电间隙的电弧与大地接通的"续流"现象持续,即使"续流"电弧电流过零时迅速熄灭,熄弧时间一般小于 0.01s。

管型避雷器主要应用于输电线路和变电所(站)进线段的过电压保护,多为室外安装。为了避免管型避雷在室外安装受潮而出现误动作现象,提高其动作的可靠性,应与管型避雷器串联一个空气间隙 S_2,称为管型避雷器的外间隙。这样,只有雷击过电压在电网上出现时,才有可能同时击穿内、外两个间隙。

此外,管型避雷器的熄弧能力受"续流"的影响较大。当雷电流及电网工频电流经间隙电弧与大地接通时的续流太小时,将会造成产气管产气量过少,而使纵吹效果差,灭弧困难;而续流太大时,管内压力过高,又会使产气管炸裂。因此,使用时应注意管型避雷器的熄灭电弧续流能力,即在选择管型避防器时,其开断续流的上限值应小于安装处短路电流的最大有效值(考虑非周期分量),开断续流的下限值应不大于安装处短路电流可能的最小值(不考虑非周期分量)。

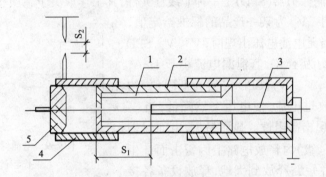

图 6-8 管形避雷器结构图
1—产气管;2—胶木管;3—棒形电极;4—环形电极;5—动作指示器;S_1—内间隙;S_2—外间隙

管型避雷器经过多次雷击过电压作用后,由于产气管内的产气材料不断被气化,产气管内径变大,从而降低了动作的准确性,而不能达到铭牌规定的切断续流数据。当管型避雷器的产气管内径增大到原来内径的 1.2~1.5 倍时,便不能继续使用,应予以更换。

在管型避雷器的一端装有一个动作指示器 5,当雷击过电压引入时使管型避雷器动作,动作指示器 5 将会被气流从开口处喷出,表明该避雷器已径动作。

3. 压敏电阻避雷器

压敏电阻避雷器的直径只有 40mm 左右,只能用于室内低压线路中。它是由氯化锌、氯化铋等金属氯化物烧结而成的多晶半导体陶瓷非线性元件,其非线性系数 $\alpha = 0.05$,具有良好的伏安特性。在工频下可呈现非常大的电阻值,能迅速抑制工频续流,而不需要用火花间隙来熄灭工频续流引起的电弧,所以不存在冲击放电电压等问题。另外通流能力也较强,是低压电力系统和低压电气设备的过电压保护的理想装置,目前已在 1kV 以下交、直流电力系统中获得广泛应用。

4．高质量保护设备——电涌保护器

随着信息网络的高速发展,智能建筑和智能住宅小区越来越多,其智能化设备、通讯设备的数量和规模不断扩大,例如在现代化楼宇中,有计算机网络通讯,防火防盗等自动控制系统及其他大量的低压电气设备,由于这些设备的抗雷击电磁脉冲的能力较弱,这些设备如遭受雷击电涌袭击,将会造成巨大经济损失,所以还需要在楼内装设高质量的保护设备。所谓电涌,是由于雷电是高频脉冲电流,持续时间一般不超过 $100\mu s$,在雷击点附近的线路由于受电磁感应作用会产生脉冲电涌。如脉冲电涌通过线路侵入到电气设备系统中,将会造成系统内电气设备损坏或人身伤亡事故。目前在现代化楼宇中常用的高质量保护设备有:①电源防雷及过电压保护器,其额定电压为 $100\sim 1000V$,又分为避雷器和过电压保护器,该装置可将电源线连接于防雷等电位中,防止低压系统中过电压干扰和直接雷击;②信息防雷及过电压保护器,也称为过电压限制器,如双绞线信息线路保护器可对信息传输线(RS485、RS432、V11 等)、高敏感电子设备等提供浪涌过电压保护;③等电位连接器,具有绝缘放电气隙,可用于接地系统和等电位连接,分为等电位连接器 TFS,高能量等电位连接器 HFSF、防爆型等电位连接器 EXFS、EXFS-KU 等,其适用场所见表 6-3。以上三种高质量保护设备统称为电涌保护器 SPD,主要由氧化锌压敏电阻、气体放电管、放电间隙、半导体放电管、齐纳二级管、滤波器和熔丝等元件组成。电涌保护器(SPD)是一种非线性元件,其工作取决于施加在两端的电压 V 和触发电压 V_d 的大小,V_d 为某一产品的标准给定值,如图 6-9 所示。当无电涌电压出现时,$V < V_d$,SPD 呈现很高电阻值,约为 $1M\Omega$,其泄漏电流小于 $1mA$;当电涌电压出现时,$V \geqslant V_d$,SPD 突变为低阻值,约为几欧姆,瞬时泄放过电流,使电压突然降低,当 $V < V_d$,SPD 则又呈现出高阻性。显而易见,电涌保护器可在最短时间(ns 级)内释放电路上因雷击而产生的大量脉冲能量,并短路释放到大地,释放设备各接口端的电位差,同时将被保护线路接入等电位系统

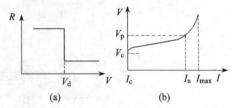

图 6-9　电涌保护器(SPD)
工作特性曲线
(a)开关特性　(b)$V = f(I)$曲线

中,从而实现保护电路上用户的设备。在供电系统中的典型组合如图 6-10 所示。图 6-10(a) TN－S 系统电涌保护器安装接线方式,在该供电系统的第一级选用高能量避雷器(DEHN-Port)一套,分别接在相线和中线上,另一端接于 PE 线上,并安装在总电源进线配电箱之前。高能量避雷器的最高防雷击电流 $I_{imp} = 100kA$,响应时间 $t_A \leqslant 100ns$。如供电回路熔断器 FU1(或断路器)的额定电流小于 250A 时,可以省去熔断器 FU2。第二级选用过电压保护器(DEHNguard)一套,作为电源系统的第二级保护,安装于分配电箱之前,也是分别接在相线和中线上,另一端接于 PE 线上。如供电回路熔断器(或断路器)额定电流小于 125A 时,可以省去 FU3。过电压保护器的最大放电电流 $I_{max} = 40kA$,响应时间 $t_A \leqslant 25ns$。第三级选用电涌吸收保护器(DEHNrail230FML)1 个,并联在需要保护的单相电源设备的前端,另一端与 PE 线连接。电涌吸收保护器常作为电子设备的灵敏过电压保护器,其额定放电电流 $i_{sn} = 5kA$,响应时间 $t_A \leqslant 25ns$。

表 6-3 等电位连接器适用场所

型　号	额定放电电流 I_{sn}(kA)	闪电测试电流 $(10/350)I_{imp}$ (kA)	击穿电压 50HZ (kV)	100%标准闪电脉冲击穿电压(kV)	适　用　场　所	备　　注
TFS	—	50	≤2.5	≤4	安装于建筑物中、室外,潮湿区域或地下	各地之间的等电位连接;雷击时,系统中各独立相绝缘的部分实现等电位连接
HSFS	100	120(峰值)	≤3	≤11	特别恶劣环境,同样适用于频繁雷击地区	
EXFS	100		≤1	≤2.2	安装于绝缘法兰盘上或绝缘接点处,适用于石油、化工等防爆场合	防爆型,危险地区的防雷等电位连接,绝缘法兰盘、接点或阴极受保护的管道耦合部分
EXFS—KU	100		≤1	≤2.2	安装于地下的绝缘接合处,适用于石油、化工等防爆场合	

注:8/20—等电位连接器在特性参数测试时,通过 8/20μs 模拟雷电流冲击波,即涌流,必须能在最大持续试验电压 V_c 下,能承受 20 次额定放电电流。

　10/350—通过 10/350μs 模拟雷电流(峰值、电荷量和比能)冲击波,等电位连接能承受该特定的雷电测试电流,必须能承受至少 2 次无任何毁坏。

在安装电涌保护器时应注意以下几点要求:

1)尽量缩短电涌保护器的连接导线

当遭受雷击时,被保护设备和系统所受到的电涌电压是 SPD 的电压保护水平 V_P 加上其两端引线的感应电压 V_{L1} 和 V_{L2},即 $V = V_{L1} + V_{L2} + V_P$。其中电压保护水平是指电涌保护器在标称放电电流 I_n 作用时测量其两端的最大电压值,共分 2.5、2、1.8、1.5、1.2 和 1.0kV 等六级。如上所述,由于雷击电磁波是一种高频电磁波,故将在其引线高频阻抗上感应出很高的电压。为使最大电涌足够低,应尽最缩短电涌保护器(SPD)的连接导线,总长不应超过 0.5m。在实际工程中,一般低压配电屏的进线母线在柜顶,故可将 SPD 装于配电柜的上部,并与柜内最近的接地母线连接。

2)两级保护之间的处理

当进线端的电涌保护器与被保护设备之间的距离较远(一般配电系统两者间距大于 30m),或者 SPD 的电压保护水平 V_P 加上其两端引线的感应电压 V_{L1}、V_{L2} 以及反射波效应不足以保护敏感设备,则应在被保护设备处再装设 1 套 SPD。当在线路上多处安装 SPD 时,如图 6-10 所示,则应考虑前一级 SPD 的参数优于后一级参数,为了使上级 SPD 泄放更多的雷电能量,必须延迟雷电波到达下级 SPD 的时间,否则下级 SPD 过早启动,会遭到过多的雷电能量而不能保护设备,甚至烧毁。故上级 SPD 与下级 SPD 之间需要配合,一般电压开关型(高能量避雷器)SPD 与限压型(过压保护器)SPD 之间线路长度宜小于 10m,限压型 SPD 之间的线路长度不宜小于 5m。

3)对电涌保护器的保护

如图 6-10 所示,为了防止电涌保护器因各种因素或暂态过电压损坏,在每级 SPD 之前应装设保护装置,一般采用熔断器保护即可。也可采用断路器保护,但要求断路器的分断能力应大于该处最大放电电流 I_n,并能耐受 SPD 浪涌电流的冲击而不动作和损坏。

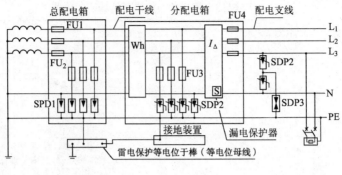

(a)

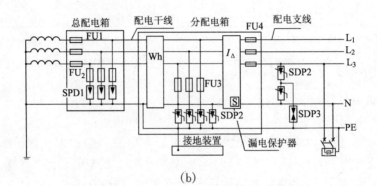

(b)

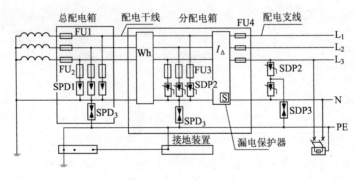

(c)

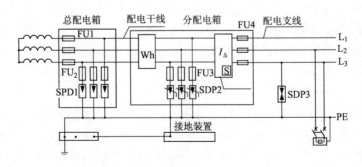

(d)

图 6-10 供配电系统电涌保护器安装接线方式
(a)TN—S 系统 (b)TN—C 系统 (c)TT 系统 (d)IT 系统

4)电涌保护器的选择

低压电气设备的冲击耐受电压见表 6-4,为了达到保护低压电气设备免受雷击过电压的危害,要求电涌保护器的电压保护水平 V_P 应小于被保护电气设备的冲击耐受电压值 V_{choc},大于电网的最高运行电压 V_{smax}。

所选用的电涌保护器应保证在线路上发生工频过电压时不会被烧毁。我们知道,工频过电压属于暂态过电压,ms 级,而 SPD 防的是瞬态过电压,为 μs 级,显然工频过电压的能量要比瞬态过电压的能量大几百倍,所以将会烧毁电涌保护器。因此在选择 SPD 时应注意选用工频工作电压较高的保护器。

电涌保护器的最大持续运行电压 V_c 应按不同的接地系统类型选择,见表 6-5。一般对低压供配电系统以及对电子设备的防雷电过电压保护,应选用具有共模保护和差模保护(即全保护模式)的电涌保护器接线模式,这样无论雷电过电压发生在哪个线间,都可有效保护电子设备。另外,具有全保护模式的电涌保护器还可共同启动泄放雷电能量,避免了由于电涌保护启动上的差异所造成的损坏,延长了电涌保护器的使用寿命。同时在选择电涌保护器时还需要考虑通流容量(最大放电电流)I_{max}、响应时间、以及耐湿性等工作环境条件,其中通流容量 I_{max} 是电涌保护器不被损坏而能承受的最大电流。

表 6-4　低压配电系统电气设备冲击耐压电压值

冲击耐压 类　别	低 压 配 电 系 统 电 气 设 备 类 型	冲击耐压电压值(kV)
Ⅰ	电子设备:电视、音响、录像机、计算机及其他通讯设备	1.5
Ⅱ	家用设备:洗衣机、电冰箱、电动工具和加热器等	2.5
Ⅲ	工业电器:电动机、低压配电屏、低压动力或照明配电箱(柜)、电源插头、变压器等	4
Ⅳ	工业电器:电气计量仪器、仪表,一次过电流保护设备等	6

表 6-5　电涌保护器(SPD)最大持续运行电压 V_c 的选择确定

接 地 系 统	TN—S	TN—C	TT	IT
共模保护(MC)V_C	$\geqslant 1.15V_0$	$\geqslant 1.15V_0$	$\geqslant 1.15V_0$	$\geqslant 1.15V_0$
差模保护(MD)V_C	$\geqslant 1.15V_0$	—	$\geqslant 1.15V_0$	—

注:表中 V—线电压 380V;V_0—相电压,一般取 220V;MC—指相线对地(L—PE)和中性线对地保护(N—PE);MD—是指相线对中性线(L—N)之间的保护(为了防止低压配电网中的浪涌过电压,对于 TN—S 系统和 TT 系统,除了必须采用共模保护方式以外,还必须采用差模保护方式)。

第三节　避雷器的一般交接试验与安装

以最常用的阀型避雷器为例,其一般交接试验和安装方法如下:

一、阀型避雷器的一般交接试验

1. 绝缘电阻测试

用 2500V 兆欧表测试阀型避雷器的绝缘电阻,并将测量值与同类型避雷器的绝缘电阻值相比较。一般要求 FS 型的绝缘电阻应大于 2500MΩ。对于 FZ 型、FCZ 型及 FCD 型阀型避雷器的绝缘电阻无具体规定,可通过将测量值与同类型优质避雷器的测量值进行比较,来判断避雷器是否受潮。

2．泄漏电流试验

泄漏电流测试线路如图6-11所示,试验时应使用直流电源,T_1为高压试验变压器、A为高压整流管,T_2为灯丝变压器,R为限流电阻、C为滤波电容,以减少测量误差。

测试避雷器的泄漏电流的目的是进一步检查避雷器内部绝缘情况的优劣,检查火花间隙和并联电阻是否受潮,是继对避雷器绝缘电阻测试后的又一项重要试验。

试验时,应根据避雷器产品说明书提供的数据对避雷器施加试验电压,一般要求无并联电阻的FS型阀型避雷器泄漏电流不大于$10\mu A$;有并联电阻的FZ、FCD及FCZ型阀型避雷器泄漏电流可按制造厂标准校验,参见表6-6。

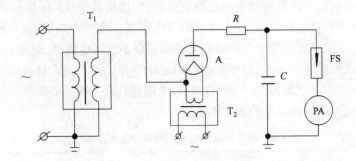

图6-11　阀型避雷器泄漏电流线路图

表6-6　阀型避雷器试验电压及允许泄漏电流值

避雷器类型	规定的交接试验标准							电导电流(μA)	备　　注
FZ-2-220 FZ-3-220	额定电压(kV)		3	6	10	15	20	30	400～600	无并联电阻额定电压3kV,电导电流为400～650μA
	试验电压(kV)	V_1	2	3	5	8	10	12		
		V_2	4	6	10	16	20	24		
FS$_2$ FS$_3$ TS$_4$	额定电压(kV)		2	3	6	10	11			绝缘电阻大于是2500MΩ时,可不做泄漏电流试验
	试验电压(kV)			4	7	10	11		5	
			2	3	6	10			10	
				4	7	10			10	
FCD	额定电压(kV)		2	3	4	6	10	13.2	15	西瓷产品FCD、FCD$_3$型不超过10μA,抚瓷产品FCD、FCD$_2$型不超过500～1000μA。
	试验电压(kV)		2	3	4	6	10	13.2	15	
FCZ$_1$	110J	试验电压(kV)	96						500～700	
	220J		96							
	330J		160							
FCZ$_3$	35L		50						250～400	海拔在2000m以上时应施加直流试验电压60kV
	110		25							
	110J		140							
	220J		110							
FCZN$_2$	110	试验电压(kV)	110						100～600	

在试验中如果发现泄漏电流大量增加,则说明避雷器的密封损坏而受潮。对于火花间隙组有并联电阻的避雷器,如果发现泄漏电流显著地减小,且小到规定值的 $1/2 \sim 1/3$ 时,则说明并联电阻已断裂,应予以更换。

测试无并联电阻的阀型避雷器的泄漏电流时,整流器输出回路应并联 $0.1 \sim 0.5\mu F$ 的滤波电容;测试有并联电阻的阀型避雷器的泄漏电流时,整流器输出回路应并联 $0.01\mu F$ 以上的滤波电容。这样,可使施加在避雷器上的试验电压接近于试验交流电压峰值,从而有效降低了试验的误差。

3.工频击穿电压试验

对于有并联电阻的阀型避雷器可不进行此项试验,只是对火花间隙无并联电阻的避雷进行此项试验。其目的是检查阀型避雷器在试验电压达到规定的击穿过电压范围时是否能可靠动作。

试验线路如图 6-12 所示,要求被测试的避雷器 FS 和试验变压器 TM 的铁芯及绕组一端可靠接地。图中的限流电阻 R_1 选择条件为,若避雷器被击穿放电后,在 0.5s 内切断试验电压,R_1 值可按 $10\Omega/V$ 选择;若在 0.5s 以上时间切断试验电压,R_1 值应保证放电电流不超过 $15 \sim 20mA$。

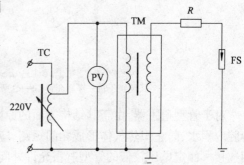

图 6-12 避雷器工频击穿电压试验线路

试验时,应使自耦变压器 TC 从零伏开始迅速升压,直至避雷器被击穿放电时为止,每只避雷器的试验应做 4 次以上,并记录各次击穿电压值。各次试验间隔不小于 10s,取最后三次测试的击穿电压的平均值。对于最常用的 FS 型阀型避雷器的测试击穿电压平均值,应在表 6-7 规定的工频击穿电压范围之内。工频击穿电压试验之后,还应再进行一次避雷器的绝缘电阻和泄漏电流测量,以便进一步比较和发现问题。如果所测量的泄漏电流值比规定值低 5060% 以下时,应予以更换。

表 6-7 FS 型阀型避雷器的工频击穿电压范围

额定电压(kV)	3	6	9
放电电压(kV)	9～11	16～19	26～31

二、阀型避雷器的安装

10kV 及以下变电所和其他电气设备,常用 FS 型阀型避雷器作为"高电位引入"保护装置。一般多将阀型避雷安装在进户杆上或进户支架近旁的墙壁上。装设在进户杆上应采用铁横担悬挂安装方式,并且要求将避雷器装设在高压跌落式熔断之后。装设在进户支架近旁的墙壁上时,应采用金属支架悬挂。在安装避雷器之前,应按横担或金属支架的设计尺寸要求进行下料制作,再按所要求的安装埋设位置进行安装固定(距地面应大于 4m)。然后再进行避雷器的安装。要求三相避雷器应相互平行、且垂直地面安装,安装固定应牢固可靠,如图 6-13 所示。

避雷器的高压接线端子用镀锌螺栓和导线连接到进户线上,接地端子则通过接地导线连接到接地极(网)上。接地线可选用 $\phi8 \sim \phi10$ 镀锌圆钢或 -12×4 镀锌扁钢明、暗敷设,明敷时地面以上 2m 应用钢管保护,以免受到机械损伤。

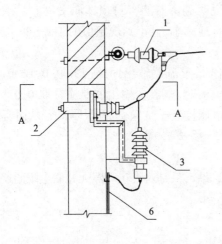
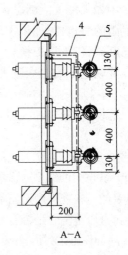

图 6-13 FS 阀型避雷器安装图

1—悬式绝缘子;2—穿墙套管;3—FS 型避雷器;4—金属支架;5—固定螺栓;6—接地线

对于管型避雷器,由于其结构方面的原因,防潮性能较差,所以在设计安装时应注意防止管腔内积水,防止炽热气体形成相间短路,应将避雷器的无喷射电弧端作为接地端,与接地线相连接。额定电压较低的管型避雷允许外间隙水平布置。

另外,对于一个欲保护的区域而言,从 EMC(电磁兼容)的观点来看,由外到内可分为几级保护区,最外层是 0 级,是直接雷击区域,危险性最高,越往里,则危险程度越低,过压主要是沿线窜入的,保护区的界面通过外部防雷系统、钢筋混凝土及金属管道等构成的屏蔽层而形成,电气通道以及金属管道等则经过这些界面。

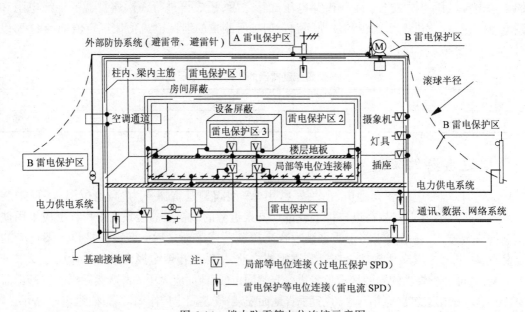

图 6-14 楼内防雷等电位连接示意图

从 0 级保护区到最内层保护区,必须实行分级保护。对于电源系统,分为Ⅰ、Ⅱ、Ⅲ、Ⅳ级,从而将过电压降到设备能承受的水平,对于信息系统,则分为粗保护和精细保护,粗保护量级根据所属保护区的级别,而精细保护则要根据电子设备的敏感度来进行选择,从理论上讲,雷电流约有50%是直接流入大地,还有50%将平均流入各电气通道(如电源线、信号线和金属管道等)。因此,在现代化楼宇中,为了彻底消除雷电电压引起的破坏性作用,应注意采取等电位连接。即电源线、信号线、金属管道等均通过6.3.4节介绍的高质量保护设备(电涌保护器)进行等电位连接,各个内层保护区的界面处也同样依此进行等电位连接,再将各个局部的等电位连接棒(等电位分母线)相互连接,并最后与总等电位棒(等电位总母线)连接起来,如图6-14所示。

练习思考题6

1.雷电是如何形成的,有几种雷击方式?

2.如何划分防雷建筑的类型,一般对直接雷击、感应雷击和高电位引入的预防应采用什么措施,各有什么要求?

3.阀型避雷器有那些交接试验项目,对安装工艺有什么基本要求?

4.有几种类型的避雷器,其防雷原理是什么?

5.某建筑物高35m,平顶,屋顶面积为12×30m,拟在屋顶中心点设置一单支避雷针,试计算避雷针在屋顶上的架设高度。如在通过屋顶中心的长度连线两端内侧5m处各设置一支避雷针,且两支避雷针等高,试计算避雷针在屋顶上的架设高度。

6.雷针是由哪几部分组成的,各要求使用什么材料? 如何进行避雷针的制作安装?

7.何确定避雷带(网)的网孔大小,试述其安装方法及要求。

8.高质量保护设备(SPD)有哪几种,各有什么保护功能? 在设置和选择SPD时有何某基本要求?

9.等电位连接器有几种,各适用什么场所? 如何进行等电位设计连接。

附 录

电气平面图图例符号表

图 例 符 号	含 义	图 例 符 号	含 义
	单相插座(明装)		单相带熔断器插座
	单相插座(暗装)		电信插座(TP-电话 TV-电视,TX-电传)
	单相密闭(防水)插座		单极开关(明装)
	单相防爆插座		单极开关(暗装)
	带接地插孔插座(明装)		单极密闭(防水)开关
	带接地插孔插座(暗装)		单极防爆开关
	单相带接地密闭(防水)插座		双极开关(明装)
	单相带接地防爆插座		双极开关(暗装)
	三相带接地插孔插座(明装)		双极密闭(防水)开关
	三相带接地插孔插座(暗装)		双极防爆开关
	三相带接地密闭(防水)插座		三极开关(明装)
	三相带接地防爆插座		三极开关(暗装)
	插座箱		三极密闭(防水开关)

图 例 符 号	含 义	图 例 符 号	含 义
	三极防爆开关		调光器
	单极拉线开关(明装)		电话机一般符号
	单极双控拉线开关(明装)		自动交换设备
	单极延时开关(明装)		呼叫器
	单极双控开关(明装)		电警笛、报警器
	单极拉线开关(暗装)		天线一般符号
	单极双控拉线开关(暗装)		放大器一般符号 中继器一般符号
	单极延时开关(暗装)		开关一般符号 动合常开触点
	单极双控开关(暗装)		动断常闭触点
	带有指示灯的开关		线圈通电延时闭合的常开触点
	钥匙开关		线圈通电延时断开的常闭触点
	电铃		线圈断电延时断开的常开触点
	蜂鸣器		线圈断电延时闭合的常闭触点

图 例 符 号	含　义	图 例 符 号	含　义
	常开按钮开关 (不闭锁)		通电延时闭合继电器的线圈
	常闭按钮开关 (不闭锁)		交流继电器的线圈
	限位开关 动合触点限制开关		热继电器的驱动器件 (如采用双金属片)
	限位开关 动断触点限制开关		断电延时释放继电器的线圈
	热继电器的常闭触点		跌落式熔断器
	多极开关—般符号 单线表示		熔断器式隔离开关
	多极开关—般符号 多线表示		熔断器式负荷开关
	接触器动断常闭触点 (带灭弧罩)		具有自动释放的负荷开关
	接触器动合常开触点 (带灭弧罩)		避雷器
	隔离开关		电流互感器
	负荷开关		电磁阀
	断路器		电动阀
	操作器(线圈)一般符号(如接 触器、继电器线圈)		电阻箱

图 例 符 号	含　义	图 例 符 号	含　义
	屏、箱、柜一般符号		直流电焊机
	动力或动力—照明配电箱		电磁制动器
	信号扳、信号箱(屏)		吊式风扇
	事故照明配电箱		壁装台式风扇
	多种电源配电箱		轴流风机
	直流配电盘	(a)　(b)	(a)规划(设计)变电所 (b)已运行的变电所
	交流配电盘		双绕组变压器
	电源自动切换箱		三绕组变压器
	熔断器箱		电抗器、轭流圈
	组合开关箱		交流电动机(如三相电机)
	插座箱(板)		热水器
(a)　(b)	一般或保护型按钮盒 (a)1 个按钮 (b)2 个按钮		密闭型按钮盒
	交流电焊机		防爆型按钮盒

图 例 符 号	含　义	图 例 符 号	含　义
Ⓐ	电流表	✕⃝	在专用线路上的事故照明灯
Ⓥ	电压表	▣	自带电源的事故照明灯（应急灯）
(cosφ)	功率因数表	◬⃝	深照型灯
Wh	电度表	◠⃝	广照型灯
⊗	信号灯 灯的一般符号	⊙⃝	防水防尘灯
⊗⟵	投光灯一般符号	●	球型灯 圆球吸顶灯
⊗→→	聚光灯	◗	天棚灯 （半圆球或半扁罩吸顶灯）
⊗↗	泛光灯	├──◀	防爆荧光灯
──✕	照明配线的引出位置 （天棚灯座）	◖⊙	局部照明灯
──◁	墙上照明引出线位置 （墙上灯座）	⊖	矿山灯
├──┤	荧光灯一般符号单管荧光灯	⊜	安全灯
═══	三管荧光灯	◍	隔爆灯
├─╱─┤ ⁵	五管荧光灯	⌐○	弯灯

图 例 符 号	含 义	图 例 符 号	含 义
	花灯		接地装置:有接地极 接地装置:无接地极
	壁灯		避雷针
	电话交换机		接地一般符号
	对讲机内部电话设备		中性线 保护线
	传真机一般符号		具有保护线和中性线的三相配线
	半导体二极管一般符号稳压管		保护线与中性线共用
	PNP 型半导体管 NPN 型半导体管		向上配线 向下配线
	放大器一般符号		柱上安装封闭母线 吊钩安装封闭母线
	电缆连接盒、分线盒 (单线表示)		架空线路
	电缆直通接线盒 (单线表示)		线路末端放大器 分配器(二分配器)
	带撑杆的电杆		混合器、混合网络(三路混合器)
形式1 形式2	拉线一般符号		用户分支器(一分支器)
	垂直通过配线	(a)　(b)　(c)	分线盒:(a)一般符号 (b)户内(c)户外

图 例 符 号	含 义	文 字 标 注	含 义
$\dfrac{A-B}{C}D$ (分线箱符号)	分线箱 A—编号;B—容量; C—线序;D—用户数	RV	压敏电阻器
		L1	交流系统电源第一相
		L2	交流系统电源第二相
$a/b-c$	照相变压器 a——一次电压,V; b——二次电压,V; c——额定容量,VA	L3	交流系统电源第三相
		U	交流系统设备端第一相
		V	交流系统设备端第二相
(1)$a-b\dfrac{c\times d\times l}{e}f$ (2)$a-b\dfrac{c\times d\times l}{\underline{}}$	照明灯具 a—灯具盏数; b—灯具型号或编号; c—每盏灯具的灯泡数; d—灯泡容量,W; e—灯具安装高度; f—安装方式; l—光源种类	W	交流系统设备第三相
		N	中性线
		PE	接地保护线
		PEN	保护接零线(保护中性线)
		PR	用塑料线槽敷设
		PC	用硬塑料管敷设
一般标注方法: (1)$a\dfrac{b}{c/i}$ $c-d-c/i$ 需标注导线规格: (2)$a\dfrac{b-c/i}{d(e\times f)-g}$	开关及熔断器 a—设备编号; b—设备型号; c—额定电流,A; d—导线型号; e—导线根数; f—导线截面,mm²; g—导线敷设方式; i—整定电流,A	FPC	用半硬塑料管敷设
		TC	用电线管敷设
		SR	用金属线槽敷设
		SC	用焊接钢管敷设
		CT	电缆桥架(或托盘)敷设
		PL	用瓷夹敷设
		PCL	用塑制夹敷设
一般标注方法: (1)$a\dfrac{b}{c}$ 或 $a-b-c$ 需标注导线规格: (2)$a\dfrac{b-c}{d(e\times f)-g}$	电力和照明设备 a—设备编号; b—设备型号; c—设备功率,kW; d—导线型号; e—导线根数; f—导线截面,mm²; g—导线敷设方式;	CP	用蛇皮管敷设
		K	瓷瓶、瓷柱绝缘子敷设
		SR	沿钢索敷设
		CLE	沿柱敷设
		CLC	沿柱内敷设
		BE	沿屋架或屋架下弦敷设
		BC	沿梁内敷设
$\dfrac{a}{b}$ 或 $\dfrac{a\mid c}{b\mid d}$	用电设备 a—设备编号; b—额定功率,kW; c—线路首端熔断片或自动自 动开关释放器的电流,A; d—标高,m	FE	沿地面明敷设
		FC	沿地面暗敷设
		WE	沿墙敷设(明设)
		WC	沿墙敷设(暗设)
		CE	沿天棚敷设(明设)

文字标注	含　义	文字标注	含　义	文字标注	含　义
F	避雷器	QL	负荷开关	W	母线
CC	屋面或顶板内暗敷	GB	蓄电池	WV	电压小母线
ACE	在能进入人的吊顶内敷设（明设）	SB	按钮（合闸按钮）	WCL	控制母线、合闸母线
AC	在不能进入人的吊顶内敷设	X	接线柱	WS	信号母线
CP	吊线式安装灯具	XB	连接片	WFS	事故音响母线
Ch	链吊式安装灯具	XS	插座	WPS	预告音响母线
P	管吊式安装灯具	XT	端子板	WF	闪光小母线
S	吸顶安装或直附式	PA	电流表	WPM	电力干线
R	嵌入式安装灯具	PV	电压表	WLM	照明干线
CR	可进入的顶棚内嵌入式安装灯具	PW	有功功率表	WL	照明分支线
WR	墙壁内安装灯具	PR	无功功率表	WP	电力分支线
T	台上安装灯具	PJ	有功电能表	WEM	应急照明干线
SP	支架上安装灯具	PJR	无功电能表	WE	应急照明分支线
W	壁装式安装灯具	PPF	功率因数表	WIM	插接式母线
CL	柱上安装灯具	KA	电流继电器	G	发电机电源、发电机
HM	座装灯具	KV	电压继电器	TM	电力变压器
FU	熔断器	KT	时间继电器	M	电动机
QF	断路器	KB	瓦斯继电器	TA	电流互感器
KM	接触器	KM	中间继电器	TV	电压互感器
K	继电器	KS	信号继电器	TC	自耦变压器、电流变压器
R	电阻器	KFR	闪光继电器	R_P	电位器
L	电感器、电抗器	KH	热继电器	AL	低压配电屏　照明配电箱
C	电容器	KTE	温度继电器	AE	应急电源箱
U	整流器	KCZ	零序电流继电器	AS	动力配电箱
SBS	停止按钮	H	信号器件（声或光指示器）	AT	抽屉式配电屏
SBT	试验按钮	HL	指示灯	AW	接线箱
YC	合闸线圈	HR	红色指示灯	AX	插座箱
YT	跳闸线圈	HG	绿色指示灯	AR	支架盘
Q	开关	HB	兰色指示灯	GB	蓄电池
QS	隔离开关	HY	黄色指示灯	AD	晶体管放大器
SA	控制开关	HW	白色指示灯	AJ	集成电路放大器

参 考 文 献

[1] 刘思亮,郎禄平.建筑供配电.北京:中国建筑工业出版社,1998

[2] 韩风等.建筑电气设计手册.北京:中国建筑工业出版社,1991

[3] 郑铭芳等.低压电器选用维修手册.北京:机械工业出版社,1989

[4] 李景龙,王治水,郎禄平.室内装饰照明设计.海口:海南出版社,1993

[5] 张汉杰,王锡仲,朱学莉.现代电梯控制技术.哈尔滨:哈尔滨工业大学出版社,1996

[6] 龙惟定,程大章.智能化大楼的建筑设备.北京:中国建筑工业出版社,1997

[7] 中国建筑标准设计研究所.住宅智能化电气设计手册.北京:中国建筑工业出版社,2002.3

[8] 陈一才.楼宇安全系统设计手册.北京:中国计划出版社,1997

[9] 中国计划出版社.电气装置安装工程施工及验收规范汇编.北京:中国计划出版社,1997

[10] 郎禄平.建筑自动消防系统.西安:西安交通大学出版社,1994

[11] [日]村上宏,北见进.建筑设备方案设计数据.北京:中国建筑工业出版社.1986